Leitfäden und Monographien der Informatik

Rüdiger Brause
Neuronale Netze

Leitfäden und Monographien der Informatik

Herausgegeben von

Prof. Dr. Hans-Jürgen Appelrath, Oldenburg
Prof. Dr. Volker Claus, Oldenburg
Prof. Dr. Günter Hotz, Saarbrücken
Prof. Dr. Klaus Waldschmidt, Frankfurt

Die Leitfäden und Monographien behandeln Themen aus der Theoretischen, Praktischen und Technischen Informatik entsprechend dem aktuellen Stand der Wissenschaft. Besonderer Wert wird auf eine systematische und fundierte Darstellung des jeweiligen Gebietes gelegt. Die Bücher dieser Reihe sind einerseits als Grundlage und Ergänzung zu Vorlesungen der Informatik und andererseits als Standardwerke für die selbständige Einarbeitung in umfassende Themenbereiche der Informatik konzipiert. Sie sprechen vorwiegend Studierende und Lehrende in Informatik-Studiengängen an Hochschulen an, dienen aber auch in Wirtschaft, Industrie und Verwaltung tätigen Informatikern zur Fortbildung im Zuge der fortschreitenden Wissenschaft.

Neuronale Netze

Eine Einführung in die Neuroinformatik

Von Dr. rer. nat. Rüdiger Brause
Universität Frankfurt/Main

Mit zahlreichen Abbildungen

B. G. Teubner Stuttgart 1991

Dr. rer. nat. Rüdiger Brause

Von 1970 bis 1978 Studium der Physik und Kybernetik in Saarbrücken und Tübingen mit Diplom-Abschluß zum Thema „Stochastische Mustererkennung", 1983 Promotion mit einer Arbeit zum Thema „Fehlertoleranz in verteilten Systemen". Seit 1985 Akad. Oberrat an der Universität Frankfurt im Fachbereich Informatik mit dem Arbeitsgebiet Modellierung und Anwendung neuronaler Netze.

Die Deutsche Bibliothek - CIP-Einheitsaufnahme

Brause, Rüdiger:
Neuronale Netze : eine Einführung in die Neuroinformatik /
von Rüdiger Brause. - Stuttgart : Teubner, 1991
(Leitfäden und Monographien der Informatik)
ISBN 3-519-02247-8

Printed in Germany
Gesamtherstellung: Zechnersche Buchdruckerei GmbH, Speyer
Einband: P.P.K,S-Konzepte Tabea Koch, Ostfildern/Stgt.

Vorwort

Dieses Buch handelt von "Neuronalen Netzen"- aber was ist das? Im Unterschied zu anderen, fest abgegrenzten und etablierten Gebieten zeigen die englischen Bezeichnungen *neural nets, artificial neural networks, connectionism, computational neuroscience* und dergleichen mehr die Vielfalt der Zugänge und Anwendungen eines Gebiets, das nach einem jahrelangen Dornröschenschlaf gerade wieder dem Jungbrunnen entsteigt und deshalb sehr schwer mit einer Schablone abzugrenzen und zu definieren ist. Für den Neurologen und Biologen ist es die theoretische Systematik, mit der er seine Ergebnisse ordnen kann; für den Experimentalpsychologen die mikroskopischen Modelle, die seine Experimente über menschliche Informationsverarbeitung erklären können. Physiker können darin neue Anwendungen physikalischer Methoden und atomarer Modelle von wechselwirkenden Atomen sehen, Nachrichten-Ingenieure hoffen auf schnelle Echtzeitnetzwerke und Informatiker vermuten darin bereits die neue, massiv parallele, ultraschnelle und intelligente Computergeneration, die endlich das Versprechen der "Künstlichen Intelligenz" einlöst.

Dieses Buch, das auf einer zweisemestrigen Vorlesung 1990/91 an der Universität Frankfurt beruht, soll dazu beitragen, das Verständnis für die tatsächlichen, aktuellen Möglichkeiten dieses Gebiets zu vertiefen.

Dazu werden anfangs kurz die wichtigsten Grundlagen und Konzepte aus den wichtigsten, beteiligten Gebieten wie der Biologie, der Mustererkennung und der Statistik referiert, um beim Leser ohne spezielles Vorwissen ein besseres Grundverständnis der präsentierten Modelle neuronaler Netze zu erreichen. Obwohl dieses Buch eine Einführung in das Gebiet darstellt, sind trotzdem über das rein intuitive Verständnis hinaus auch konkrete Formeln, Lernregeln und Algorithmen enthalten,um dem Leser einen konkreten Vergleich zwischen den verschiedenen Ansätzen zu ermöglichen und ihm/ihr die Mittel in die Hand zu geben, ein konventionelles Modell für ein gegebenes Problem passend abzuwandeln. Sehr allgemeines mathematisches Grundlagenwissen um Vektoren, Matrizen und Eigenvektoren, soweit es sich um Stoff aus der Anfängervorlesung handelt, mußte aber leider aus Platzgründen ausgespart bleiben.

Das Buch beschränkt sich dann im zweiten und dritten Kapitel auf wenige, grundlegende, immer wieder zitierte Inhalte und Arbeiten von neuronalen Netzen, die als Grundpfeiler des Gebäudes dienen, und ermöglicht so dem Leser, die Fülle der neu entstehenden Variationen und Anwendungen besser einzuschätzen. Trotzdem sind auch in den folgenden Kapiteln die relativ neuen Verbindungen neuronaler Netze zu deterministischem Chaos und evolutionären Algorithmen enthalten. Zum Abschluß wird noch kurz auf die verschiedenen Hardwarekonfigurationen und die existierenden Programmiersprachen und -systeme zur Simulation neuronaler Netze eingegangen.

Der Schwerpunkt des Buches liegt damit im Zusammenfassen und Ordnen einer Breite von Ansätzen, Modellen und Anwendungen unter wenigen, klaren Aspekten wie Netzwerkarchitektur (feed-forward und feed-back Netze) und Informationsverarbeitung (optimale Schichten), die sich wie ein roter Faden durch die Kapitel ziehen; für ein vertiefendes Studium sind entsprechende Literaturhinweise eingearbeitet. Ich hoffe, damit nicht nur für Informatiker den Einstieg in das Gebiet der neuronalen Netze erleichtert zu haben.

Zuletzt möchte ich noch Herrn Klaus Wich und Frau Nicole Sabart meinen Dank aussprechen für ihre Anregungen und Korrekturhilfe; dem Verlag B.G. Teubner danke ich für die Aufnahme dieses Buches in sein Verlagsprogramm.

Frankfurt, im Frühjahr 1991 Rüdiger Brause

Inhaltsverzeichnis

Notation

$\mathbf{A}^T, \mathbf{w}^T$	Transponierte der Matrix **A** bzw. des Spaltenvektors **w**	
$\mathbf{x}$	Spaltenvektor der Eingabewerte	$= (x_1, \ldots, x_n)^T$
$\mathbf{y}$	Spaltenvektor der Ausgabewerte	$= (y_1, \ldots, y_m)^T$
$\mathbf{z}$	Spaltenvektor der Aktivitätswerte	$= (z_1, \ldots, z_m)^T$
$\mathbf{w}_i$	Spaltenvektor der Gewichte zur Einheit i	$= (w_{i1}, \ldots, w_{in})^T$
$\mathbf{W}$	Matrix der Gewichte w_{ij} von Einheit *j* zu Einheit *i*	$= (w_{ij})$
$S(z)$	Ausgabefunktion (*squashing function*)	
$\mathbf{S}$	Zustand $(S(z_1), \ldots, S(z_n))^T$ der Ausgabe bzw. "Zustand des Systems"	
T_i	Schwellwert (*threshold*) von Einheit *i*	
N	Zahl der Muster $\mathbf{x}^1 \ldots \mathbf{x}^N$	
M	Zahl der Klassen	
ω_k	Ereignis "Klasse k liegt vor "	
Ω_k	Menge aller Muster einer Klasse k	
d(x,y)	Abstands- oder Fehlerfunktion zwischen x und y	
t	Zeit, diskret oder kontinuierlich	
$\langle f(x) \rangle_x$	Erwartungswert von f(x) bezüglich aller möglichen Werte von x	
R	Zielfunktion (*target function*; z.B. Straffkt., Fehlerfkt. oder Energie E)	
P(x)	Wahrscheinlichkeit, mit der das Ereignis x auftritt	
p(x)	Wahrscheinlichkeitsdichte der Ereignisse {x}	
I(x)	Information eines Ereignisses x	$:= - \ln P(x)$
H(x)	Entropie oder erwartete Information $\langle I(x) \rangle_x$ einer Nachrichtenquelle x	
$\mathbf{C}$	Erwartungswert der Matrix der Autokorrelation $= (\langle x_i x_j \rangle) = \langle \mathbf{x}\mathbf{x}^T \rangle$	
$\mathbf{e}^k$	Eigenvektor k	
λ_k	Eigenwert von $\mathbf{e}^k$	

Einleitung

Vierzig Jahre, nachdem John von Neumann sein Konzept eines rechnenden, programmgesteuerten Automaten entworfen hat, setzt sich nun in der Informatik die Erkenntnis durch, daß sequentiell arbeitende Rechner für manche Probleme zu langsam arbeiten. Mit vielen, parallel arbeitenden Prozessoren versucht man heutzutage in Multiprozessoranlagen, den "von Neumann-Flaschenhals" zu umgehen. Dabei ergeben sich eine Menge neuer Probleme: Die Aktivität der Prozessoren muß synchronisiert werden, die Daten müssen effektiv verteilt werden und "Knoten" im Datenfluß (*hot spots*) zwischen den Prozessoren und dem Speicher müssen vermieden werden. Dazu werden Mechanismen benötigt, um auftretende Defekte in ihren Auswirkungen zu erfassen und zu kompensieren, das Gesamtsystem zu rekonfigurieren und alle Systemdaten zu aktualisieren. Bedenken wir noch zusätzlich die Schwierigkeiten, die mit einer parallelen Programmierung der eigentlichen Probleme verbunden sind, so können wir uns nur wundern, wieso wir Menschen "im Handumdrehen" und "ganz natürlich" Leistungen erbringen können, die mit den heutigen Rechnern bisher nicht nachvollziehbar waren.

Betrachten wir beispielsweise die Probleme der "künstlichen Intelligenz", besser "wissensbasierte Datenverarbeitung" genannt, so hinken die heutigen Systeme zum *Sehen, Hören und Bewegen* hoffnungslos der menschlichen Realität hinterher. Weder in der Bildverarbeitung und -erkennung, noch in der Spracherkennung oder in der Robotersteuerung reichen die Systeme in Punkto Schnelligkeit (*real-time*), Effektivität und Flexibilität *(Lernen)* oder Fehlertoleranz an die menschlichen Leistungen heran. Auch die Expertensysteme, auf denen vor einigen Jahren viele Hoffnungen ruhten, stagnieren in ihrer Entwicklung: Durch die Schwierigkeit, alles benötigte Wissen umständlich erst vorher per Hand eingeben zu müssen und die aber dennoch weiterhin vorhandenen Unterschiede zu menschlichen Expertenleistungen bleibt das Einsatzgebiet in der Praxis auf gut abgegrenzte, einfache Wissensgebiete beschränkt.

Im Unterschied zu den Informatikern, die erst seit wenigen Jahren Systeme von wenigen, parallel arbeitenden Prozessoren untersuchen, beschäftigen sich die Neurobiologen bereits seit über 40 Jahren mit Theorien, die ein massiv parallel arbeitendes Gebilde erklären wollen: unser menschliches Gehirn. Hier läßt sich ein funktionierendes System vorführen, das mit 10^{10} Prozessoren ohne Programmierungsprobleme, Synchronisations-Deadlocks, Scheduling-Probleme und OSI-Protokolle erstaunliche Leistungen vollbringt. Dabei haben die einzelnen biologischen Prozessoren nicht nur eine 100 000 mal kleinere Taktfrequenz als unsere modernen Mikroprozessoren, sondern das System verkraftet laufend den Ausfall von einzelnen Elementen, ohne daß dies nach außen sichtbar wird.

Der Ansatz, nun direkt die Funktionen des menschlichen Gehirns zu modellieren, weckt dabei viele Hoffnungen. Der Gedanke, sich vielleicht dabei selbst besser zu verstehen, einen kleinen Homunkulus oder darüber hinaus eine großartige, neue Intelligenz zu erschaffen, fasziniert viele Menschen und bringt sie dazu, sich mit diesem Gebiet zu beschäftigen. Auch die Spekulationen darüber, was für eine Maschine wir mit unseren jetzigen schnellen Materialtechniken und hohen Taktraten bauen könnten, wenn wir nur die Prinzipien verstehen würden, nach denen die menschliche Intelligenz funktioniert, sind faszinierend.

Bei all diesen Motivationen sollten wir aber eines nicht ignorieren: die heutige Realität der neuronalen Netze sieht anders aus. Das Anspruchsvollste, was wir zur Zeit mit neuronalen Netzen teilweise modellieren können, sind die menschlichen Peripherieleistungen: Bilderkennung, Spracherkennung und Motoriksteuerung. Dies ist zweifelsohne nicht wenig, ja geradezu revolutionär; aber von den "intelligenten" Funktionen in unserem Kopf sind wir noch sehr, sehr weit entfernt.

Ein wichtiger Schritt auf dem Weg dahin besteht in der systematischen Erforschung der möglichen Netzwerkarchitekturen. Genauso, wie es mehr oder weniger intelligente Menschen trotz sehr ähnlicher Gehirnstrukturen gibt, genauso können auch sehr ähnliche künstliche, neuronale Netze unterschiedliche Leistungen erbringen. Im Unterschied zur Natur, wo ab und zu durch Zufall eine besonders günstige Kombination der Parameter der Gehirnentwicklung und -architektur musische, mathematische oder sprachliche Genies hervorbringen kann, müssen wir unsere künstlichen neuronalen Netze selbst optimal gestalten. Es ist deshalb sehr wichtig, über eine naive Beschäftigung mit neuronalen Netzen hinaus Mittel und Methoden zu entwickeln, um kritisch und rational die Netze zu gestalten und zu benutzen.

Ich hoffe, daß auch eine derart eingeschränkte und bescheidenere Motivation, die in diesem Buch vermittelt wird, den Spaß an einem faszinierendem Thema erhalten kann.

1 Grundlagen

Versucht man, Bücher oder Fachartikel über neuronale Netze zu verstehen, so stößt man immer wieder auf bestimmte Gedanken und Modelle, ohne deren Kenntnisse das Verständnis sehr erschwert wird. In den folgenden Abschnitten möchte ich versuchen, bestimmte Annahmen und Modelle neuronaler Netze zu motivieren und einzuführen.

1.1 Biologische Grundlagen

Betrachten wir unser Vorbild "menschliches Gehirn" etwas näher.

Das menschliche Gehirn ist ein Gebilde von rund 10^{10} Nervenzellen, das einige Regelmäßigkeiten aufweist. Als erstes fällt die Spiegelsymmetie auf, mit der das Gehirn in zwei Hälften geteilt ist. Verbunden sind die beiden Hälften mit einer Brücke aus Nervenfasern, dem *corpus callosum*. Trennt man diese Brücke auf, so können beide Gehirnteile unabhängig voneinander weiterarbeiten, allerdings mit gewissen, sehr speziellen Einschränkungen.

1.1.1 Gehirnfunktionen und Schichten

Früher ordnete man menschliche Tugenden und Laster wie Ordnungsliebe und Neidsucht direkt einzelnen Gehirnteilen zu. Inzwischen weiß man aber, das dies nicht so möglich ist. K.S. Lashley, ein Neuropsychologe aus Harvard, versuchte Ende der vierziger Jahre, die Vorstellung des Gehirns als "Telefonvermittlungszentrale" zwischen eingehenden sensorischen Signalen und ausgehenden motorischen Signalen

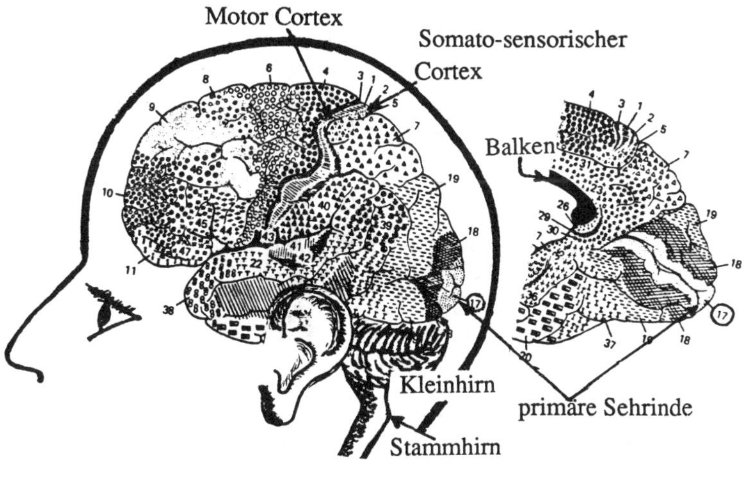

Abb. 1.1.1 Gehirnbau und -funktionen (nach [BROD09])

experimentell zu verifizieren. Seine Ergebnisse waren ziemlich entmutigend: weder fand er lokalisierte Reflexbögen (s. Kap. 1.1.4) zwischen Großhirn und Muskeln, noch konnte er Lernergebnisse und damit Erinnerungen experimentell im Gehirn seiner Versuchstiere lokalisieren [LASH 50]. Trotzdem sind einige, grobe Funktionszuordnungen möglich, die in einer Seitenansicht eines Gehirns (Abbildung 1.1.1) mit unterschiedlichen Mustern gekennzeichnet sind. Beispiele dafür sind der Motorkortex (Areal3) und der Somato-sensorische Cortex (Areal 2), die sich entlang einer großen Furche hinziehen, sowie das visuelle Zentrum (Areale 17, 18, 19), das rechts nochmals ausführlicher im Aufschnitt an der rechten der beiden Gehirnhälften zu sehen ist.

Außer den großen Strukturen ("Lappen") bemerkt man viele kleinere Windungen des Gehirns. Man kann es sich wie ein flaches Tuch einer gewissen Dicke vorstellen, das zusammengeknüllt in einem engen Raum untergebracht ist. Dabei hat das Tuch, die Gehirnrinde, trotz seiner geringen Dicke noch eine geschichtete Struktur.

Grob läßt sich die Gehirnrinde in zwei Schichten einteilen, die *grau* aussehenden Nervenzellen und der *weiße* Teil, in dem die Nervenfortsätze als kurz- und weitreichendes Verbindungsnetzwerk ("Kabelbaum") die Aktivierungsleitung sicherstellt.

In einer feineren Aufteilung kann man weitere Einzelschichten unterscheiden, die in der folgenden Abbildung mit römischen Zahlen versehen sind. Je nach Anfärbemethode sind hierbei unterschiedliche Strukturen ("Golgi", "Nissl", "Weigert") zu sehen.

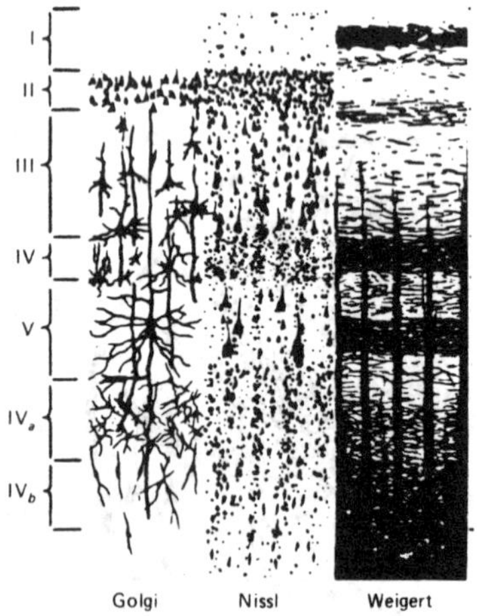

Abb. 1.1.2 Schichten der Gehirnrinde (nach [BROD09])

Innerhalb des Gehirns fand man verschiedene Wege, die die von der Peripherie kommenden Signale der Sensorzellen durchlaufen.

Stellvertretend für die verschiedenen Sensorsysteme (Sehen, Hören, Riechen, Schmecken, Kälte-, Schmerzempfinden usw.) sollen in den folgenden Abschnitten die wichtigsten Erkenntnisse über die beiden wichtigsten Systeme, das Sehen und das Hören, sowie über das motorische System kurz zusammengefaßt präsentiert werden. Beginnen wir mit dem menschlichen Sehsystem.

1.1.2 Sehen

Das menschliche Sehsystem ist in seiner Funktion ziemlich unvollkommen bekannt. Im Unterschied zu primitiven Tieren wie Kaltblütlern, Insekten usw. erfolgt die hauptsächliche Auswertung der Bilder nicht direkt beim Auge, sondern in einem extra Teil des Gehirns, dem visuellen Cortex oder Sehzentrum. Bild 1.1.3 zeigt eine Übersicht über die Verarbeitungsstufen im menschlichen Sehsystem.

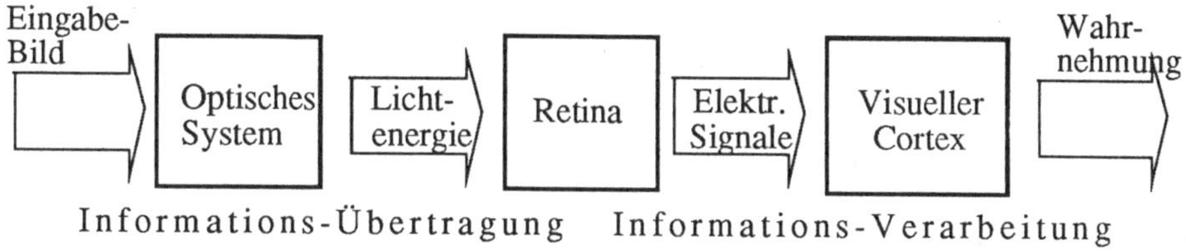

Abb.1.1.3 Blockschema des menschlichen Sehens

Betrachten wir nun die einzelnen Teile etwas näher.

Das menschliche Auge

Als Photorezeptor hat das menschliche Auge bestimmte Charakteristika, die kurz dargestellt werden. In Bild 1.1.4 ist der Querschnitt durch ein menschliches Auge gezeigt. Dabei durchläuft die optische Information verschiedene Stufen.

Im optischen System wird das Bild nach dem Durchlaufen verschiedener lichtdurchlässiger Häute durch das Linsensystem und den Glaskörper seitenverkehrt auf die Retina projektiert. Dieser Vorgang ist zwar prinzipiell mit einem einfachen Fotoapparat zu vergleichen, ist aber bekanntlich fehlerhafter. Zum einen treten beim Durchgang durch die verschiedenen, nicht perfekten biologischen Materialien Streulicht und Absorption auf, so daß nur 50% des ins Auge fallenden Lichts auch wirklich auf der Retina erscheint. Zum andern bedingt diese Imperfektion auch Verzerrungen des einfallenden Bildes. Beispielsweise gibt es keine von den in Fotoobjektiven üblichen Korrekturen der chromatischen Aberration, die zwangsläufig auftritt. Zwar ist mit der Pupille eine gewisse Korrektur der Tiefenschärfe möglich, aber sie dient eher der Intensitätsanpassung des einfallenden Lichts an die Empfindlichkeit der fotosensitiven Zellen auf der Retina.

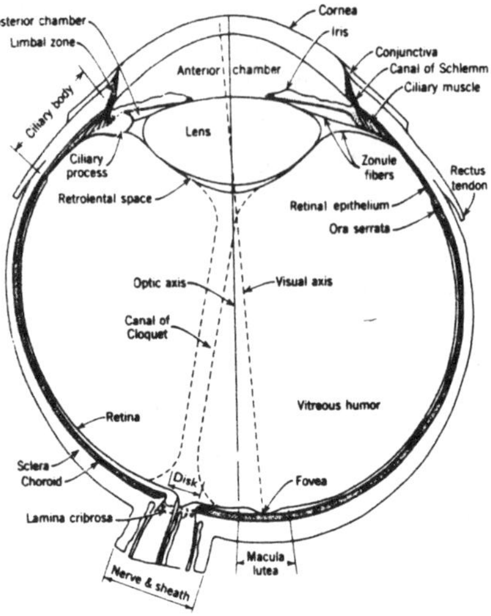

Abb. 1.1.4 Das menschliche Auge (aus [GRAH65])

Im Retina-System wird nun dieses imperfekte Bild in Nervenimpulse umgewandelt. Auch hier treten wieder (bedingt durch den Bau der Retina) zahlreiche Zusatzeinflüsse auf. Betrachten wir dazu einen Schnitt durch die Retina in Abb.1.1.5.

Das Licht durchläuft zwei Schichten von Nervenzellen: Zuerst die Ganglion-Zellen, an die die Sehnerven angeschlossen sind, und dann eine Schicht von bipolaren Zellen, bevor es die eigentlichen Zellen, die Stäbchen und Zapfen, erreicht.

Stäbchen und Zapfen haben verschiedene Funktionen. Es gibt drei verschiedenartige Zapfenzelltypen, die verschiedene fotosensitive Verbindungen enthalten. Diese chemische Verbindungen reagieren verschieden auf verschiedene elektromagnetische Frequenzen (Lichtfarben). Die 20 mal häufigeren Stäbchenzellen enthalten im wesentlichen nur eine Substanz, sind dafür aber empfindlicher.

Entsprechend diesen Charakteristiken spielt sich das Sehen zwischen zwei verschiedenen Seharten ab: in der Dämmerung (wenig Licht) sind die Zapfen kaum gereizt; dafür lassen die Stäbchenzellen das Bild gut erkennen. Bei hellem Sonnenlicht sind die Stäbchenzellen im "Sättigungsbereich", d.h. Helligkeitskontraste führen kaum zu Änderungen der abgegebenen Nervenimpulse. Die Zapfen dagegen nehmen nun ausreichend Lichtenergie auf, um ein Farbsehen zu ermöglichen.

Auch die relative und die absolute Verteilung der Stäbchen und Zapfenzellen ist verschieden innerhalb des Auges. Betrachten wir nochmals Abb.1.1.4. Dicht bei dem Schnittpunkt der optischen Achse mit der Retina befindet sich ein Bereich auf der Retina, bezeichnet mit Fovea. Diese Fovea ist zwar nur ein ca. 1,5 mm großer Fleck, aber er konzentriert massiv fast ausschließlich Zapfenzellen in hohem Maße.

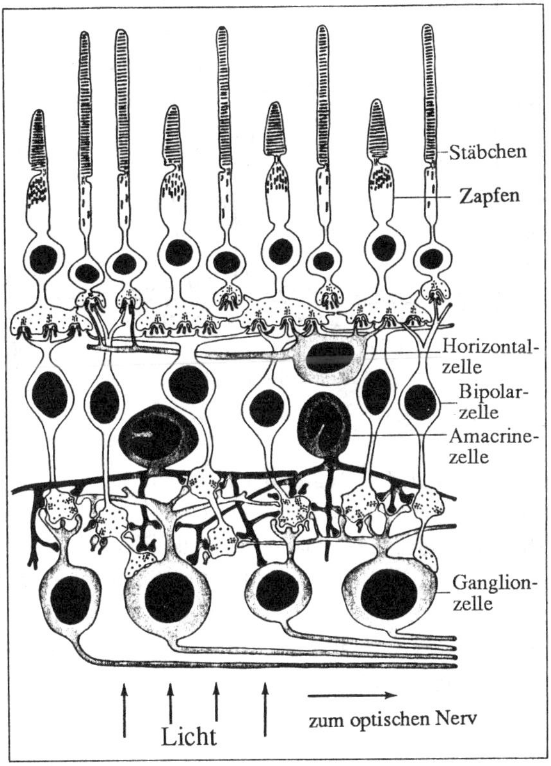

Abb. 1.1.5 Schnitt durch die Retina (nach [DOW66])

Die restlichen Zapfenzellen verteilen sich fast gleichmäßig über die restliche Retina. Anders dagegen die Stäbchenzellen, die außerhalb der Fovea überwiegen und deren absolute Konzentration bei steigender Entfernung von der optischen Achse abnimmt (s. Abb. 1.1.6). Diese Inhomogenität und Nicht-Linearität in der Verteilung der Fotorezeptoren läßt sich mit den Sehgewohnheiten und Seherfordernissen erklären. Zweifelsohne stellt ein Sehmechanismus, der bei einer begrenzten Zahl von Fotorezeptoren eine Möglichkeit hoher Sehschärfe (hohe Auflösung in der Fovea) enthält, verbunden mit einem Mechanismus zum Ausrichten (Augenbewegung) auf den Brennpunkt des Geschehens, einen Evolutionsvorteil dar.

Eine weitere Bearbeitung erfährt das empfangene Bildsignal durch die Verarbeitungsschichten der Retina. Sind die Anschlüsse der Zäpfenzellen in der Fovea noch 1:1 den bipolaren Zellen zugeordnet, die wiederum genau einer Ganglionzelle zugeordnet ist, so sind es 20° von der optischen Achse bereits hunderte von Zapfen, die zu einer bipolaren Zelle die Signale senden. Bedenkt man, daß bei ca. 120

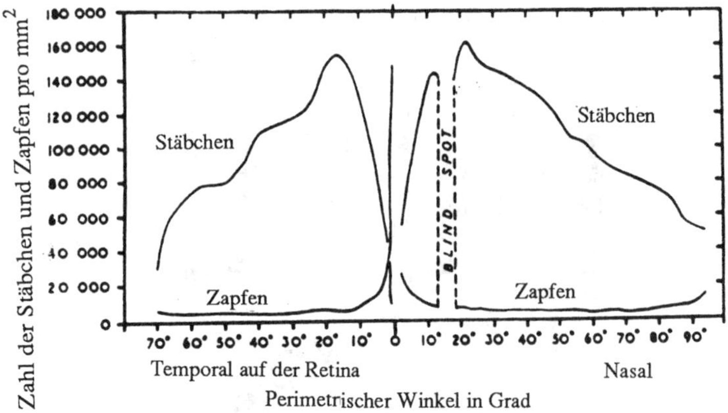

Abb.1.1.6 Verteilung der Stäbchen und Zapfenzellen (nach [PIR67])

Millionen Fotorezeptoren auf der Retina der aus dem Auge herausführende Sehnerv nur eine Million Fasern hat, so findet augenscheinlich bereits in der Retina eine Informationsverarbeitung statt. Bei größerem Abstand der Fovea und damit kleinerer Auflösung scheint dies, vorgegeben durch die Anatomie, eine räumliche Integration der Bildsignale zu bedeuten, was auch Experimente mit Katzenfischen nahelegen. Eine andere Möglichkeit der Interaktion ist die Inhibition der Zellen untereinander, was eine Kontrastanhebung bewirkt.

Rezeptive Felder

Ein bedeutender Fortschritt im Verständnis der Sehvorgänge wurde erreicht, als es Hartline 1940 gelang, mit Mikroelektroden direkt an einer Faser des Sehnervs von Fröschen die elektrische Aktivität abzuleiten. Dann wurde auf die Retina der betäubten Tiere ein sehr dünner Lichtpunkt projiziert. Es zeigte sich überraschenderweise, daß die jeweilige Ganglionzelle, deren Faser man kontaktiert hatte, nicht nur für einen Punkt der Retina empfindlich war, sondern für ein ganzes, ungefähr kreisförmiges Gebiet (*Rezeptives Feld*), das in etwa der 2-dim Projektion des Dendritenbaumes (vgl. Abb. 1.1.24) entspricht. Das Gebiet entspricht einer Fläche, die das Abbild einer Stecknadelkuppe in einem Meter Entfernung auf der Retina einnimmt.

Kuffler fand 1953 bei Katzen [KUFF53], daß im Unterschied zu Fröschen nur zwei verschiedene Arten von rezeptiven Feldern existieren: sogenannte *ON-Zellen* und *OFF-Zellen*. Die in gleichen Mengen vorhandenen Feldtypen haben beide eine besondere, zentrale Region, sie sind aber in ihren Reaktionen gerade invers zueinander. In Abbildung 1.1.7 sind die gemittelten Reaktionen auf einen Lichtreiz dargestellt.

Die ON-Zellen haben hohe Aktivität (Spikefrequenz) gerade dann, wenn ihr Zentrum gereizt wird; bei Reizung der Umgebung sinkt die mittlere Aktivität ab. Bei den

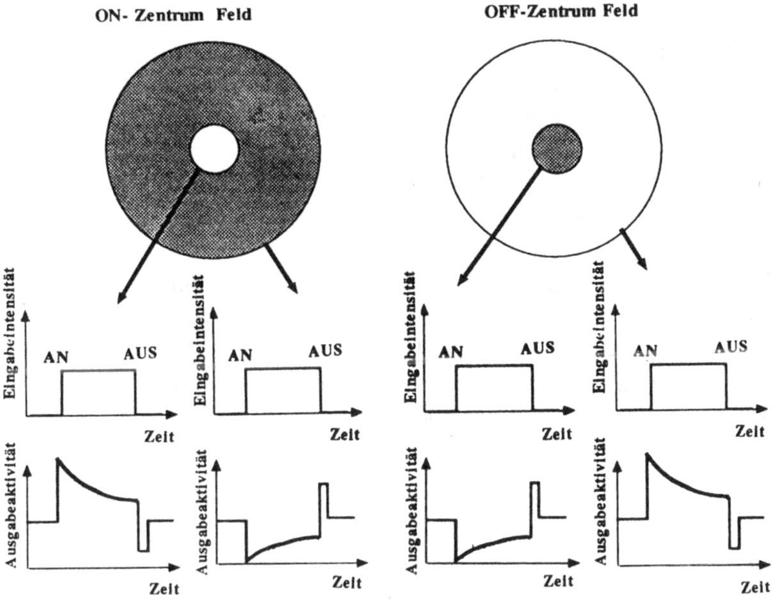

Abb. 1.1.7 Antwortverhalten bei rezeptiven Feldern

OFF-Zellen ist dies gerade umgekehrt. Beide Zelltypen zeigen zusätzlich eine zeitlich begrenzte Reaktion (Überhöhung) beim Wechsel (An-und Abschalten) des Reizes.

Die Stärke der Antwort bei (a) blinkenden Lichtpunkten auf dem rezeptiven Feld einer OFF-Zelle und (b) bewegten Lichtpunkten ist in Abbildung 1.1.8 gezeigt, wobei die Größe der Symbole (Lichtpunkt an/aus sowie die Reiz-Bewegungsrichtung) die Antwortstärke anzeigen soll.

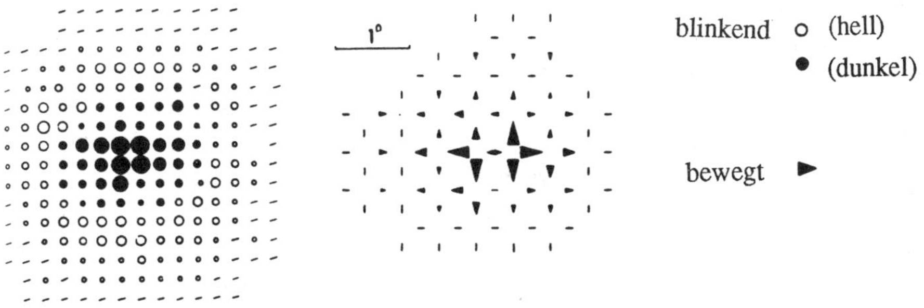

Abb. 1.1.8 Statische (a) und dynamische (b) Antwort in rezeptiven Feldern (nach [ROD65])

Die Existenz zweier Typen von rezeptiven Feldern mit gerade umgekehrter Charakteristik ist analog zu verschiedenen anderen antagonistischen Systemen des menschlichen Körpers, beispielsweise der Muskelbewegung (*Beuger und Strecker*), und läßt sich mit der Notwendigkeit eines "Gegengewichts" zur besseren Darstellung und Kontrolle der sensorischen Ereignisse erklären.

Rezeptive Felder sind auch für andere, sensorische Ereignisse wie Hören und Tasten nachgewiesen worden und scheinen ein wichtiges Schema der Informationsverarbeitung im Nervensystem zu sein.

Das Verhalten der rezeptiven Felder läßt sich dabei durch zwei Funktionen modellieren: einer zeitlichen Antwort h(t) in Form einer Abklingkurve und einer räumlichen Antwortstärke w(x,y), die als Überlagerung zweier Normalverteilungen die Form eines mexikanischen Sombreros hat und deshalb *Mexikanerhut*-Funktion genannt wird. In Abbildung 1.1.9 ist dies verdeutlicht.

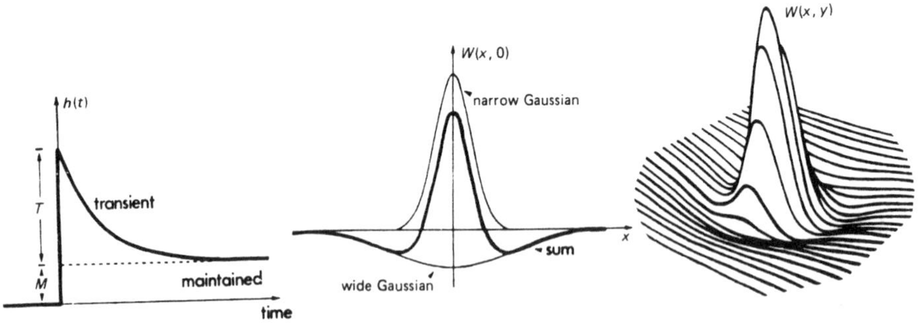

Abb. 1.1.9 Modellierung der rezeptiven Felder (aus[ROD65])

Auch in späteren Verarbeitungsstufen im visuellen Cortex lassen sich, wie Hubel und Wiesel zeigten, rezeptive Felder beobachten, die als Eingabe die Reaktionen der einfachen rezeptiven Felder und als Ausgabe komplexere Reaktionen zeigen. Beispiels weise gibt es Zellen, die nicht wie die einfachen Retina-Ganglionzellen auf einfache Kontraste und Bewegungen reagieren, sondern nur noch auf die Existenz und Verschiebung von ganzen Objekten. In Abbildung 1.1.10 ist als Beispiel ein Lichtbalken gezeigt, der ON-Zellen erregt.

Angenommen, es existiert eine einfache Zelle, die als Eingabe die Aktivität aller in einer Linie liegenden ON-Zellen hat. Dann reagiert diese Zelle besonders stark, wenn

a) der Lichtbalken in der Länge mindestens alle ON-Zellen überdeckt
b) in der Breite gerade das Zentrum der ON-Zellen überdeckt
c) der Lichtbalken mit der Linie durch die Mittelpunkte der ON-Zellen einen Winkel von 0 oder 180 Grad bildet.

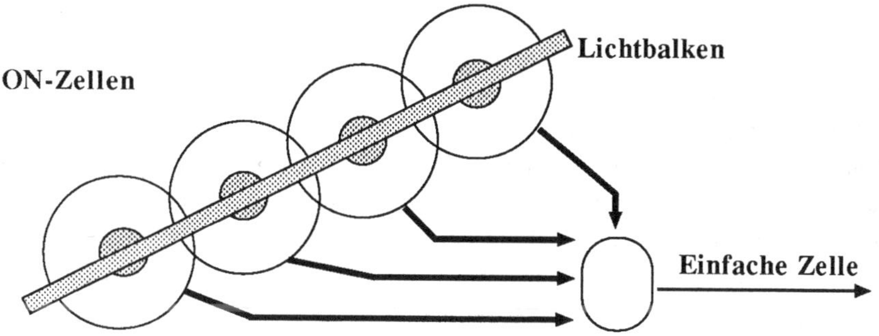

Abb. 1.1.10 Modell eines corticalen, rezeptiven Felds

Die Reaktionen a)-c), die oft so ähnlich tatsächlich auftreten, sowie das daraus als gefolgerte, resultierende, corticale rezeptive Feld der Zelle ist in Abbildung 1.1.11 gezeigt.

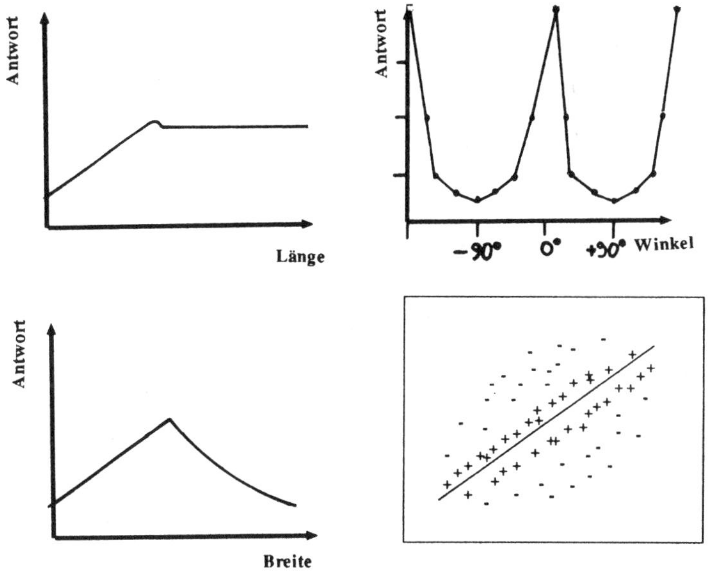

Abb. 1.1.11 Funktionsmodell eines rezeptiven Felds einer "Simple cell"

Solch eine Zelle wurde vom Typ ihres rezeptiven Feldes her als *simple cell* von Hubel und Wiesel bezeichnet; das rezeptive Feld hat durch die vorherige, mehrfache Zusammenführung der rezeptiven Felder (*Konvergenz*) bereits einen Durchmesser von ca. 4 Grad des Sehwinkels.

Die weiteren Verarbeitungsstufen enthalten Zellen (*complex cells*), die auf Reize ansprechen, die noch spezieller sind. Sie repräsentieren allerdings mit ihren komplexeren Merkmalen die Retina nicht mehr so zusammenhängend wie in den einfacheren Stufen.

Sehr komplexe Zellen reagieren nur noch auf sehr spezielle, seltene Ereignisse. Im Jargon der Neurologen werden sie auch "Großmutterneuronen" (*grandmother cell*) genannt, weil ein solches spezielles Neuron beispielsweise nur dann ansprechen könnte, wenn die Großmutter im Bild erscheint.
Ein Übersichtsschema der visuellen Verarbeitung ist in Abbildung 1.1.12 gegeben.

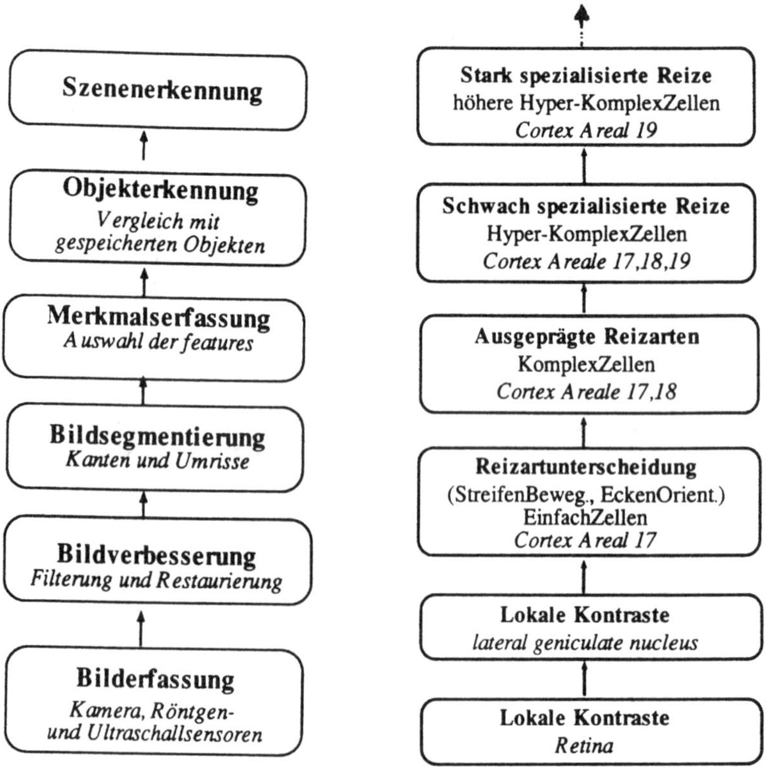

Abb. 1.1.12 Maschinelle und biologische visuelle Verarbeitung

1.1.3 Hören

Im folgenden Kapitel werden wir uns mit den Erkenntnissen über das menschliche Hören befassen. Das Ziel, das wir dabei im Auge haben, ist nicht, eine vollkommene technische Kopie des biologischen Hör- und Erkenntnisapparates zu bauen, sondern aus den Konstruktionsdetails des menschlichen Hörapparates die wesentlichen informationsverarbeitenden Mechanismen herauszuziehen, um die Architektur der Informationsgewinnung besser zu verstehen.
Betrachten wir dazu zuerst die anatomisch-elektrisch meßbaren Charakteristiken des Hörapparates.

Physiologie des Hörapparats

Der Weg vom äußeren Ohr bis zum Gehörorgan sei anhand der folgenden Abb. 1.1.13 beschrieben.

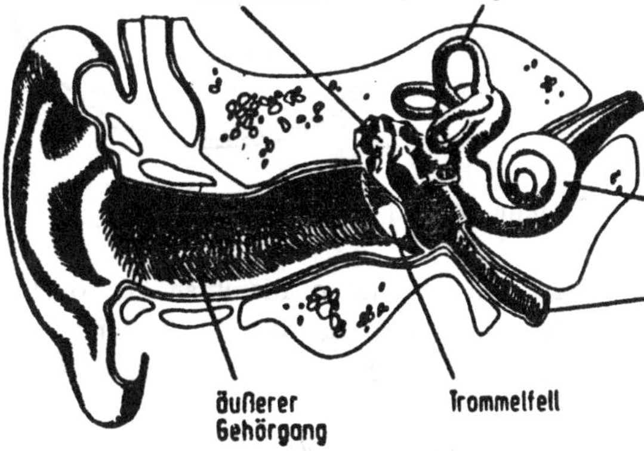

Abb. 1.1.13 Der Schallweg vom äußeren Ohr bis zum Gehörnerv (aus [FEL84])

Der Schall wird zuerst vom äußeren Ohr links im Bild gesammelt und in den äußeren Gehörgang eingespeist. Nach der Weiterleitung in den äußeren Gehörgang, der eine unscharf ausgeprägte Resonanz von 2-6 KHz hat, trifft der Schall auf das Trommelfell und bringt es zum Schwingen. Die durch die Luft hervorgerufenen Membranschwingungen werden durch die mechanische Hebelwirkung von drei *Gehörknöchelchen* ("Amboß", "Hammer"und "Steigbügel") auf das eigentliche, flüssigkeitsgefüllte Hörorgan übertragen; sie bewirken im wesentlichen eine Transformation der großen Luftschallamplitude auf die kleine Flüssigkeitsamplitude (Impedanztransformation) bei Energieerhaltung.

Für das Hören ist am Gehörorgan ein schneckenartig gewundener Teil zuständig: die *Cochlea*, die vollständig im Knochen eingebettet ist. Dadurch gelangt außer dem durch die Gehörknöchelchen übertragenen Luftschall auch Körperschall über die

Knochen direkt in die Cochlea. Da der Luftschall auf diesem Wege um 50-60 dB gedämpft wird, spielt der Schallweg (bis auf die Wahrnehmung der eigenen Stimme) keine besondere Rolle.

Die Cochlea hat ca 2 1/2 Windungen und ist abgewickelt ungefähr 32 mm lang. Schneidet man sie quer durch, so sieht man, daß sie der Länge nach durch Membranen in drei parallele Kammern *(scala vestibuli, scala media* und *scala tympani*) aufgeteilt ist.

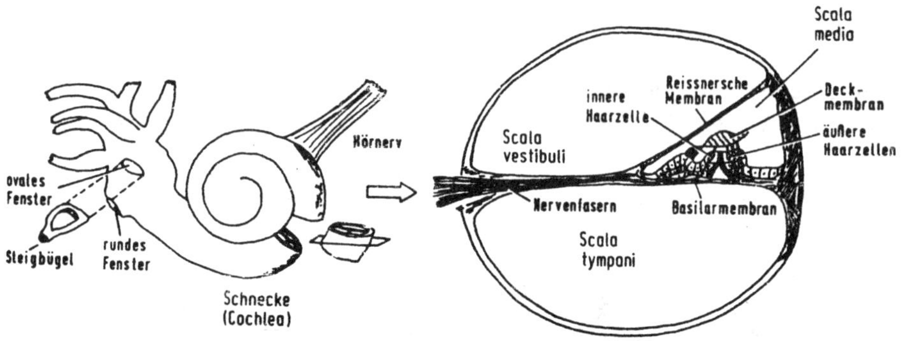

Abb. 1.1.14 Struktur des Gehörorgans (aus [FEL84])

Der Schall wird vom Steigbügel auf die dünne Membran des ovalen Fensters übertragen, läuft durch die Windungen bis ans Ende der Cochlea und dort durch ein Loch ("Helicotrema") zwischen den beiden Hauptkammern von der scala vestibuli zur scala tympani.

Da bei der *scala media* die Membran zur *scala vestibuli* akustisch (aber nicht elektrisch!) unwirksam ist, läßt sich die Cochlea als zwei-Kammern-System modellieren, das im Wesentlichen durch eine Membran, die Basilarmembran, getrennt ist. Die Basilarmembran ist schmal und straff gespannt am ovalen Fenster und verbreitert sich mit zunehmender Entfernung, siehe Abb. 1.1.15.

Wie wird nun die Schallerregung, die vom Steigbügel in die Cochlea übertragen wird, in die Nervenimpulse der Hörnerven verwandelt?

Betrachten wir dazu die Anatomie in Abb.1.1.15 genauer. Die Basilarmembran ist mit einer Schicht von Zellen besetzt, in der periodisch eine besondere Sorte von Zellen vorhanden sind, die kurze Härchen besitzen. Diese Härchen sind auf der einen Seite über die Zellen fest mit der Basilarmembran verbunden und liegen auf der anderen Seite lose auf einer Membran ("Tektorialmembran") auf, die sie bedeckt. Die Basilarmembran ist auf beiden Seiten der Kammer befestigt, die Tektorialmembran dagegen nur auf einer, dem "Wickelzentrum" der Schnecke zugelegenen Seite am sog. "Limbus". Bewegt sich nun die Basilarmembran unter der Einwirkung der Schallwellen, so verschieben sich die beiden Membranen, und damit auch die Haare bezüg-

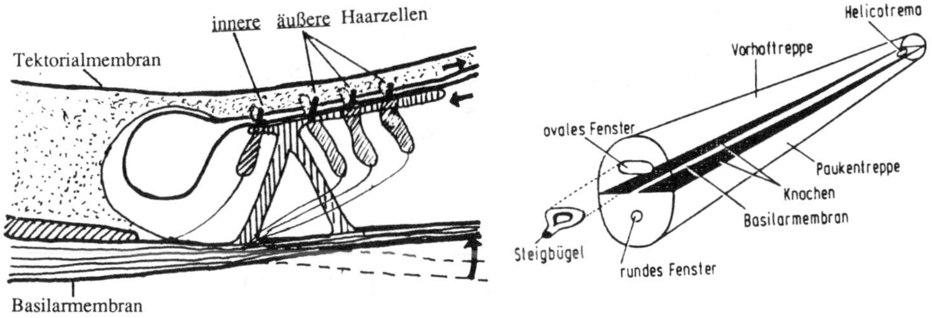

Abb.1.1.15 Modell der Erregungsmechanik und der Cochlea (nach [DAV60] und aus [FEL84])

lich der Tektorialmembran, gegeneinander.

Die Bewegung dabei ist in sehr kleinen Dimensionen. Führt ein Schallpegel nahe der Hörschwelle (20 uPa) noch zu einer Auslenkung des Trommelfells von 10^{-9} cm (Wasserstoffatom: 10^{-8} cm Durchmesser), so wird die Basilarmembran um 10^{-11} bis 10^{-9} cm ausgelenkt bei einer Länge der Haare von 10^{-4} cm und einem Abstand von 10^{-2} cm von der Basilarmembran. Damit sind die Haare ca 1 Million mal größer als die Schwingungsamplitude!

Die Funktion des Innenohres

Was weiß man von der Funktion der Cochlea?

Die heutigen Theorien über die Funktion der Basilarmembran stammen im wesentlichen von dem ungarischen Naturforscher Bekesy, der in 50-jähriger Arbeit das Innenohr direkt unterm Mikroskop untersuchte. Dazu entfernte er unter Wasser an Leichenpräperaten ein Stück Knochen aus dem Schädel, um die Cochlea freizulegen, öffnete die Cochlea und plazierte Silberkristalle auf der Basilarmembran. Er ersetzte das ovale Fenster durch eine Gummimembran, die mit einem Lautsprecher gekoppelt war. Dann verschloß er das Loch im Knochen mit einer Glasplatte. Wurde nun der Lautsprecher erregt, so konnte er mit einem Lichtmikroskop für Unterwasserbeobachtung bei stroboskopischer Beleuchtung die Auslenkung der Basilarmembran sehen. Was er beobachtete, war folgendes: Durch die Erregung erschien eine Welle auf der Basilarmembran, wurde größer mit wachsender Entfernung vom ovalen Fenster, erreichte ein Maximum und erstarb ziemlich rasch auf dem weiteren Weg. Diese spezielle Welle, deren Form ziemlich unabhängig von der Form des 2-Kammersystems ist, wurde *Wanderwelle* genannt. In Abb. 1.1.16 ist ein Momentanzustand gezeigt.

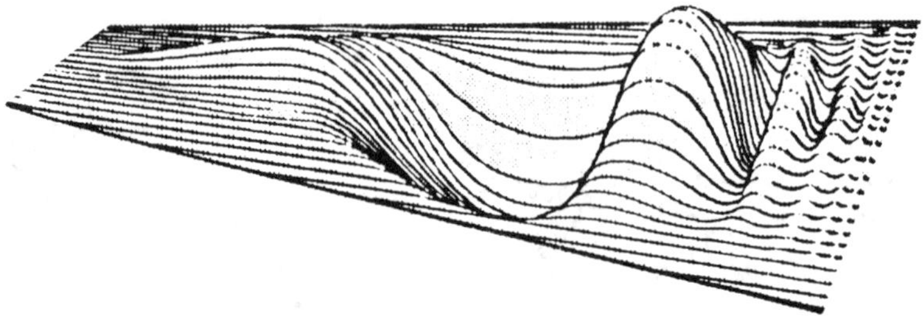

Abb. 1.1.16 Momentanzustand der Wanderwelle (aus [TON60])

Das Maximum der Wanderwelle verschiebt sich dabei je nach Frequenz im Sinne der Resonanztheorie. Die dabei zugrunde liegende Mathematik ist komplizierter als bei der Resonanztheorie. Allerdings vermag auch diese Theorie nicht einige nicht-lineare Zusammenhänge zwischen mechanischer Auslenkung und neuronaler Frequenzselektivität erklären. Zusammenfassend kann man sagen, daß es bisher zwar viel Klarheit über die Anatomie, aber nicht über die Funktion der Cochlea gibt.

Der weitere Verlauf der 30.000 Nervenfasern, die den Hörnerv bilden und deren Zellkerne in der inneren Cochlea-Wandung gelagert sind, läßt sich in folgendem Schema skizzieren.

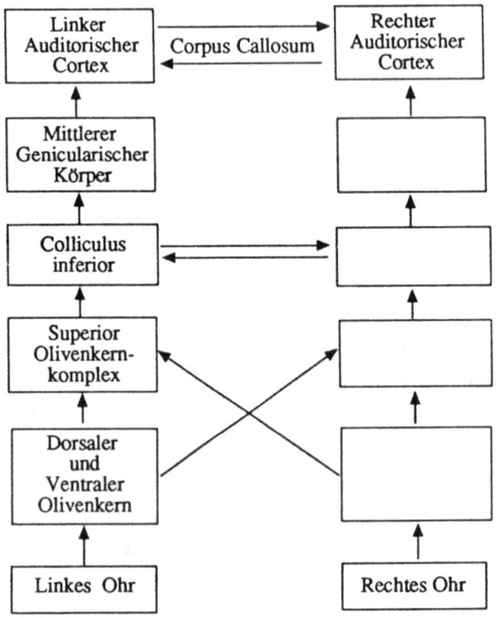

Abb. 1.1.17 Schema der auditiven Verarbeitung im Gehirnstamm (nach [KAL75])

Über den Olivenkern-Komplex, einem neuronalen Verschaltungsteil vor dem eigentlichen Hörzentrum des Gehirns, werden die Signale beider Ohren verglichen und die Stereo-Information ausgefiltert. Auf dem Bild oben ist dabei nur eine Seite gezeigt; die andere Cochlea muß ergänzt werden.

1.1.4 Motorik

Betrachtet man, was ein Roboter heutzutage *nicht* leisten kann, so findet man im Vergleich zum Menschen viele Unterschiede: die Koordination von zwei Armen macht Probleme, die ballistische Steuerung von zwei Beinbewegungen, und insgesamt, die Integration aller Funktionen bei der Planung. Dabei stößt man immer wieder auf das Problem, in Echtzeit Bewegungsvariationen errechnen zu müssen und Rückkopplungen auf verschiedenen Ebenen wirken zu lassen, ohne die Charakteristika zu kennen und damit dies explizit programmieren zu können.

Im scharfen Gegensatz dazu funktionieren wir Menschen durch einfaches Training ganz gut, ohne daß uns jemand bis in die elementarsten Muskelanspannungen erklären muß, was wir genau tun sollen, um ein Ziel zu erreichen. Es wäre nun für die gesamte Robotik ein großer Fortschritt, wenn wir die zugrunde liegenden Mechanismen kennen würden, um auch bei Industrierobotern ein solch problemlose Steuerung einführen zu können.

Wir betrachten deshalb im folgenden Abschnitt übersichtsartig die Funktionen der menschlichen Muskelkontrolle; genaueres kann beispielsweise in [SCH76] nachgelesen werden.

Die Muskeln

Vom Motorcortex (s. Abb.1.1.1) führen neuronale Leitungen (*Axone*, alpha-Fasern) zu den Muskeln und enden dort auf den *Endplatten*. Gelangt eine Erregung von dem Motoneuron durch das Axon auf die Endplatten, so wird ein Strom von Kalziumionen ausgelöst, der über verschiedene chemische Reaktionen bei einer Substanz *Myosin* eine Molekülveränderung ("Verbiegung") bewirkt, die sich in einer makroskopischen Bewegung (Zusammenziehen des Muskelgewebes) äußert.

Ein Axon erregt in der Regel mehrere Muskelfasern, die zusammen als *motorische Einheit* (ME) bezeichnet werden. Da jede motorische Einheit bei einem Erregungsimpuls (*Spike*) voll kontrahiert, ist die resultierende Kraft nicht nur von der Erregungsfrequenz (Spikefrequenz) abhängig, sondern auch von der Zahl der Fasern pro motorischer Einheit. Je feiner die Kontraktion dosiert werden muß, um so weniger Fasern werden von jeder ME kontrolliert und um so mehr Neuronen müsen aktiviert werden, um eine bestimmte Kraft zu generieren.

Beispiel:	Augenmuskel	1740 ME mit 13 Fasern pro ME und 0,1g pro ME
	Bizeps	774 ME mit 750 Fasern pro ME und 50g pro ME

Die erzielte Kraft ist von der Vordehnung und der Kontraktionsgeschwindigkeit sowie dem Ermüdungszustand des Muskels (chem. Versorgung!) abhängig und ist deshalb ohne Rückkopplung nicht exakt von den Neuronen steuerbar. Für die exakte Kontrolle für Feinbewegungen verfügen die Muskeln noch über verschiedene Sensoren, die die Wirkung der Muskelkontraktion messen.

Muskelsensoren

Die Muskelsensoren sind im Prinzip Dehnungssensoren und existieren in zwei Typen:

1) *Muskelspindeln*

In den Muskeln eingelagert existieren in schmalen, abgekapselten Stäben sog. Muskelspindeln, die über dünne Axone (gamma-Fasern) extra erregt werden können. Um diese Spindelfasern gewickelt sind die Sensorfasern, die die Spindeln verlassen.

Es gibt zwei Arten von Spindeln: große Spindeln, deren Sensoren auf die Dehnungsgeschwindigkeit $\partial x/\partial t$ reagieren (*dynamische Ia-Fasern*) und kleinere Spindeln, deren Sensoren auf die Dehnung x selbst reagieren (*statische II-Fasern*).

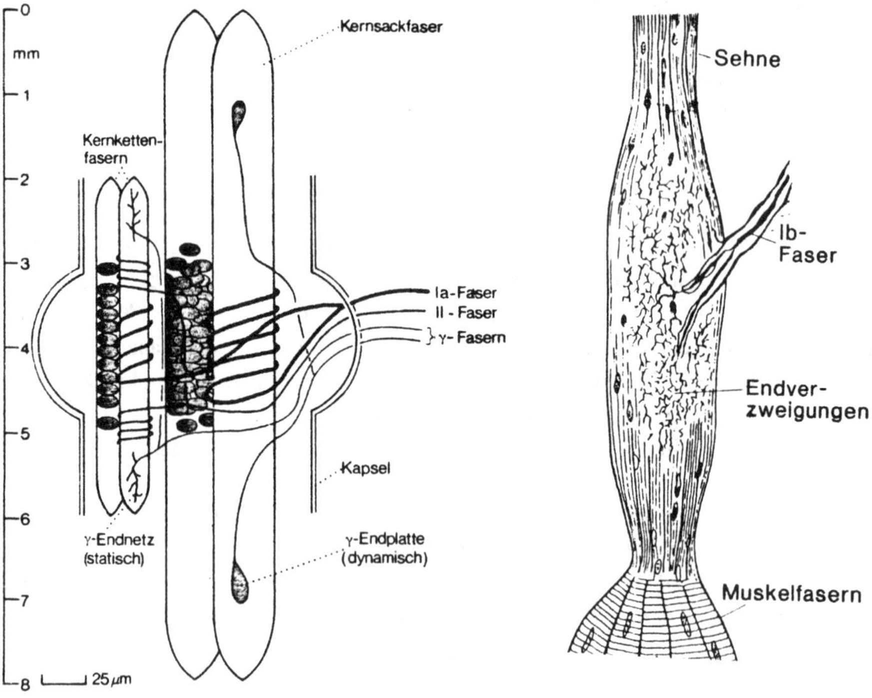

Abb. 1.1.18 Muskelspindeln und Golgi-Sehnenorgane (aus [SCH76] und [CAJ55])

2) *Sehnenorgane*

Am Ende der Muskelfasern auf der Sehne sitzen noch spezielle Zellen, die von Ib-Fasern abgeleitet werden (s. Abb. 1.1.18 rechts). Diese senden ein Erregungssignal, was weitgehend von der Kraft auf den Muskel bestimmt ist.

Bei den menschlichen Sensoren werden also prinzipiell die drei Variable *Kraft (Drehmoment), Position* und *Winkelgeschwindigkeit* erfasst.

Reflexe

Steht ein Tier still auf allen vier Beinen, so wird die statische Schwerkraftkompensation nicht voll von den höheren Instanzen gelenkt, sondern (wie sich durch Amputation zeigen läßt) von einer Rückkopplung Sensor-Rückenmark-Muskel geregelt (*Haltetonus*). Stören wir diesen Regelkreis durch eine Muskeldehnung, (Klopfen auf den Muskel), so wird sofort durch die Dehnung der Spindelmuskelfasern eine Aktivierung der alpha-Motoneurone bewirkt (*Reflexbogen*). Eine zweite Möglichkeit, die Hauptmuskeln zu beeinflussen, ist über die Aktivierung der gamma-Motoneuronen und somit der Spindelmuskelfasern, die über die Spindelsensoren den Reflexbogen aktivieren.

Die Reflexe sorgen also hauptsächlich für die Ausführung von vorprogrammierten, einfachen Servomechanismen (*Stützmotorik*).

Das Kleinhirn

Das Kleinhirn ist nach dem Rückenmark und dem Stammhirn (s. Abb. 1.1.1) eines der ältesten Teile des Gehirns. Zur Bewegung ist das Kleinhirn nicht unbedingt nötig; bei Patienten ohne Kleinhirn (z.B. Krebsoperation) ist immer noch eine langsame, etwas wackelige Bewegung möglich.

Das Kleinhirn scheint die Koordination der Stützmotorik mit genauen, zielgerichteten Bewegungen oder schnellen Bewegungen ohne Rückkopplung (z.B. schnelle, gelernte, ballistische Bewegung im Sport) durch inhibitorische Modulation zu übernehmen (*Bewegungskontrolle*). Eine plausible Theorie [BRAI67] besagt beispielsweise, daß dies durch einen zeitgenauen Ablauf (Uhrenfunktion) von einzelnen Bewegungsmustern geschieht (vgl. Abschnitt 4.2.2); die genaue Funktion ist aber noch immer Gegenstand von Kontroversen.

Der Motorkortex

Die Motoaxone (alpha-Neuronen), die direkt die Muskeln innervieren, kommen von sog. *Pyramidenzellen*, die im Großhirn in einem langen, schmalen Areal (Motorkortex, *Gyrus präcentralis*, Areal 1 in Abb.1.1.1) lokalisiert sind.

Durch Reizversuche zeigte sich, daß nachbarschaftliche Motoneuronen auch benachbarte Muskeln ansprechen (*Somatopie*). Eine Karte der den Gehirnarealen

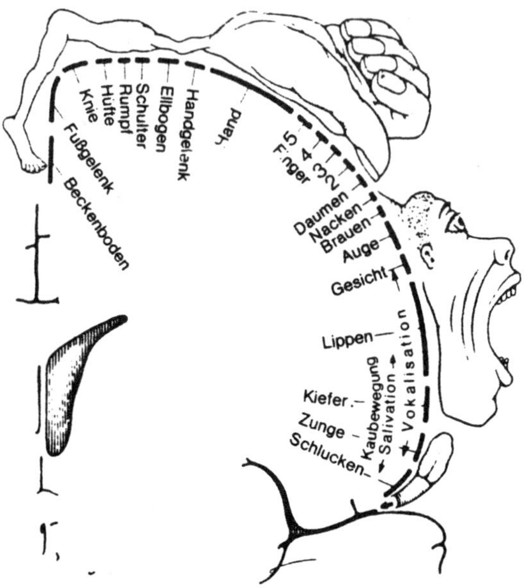

Abb.1.1.19 Somatopie (aus [SCH76])

entsprechenden Muskelregionen ist in Abb.1.1.19 rechts zu sehen.
Das dem Motokortex angrenzende Gebiet (*Gyrus postcentralis*) ist interessanterweise als Empfangsgebiet des sensorischen Nervensystems bekannt; es existiert ebenfalls eine entsprechende somatopische Karte. Durch die enge Nachbarschaft spricht man auch von einem senso-motorischen Cortex. In Kapitel 2.6 werden wir ein Modell für die Erzeugung solcher somatopischen Karten kennenlernen.

Es wird vermutet, daß im Motorkortex lediglich die zu einer Bewegung notwendigen Muskeln ausgewählt werden (*Bewegungsprogramm*).

Aus Gehirnpotentialableitungen (EEG) weiß man, daß jeder Bewegung ein sehr unscharf im Gehirn lokalisierbares Potential (*Bereitschaftspotential*) ungefähr 800 ms vorangeht. Die Planung der Bewegung scheint deshalb große Teile des Gehirns zu beteiligen und ziemlich komplex zu sein.

Die menschliche Muskelkontrolle

Die Kontrolle der Muskelerregung verteilt sich über eine Hierarchie von phylogenetisch (entwicklungsgeschichtlich) unterschiedlich alten Hirnteilen. Die verschiedenen Schichten dieser Zeit-Hierarchie lassen sich ungefähr den Funktionsschichten von Bewegungsplanung, Bewegungsprogrammierung und Bewegungsausführung der konventionellen Roboterkontrolle (*Dispatching*) zuordnen:

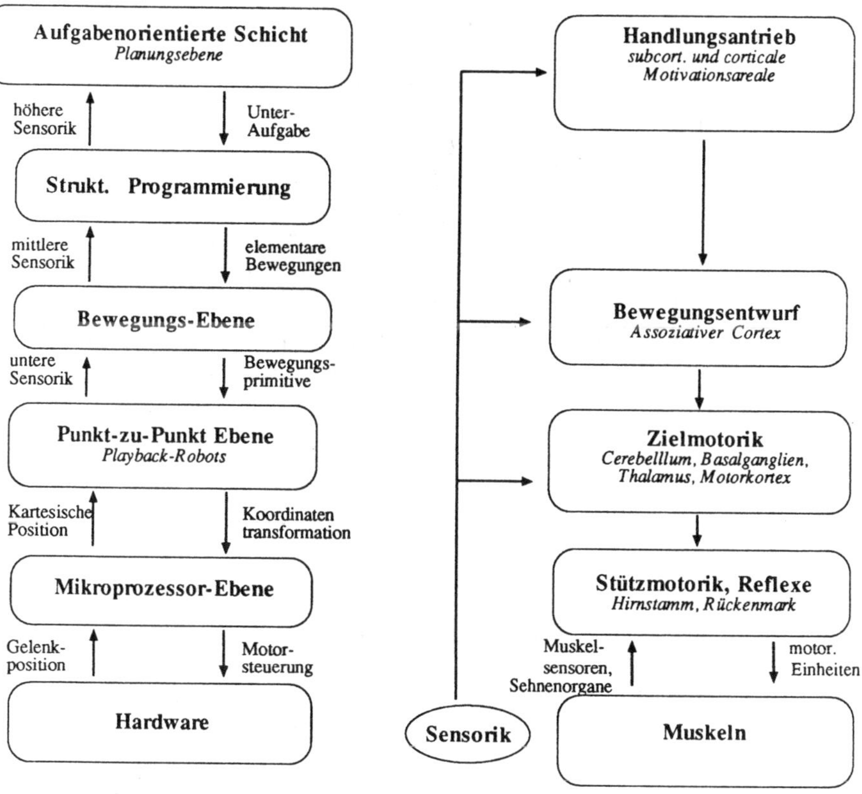

Abb.1.1.20 Roboterkontrolle und Muskelkontrolle (nach [BRA88a] und [SCH76])

1.1.3 Biologische Neuronen

Es gibt eine Vielzahl von Typen von Nervenzellen im Gehirn, die alle unterschiedliche Aufgaben erfüllen. In Abbildung 1.1.21 ein Schnitt zu sehen, der von dem bekannten Physiologen Cajal mit der Golgi-Anfärbemethode hergestellt wurde. Bedingt durch die Methode, sind aus der Fülle der tatsächlich vorhandenen Neuronen nur einige wenige schwarz gefärbt sichtbar.

Zwei Arten wollen wir genauer betrachten: die relativ großen, wie eine Pyramide aussehenden Zellen a,...,e (*Pyramidenzellen*), die sehr häufig im Gehirn vorkommen, und eine kleinere, sternförmig aussehende Sorte f,h (*Stern- oder Gliazellen*). Nach neueren Erkenntnissen gibt es eine Arbeitsteilung zwischen beiden Zelltypen: Die Pyramidenzellen verarbeiten die elektrischen Impulse und die Sternzellen sichern dabei die Stoffwechselversorgung. Durch Ausstülpungen der Sternzellen sowohl zu den

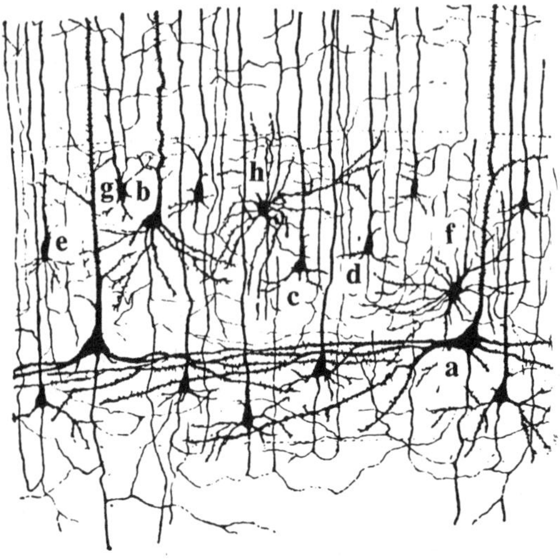

Abb. 1.1.21 Biologische Neuronen (nach [CAJ55])

Synapsen und Zellkörper der Pyramidenzellen als auch zu den Blutgefäßen sind die Sternzellen Mittler zwischen Blutsystem und Pyramidenzellen (Blut-Hirn-Schranke!); außerdem tragen sie durch die Vorgabe der Wachstumsrichtungen entscheidend zur Entwicklung des Gehirns bei [KIM89].
In der folgenden Abbildung ist eine typische Pyramidenzelle gezeigt.

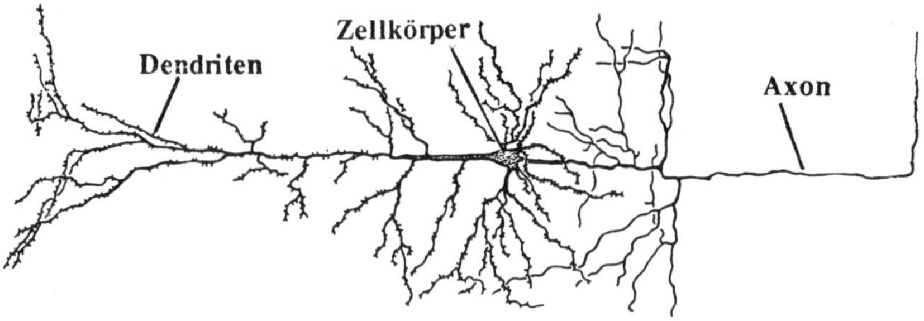

Abb. 1.1.22 Eine Pyramidenzelle (nach [CAJ55])

Die kleinen, astartigen, mit stachelartigen Stellen besetzen Auswüchse der Nervenzellen heißen *Dendriten* und leiten alle elektrische Erregung, die sie erhalten, an den eigentlichen Zellkörper (*Soma*) weiter. Überschreitet die Erregung (interne, elektrische Spannung) einen bestimmten Grenzwert, so entlädt sich die Spannung.

Diese rasche Spannungsänderung bewirkt ebenfalls ein Zusammenbrechen einer durch molekulare Mechanismen auf einem dicken Zellfortsatz, dem *Axon*, entstandenen Spannung; der Impuls pflanzt sich vom Zellkörper auf dem Axon bis in die entferntesten Verweigungen fort. Axone und benachbarte Dendriten anderer Neurone können aufeinader zuwachsen und elektro-chemische Kontaktstellen (*Synapsen*) bilden. Der Informationsfluß der Nervenzellen geht normalerweise vom Zellkern über das Axon durch die Synapsen auf die Dendriten zum Zellkern des anderen Neurons. Bidirektionale, rein elektrische Synapsen sind zwar bekannt; die chemischen Synapsen sind aber die Regel.

Kodierung der Information

Der oben beschriebene Vorgang kann mit Mikroelektroden elektrisch gemessen werden. In der folgenden Abbildung ist dies an einem Beispiel verdeutlicht.

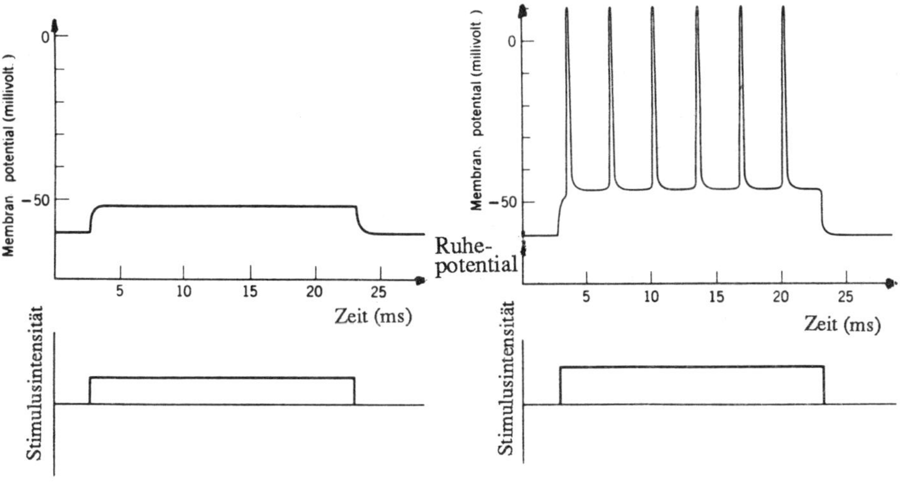

Abb. 1.1.23 Erregung einer Nervenzelle (nach [STEV66])

Eine Elektrode wird in den Zellkörper eingesteckt und Reizstrom für eine kurze Zeit eingeschaltet (Abbildung links). Am Axon des Neurons bewirkt dies aber nur eine Potentialerhöhung. Überschreitet dagegen der Reiz geringfügig einen Schwellwert, so folgen periodische Entladungen (*Aktionspotentiale* oder *Spikes*), deren Größe unabhängig von der Reizstromstärke ist (Abbildung rechts). Obwohl das resultierende Axonsignal damit von Natur aus binär ist, läßt sich auch nicht-binäre Information darin kodieren. Betrachten wir dazu in der folgenden Abbildung eine leichte Absenkung in der Reizstromstärke überhalb der Schwelle. Die Absenkung bewirkt eine Verkleinerung der Impulsfrequenz der Spikes bzw. eine Vergrößerung der Zeitabstände zwischen den

Spikes. Nehmen wir für jeden Spike eine Einheitsladung an, die vom Axon zum Dendriten transportiert wird, so ergibt sich die zeitgemittelte Summe am Dendriten analog der Reizstromstärke.

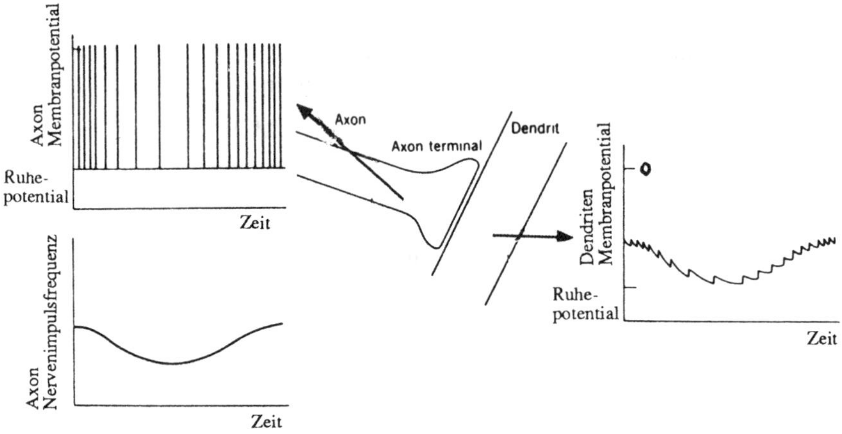

Abb.1.1.24 Frequenzmodulierung und Dekodierung (nach [STEV66])

Wie wir aus der nächsten Abbildung entnehmen können, ist oberhalb eines Schwellwertes die Frequenzmodulation in weiten Grenzen proportional zur Stärke des angelegten Reizes; hier im Beispiel beim sekundenlangen elektrischen Reiz an der Nervenzelle einer Krabbe.

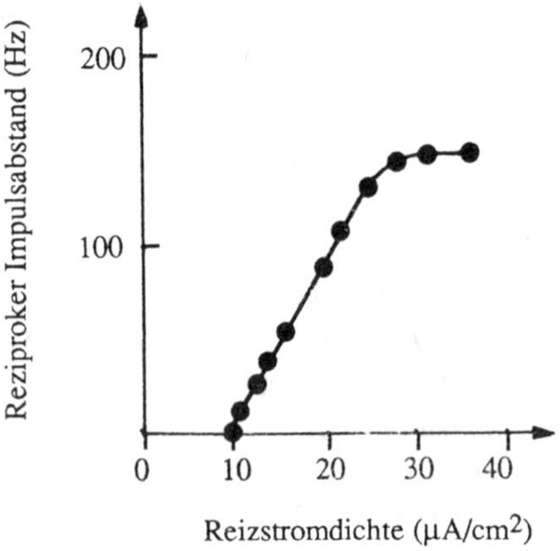

Abb.1.1.25 Die Ausgabefunktion einer Nervenzelle (nach [CHAP66])

Bei hohen Reizstärken geht die Zellaktivität in eine *Sättigung* über, die durch eine minimal ca. 1 ms lange, nötige Regenerationszeit nach einem Aktionspotential bestimmt wird. Damit ist die maximale "Taktfrequenz" der Neuronen auf einen für Mikroprozessoren sehr niedrigen Wert von ca 1 KHz begrenzt.

1.2 Modellierung der Informationsverarbeitung

Die Flut der neurobiologischen, neurophysiologischen und experimentalpsychologischen Daten läßt es einerseits nicht zu, alle Artikel über das Gehirn zu lesen und erschwert andererseits, einfache, konsistente und klare Aussagen über seine Funktionen zu machen. Ein wertvolles Instrument ist dabei die Modellbildung, um dieses Gestrüpp an experimentellen Daten zu lichten, relevantes herauszufiltern und unwichtiges oder sogar falsches zurückzustellen. Die Rückwirkungen, die von den einfachen, verständlichen Modellen auf die Experimente und Untersuchungen ausgehen, bestätigt dabei den altbekannten Satz: "Es gibt nichts Praktischeres als eine gute Theorie"!

In diesem Sinne wollen wir uns im nächsten Abschnitt damit beschäftigen, einige Gedanken aus dem vorigen Abschnitt stärker herauszuarbeiten und zu verallgemeinern. Betrachten wir zunächst die Neuronen als Prozessor-Einheiten der Informationsverarbeitung in möglichst einfacher Weise. Finden wir später heraus, daß das Modell zu einfach war und wesentliche Eigenschaften der neuronalen Informationsverarbeitung damit nicht erklärt werden können, so müssen wir gegebenenfalls unser Modell ergänzen.

1.2.1 Formale Neuronen

Welche biologischen Elemente sollen nun mit welchen, uns aus der Informatik bekannten Elementen der Multiprozessorsysteme identifiziert werden?

Im Unterschied zur traditionellen Unterteilung der Rechensysteme in die Maschine (Hardware) und in die Algorithmen, die darauf ausgeführt werden (Software), lassen sich bei den Neuronalen Netzen die beiden Aspekte nicht streng voneinander trennen. Ähnlich wie bei den systolischen Feldern sind Hardwarearchitektur und Funktionsalgorithmus als Ganzes zu sehen. Die Hardwarearchitektur implementiert dabei den Algorithmus; die Programmierung als Anpassung des allgemeinen Algorithmus an eine spezielle Aufgabe erfolgt dynamisch durch die Eingabe von Trainingsmustern. Das Gehirn als Vorbild einer neuronalen Maschine wird deshalb manchmal mit einem neuen Namen auch als *Wetware* oder *Brainware* bezeichnet.

Untersuchen wir nun die Funktion der Prozessorelemente, der formalen Neuronen, etwas genauer.

Das Grundmodell

Im Unterschied zur Biologie bzw. Neurologie benutzen wir für unsere Neuronen-Elemente kein Modell, das alle Aspekte eines Neurons exakt beschreibt, sondern nur ein Modell, das eine sehr grobe Verallgemeinerung darstellt. Die sich damit ergebenden Netze sind auch keine Neuronen-Netze, sondern nur "neuronale", also Neuronen-ähnliche Netze. Trotz aller vereinfachenden Annahmen erhofft man sich natürlich trotzdem, noch alle wesentlichen Funktions-Charakteristika übernommen zu haben.

Das Grundmodell eines Neurons stützt sich im Wesentlichen auf die Vereinfachungen von McCulloch und Pitts [MC43] aus dem Jahre 1943, die ein Neuron als eine Art Addierer mit Schwellwert betrachten. Die Verbindungen (*Synapsen*) eines Neurons nehmen eine Aktivierung x_i mit einer bestimmten Stärke w_i von anderen Neuronen auf, summieren diese und lassen dann am Ausgang y (*Axon*) des Neurons eine Aktivität entstehen, sofern die Summe vorher einen Schwellwert T überschritten hat (s. Abb. 1.2.1)

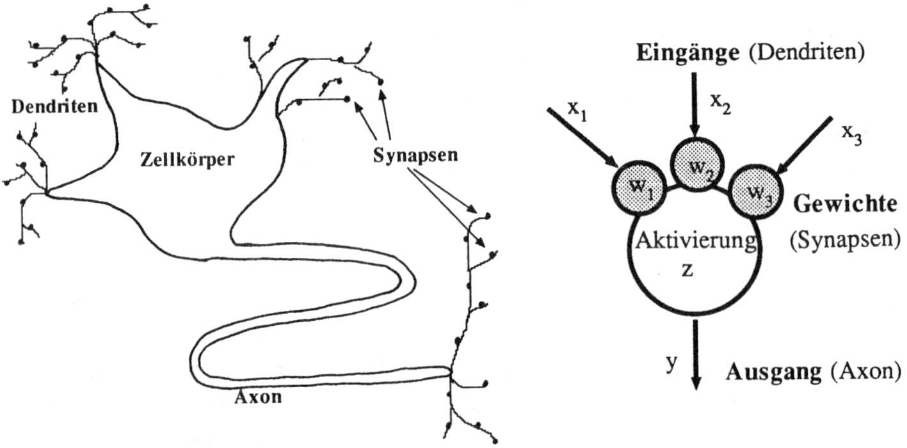

Abb. 1.2.1 Ein biologisches Neuron und ein Modellneuron

Diese Modellierung faßt die Wirkungen aller Hunderten von Synapsen zwischen den Axon-Verzweigungen eines Neurons und dem Dendritenbaum des anderen Neurons zu einem einzigen Gewicht w_i zusammen und vernachlässigt dabei natürlich solche Faktoren wie bidirektionale, elektrische Synapsen, chemische Informationswege wie hormonelle Stimulierung bzw. Dämpfung, Energie-Versorgungsfragen wie den Kalzium-Ionenstrom oder die Acethylcolin-Synthese und vieles mehr. Auch die Weiterleitung der Erregung in den Dendriten und Axonen, die man exakter mit

Differenzialgleichungen von der Art modellieren kann, wie sie für Transatlantikkabel verwendet werden (*Kabelgleichungen*), wird intensitätsmäßig in die Gewichte projiziert; die zeitlichen Aspekte werden (hier!) vernachlässigt. Trotzdem ermöglicht dieses einfache Modellierung einige interessante Netzfunktionen.

McCulloch und Pitts nahmen noch alle Gewichte als gleich an; eine einzelne Inhibition (negative Gewichte) verhindert die gesamte Ausgabe, die in Übereinstimmung mit den damaligen Erkenntnissen als binär angenommen wurde, entsprechend der gleichmäßigen Spikegröße in Abbildung 1.1.23.

McCulloch und Pitts zeigten in ihrer Arbeit, daß mit diesen einfachen Elementen jeder finite logische Ausdruck berechnet werden kann. Tatsächlich entsprechen die McCulloch&Pitts Neuronen auch eher den logischen Gattern der Jahrzehnte später erfundenen Computern. Bei n Eingaben x_i aus {0,1} und den Gewichten $w_i = 1/n$ wird mit einer Schwelle von $T=1/(n+1)$ aus einem solchen Neuron ein ODER Gatter; erhöhen wir die Schwelle auf $T=(n-1)/n$ so resultiert ein UND Gatter. Negative Gewichte erzeugen eine Inverterfunktion. Allerdings gibt es einen interessanten Unterschied zu den (inzwischen) konventionellen, einfachen logischen Gattern: allein die Veränderung einer Schwelle läßt die Funktion dieses neuronalen Gatters bei gleicher Architektur zwischen zwei verschiedenen logischen Funktionen umschalten.

Funktionsmodellierung

Fassen wir die Eingabeaktivitäten x_1 .. x_n zum Eingabevektor $\mathbf{x} = (x_1, .., x_n)^T$ und die Gewichte w_1 .. w_n zum Gewichtsvektor $\mathbf{w} = (w_1, .., w_n)^T$ zusammen, so läßt sich die resultierende Aktivität z beispielsweise als Summe der gewichteten Eingaben im Modellneuron (*Sigma-unit*) und damit formal als Skalarprodukt (*inneres Produkt*) beider Spaltenvektoren schreiben:

$$z(\mathbf{w},\mathbf{x}) = \Sigma_j\, w_j x_j = \mathbf{w}^T\mathbf{x} \qquad \textit{Aktivitätsfunktion} \qquad (1.2.0a)$$

Sehr oft muß die Aktivität erst eine Schwelle T überschreiten, bevor sie sich beim Ausgang (Axon) auswirkt (s. Abb. 1.1.25). Dies läßt sich durch die Minderung der Aktivität um den Schwellwert modellieren:

$$z(\mathbf{w},\mathbf{x}) = \mathbf{w}^T\mathbf{x} - T$$

Den zusätzlichen Term T, der hier gegenüber (1.2.0a) auftritt, kann man allerdings mit einem Trick in der Notation wieder verschwinden lassen, indem man eine Erweiterung der Vektoren um eine Zusatzkomponente

$$\mathbf{x} \to \mathbf{x} = (x_1, .., x_n, 1)^T \qquad (1.2.0b)$$

$$\text{und} \quad \mathbf{w} \to \mathbf{w} = (w_1, .., w_n, -T)^T$$

vornimmt. Das Skalarprodukt ist somit wieder

$$z(\mathbf{w},\mathbf{x}) = \Sigma_j w_j x_j - T = (w_1, .., w_n, -T)(x_1, .., x_n, 1)^T = \mathbf{w}^T\mathbf{x}$$

Interessanterweise läßt sich die obige Aktivitätsfunktion auch anders schreiben

$$z = w^{(0)} + \Sigma_j w_j^{(1)} x_j$$

wobei wir mit der Notation $^{(k)}$ die Anzahl der Wechselwirkungen (Korrelationen) von **x**-Komponenten untereinander bezeichnen. Will man also auch höhere Wechselwirkungen an einer Synapse (*high-order synapses*) modellieren, so kann man die Aktivitätsfunktion (1.2.0a) für das i-te Neuron um "höhere" Terme erweitern:

$$z_i = w_i^{(0)} + \Sigma_j w_{ij}^{(1)} x_j + \Sigma_{jk.} w_{ijk}^{(2)} x_j x_{k.} + \Sigma_{jkl.} w_{ijkl}^{(3)} x_j x_k x_l + \ldots$$

Diese Art von Neuronen werden auch als *Sigma-Pi-units* bezeichnet und können (im Unterschied zu den einfachen Modellneuronen) höhere Korrelationen in der Eingabe feststellen, für die sonst ein Netz von mehreren einfachen Neuronen benötigt werden würde [GIL87].

Die Aktivität y am Neuronenausgang wird durch die Ausgabefunktion S(.), abhängig von der internen Aktivität *z*, beschrieben:

$$y = S(z) \qquad \textit{Ausgabefunktion}$$

Die gesamte Reaktion des formalen Neurons kann man auch als Ergebnis nur einer Funktion, der Transferfunktion

$$y = f(\mathbf{x},\mathbf{w},z,S) \qquad \textit{Transferfunktion}$$

auffassen. Mit diesen Überlegungen können wir ein formales Neuron folgendermaßen formal definieren:

Definition 1.1

Ein *formales Neuron* v ist ein Tupel (**x**,**w**,z,S) aus Eingabevariablen **x**, Gewichten **w**, einer Aktivitätsfunktion z und einer Ausgabefunktion S(z).

Alternativ dazu ließe es sich auch als Tripel (**x**,**w**,f) definieren.
Passend dazu läßt sich ein *neuronales Netz* definieren:

Definition 1.2

Ein neuronales Netz ist ein gerichteter Graph G := (K,E) aus der Knotenmenge K={v} aller formalen Neuronen und der Kantenmenge E aller Verbindungen zwischen den formalen Neuronen.

Da ein neuronales Netz meist nicht isoliert für sich existiert, definieren wir uns noch *Eingabe-Neuronen*, die keine gewichteten Eingänge haben und somit nicht als "echte" formale Neuronen, sondern nur als Datenquellen anzusehen sind, und *Ausgabe-Neuronen*, deren Ausgänge Daten nach außerhalb des Netzes weiterleiten und damit wie

Datensenken im Netz wirken können. Beispiele für Eingabeneuronen sind Sensoren (z.B. Fotozellen, Mikrofone etc), Datenfiles oder einfach nur Anschlußstecker; Beispiele für Ausgabeneuronen sind formale Neuronen, die an Peripheriegeräte (z.B. Lampensteuerung, Gelenkmotoren etc), Datenfiles oder ebenfalls nur an Anschlußleitungen angeschlossen sind. Die Definitionen für Eingabe- und Ausgabeneuronen sind somit nicht symmetrisch.

Bei der Definitionen 1.1 und 1.2 beachte man, daß die Gewichte zu den Neuronen gehören und damit das neuronale Netz nur als gerichteter, aber nicht gewichteter Graph definiert wurde. Dies ist im Unterschied beispielsweise zu [MÜL90].

Dabei darf man nicht übersehen, daß die Definitionen unvollständig sind. Es wird zwar die Funktion eines formalen Neurons in der "Funktionsphase" beschrieben, aber nichts darüber ausgesagt, wie in der "Lernphase", falls eine solche für das betrachtete Netz überhaupt vorgesehen ist, die Gewichte "gelernt" werden. Das Ändern der Gewichte und damit ihre absolute Größe in der Funktionsphase ist aber entscheidend für das Verhalten des Netzwerks. Im nächsten Abschnitt 1.2.2 wird nochmals näher darauf eingegangen.

Zeitmodellierung

Die Aktivitäten in neuronalen Netzen sind nicht konstant, sondern ändern sich mit der Zeit: $x=x(t)$, $z=z(t)$, $y=y(t)$. Die Aktivität unseres formalen Neurons ist somit

$$z(t) = \mathbf{w}(t)^T\mathbf{x}(t) = f(t)$$

Viele Modelle von neuronalen Netzen (s. [GRO87] und Kapitel 2.6 und 2.7) sind aber zeitkontinuierlich und damit mit Differenzialgleichungen beschrieben, da die Aktivität zu einem Zeitpunkt meist aus der Aktivität zu früheren Zeitpunkten hergeleitet werden kann. Beispeilsweise nach dem Zeitschritt $\Delta t := \tau$ wird die Differenz Δz der Aktivität

$$\Delta z = \tau\, \Delta z/\Delta t = z(t) - z(t-\Delta t) = -z(t-\Delta t) + f(t)$$

Im Grenzwert wird aus dem Differenzenquotient ein Differenzialquotient

$$\tau\, \partial z/\partial t = -z(t) + f(t) \qquad (1.2.0c)$$

Umgekehrt läßt sich aus der obigen Differenzialgleichung die Differenzengleichung für den Zeitschritt $\Delta t=1$ aufschreiben

$$z(t) - z(t-1) = -\tau z(t-1) + \tau f(t)$$

oder

$$z(t) = (1-\alpha)\, z(t-1) + \alpha f(t) \qquad \alpha := \tau^{-1} \qquad (1.2.0d)$$

Wie wir gesehen haben, lassen sich beide Arten der Darstellung ineinander überführen. Obwohl beide Arten der Darstellung im langfristigen Verhalten äquivalent zueinander sind, gibt es im kurzzeitigen Verhalten sehr wohl Unterschiede. Die Differenzialgleichung

$$\tau\, \partial z/\partial t = -z(t)$$

hat, wie man leicht nachrechnen kann, die Lösung

$$z(t) = a\, e^{-(t-t_0)/\tau}$$

was einer "Abklingkurve", beispielsweise der Entladung eines Kondensators, mit der Zeitkonstante τ entspricht. Die vollständige Differenzialgleichung $z(t)+\tau\partial z/\partial t = f(t)$ beschreibt also einen Abklingprozeß, bei dem im Grenzwert ($t \gg \tau$) die Aktivität sich bei $\partial z/\partial t=0$ auf den Wert $z(t) = f(t)$ stabilisiert. Die zeitdiskrete und zeitkontinuierlichen Formulierungen sind nur im großen Zeitmaßstab äquivalent; bei dynamischen Vorgängen im Kurzzeitbereich ($t<\tau$) muß man bei der Computersimulation darauf achten, die Zeitschritte nicht zu groß zu machen. Der Sinn der Formulierung mit einer Zeitkonstante τ liegt dabei in einem gewissen "Trägheitseffekt", den man dem Modell damit verleiht. Im Unterschied zur zeitlosen, sofortigen Reaktion in Gleichung (1.2.0a) lassen sich mit der "trägheitsbehafteten" Reaktion (1.2.0c) Zeitverzögerungen modellieren, was besonders bei Zeitsequenzen (s. Kapitel 4) wichtig ist.

Trotzdem soll doch im weiteren Verlauf des Buches der zeitdiskreten Formulierung, falls möglich, der Vorzug gegeben werden, da die Darstellung mit einem diskreten Zeitschritt eher einer iterativen Anweisung in einem Computerprogramm ähnelt und damit die Umsetzung der abstrakten Formeln in Simulationsprogramme dem Leser erleichtert wird. Die allgemeine Umsetzung einer Differenzialgleichung in eine Differenzengleichung ist nicht trivial und Gegenstand der numerischen Lösung von Differenzialgleichungen [SMI78]. Der Erfolg läßt sich oft nur am konsistenten Verhalten beider Formen bei Randbedingungen nachprüfen.

Ausgabefunktionen

Der Wertebereich der verwendeten Variablen ist, je nach Modellvariante und Anwendungsbereich, sehr unterschiedlich.

Binäres Modell

Im erweiterten Modell von McCulloch und Pitts sind nur binäre (*aktiv / nicht-aktiv*) Werte ("binäre Impulse": *spikes*) für Input x_i und Output y vorgesehen; die Gewichte w_i sind dabei reell. Es ergibt sich eine positive Aktivität erst nach dem Überschreiten eines Schwellwerts T. Dies läßt sich dies relativ einfach durch Erweiterung der Gewichte um den Schwellwert nach (1.2.0) modellieren.

Somit ist für x_i,y aus $\{0,1\}$, w_i aus $\Re$,

$$y = S_B(z) = \begin{cases} 0 & z \leq 0 \\ 1 & z > 0 \end{cases} \qquad (1.2.1a)$$

Anstelle von 0 wird auch für "nicht-aktiv" manchmal der Wert -1 verwendet, so daß mit der Transformation $x_i \to (2x_i-1)$ der Wertebereich $\{+1,-1\}$ wird. Die Ausgabefunktion wird dabei mit $y \in \{+1,-1\}$ zur Vorzeichenfunktion *sgn*

$$y = S_B(z) := \mathrm{sgn}(z) = \begin{cases} +1 & z \geq 0 \\ -1 & z < 0 \end{cases} \qquad (1.2.1b)$$

In der folgenden Abbildung sind beide Versionen der binären Ausgabefunktion gezeigt.

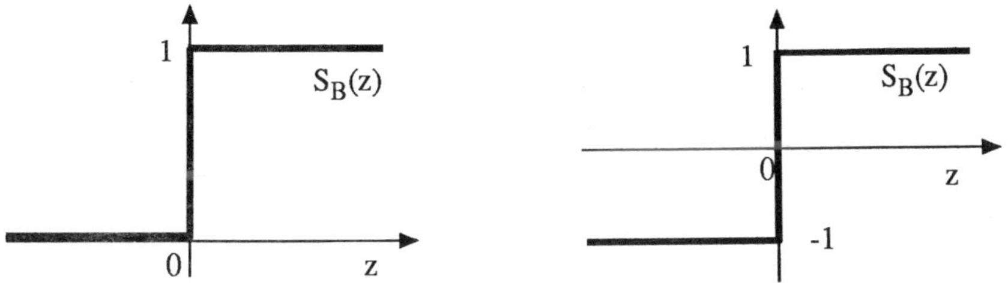

Abb.1.2.2 Binäre Ausgabefunktionen

Begrenzt-lineare Ausgabefunktion

Nach heutigen Erkenntnissen wird allerdings Information über die absolute Größe des summierten Signals durch die Frequenz der binären Ausgangsimpulse weitergegeben (Frequenz-Modulation); wie im Kapitel 1.1.3 (Abb. 1.1.25) gezeigt wurde, ist die gewichtete Eingabeaktivität dabei in weiten Bereichen der Ausgangsfrequenz proportional.

Betrachten wir nun als Aktivität die Impulsfrequenzen. Diese lassen sich in bestimmten Grenzen durch positive, reelle Zahlen modellieren. Fügen wir nun noch die inhibitorische Aktivität durch negative reelle Zahlen hinzu, so erhalten wir ein Modell, bei dem Eingabe- und Ausgabesignale reell sind; die Ausgabe ist proportional zu der Eingabe:

$$y = S(z) = z \qquad (1.2.2)$$

Betrachten wir nochmals Abbildung 1.1.25. Hier gibt es zwei wichtige Werte für die Eingabeaktivität: den unteren Schwellwert T_1, der überschritten werden muß um eine Ausgabe zu erreichen, und den Wert T_2, nach dessen Überschreiten keine weitere Änderung der Ausgabe erfolgt (*Sättigung*). Mit der linearen Transformation der Variablen $z \to z-z_0$ mit $z_0 := T_1+(T_2-T_1)/2$ erfolgt die Ausgabe S(z) linear und symmetrisch um den Nullpunkt der y-Achse mit einer einheitlichen Schwelle $T=(T_2-T_1)/2$ und dem Sättigungswert z_{max} als eine *Rampenfunktion* mit $x_i, y, w_i \in \Re$

$$y = S_L(z,T) := \begin{cases} z_{max} & z>T \\ z_{max}/2 + kz & -T \leq z \leq T \\ 0 & z<-T \end{cases} \qquad k := z_{max}/2T \qquad (1.2.3a)$$

Ist eine symmetrische Ausgabe nötig, so kann man mit der Transformation $y \to 2(y-y_0)$ und $y_0 := z_{max}/2$ die Ausgabefunktion auch symmetrisch um die z-Achse durch den Nullpunkt legen. Dabei kann y_0 beispielsweise den Mittelwert $\langle y \rangle$ der Ausgabe bedeuten.

$$y = S_L(z,T) := \begin{cases} z_{max} & z>T \\ kz & -T \le z \le T \\ -z_{max} & z<-T \end{cases} \qquad k = z_{max}/T \tag{1.2.3b}$$

In der folgenden Abbildung 1.2.3 sind die beiden normierten Funktionen mit $z_{max} := 1$ gezeigt. Die binären Stufenfunktionen lassen sich dabei als Spezialfall der Rampenfunktionen betrachten, wenn die Geradensteigung *k* im Grenzwert gegen unendlich geht.

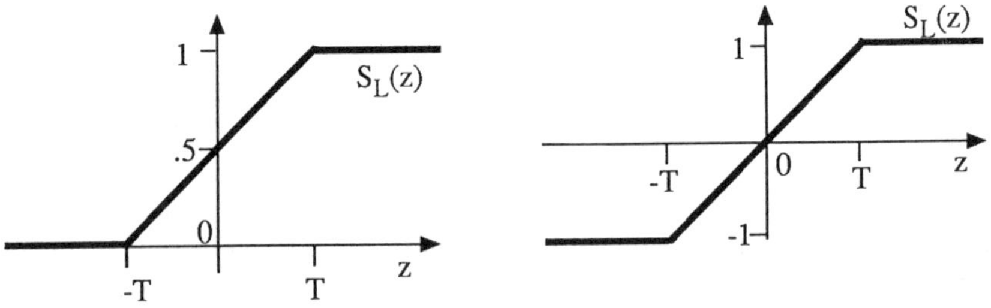

Abb.1.2.3 Begrenzt-lineare Ausgabefunktionen

Sigmoide Ausgabefunktionen

Bei der rechnerischen Behandlung der Ausgabefunktionen ist es manchmal nötig, nicht nur kontinuierlich die "Steilheit" der Ausgabefunktion zu verändern, sondern dabei auch die Ableitung der Funktion zu benutzen, die im Unterschied zur binären Stufenfunktion und zur Rampenfunktion stetig sein sollte. Für diesen Zweck benutzt man auch andere nichtlineare Funktionen (*squashing functions*, "Quetschfunktionen"), die auch die bei großen Signalstärken beobachteten neurologischen Sättigungseffekte modellieren. Die als *sigmoide Funktionen* bekannten Ausgabefunktionen sind dabei praktischer als die obigen Stufenfunktionen, obwohl das Verhalten der Netze interessanterweise kaum von der genauen Form der Quetschfunktionen abhängt.

Beispiele für solche Funktionen sind die aus der Physik bekannte *Fermi-Funktion*

$$S_F(z) := (1+\exp(-kz))^{-1} \tag{1.2.4a}$$

und ihr symmetrisches Gegenstück, der *hyperbolische Tangens*

$$S_T(z) := 2S_F(2z)-1 = \tanh(kz) \tag{1.2.4b}$$

Eine weitere interessante Funktion ist die Kosinus-Quetschfunktion (*cosinus-squasher*)

$$S_C(z) := \begin{cases} 1 & z \geq \pi/2, \\ {}^1/2\,(1+\cos(z-\pi/2)) & -\pi/2<z<\pi/2 \\ 0 & z \leq -\pi/2 \end{cases} \qquad (1.2.5)$$

In der folgenden Abbildung sind die Fermi- und die Kosinus-Quetschfunktion zu sehen.

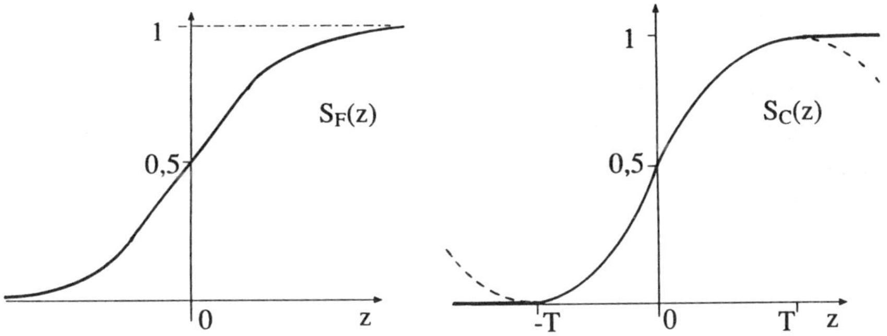

Abb.1.2.4 Beispiele von sigmoidalen Quetschfunktionen

Wie wir später sehen werden, ist dabei wichtig, daß die Funktionswerte sich nicht-konstant von 0 bis 1 erstrecken. In der folgenden Beispiel-Abbildung ist zur Veranschaulichung für ein formales Neuron der Pseudo-Programmcode angegeben.

```
PROCEDURE z(w,x: ARRAY OF REAL): REAL;
(* implementiert die Aktivierung eines Sigma-Neurons:
          Aufsummieren aller Eingaben nach Gl.(1.2.0a)*)
VAR       s: REAL; i: INTEGER;
BEGIN
          s:= 0;          (* Skalarprodukt bilden *)
          FOR i:=0 TO HIGH(x) DO
             s:= s + w[i]*x[i];
          END;
          RETURN s;
END z;

PROCEDURE S(z:REAL):REAL;
(* begrenzt-lineare Ausgabefunktion nach Gl.(1.2.3b) *)
CONST     T = 1;  Zmax = 1; k=Zmax/T;
BEGIN     z:=z*k;
          IF z>0   THEN  IF z>T  THEN z:= Zmax  END;
                   ELSE  IF z<-T THEN z:=-Zmax  END;
          END;
          RETURN z
END S;
```

Codebeispiel 1.2.1 Aktivierung und Ausgabe eines Neurons

1.2.2 Fähigkeiten formaler Neuronen

Da Neuronen komplizierte, physikalisch-chemisch-biologische Gebilde sind, ergibt eine Modellierung in allen Details eigentlich sehr komplizierte Beschreibungen. Es ist erstaunlich, daß unser relativ einfaches Modellneuron als wichtender Summierer (s. Gleichung (1.2.0a)) trotzdem schon erstaunliche Leistungen vollbringen kann. Im Folgenden betrachten wir zunächst die Fähigkeiten eines einzelnen Neurons und dann die einer einfachen Schicht von Neuronen ohne Rückkopplungen.

Klassifizierung und Mustererkennung

Formale Neuronen lassen sich sehr effektiv bei dem Problem der Mustererkennung zur Trennung der sogenannten *Musterklassen* verwenden. Betrachten wir dazu als Beispiel Patienten mit chronischer Bauchspeicheldrüsenentzündung, die sich von normalen Patienten durch Konzentrationen bestimmter Stoffe x_1 und x_2 Blut unterscheiden lassen. In Abbildung 1.2.5 sind die chronischen Patienten (×) und normale Patienten (•) jeweils als Punkte $\mathbf{x}=(x_1,x_2)$ oder *Muster* repräsentiert.

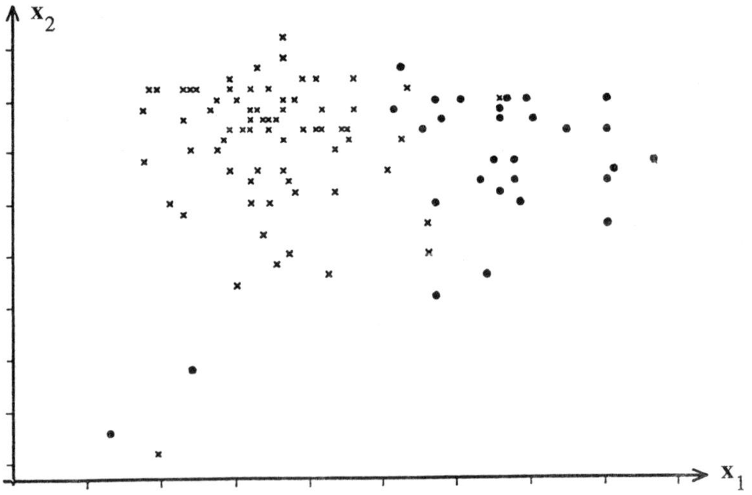

Abb. 1.2.5 Repräsentation von Patienten als Punktmuster (nach [BLOM])

Aufgabe einer Mustererkennung ist es, zwischen den beiden Patientengruppen (*Klassen*) eine Trennungsline (*Klassengrenze*) zu finden, die die Punktmengen trennt. Für eine Beurteilung eines unbekannten Patienten reicht es dann aus, die Lage seines Musterpunkts diesseits oder jenseits der Klassengrenze zu bestimmen.

Nehmen wir an, es existiere als Klassengrenze eine einfache Gerade (*lineare Separierung*) wie in Abbildung 1.2.6. Dann lautet die Geradengleichung allgemein

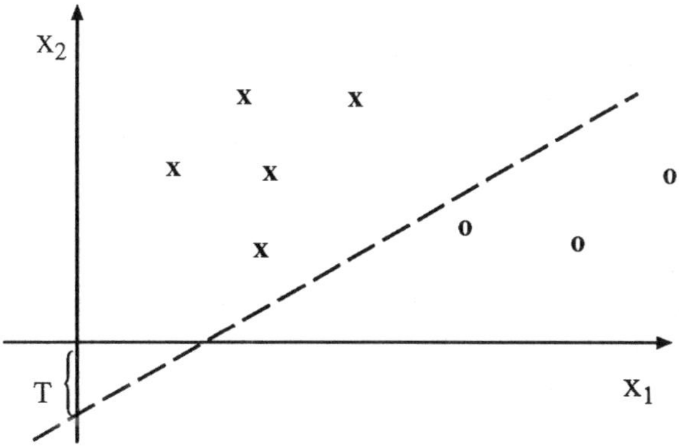

Abb. 1.2.6 Lineare Separierung von Musterklassen

$$x_2 = -T + w_1\, x_1 \qquad (1.2.6a)$$

oder mit $w_2 := -1$, $w_3 := -T$, $x_3 := 1$ ähnlich wie (1.2.0b) sei $\mathbf{w}^T = (w_1, w_2, w_3)$ und somit

$$0 = w_1\, x_1 + w_2 x_2 + w_3 x_3 = \mathbf{w}^T \mathbf{x} \qquad (1.2.6b)$$

Es läßt sich also eine *Diskriminierungsfunktion* $g(\mathbf{x}) := \mathbf{w}^T\mathbf{x}$ definieren, die an der Klassengrenze Null ist. Alle Muster $\mathbf{x}'$, die überhalb der Gerade in Klasse 1 liegen, erfüllen die Relation

$x_2' > w_1\, x_1' - T$ oder $0 > g(\mathbf{x}')$

und für die Klasse 2 gilt entsprechend $0 < g(\mathbf{x}')$.

Die Diskriminierungsfunktion wirkt somit wie ein binärer Klassifikator von unbekannten Mustern $\mathbf{x}$.

Normieren wir Gleichung (1.2.6a) für die Gerade mit dem Betrag des Vektors $\mathbf{w}^T = (w_1, w_2)$, so ist mit

$$T/|\mathbf{w}| = \text{const} = \mathbf{w}^T\mathbf{x}/|\mathbf{w}| = \mathbf{n}\, \mathbf{x}$$

die Projektion von $\mathbf{x}$ auf den Einheitsvektor $\mathbf{n}$ konstant. Diese Beziehung ist als *Hesse'sche Normalform* der Ebene aus der linearen Algebra bekannt: eine Klassengrenze nach Gleichung (1.2.6b) hat also im allgemeinen die Form einer Hyperebene.

Vergleichen wir die Form von $g(\mathbf{x})$ mit der Funktion des vorher eingeführten, binären Neuronenmodells, so ist ersichtlich, daß die Funktion $y(\mathbf{x}) = S_B(\mathbf{w}, \mathbf{x})$ eines solchen Neurons gerade eine binäre Diskriminierungsfunktion darstellt. Ein solchermaßen definiertes, formales Neuron stellt also einen Klassifikator dar; jedes Muster wird in eine durch die Gewichte und den Schwellwert definierte Klasse eingeordnet. Da die Trennlinie zwischenden Klassen eine Gerade bzw. eine

Hyperebene darstellt, spricht man auch von einem *linearen Klassifikator* oder *linearen Separierung*. Durch entsprechende Algorithmen lassen sich die Koeffizienten **w**, und damit die Klassentrennung, lernen.

Genauere Lernalgorithmen und -verfahren werden wir in Abschnitt 1.3 kennenlernen.

Fähigkeiten und Grenzen neuronaler Netze
Betrachten wir nun in Abbildung 1.2.7 eine kompliziertere Klasseneinteilung, die zwei nichtzusammenhängende Klassen enthält.

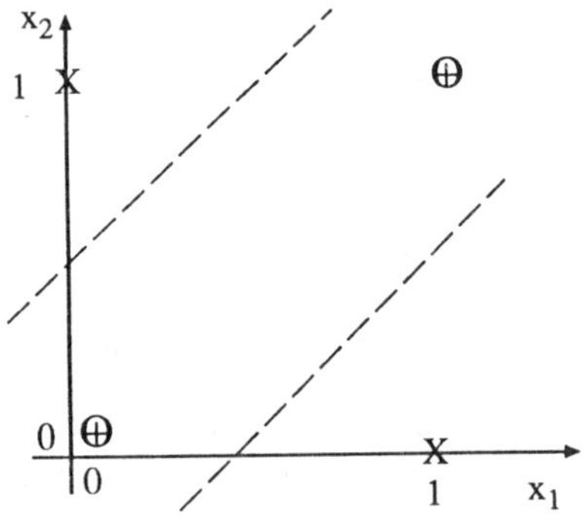

Abb. 1.2.7 Zwei nichtlinear-trennbare Klassen

Diese Situation ist beispielsweise für die Funktion "exklusiv-oder" XOR $(x_1,x_2)=\bar{x}_1x_2 + x_1\bar{x}_2$ gegeben. Wie man leicht sehen kann, lassen sich die beiden Klassen XOR(.)=0 und XOR(.)=1 nicht durch eine Gerade trennen, sie sind *nicht linear separierbar*. Für dieses Problem gibt es also keine Koeffizienten **w**, die eine solche Klassifizierungsfunktion XOR implementieren würde.

Erst erweiterte Konzepte, wie das der mehrschichtigen Netzwerke (z.B. *Multilayer-Perzeptrons*, s. Kapitel 2.1), zeigten Wege auf, das obige Problem zu überwinden. Dabei geht man davon aus, daß jede Gerade eine Klassengrenze darstellt, die von einem formalen Neuron implementiert werden kann. Betrachten wir dazu unser Beispiel der XOR Funktion. Zwei parallel arbeitende Neuronen können mit einer UND Verknüpfung die Unterscheidung zwischen den Klassenpunkten {(0,1)}/ {(0,0),(1,0),(1,1)} und {(1,0)}/{(0,0),(0,1),(1,1)} realisieren. Aus den Zuständen dieser Neuronen läßt sich nun wiederum mit Hilfe einer ODER Verknüpfung auf die Klasse schließen, so daß dieses neuronale Netz direkt die Bool'sche Funktion des XOR implementiert. In Abbildung 1.2.8 ist ein solches Netzwerk gezeigt.

Die Konstruktion von Mehrschichten-Netzwerken erlaubt also, auch kompliziertere Klassenformen durch stückweise lineare Separierung als Flächenstücke ("Patchwork")

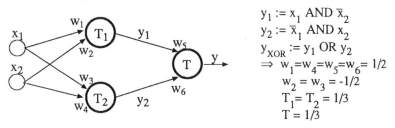

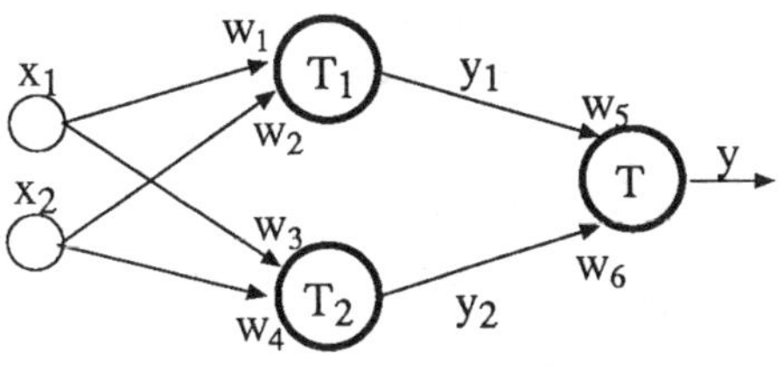

$y_1 := x_1 \text{ AND } \bar{x}_2$
$y_2 := \bar{x}_1 \text{ AND } x_2$
$y_{XOR} := y_1 \text{ OR } y_2$
$\Rightarrow w_1 = w_4 = w_5 = w_6 = 1/2$
$w_2 = w_3 = -1/2$
$T_1 = T_2 = 1/3$
$T = 1/3$

Abb.1.2.8 Ein Neuronales Netz für die XOR Funktion

zu trennen. Die Anzahl der Schichten und die Zahl der Neuronen pro Schicht hängt, wie an dem Beispiel deutlich wird, stark von dem betrachteten Klassifizierungsproblem ab.

Die nicht linear separierbare XOR-Funktionswerte können also mit einfachen Neuronen nur in mehreren Schichten separiert werden. Es gibt aber eine Möglichkeit, doch noch mit Hilfe einer einzigen Schicht das Ziel zu erreichen. Betrachten wir dafür zunächst die Funktionstabelle der XOR-Funktion; zuerst in der üblichen 0,1 Kodierung und dann in der Kodierung 1→-1, 0→+1.

x_1	x_2	XOR
0	0	0
0	1	1
1	0	1
1	1	0

x_1	x_2	XOR
+1	+1	+1
+1	-1	-1
-1	+1	-1
-1	-1	+1

In der zweiten Tabelle bemerken wir eine Regelmäßigkeit: Die XOR-Funktion ist gerade das Produkt aus den beiden Eingaben x_1 und x_2: $XOR=x_1x_2$. Ein Neuron, das eine solche Korrelation bemerken kann, haben wir aber bereits kennengelernt: Es ist ein Neuron mit Synapsen zweiter Ordnung (Sigma-Pi-Unit). Die Aktivität dieses Neurons ist

$$z_i = w_i^{(0)} + \Sigma_j\, w_{ij}^{(1)} x_j + \Sigma_{jk} w_{ijk}^{(2)}\, x_j x_k$$

und für unser spezielles XOR Problem mit der Ausgabefunktion (1.2.1b)

$$y_{XOR} = \text{sgn}(z) = \text{sgn}(w^{(2)} x_1 x_2) \qquad w^{(2)} > 0$$

Die Bedingungen $w_i^{(1)}=0$, $w^{(2)}>0$ reichen völlig aus, mit diesen einem Neuron die XOR-Funktion zu implementieren und demonstrieren damit die Möglichkeit, mehrstufige Netze aus einfachen Neuronen durch wenige Neuronen mit höheren Synapsen zu ersetzen.

Visualisierung der Netz-Funktionsweise

Ein mehrschichtiges Netzwerk, bei dem alle Eingänge einer Einheit einer Schicht mit allen Ausgängen der vorigen verbunden sind, ist in Abbildung 1.2.9 zu sehen. Wie kann man sich eigentlich die Funktion eines solchen Mehrschichten-Netzwerks formaler Neuronen mit nicht-linearen Ausgabefunktionen vorstellen ? Wie wirken die Neuronen im Netz zusammen, um für eine Eingabe **x** eine gewünschte Funktion f(**x**) zu erreichen ?

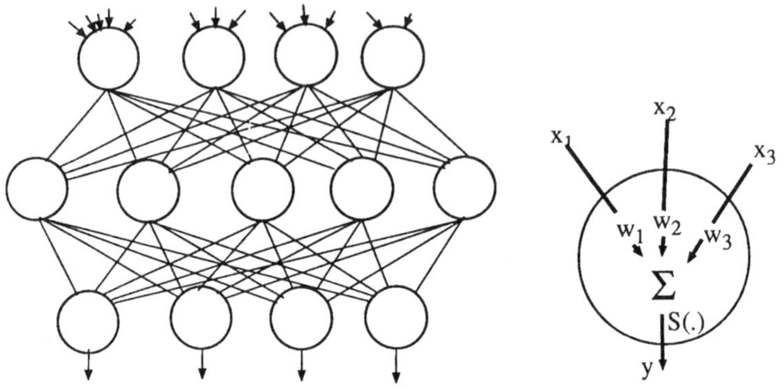

Abb.1.2.9 Mehrschichten Netzwerk Eine Einheit

Eine Veränderung des Parameters T bedeutet bei der Funktion $z = \mathbf{w}^T\mathbf{x} - T$ eine Verschiebung (Translation) des Funktionswerts. Zeichnen wir uns für das XOR-Problem die Ausgabefunktion $y=1/2(y_1+y_2)$ als Überlagerung der beiden Eingaben y_1 und y_2, also der beiden Stufenfunktionen $S_B(z_1)$ und $S_B(z_2)$, so ergibt sich als drei-dimensionale Visualisierung der Klassengrenzen aus Abbildung 1.2.7 die Abbildung 1.2.10.

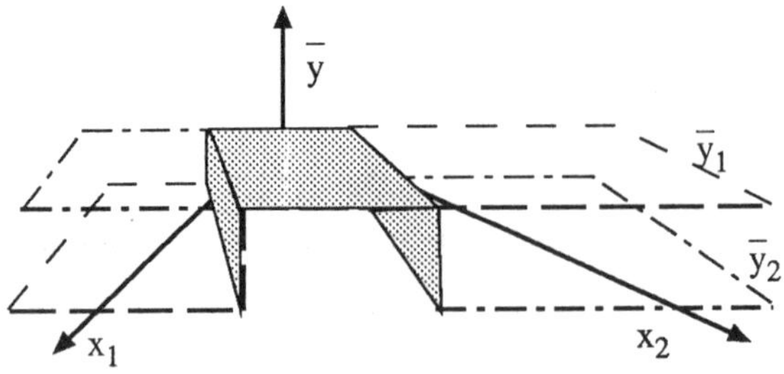

Abb. 1.2.10 Die (negierte) Ausgabefunktion des XOR-Netzwerks

Wie wir beobachten können, verläuft die Ausgabefunktion von z_1 durch $\mathbf{w}_1 = -\mathbf{w}_2$ gerade invers zu der von z_2; zusammen bildet die Summe der Stufenfunktionen einen Bereich ("Balken"), der die mittlere Zone "herausschneidet". Die passende Verschiebung der Stufenfunktionen, um eine passende Überlappung zu erreichen, wird dabei durch die Größe der Schwellwerte erreicht; die Gewichte kodieren die Orientierung der

Stufenkanten (Lage der Geraden im Raum (x_1, x_2)).
Diesen Gedanken können wir auch auf die sigmoidalen Ausgabefunktionen (s. Abbildung 1.2.11 links) übertragen. Überlagern wir in einem zwei-schichtigen Netzwerk zwei solcher "abgerundeten Stufenfunktionen" als Ausgabe zweier Neuronen der ersten Schicht in geeigneter Weise, so erhalten wir eine "Welle", s. Abbildung 1.2.11 rechts. Die Überlagerung von vier Neuronen kann als Überlagerung von zwei solcher Wellen angesehen werden, die zu einer starken Erhöhung am Kreuzungspunkt führt (Abbildung 1.2.12 links).

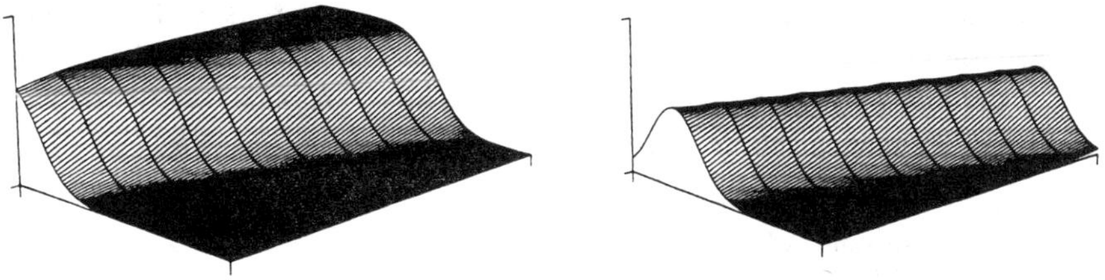

Abb.1.2.11 Sigmoidale Ausgabefunktion und eine Überlagerung (aus [LAP88])

Subtrahieren wir von dieser Aktivität einen konstanten Pegel (Schwellwert) und schneiden in der nachfolgenden, zweiten Neuronenschicht mit Hilfe der Ausgabefunktion den negativen Anteil ab, so erhalten wir als Eingabemenge, für dieses Neuron der zweiten Schicht empfindlich ist, eine kleine Untermenge von $\{\mathbf{x}\}$ (Abbildung 1.2.12 rechts).

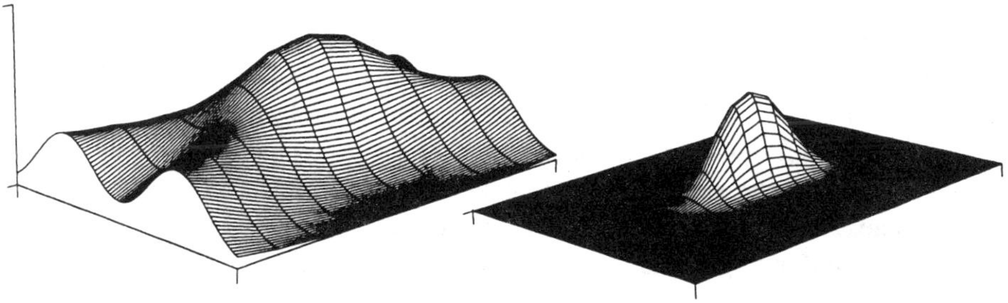

Abb.1.2.12 Überlagerung von vier Ausgabefunktionen (aus [LAP88])

Die nicht-linearen Funktionen wirken wie ein "Abtastmechanismus"(*Sampling*), der für die Ausgabe der zweiten Schicht nur einen schmalen Bereich von $\{\mathbf{x}\}$ erfaßt. Damit hat die zweite Schicht die Aufgabe, durch eine lineare Überlagerung lokal definierter, nicht-linearer Kurvenstücke die gewünschte nicht-lineare Funktion vom gesamten Raum $\{\mathbf{x}\}$ zusammenzusetzen. Dies soll an einem Beispiel demonstriert werden.

Approximation einer Funktion

Angenommen, ein zwei-schichtiges Netzwerk soll die Abbildung (vgl. Kapitel 3.3.1)

$$x(t+1) = 4\, x(t)[1-x(t)] \qquad 0 \leq x \leq 1 \quad \textit{logistische Abbildung}$$

und damit die Funktion $F(x)=4(x(t)-x^2(t))$ möglichst gut in dem Intervall [0..1] approximieren. Verwenden wir bespielsweise 5 Neuronen in der ersten Schicht und ein Ausgabeneuron in der zweiten Schicht, so führt ein Training [LAP87] mit einem fehlerkorrigierenden Algorithmus (Backpropagation, s. Abschnitt 2.3) und 1000 vorgegebenen Trainingstupeln (x,f(x)) zu den Gewichten und Schwellen

1.Schicht:	1.Neuron:	w=-1.11, T=0.26
	2.Neuron:	w= 2.22, T=1.71
	3.Neuron:	w= 3.91, T= -4.82
	4.Neuron:	w= 2.46, T= 3.05
	5.Neuron:	w= 1.68, T=-0.6
2.Schicht:	1.Neuron:	w_1=-0.64, w_2= -1.3, w_3=-2.285, w_4=-3.905, w_5=+5.99, w_6=0.31, T=2.04

so daß, die Ausgabefunktion $\hat{f}(x)$ des Neurons der zweiten Schicht aus einer linearen Überlagerung von 5 nicht-linearen, sigmoidalen Funktionen S_F (s. Gl. (1.2.4a)) mit k=2 besteht und mit einer zusätzlichen Addition der gewichteten Eingabe w_6x explizit lautet

$$\hat{f}(x) = \mathbf{w}^{(2)T}\mathbf{x}^{(2)} - T = w_1 S_1(wx-T) + w_2 S_2(wx-T) + w_3 S_3(wx-T) + w_4 S_4(wx-T) + w_5 S_5(wx-T) + w_6 x - T$$

Die Übereinstimmung zwischen der tatsächlichen Funktion f(x) und der Approximation $\hat{f}$ ist im betrachteten Intervall sehr gut; der mittlere quadratische Fehler $d^2(f,\hat{f})$ beträgt dabei weniger als 1.4×10^{-4} bei 500 Testwerten. In der folgenden Abbildung 1.2.13 sind die Funktionen $\hat{f}(x)$ (durchgezogene Linie) und f(x) (gepunktete Line) eingezeichnet. Die Funktionsapproximation ist gerade so justiert, daß sie im betrachteten Intervall eine geringe Abweichung aufweist. Außerhalb des Intervalls ist die Abweichung (asymmetrische Kurve: gelernte Parameter!) zur Idealparabel wesentlich größer.

Approximation beliebiger Funktionen

Diese Gedanken lassen sich verallgemeinern: Die Grundproblematik der neuronalen Netze besteht darin, eine gewünschte Funktion mit Hilfe vieler Einzelfunktionen zu erreichen. Ähnlich dem Stone-Weierstraß Theorem, das die beliebig dichte Approximation von Funktionen durch Polynome garantiert, zeigten Hornik, Stinchcombe und White in einer Arbeit [HORN89], daß mit Hilfe von neuronalen

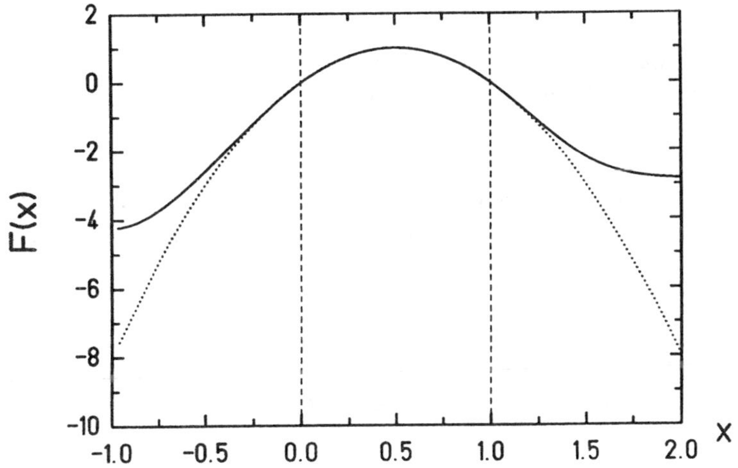

Abb.1.2.13 Approximation einer Funktion (gepunktet) durch eine Überlagerung von sigmoiden Funktionen (durchgezogen)
(Reproduktion aus [MÜ90] mit freundlicher Genehmigung des Autors)

Funktionen eines Netzwerks aus zwei Schichten ähnlich dem Gamba-Perzeptron (Kapitel 2.1) sich eine vorgegebene Menge von diskreten Funktionswerten direkt darstellen oder in einem Intervall eine kontinuierliche Funktion beliebig approximieren läßt.

Um diese verheißungsvollen Aussagen genauer formulieren zu können, definieren wir uns eine Klasse von Funktionen, genannt *Sigma-Funktionen* $\Sigma^n(S)$:

$$\Sigma^n(S) := \{f \,/\, f\colon \Re^n \to \Re \text{ mit } f(\mathbf{x}) = \sum_{j=1}^{M} w_j^{(2)} S(z_j(\mathbf{x}))\}$$

$$\text{wobei} \quad w_j^{(2)} \text{ aus } \Re, \quad \mathbf{x} \text{ aus } \Re^n$$

Die Sigma-Funktionen sind genau die Menge von Funktionen, die mit einem zweischichtigem, neuronalen Netz folgender Form erzeugt werden:

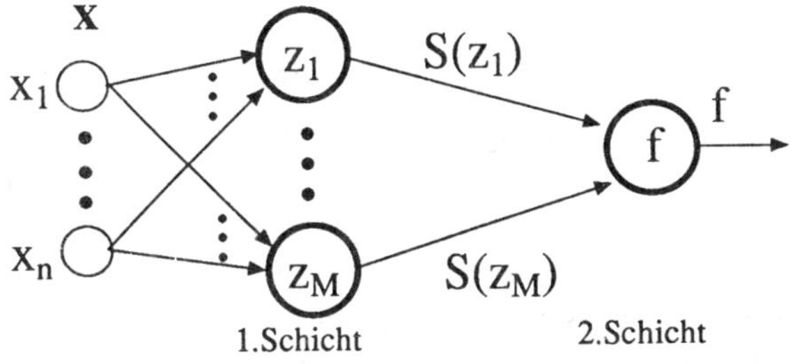

Abb. 1.2.14 Definition der Sigma-Funktionen $\Sigma^n(S)$

z_i ist dabei die Aktivitätsfunktion des *i*-ten Neurons der ersten Schicht. Die Aktivitätsfunktion läßt sich als *affine Funktion* bezeichnen, da sie Größenänderungen, Drehungen und Verschiebungen eines Vektors **x** bewirken kann (vgl. Abschnitt 3.3.4).

$$z_j \in z^n := \{z/z(\mathbf{x})=\mathbf{w}^{(1)T}\mathbf{x}+b\} \qquad \textit{affine Funktionen } \Re^n \to \Re$$

wobei $b \in \Re$ die negative Schwelle und $\mathbf{w}^{(1)}$ der Gewichtsvektor eines Neurons der ersten Schicht ist. Die Ausgabefunktion S(x) ("Quetschfunktion") kann dabei beliebig sein, vorausgesetzt, sie erfüllt die Bedingungen

$$\lim_{x \to \infty} S(x) = 1, \quad \lim_{x \to -\infty} S(x) = 0$$

Die zweite Schicht hat wieder eine lineare Aktivitätsfunktion mit den Gewichten $\mathbf{w}^{(2)}$; die Ausgabefunktion ist die Identität $f(x) = S(z^{(2)}) := z^{(2)}$.

Dann gilt:

1) Für die Funktionswerte *jeder beliebigen Funktion* $g(\mathbf{x}) : \Re^n \to \Re$ von *M* Mustern $\mathbf{x}^1 .. \mathbf{x}^M$ gibt es eine Sigma-Funktion f, so daß für alle Muster $\mathbf{x}^i$ mit i = 1..M gilt

$$f(\mathbf{x}^i) = g(\mathbf{x}^i)$$

Natürlich gilt dies auch für eine ganze Schicht, d.h. für $\mathbf{f} = (f_1, \ldots, f_m)$, den Ausgabevektor aus Sigma-Funktionen.

2) Jede beliebige, stetige Funktion g(**x**) in einer kompakten Teilmenge des $\Re^n$ ("kompaktes Intervall") kann beliebig dicht (*uniform dicht* in der Menge C^n aller stetigen Funktionen und ρ_μ*-dicht* in der Menge der Borel-meßbaren Funktionen) durch eine Sigma-Funktion f(**x**) approximiert werden.

Die obigen Aussagen gelten übrigens auch für den allgemeineren Fall, wenn die zweite Schicht aus *Sigma-Pi-Units* besteht.

Ein interessanter Spezialfall einer Quetschfunktion ist eine Kosinus--Quetschfunktion S_C aus dem vorigen Abschnitt: hier stellt das Netzwerk eine diskrete Fouriertransformation dar [GAL88].

1.2.3 Feed-forward Netze, Entropie und optimale Schichten

Folgt man dem Gedanken des vorigen Kapitels 1.1, daß periphere Leistungen durch Verarbeitung in mehreren Stufen (s. Abb. 1.1.12, 1.1.17, 1.1.20) erbracht werden, so lassen sich die formalen Neuronen mit paralleler, gleicher Funktion meist zu Funktionsblöcken (Schichten) zusammenfassen und die gesamte periphere Informationsverarbeitung im Gehirn als pipeline-artige Folge von informationsverarbeitenden Schichten betrachten. Jede Schicht ist wie ein Programm-Modul, das mit Hilfe der genau festgelegten Schnittstelle (Eingänge, Ausgänge, etc) ein festgelegte Spezifikation erfüllt, wobei die eigentliche Implementation nicht entscheidend ist, solange die gewünschte Funktion tatsächlich erfüllt wird. Werden die Eingänge einer Schicht ausschließlich von den Ausgängen der Schicht davor gespeist, so wird im Unterschied zu den vollständig vernetzten Systemen diese geschichtete Struktur als *feed-forward* Netze bezeichnet. Die Grundidee dieser Charakterisierung ist also die Existenz von Funktionseinheiten (z.B. Schichten, Neuronen etc.), die nicht rückgekoppelt sind. Mit diesem Gedanken können wir versuchen, die Definition von "feed-forward" für allgemeine Netze zu formalisieren.

Definition 1.3

Angenommen, es liegt ein Netz von Einheiten (Mengen von Neuronen) vor, die entsprechend Definition 1.2 einen gerichteten Graphen bilden. Das Netz wird genau dann als *feed-forward* Netz bezeichnet, wenn der gerichtete Graph *zyklenfrei* ist.

Die Definition sagt also nichts darüber aus, ob im gesamten neuronalen Netz Rückkoplungen existieren, sondern betrachtet nur die Verbindungen zwischen genau spezifizierten Einheiten. Ungeachtet dessen können auch in einem feed-forward Netz *innerhalb* der Einheiten (innerhalb der Schichten oder neuronalen Funktionsgruppen) Rückkopplungen vorhanden sein, die aber nach außen nicht sichtbar sind. Leider wird in der Literatur diese Sichtweise meist implizit benutzt, aber nicht explizit klar gesagt, so daß es leicht zu Begriffsverwirrungen kommen kann, wenn in neuronalen feed-forward Netzen auf unterster Ebene Rückkopplungen existieren. In der folgenden Abbildung 1.3.15 ist gezeigt, wie für zwei verschiedene Betrachtungsebenen (zwei verschiedene Definitionen von "Einheit") für das selbe neuronale Netz zwei verschiedene Charakterisierungen erfolgen können: In der linken Figur ist nur eine Eingabe und eine Ausgabe der schraffiert gezeichneten Einheit erkennbar; das "Netz" ist also ein "feed-forward" System. Anders bei der rechten Figur; die nun erkennbare Rückkopplung zur Einheit charakterisiert das Netz als "feed-back" System.

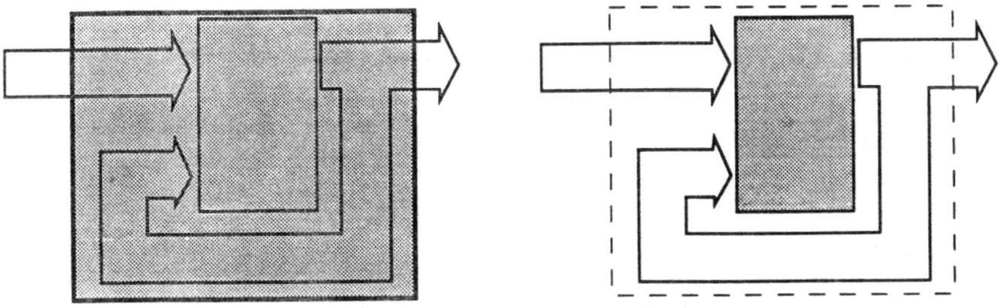

Abb. 1.2.15 feed-forward und feed-back Netzwerk

Die Charakterisierung "feed-forward" (im Unterschied z.B. zu Hopfield-Netzen, Kapitel 3.1) bezieht sich normalerweise ausschließlich auf die Informationsflußrichtung (Signalflußrichtung) in der "Funktionsphase", ähnlich wie die Definitionen 1.1 und 1.2.

Der Informationsfluß in der "Lernphase", in der die Gewichte neu gesetzt werden, ist dagegen nicht festgelegt und geht meist nicht in die Netzbezeichnung ein. Öfters (z.B. bei überwachtem Lernen mit der Widrow-Hoff Lernregel, Kapitel 2.1.2 und bei Back-Propagation, Kapitel 2.3.1 etc) wird die Information von den Ausgängen des Netzwerks zu den einzelnen Knoten des gerichteten Graphen zurückgeführt und stellt damit eine Rückkopplung in einem "Lernnetz" dar, das eine völlig andere Struktur als das neuronale Netz haben kann.

Die feed-forward Architektur hat nun einige interessante Funktionsmerkmale, die wir im Folgenden näher beleuchten wollen.

Lineare Schichten

Angenommen, wir verwenden eine lineare Ausgabefunktion S(z)=z, die keinen Einfluß auf die Aktivität ausübt. Dann ist mit Gleichung (1.2.2) die Ausgabe y_i

$$y_i = \mathbf{w}_i^T\mathbf{x}$$

und damit die gesamte Ausgabe $\mathbf{y} = (y_1, \ldots, y_m)$

$$\mathbf{y}^{(1)} = \mathbf{W}^{(1)}\mathbf{x}$$

mit der Matrix $\mathbf{W}^1 = (w_{ij})$ der Gewichte. Werden nun mehrere lineare Schichten hintereinander geschaltet, so ist die Ausgabe der einen die Eingabe für die andere. Die Ausgabe der zweiten Schicht ist somit

$$\mathbf{y}^{(2)} = \mathbf{W}^{(2)}\mathbf{y}^{(1)} = \mathbf{W}^{(2)}\mathbf{W}^{(1)}\mathbf{x} = \mathbf{W}\mathbf{x} \qquad \text{mit } \mathbf{W}:=\mathbf{W}^{(2)}\mathbf{W}^{(1)}$$

Die Funktionen beider linearen Schichten $\mathbf{W}^{(2)}$ und $\mathbf{W}^{(1)}$ lassen sich somit zu der Funktion einer einzigen, linearen Ersatzschicht $\mathbf{W}$ zusammenfassen. Dies gilt aber ebenfalls für alle weiteren Schichten, so daß sich die Funktion einer beliebig langen Sequenz von linearen Schichten immer zu einer einzigen, linearen Schicht zusammenfassen läßt.

Angenommen, wir wollen mit Hilfe der obigen linearen Abbildung M Eingaben $\mathbf{x}^1 \ldots \mathbf{x}^M$ auf M Ausgaben $\mathbf{y}^1 \ldots \mathbf{y}^M$ abbilden. Wie muß dafür die Matrix $\mathbf{W}$ aussehen? Bilden wir aus den Spaltenvektoren der Eingaben und Ausgaben die Matrizen

$$\mathbf{X} = (\mathbf{x}^1,\ldots,\mathbf{x}^M) \text{ und } \mathbf{Y} = (\mathbf{y}^1,\ldots,\mathbf{y}^M)$$

so muß $\mathbf{W}$ die Gleichung erfüllen

$$\mathbf{Y} = \mathbf{W}\,\mathbf{X}$$

Bei linear unabhängigen Spaltenvektoren ist (s. [KOH84])

$$\mathbf{W} = \mathbf{Y}\mathbf{X}^{-1} \qquad \text{mit} \quad \mathbf{X}^{-1} = \mathbf{X}^T(\mathbf{X}^T\mathbf{X})^{-1} \tag{1.2.7}$$

Sind die Spaltenvektoren dagegen nicht linear unabhängig, so läßt sich die Abbildung nur mit einem Fehler durchführen. Man kann dann nur noch diejenige Matrix $\mathbf{X}^+$ suchen, die den quadratischen Fehler minimiert

$$\mathbf{W} = \mathbf{Y}\mathbf{X}^+ \tag{1.2.8}$$

Die Matrix $\mathbf{X}^+$ wird dabei als Moore-Penrose *Pseudo-Inverse* bezeichnet [ALB72].

Information, Entropie und Optimale Schichten

Welche Leistungen sollte eine Schicht erfüllen, um "optimal" zu funktionieren ?

Wie wir beim visuellen System sahen, erfolgt von der Aufnahme der visuellen Reize in den ca. 100 Millionen Photorezeptoren zu der Weiterleitung in den ca. 1 Million Fasern vom optischen Nervenbündel des Augapfels eine Reduktion der Information durch eine *Umkodierung.* Dies läßt sich zu der Vermutung verallgemeinern, daß jede Schicht eine Umkodierung der eingehenden Information dahingehend vornimmt, daß alle *Redundanz* und unwesentliche Information (Variation der Formen usw.) *eliminiert* wird.

Aus den Beobachtungen von Hubel und Wiesel für die rezeptiven Felder in Abschnitt 1.1.2 können wir eine Methode vermuten, die dabei verwendet wird. Sie besteht darin, daß jede Schicht einfache Ereignisse (*Primitive*) kennt und sie anzeigt, wenn sich diese in den eingehenden Signalen wiederfinden. Im Fall der optischen Verarbeitung waren dies zuerst Kontraste, dann Kanten, Ecken und in den weiteren Schichten spezielle Balken, Bewegungsrichtungen usw (s. Abb.1.1.12). Jede Schicht beschreibt also die Ereignisse, die sie sieht, als Überlagerung dieser Primitive; alles andere wird als Störung nicht beachtet. Die Umkodierung der Information läßt sich dabei mathematisch als *Wechsel der Basisvektoren* des betrachteten Ereignisraums betrachten, was einige interessante Konsequenzen hat, auf die aber erst im Kapitel 1.3 näher eingegangen werden soll.

Zunächst wollen wir die obigen Gedanken präzisieren, um Folgerungen daraus ziehen zu können. Dazu müssen wir zunächst klären: Was verstehen wir unter "Information" ?

In der Informatik kennen wir als Informationsspeicher bespielsweise den Hauptspeicher (RAM) oder den Massenspeicher (Magnetplatten). Die Informationsmenge wird dabei, wie wir wissen, in *Bit* gemessen. Ein Speicherplatz mit *n* Bits kann dabei eine von 2^n Zahlen enthalten. Je mehr Bits ein Speicherplatz hat, umso mehr Information läßt sich darin abspeichern. Also können wir intuitiv vom Verständnis her die Menge an Information I als proportional zu der Zahl der Bits definieren. Mit Hilfe des dualen Logarithmus ld(.) bedeutet dies

$$I \sim n = \mathrm{ld}(2^n) = \mathrm{ld}\ (\text{Zahl der möglichen Daten})$$

Wird nun jede der möglichen Daten bzw. Speicherzustände mit der gleichen Wahrscheinlichkeit $P = 1/2^n$ eingenommen, so ist die Information eines Zustands

$$I \sim \mathrm{ld}(1/P) \qquad [\mathrm{Bit}]$$

Wählen wir anstelle des dualen Logarithmus ld(.) den davon um einen konstanten Faktor verschiedenen natürlichen Logarithmus ln(.)=ln(2)·ld(.), so messen wir die Information nicht mehr in Bit, sondern in "natürlichen Einheiten". Wir können nun die Information $I(x^k)$ allgemein für ein konkretes Ereignis x^k mit der Wahrscheinlichkeit $P(x^k)$ definieren:

Definition 1.4 $\quad I(x) := \ln(1/P(x^k)) = -\ln(P(x^k))$ *Information*

Diese Definition zeigt auch eine Eigenschaft der Information, über die man sie ebenfalls definieren kann: Die Information zweier unabhängiger Ereignisse ist die Summe der Informationen der Einzelereignisse (Beweis: Übungsaufgabe!).

Die mittlere Information von *N* Ereignissen x^k mit gleicher Wahrscheinlichkeit P=1/N läßt sich als Mittelwert errechnen:

$$H(x) = 1/N \, \Sigma_k \, I(x^k) = \Sigma_k \, 1/N \, I(x^k)$$

Treten die x^k allerdings mit mit ungleichen Wahrscheinlichkeiten auf, so müssen wir stattdessen die tatsächlichen Wahrscheinlichkeiten $P(x^i)$ verwenden und anstelle der mittleren die *erwartete Information pro Ereignis*, die *Entropie*, berechnen:

Definition 1.5 $\quad H(x) := \Sigma_k \, P(x^k) I(x^k) = \langle I(x^k) \rangle_k$ *Entropie*

wobei wir uns für die Kurzschreibweise den Erwartungswert-Operator "⟨ ⟩" mit

$$\langle f(x^k) \rangle_k := \Sigma_k \, P(x^k) \, f(x^k) \qquad (1.2.9)$$

definieren.

Die Entropie H(x) einer Nachrichtenquelle x entspricht also der erwarteten Information pro Zeichen einer Nachrichtenquelle. Damit haben wir für die Musterverarbeitung in Schichten neuronaler Netze ein quantitatives Maß eingeführt, das von dem bekannten Informationstheoretiker Claude E. Shannon 1949 zur Charakterisierung der Übertragungseigenschaften von Nachrichtenverbindungen eingeführt wurde [SHA49]. Mit diesen Begriffen versuchen wir nun, die Frage genauer zu beantworten, wie eine optimale Schicht auszusehen hat. Weiteres über die Anwendung des Informationsbegriffs ist beispielsweise in dem populären Buch von Heise [HEISE83] enthalten.

Bedingungen optimaler Schichten

Mit dem oben eingeführten Begriff der Information können wir nun präzisieren, was wir unter "optimaler Informationsverarbeitung" einer neuronalen Schicht verstehen.

Definition 1.6

Eine Schicht soll *optimal* genannt werden, wenn die Funktionsparameter derart gewählt werden, daß sie möglichst viel Information aus den Eingangssignalen (*Eingabemustern*) zu den Ausgabesignalen (*Ausgabemustern*) weiterleitet.

In der Abbildung 1.2.16 ist diese Situation veranschaulicht. Sie entspricht dem Problem, das von Shannon 1949 [SHA49] untersucht wurde. Er betrachtete die Umstände, unter denen die Information eines *Senders* trotz eines gestörten Übertragungsweges (*Kanal*) besonders gut beim *Empfänger* ankommen. Die Maximierung der übertragenen Information bezeichnete er als als *Maximierung der Übertragungsrate* eines Kanals (*Kanalkapazität*) und wurde heutzutage als Gütekriterium für optimale

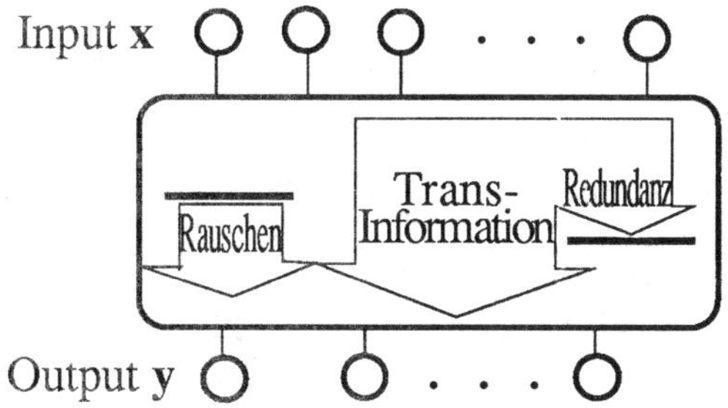

Abb. 1.2.16 Funktion optimaler Schichten

Schichten neuronaler Netze zuerst von Linsker [LINS86], [LINS88] vorgeschlagen und von ihm als fundamentales biologisches Funktionsprinzip bewertet. Nach H. Haken handelt es sich bei der Informationsoptimierung sogar um ein allgemeines, grundlegendes Funktionsprinzip der Natur [HAK88]. Obwohl noch andere Gütekriterien für die Funktion eines informationsverarbeitenden Systems existieren (z.B. die Minimierung der Differenz zwischen der subjektiven und der objektiven Information [PFAF72] etc.) wollen wir im weiteren mit dem hier eingeführten, durchaus brauchbaren Kriterium arbeiten.

Fassen wir alle Eingabesignale x_i der Einzelfasern beispielsweise am Sehnerv zu einem Tupel oder Vektor $\mathbf{x} = (x_1,...,x_n)$ und die Ausgangssignale y_j der informationsverarbeitenden Schicht zu $\mathbf{y} = (y_1,...,y_m)$ zusammen, so ist die Entropie H(x,y) der beiden Nachrichtenquellen "Eingabe **x**" und "Ausgabe **y**", also der Gesamtmenge $\{\mathbf{x},\mathbf{y}\}$ aller Ereignisse, zusammengefaßt nicht gleich der Summe der Einzelentropien H(x) + H(y), da ja die Ereignisse $\mathbf{x}^k$ der Eingabe (*Sender*) und der beobachteten Ausgabe $\mathbf{y}^k$

(*Empfänger*) im allgemeinen nicht unabhängig voneinander sind. Wären sie es, so würde keine Information übertragen werden, sondern alle Ereignisse **y** werden unabhängig von **x** durch interne Mechanismen (Störsignale,Rauschen!) des Kanals produziert. Stattdessen müssen wir die Austauschinformation ("Transinformation") H_{trans} berücksichtigen; sie ist die Information, die **x** und **y** gemeinsam haben, also die Information, die von **x** auf **y** übertragen wurde. Es gilt nach Shannon [SHA49]

$$\begin{aligned} H(x,y) \quad &:= -\Sigma_i\Sigma_k\ P(\mathbf{y}^k,\mathbf{x}^i)\ \ln[P(\mathbf{y}^k,\mathbf{x}^i)] \\ &= H(x) + H(y) - H_{trans} \qquad (1.2.10) \end{aligned}$$

was durch die Verbundwahrscheinlichkeiten abhängiger Ereignisse bedingt ist (Beweis: Übungsaufgabe!).

Der Erwartungswert der Information der Ausgabe **y** über alle Eingaben, falls die jeweilige Eingabe $\mathbf{x}^i$ bekannt ist, entspricht dem unbekannten, nicht nutzbaren Anteil der übertragenen Information (z.B. Störsignale) und wird als *bedingte Entropie* bezeichnet:

$$\begin{aligned} H_x(y) := \langle I(\mathbf{y}^k/\mathbf{x}^i)\rangle_{i,k} &= -\Sigma_i\,\Sigma_k\ P(\mathbf{y}^k,\mathbf{x}^i)\ \ln[P(\mathbf{y}^k/\mathbf{x}^i)] \\ &= -\Sigma_i\Sigma_k\ P(\mathbf{y}^k/\mathbf{x}^i)P(\mathbf{x}^i)\ \ln[P(\mathbf{y}^k/\mathbf{x}^i)] \qquad (1.2.11) \end{aligned}$$

Damit läßt sich die Transinformation H_{trans} schreiben (Übungsaufgabe!) als

$$\begin{aligned} H_{trans} \quad &= H(x) + H(y) - H(x,y) \\ &= H(x) - H_y(x) = H(y) - H_x(y) \qquad (1.2.12) \\ &= -\Sigma_k\ P(\mathbf{y}^k)\ln[P(\mathbf{y}^k)] \ + \ \Sigma_i\ P(\mathbf{x}^i)\ \Sigma_k\ P(\mathbf{y}^k/\mathbf{x}^i)\ln[P(\mathbf{y}^k/\mathbf{x}^i)] \end{aligned}$$

Die erwartete Information H_{trans} ist maximal, wenn

$$H(y) \quad \stackrel{!}{=} \max \qquad (1.2.13)$$

$$H_x(y) \quad \stackrel{!}{=} \min \qquad (1.2.14)$$

Es zeigt sich für das Maximum von H(y) bei der Nebenbedingung $\Sigma_k\ P(\mathbf{y}^k)=1$, daß (1.2.13) für *M* Klassen zutrifft wenn

$$P(\mathbf{y}^k) = P(\mathbf{y}^l) = 1/M \quad \text{für alle } k, l \qquad (1.2.15)$$

erfüllt ist. Alle Klassen müssen also mit gleicher Wahrscheinlichkeit auftreten. Für die Forderung (1.2.14) wissen wir, daß $P(\mathbf{y}^k/\mathbf{x})$ bei verschiedenen *k* sehr ungleich sein muß, um ein Minimum zu erreichen. Im Fall $n \leq m$ ist also eine diskrete Zurodnung jedes $\mathbf{x}^k$ zu einem $\mathbf{y}^k$ optimal. Ist n>m, so wird die Optimalität beispielsweise durch eine Aufteilung des Eingaberaums $\Omega = \{\mathbf{x}\}$ in Teilmengen Ω_k erreicht, wobei es keine Rolle spielt, *wie* dies erreicht wurde. In jedem Fall wird ein Muster **x** nur zu einer Klasse Ω_k (einem $\mathbf{y}^k$) deterministisch zugeordnet und damit der Einfluß des Rauschens (s. Abb. 1.2.16) minimisiert.

Dann gilt für den Produktterm in (1.2.11)

$$\forall\, \mathbf{x} \in \Omega_k \qquad P(\mathbf{y}^k/\mathbf{x}) \ln[P(\mathbf{y}^k/\mathbf{x})] = 1 \cdot \ln[1] = 0$$

$$\text{sonst} \qquad P(\mathbf{y}^k/\mathbf{x}) \ln[P(\mathbf{y}^k/\mathbf{x})] = \lim_{P \to 0} P \cdot \ln[P]$$

$$= \lim_{P \to 0} \frac{(\ln[P])'}{(1/P)'} = \lim_{P \to 0} -P = 0$$

und damit

$$H_x(y) = 0$$

bei nicht-überlappenden Klassen. Für eine maximale Informationstransmission ist also die Bedingung (1.2.13) auch hinreichend.

Damit haben wir Bedingungen für die Eingabemuster und Ausgabemuster gewonnen, mit denen wir die Leistungsfähigkeit der Algorithmen neuronaler Schichten an unserem Maßstab der "Optimalität" messen können.

1.3 Stochastische Mustererkennung

Im vorigen Abschnitt abstrahierten wir von den konkreten Ereignissen und faßten die für ein Ereignis typischen Werte in einem *Mustervektor* **x** zusammen. Dabei stellte sich die Frage, wie man die Ereignisart oder *Klasse* ermittelt, zu der **x** gehört. Wie wir sahen, kann ein formales Neuron eine Trennung zwischen zwei Mustermengen (Klassen) Ω_1 und Ω_2 vornehmen und implementiert damit eine *Mustererkennung*. Die dazu notwendigen Gewichte oder Koeffizienten w_i der Klassengrenze müssen allerdings bekannt sein.

Es gibt nun verschiedene Möglichkeiten, die Klassengrenze durch die Lage der beobachteten Muster **x** sukzessive zu bestimmen. Den Vorgang der schrittweisen Verbesserung der Gewichte für eine verbesserte Mustererkennung bezeichnen wir mit *Adaption* und ist eine Implementation von *Lernen*. Der Begriff des Lernens beschränkt sich hier auf die Verbesserung der Mustererkennung gemäß einem Lernziel (*Zielfunktion*); im psychologischen und soziologischen Kontext ist der Begriff "Lernen" weitaus vielschichtiger und komplexer.

Das Fachgebiet der Mustererkennung ist, unabhängig von der Entwicklung der neuronalen Netze, in den 60-ger und 70-ger Jahren entwickelt worden, s. z.B. die Lehrbücher [FU68], [FUK72], [DUD73], [TSYP73], [TOU74]. Die Grundproblematik der stochastischen Mustererkennung läßt sich mit Hilfe des im vorigen Abschnitt eingeführten Modells, das die Erzeugung und Erkennung von Mustern als Problem eines Systems aus Nachrichtensender und -empfänger ansieht, folgendermaßen skizzieren:

Seien *M* Quellen von Ereignissen **x** gegeben, die jeweils mit der *a priori*- Wahrscheinlichkeit $P(\omega_i)$ auftreten, wobei ω_i das Ereignis "**x** ist aus Klasse Ω_i" darstellt. Dann wird ein **x** mit der *likelihood*-Wahrscheinlichkeitsdichte $p(\mathbf{x}|\omega_i)$ produziert und einem Empfänger übermittelt (s. Abbildung 1.3.1).

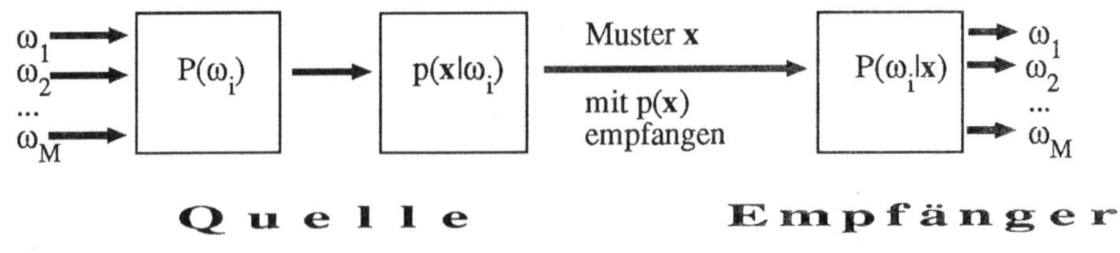

Abb. 1.3.1 Mustergenerierung und -erkennung

Der Beobachter kann allerdings nur $p(\mathbf{x})$ messen und muß nun die *a posteriori*-Wahrscheinlichkeit $P(\omega_i|\mathbf{x})$ herausfinden, um auf die eigentliche Klasse Ω_i schließen zu können. Welche Möglichkeiten hat er dafür?

Bekannte Quelle
Ist dem Beobachter die Quelle mit ihren Wahrscheinlichkeiten $P(\omega_i)$ und $p(\mathbf{x}|\omega_i)$ bekannt, so ist es eine relativ einfache Sache, auf $p(\mathbf{x})$ und damit auf das gesuchte $P(\omega_i|\mathbf{x})$ zu schließen. Mit der Beziehung

$$p(\mathbf{x}) = \Sigma_i\, p(\mathbf{x}|\omega_i)\, P(\omega_i) \qquad\qquad \Sigma_i\, P(\omega_i) = 1$$

ist $p(\mathbf{x})$ bekannt und mit der Bayes-Regel

$$P(y|x)P(x) = P(x|y)P(y) \qquad (\textit{Bayes-Regel})$$

ist

$$P(\omega_i|\mathbf{x}) = p(\mathbf{x}|\omega_i)\, P(\omega_i) \,/\, p(\mathbf{x}) \tag{1.3.1}$$

Eine gute Klassifizierungsstrategie des Empfängers besteht darin, für jedes $\mathbf{x}$ diejenige Klasse Ω_i zu wählen, für die $P(\omega_i|\mathbf{x})$ maximal wird.

Unbekannte Quelle
In den allermeisten Fällen sind aber die Quellwahrscheinlichkeiten unbekannt, so wie in unserem Beispiel in der Abbildung 1.2.4. Allerdings sehen wir hier ein weiteres Problem: Es reicht nicht aus, nur die Trennung zwischen den Klassen nach der größten Wahrscheinlichkeit durchzuführen, wir müssen auch die Folgen bedenken, die eine falsche Einordnung mit sich bringt. Bei diesem Beispiel sind sie asymmetrisch: eine falsche Beurteilung der Tumorpatienten verhindert eine schnelle Operation und senkt ihre Lebenserwartung; eine falsche Einordnung der chronisch entzündeten Patienten dagegen bewirkt eine unnötige Operation mit all ihren Risiken. Um beide Entscheidungen gegeneinander abwägen zu können, müssen beide Risikoarten in einem gemeinsamen Maßsystem (Sterberisiko etc) numerisch konkretisiert werden, was allerdings in jedem Krankenhaus unterschiedlich ausfallen wird.

Wie müssen nun die Klassengrenzen gewählt werden, um bei bekannten Einzelrisiken das erwartete Gesamtrisiko einer Fehlentscheidung zu minimieren?

1.3.1 Zielfunktionen bei der Mustererkennung

Angenommen, unser Musterraum $\Omega := \{\mathbf{x}\}$ ist in Untermengen (Klassen) Ω_i unterteilt und wir bezeichnen das Ereignis ω_i, daß $\mathbf{x}$ aus Ω_i stammt, mit "Klasse Ω_i liegt vor". Dann sei die *Strafe*, das *Risiko* oder die *Kosten* dafür, daß für Klasse Ω_i entschieden wird, obwohl Ω_j vorliegt, mit r_{ij} bezeichnet. Das Risiko, ein $\mathbf{x}$ fälschlicherweise in eine Klasse Ω_i einzuordnen anstatt in Ω_j, ist dann

$$r_i(\omega_i|\mathbf{x}) = \Sigma_j\, r_{ij}\, P(\omega_j|\mathbf{x}) \qquad \textit{Bayes-Risiko} \tag{1.3.2}$$

Das *erwartete Risiko* für alle $\mathbf{x}$ aus Ω_i ist mit dem Erwartungswertoperator $\langle\ \rangle$ von Gleichung (1.2.3) im kontinuierlichen Fall

$$\langle f(x)\rangle := \int f(x)\, p(x)\, dx \qquad (1.3.3)$$

$$R_i = \langle r_i(\omega_i|\mathbf{x})\rangle_{\mathbf{x}\in\Omega_i} = \int_{\Omega_i} \Sigma_j\, r_{ij}\, P(\omega_j|\mathbf{x})\, p(\mathbf{x})\, d\mathbf{x} \qquad (1.3.4)$$

und das *erwartete Gesamtrisiko* aller $\mathbf{x}$ aus Ω ist bei der Klasseneinteilung mit $\mathbf{w}$

$$R(\mathbf{w}) = \Sigma_i\, R_i = \Sigma_i \int_{\Omega_i} \Sigma_j\, r_{ij}\, P(\omega_j|\mathbf{x})\, p(\mathbf{x})\, d\mathbf{x} \qquad (1.3.5)$$

Ist die Strafe nur abhängig von der falsch gewählten Klasse, so ist $r_i = r_{ij}$. Mit der Beziehung $\Sigma_j P(\omega_j|\mathbf{x}) = 1$, die sich direkt aus Gleichung (1.3.1) ergibt, läßt sich die Gleichung (1.3.5) vereinfachen zu

$$R(\mathbf{w}) = \Sigma_i \int_{\Omega_i} r_i\, p(\mathbf{x})\, d\mathbf{x} = \Sigma_i <r_i(\mathbf{w},\mathbf{x})>_{\mathbf{x}\in\Omega_i} := \Sigma_i\, R_i(\mathbf{w}) \qquad (1.3.6)$$

mit dem erwarteten Einzelrisiko $r_i := r_i\, p(\mathbf{x})$, $\mathbf{x}$ aus Ω_i.

Das erwartete Gesamtrisiko ist damit nur noch von den Klassengrenzen und der beobachteten Dichte $p(\mathbf{x})$ abhängig und nicht mehr explizit von den Wahrscheinlichkeiten der Quelle. Das Ziel des Lernprozesses wird damit, eine derartige optimale Klasseneinteilung zu finden, daß das erwartete Gesamtrisiko minimal wird:

Suche $\mathbf{w}^*$ so, daß bei gegebenen r_i und $p(\mathbf{x})$

$$R(\mathbf{w}^*) = \min_{\mathbf{w}} R(\mathbf{w}) \qquad (1.3.7)$$

Die zu minimierende Risikofunktion ist ein Beispiel einer *Zielfunktion*, die das Ergebnis eines Algorithmus numerisch bewertet. Es ist dabei unerheblich, ob die Zielfunktion dabei für Kostenüberlegungen minimiert oder für Güteüberlegungen maximiert werden muß; es ließe sich beispielsweise leicht eine Güte G:= 1/R oder G:=1-R definieren. Wichtig für die Vorgehensweise zur Extremumsuche ist eher, ob die Zielfunktion stetig und ableitbar ist oder ob sie diskret definiert ist, sowie ob sie ein einziges, relatives Extremum oder deren mehrere hat. Für unsere folgenden Überlegungen nehmen wir eine stetige, ableitbare Zielfunktion mit einem Minimum an.

Es läßt sich zeigen ([FU68], Kap.7.3), daß eine Variation der Klassengrenzen keinen Anteil an der Minimierung der Zielfunktion hat. Für ein lokales Minimum ist es damit hinreichend, ein $\mathbf{w}^*$ zu finden, für das jedes einzelne $J_i(\mathbf{w})$ minimal wird.

1.3.2 Die Gradientenmethode zur Minimumsuche

Angenommen, die zu minimierende Zielfunktion $R(\mathbf{w})$ sei bekannt und habe ein lokales, relatives Minimum. Ausgehend von einem initialen $\mathbf{w}$ in der Nähe dieses lokalen Minimums versuchen wir, schrittweise iterativ uns dem optimalen $\mathbf{w}^*$ anzunähern (s. Abb.1.3.2).

Die Ableitungen nach allen Komponenten können wir in einem Vektor $(\partial R/\partial w_1,\dots,\partial R/\partial w_n)^T$ zusammenfassen und bezeichnen dies mit dem *Gradienten*

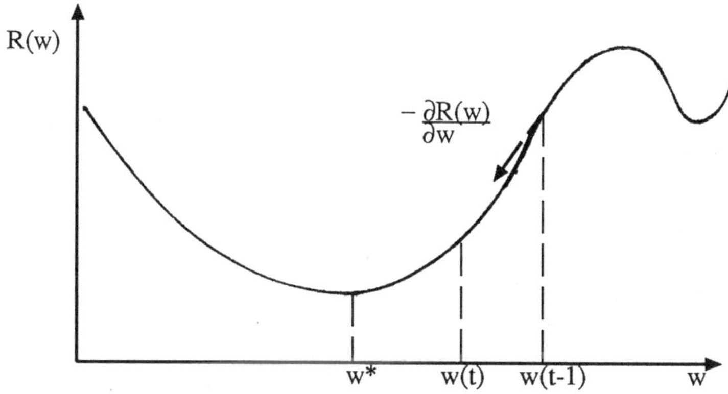

Abb. 1.3.2 Die Gradientensuche

grad R($\mathbf{w}$) der Funktion R($\mathbf{w}$). Dies läßt sich auch mit dem *Nabla-Operator* $\nabla_w:=(\partial/\partial w_1,\ldots,\partial/\partial w_n)^T$ als "∇_w R($\mathbf{w}$)" notieren. Der so definierte Vektor der Richtungsableitungen zeigt in der Nähe des Minimums in die Richtung des stärksten Anstiegs der Funktion; der negative Gradient also in Richtung des Minimums. Mit dieser Überlegung soll die Differenz von $\mathbf{w}$(t-1) beim (t-1)-ten Schritt zu $\mathbf{w}$(t) vom nächsten Schritt t proportional zum negativen Gradienten sein:

$$(\mathbf{w}(t) - \mathbf{w}(t-1)) \sim -\nabla_w R(\mathbf{w}(t-1))$$

oder mit der schrittabhängigen Proportionalitätskonstanten γ

$$\mathbf{w}(t) = \mathbf{w}(t-1) - \gamma(t)\, \nabla_w R(\mathbf{w}(t-1)) \qquad (1.3.8)$$

Eine solche Iterationsgleichung zur Optimierung von Parametern einer Zielfunktion wird auch als *Lernregel*, die Proportionalitätskonstante γ(t) dabei als *Lernrate* bezeichnet. Im allgemeinen Fall ist γ eine Matrix, die eine Amplituden- und Richtungskorrektur vornimmt; im Normalfall ist eine skalare Funktion ausreichend.

Es ist bekannt, daß das Gradientenverfahren relativ langsam konvergiert; aus diesem Grunde werden auch manchmal die Ableitungen höherer Ordnungen, falls bekannt, in den Iterationsgleichungen verwendet. Sie bedeuten allerdings einen zusätzlichen Rechenaufwand. Ein Überblick darüber ist z.B. in [LEE88] zu finden.

Das Gradientenverfahren zur Bestimmung der Parameter für ein (lokales) Minimum oder Maximum einer Zielfunktion läßt sich immer dann gut einsetzen, wenn die Zielfunktion bzw. deren Ableitung ∇_w R($\mathbf{w}$) bekannt ist. Dies ist dann gegeben, wenn alle Muster {$\mathbf{x}$} vorliegen und damit p($\mathbf{x}$) numerisch errechnet werden kann. Was kann man aber tun, wenn eine Entscheidung bereits für jedes neu beobachtete Muster getroffen werden muß, obwohl wir die Wahrscheinlichkeitsdichte noch gar nicht richtig kennen?

1.3.3 Stochastische Approximation

Meist ist uns aber der Erwartungswert $R(\mathbf{w}) = \langle r(\mathbf{w},\mathbf{x})\rangle_{\mathbf{x}}$ und damit $\nabla_w R(\mathbf{w})$ der Zielfunktion nicht bekannt, sondern nur ihr zufallsbedingter Funktionswert $\nabla_w r(\mathbf{w},\mathbf{x})$. Die Aufgabe besteht nun darin, mit jedem der sequentiell beobachteten Muster $\mathbf{x}$ eine neue Schätzung $\mathbf{w}$ zu erreichen, die einen geringeren Abstand zu dem optimalen $\mathbf{w}^*$ mit $\nabla_w R(\mathbf{w}^*) = 0$ hat.

Dies ist gleichbedeutend mit der Aufgabe, die Nullstelle einer Funktion $F(w) := \nabla_w R(w)$ zu finden, wobei allerdings nur deren "verrauschte" Funktionswerte $f(x,w)$ mit $F(w) = \langle f(x,w)\rangle_x$ bekannt sind, siehe Abbildung 1.3.3. Wie läßt sich trotzdem, ohne alle x abwarten zu müssen um p(x) und damit F(w) zu bilden, ein verbesserter Wert für w^* abschätzen?

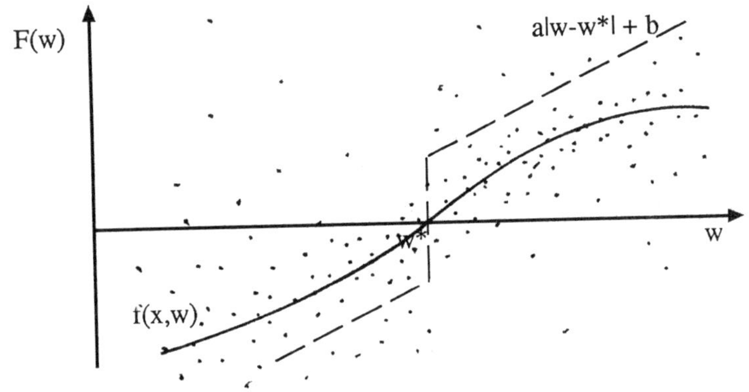

Abb. 1.3.3 Die Nullstelle einer verrauschten Funktion

Diese Frage wurde zuerst von Robbins und Monro (1951) beantwortet. Sie erkannten, daß auch die einfache, ungemittelte Iteration

$$w(t) = w(t-1) - \gamma(t)\, f(w(t-1),x(t)) \tag{1.3.9}$$

die Nullstelle der Funktion F(w), und in unserem Fall damit das Minimum der Funktion R(w), "findet".

Mit den Voraussetzungen (1.3.10)

- Die Funktion $F(w) := \langle f(x,w)\rangle_x$ ist *zentriert*, d.h. insbesondere $F(w^*)=0$
- Die Funktion F(w) ist *beschränkt* im betrachteten Intervall $[w_0..w^*..w_1]$
  $$\text{mit } |F(w)| < a|w-w^*| + b < \infty \quad a,b \geq 0$$
- Die Funktion f(x,w) hat endliche Varianz, d.h.
  $$\sigma^2(w) = \langle (F(w) - f(x,w))^2 \rangle_x < \infty$$
- Die Funktion $\gamma(t)$ muß verschwinden, $\gamma(t) \to 0$

- sie darf nicht zu schnell klein werden $\sum_{t=1}^{\infty} \gamma(t) = \infty$
- und darf auch nicht zu groß sein $\sum_{t=1}^{\infty} \gamma(t)^2 < \infty$

wird garantiert (s.[ROB51], [BLUM54], [KIEF52])

> die mittlere quadratische Konvergenz $\lim_{t\to\infty} \langle (w(t) - w*)^2 \rangle = 0$
> (*Robbins-Monro*)

> die Konvergenz mit Wahrscheinlichkeit eins : $P(\lim_{t\to\infty} w(t) = w^*) = 1$
> (*Blum*)

Eine allgemeine Untersuchung über dieses Gebiet ist z.B. in [LJUNG77] zu finden.

Stochastisches Lernen

Diese Aussagen lasssen sich nun leicht auf die Vektorvariable **w** anwenden und für unser Problem nutzen, das Minimum einer Zielfunktion zu finden. Sind die Voraussetzungen für die Ableitung der Zielfunktion (begrenzte Varianz und Erwartungswerte) und für die Lernrate $\gamma(t)$ im betrachteten Gebiet erfüllt, so wissen wir nun, daß anstelle der direkten Gradientensuche (1.3.8) auch die stochastische Approximation (1.3.9) zum Ziele führt:

$$\mathbf{w}(t) = \mathbf{w}(t-1) - \gamma(t)\, \nabla_w\, r(\mathbf{w}(t-1),\mathbf{x}(t)) \qquad (1.3.11)$$

Dies läßt sich an einem Beispiel verdeutlichen.

Beispiel 1.3.1

Betrachten wir als Kostenfunktion den quadratischen Fehler $r(\mathbf{w},\mathbf{x}):=1/2\ (\mathbf{w}-\mathbf{x})^2$.
Die Lernrate $\gamma(t):=1/t$ erfüllt die Bedingungen von (1.3.10), so daß die Lernregel oder stochastische Iterationsgleichung somit lauten kann

$$\mathbf{w}(t) = \mathbf{w}(t-1) - \gamma(t)\, \nabla_w r(\mathbf{w}(t-1),\mathbf{x}(t)) \;=\; \mathbf{w}(t-1)\ -\ 1/t\ (\mathbf{w}(t-1)-\mathbf{x}(t))$$

Nach dem ersten Schritt (t=1) ist mit $\mathbf{w}(1) = \mathbf{x}(1)$ die Iteration unabhängig von dem Startwert $\mathbf{w}(0)$. Wohin konvergiert $\mathbf{w}(t)$?
Es ist $\mathbf{w}(1) = 1/1\ \mathbf{x}(1) = \bar{\mathbf{x}}(1)$, der Mittelwert von **x**. Gilt dies auch allgemein?
Für einen Induktionsbeweis müssen wir dies nun für beliebiges t beweisen.
Sei $\mathbf{w}(t-1) = \bar{\mathbf{x}}(t-1) = [1/(t-1)]\ \sum_{i=1}^{t-1}\mathbf{x}(i)$ vorausgesetzt.
Dann ist

$$\begin{aligned}\bar{\mathbf{x}}(t) &= [1/t]\ \sum_{i=1}^{t}\mathbf{x}(i) = \mathbf{x}(t)/t + [(t-1)/(t-1)t]\ \sum_{i=1}^{t-1}\mathbf{x}(i)\\ &= \mathbf{x}(t)/t + \bar{\mathbf{x}}(t-1) - 1/t\ \bar{\mathbf{x}}(t-1) = \mathbf{w}(t-1)\ -\ 1/t\ (\mathbf{w}(t-1)-\mathbf{x}(t))\\ &= \mathbf{w}(t), \qquad \text{was zu beweisen war.}\end{aligned}$$

Für die quadratische Kostenfunktion ist also bei der stochstischen Iteration nach jedem Iterationsschritt der geschätzte Parameter **w** der Mittelwert aller bisherigen Beobachtungen {**x**}; der Parameter konvergiert zum Mittelwert aller **x**, die in diese

Klasse eingeordnet werden.

Damit haben wir nicht nur das Konvergenzziel der quadratischen Zielfunktion kennengelernt, sondern auch eine Möglichkeit, einen Mittelwert iterativ zu berechnen.

Mit dieser Zielfunktion läßt sich auch die stochastische Aproximation der Trennung zweier Klassen verdeutlichen, ähnlich der in Abbildung 1.2.4. Nehmen wir an, die Daten $\mathbf{x}$ bestehen aus der Überlagerung zweier Normalverteilungen, die jeweils eine Klasse darstellen. Identifizieren wir die Mittelwerte der Verteilungen mit den Klassenprototypen $\mathbf{w}_1$ und $\mathbf{w}_2$, so ist das Risiko $R(\mathbf{x},\mathbf{w}_i) := 1/2(\mathbf{w}_i-\mathbf{x})^2$ das Abstandsquadrat. Die Trennlinie zwischen beiden Klassen bei $R(\mathbf{x},\mathbf{w}_1) = R(\mathbf{x},\mathbf{w}_2)$ ist eine Gerade, die auf halbem Wege zwischen beiden Klassenprototypen senkrecht auf $\mathbf{w}_1-\mathbf{w}_2$ steht.

Der Programmcode für diese Approximation ist auszugsweise z.B.

```
(* Klassentrennung von abgespeicherten Mustern *)
VAR w: ARRAY[1..2, 1..2] OF REAL;
    x: ARRAY[1..2] OF REAL;      γ: REAL; t,k,i:INTEGER;
BEGIN
    t:=1;                          (* erster Zeitschritt *)
REPEAT
    (* Eingabe oder Generation des Trainingsmusters *)
    Read(PatternFile, x);
    γ := 1/t;                      (* zeitabh. Lernrate *)
    (* suche Klasse mit minimalem Abstand *)
    IF Abstand(x,w[1]) > Abstand(x,w[2])
      THEN k:=2        ELSE k:= 1
    END;
    (* verändere den Gewichtsvektor *)
    FOR i:=1 TO 2 DO               (* Approximation des Mittelwerts *)
      w[k,i]:= w[k,i] - γ* (w[k,i]-x[i]);
    END;
    t:= t+1;                       (* nächster Zeitschritt und Muster *)
UNTIL EndOf (PatternFile);
```

Codebeispiel 1.3.1 Stochastische Approximation einer Klassentrennung

1.3.4 Invariante Mustererkennung

Die bisherige Aufgabenstellung der Mustererkennung ging davon aus, daß die Musterklassen, und damit auch die Klassengrenzen, durch ein bestimmtes Ähnlichkeitskriterium gebildet wurden: Ein Muster wird in eine Klasse *k* einsortiert, wenn es "dichter" am Klassenprototypen $\mathbf{w}_k$ liegt als an jedem anderen Klassenprototypen (s. Beispiel 1.3.1). Das Ähnlichkeitskriterium ist in diesem Fall der euklidische Abstand $d(\mathbf{x},\mathbf{w}) = |\mathbf{x}-\mathbf{w}|$. Ein anderes Maß ist die Korrelation $\mathbf{w}^T\mathbf{x}$ (Skalarprodukt), die in den formalen Neuronen (s. Abschnitt 1.2) gebildet wird; bei großer Übereinstimmung zwischen $\mathbf{x}$ und $\mathbf{w}$ erzeugt ein Neuron ein starkes Ausgabesignal $S(\mathbf{w}^T\mathbf{x})$. Der Zusammenhang zwischen beiden Maßen ist in Abschnitt 2.2 für die Assoziativspeicher diskutiert.

Angenommen, wir kodieren nun Bilder als Tupel (Mustervektoren) und versuchen, die Muster von ähnlichen Bilder auch in gleiche Klassen einzuordnen. Dabei erleben wir aber eine Überraschung: dies gelingt uns nicht so einfach. Die Ursache dafür liegt in unserem verwendeten Ähnlichkeitsmaß: visuell ähnliche Bilder *i* bzw. *j* besitzen nicht unbedingt Muster $\mathbf{x}^i$ bzw. $\mathbf{x}^j$ mit kleinem Abstand $d(\mathbf{x}^i,\mathbf{x}^j)$ oder großer Korrelation $(\mathbf{x}^i)^T\mathbf{x}^j$, sind sich also nicht unbedingt ähnlich in unserem oben definierten Sinne. Betrachten wir dazu ein Beispiel in Abbildung 1.3.4. Hier sind drei verschiedene visuelle Muster und ihre Kodierung als Vektoren gezeigt. Muster 1 unterscheidet sich von Muster 2 nur dadurch, daß der Balken um einen Bildpunkt nach rechts verschoben wurde. Obwohl die visuelle Ähnlichkeit zwischen Muster 1 und Muster 2 größer ist als zwischen Muster 1 und Muster 3, besagt der Musterabstand $d(\mathbf{x}^1,\mathbf{x}^2)$ genau das Gegenteil.

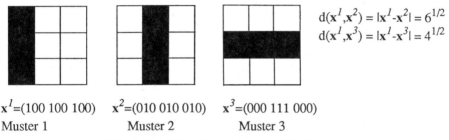

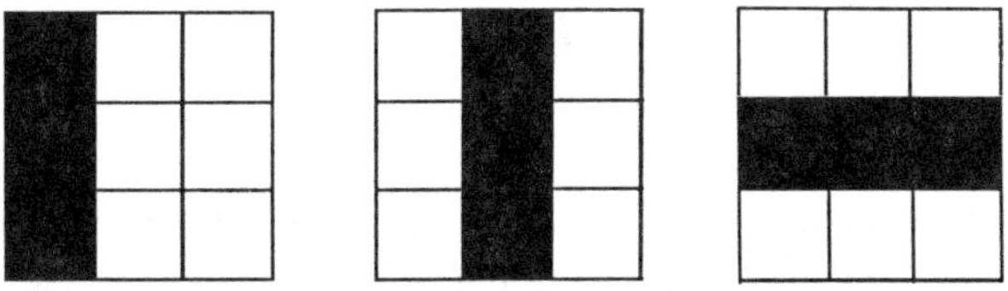

$d(\mathbf{x}^1,\mathbf{x}^2) = |\mathbf{x}^1-\mathbf{x}^2| = 6^{1/2}$
$d(\mathbf{x}^1,\mathbf{x}^3) = |\mathbf{x}^1-\mathbf{x}^3| = 4^{1/2}$

$\mathbf{x}^1$=(100 100 100) Muster 1 — $\mathbf{x}^2$=(010 010 010) Muster 2 — $\mathbf{x}^3$=(000 111 000) Muster 3

Abb.1.3.4 Visuelle und formale Ähnlichkeit

Allgemein formuliert haben Korrelation, Hamming- und euklidischer Abstand ein großes Problem: sie sind nicht translations- und rotationsinvariant. Es ist deshalb ein wichtiges Problem, die realen Ereignisse (Bilder, Sprachsignale etc.) vor der Verarbeitung in neuronalen Netzen entweder so aufzuarbeiten und zu kodieren, daß der entstandene Code unabhängig von Verschiebungen (*Translation*), Drehungen (*Rotation*) und Größenänderungen (*Skalierung*) der beobachteten Objekte ist, oder aber bereits ein solches Netz zu entwerfen, das die geforderten Eigenschaften aufweist. Für beide Ansätze soll im Folgenden ein Beispiel aus der Bildverarbeitung gegeben werden.

Invarianz durch logarithmische Fouriertransformationen

Eine der einfachsten Möglichkeiten, eine Kodierung eines Ereignisses unabhängig von Translationen, Rotationen und Skalierungen zu erreichen, besteht in der Anwendung von Fouriertransformationen und logarithmischen Transformationen. Dies stellt nicht unbedingt einen Bruch mit der Realität im Nervensystem dar: Zum einen wissen wir, daß alle Sensoreindrücke in einem logarithmischen Maßstab empfunden werden (Weber-Fechnersche Gesetz), zum anderen lassen sich Modell-Neuronen, wie wir im nächsten Kapitel 1.4 sehen werden, zur Analyse der Eingabemuster (Lernen der Eigenvektoren der Autokorrelationsmatrix) einsetzen. Diese Analyse (Transformation auf Eigenvektorkomponenten, s. Kapitel 2.4) ist aber bei periodischen Signalen identisch mit einer Fouriertransformation !

Translationsinvarianz

Angenommen, ein Muster **x**, beispielsweise ein Bild mit der Helligkeitsverteilung $f(x_1,x_2)$, sei verschoben worden. Von der Fouriertransformierten $F(k_1,k_2)$ wissen wir, daß sie als komplexe Zahl $F=F_1+iF_2$ in der Eulerdarstellung $F=re^{i\varphi}$ die Amplitudeninformation in r und die Phaseninformation (Ortsinformation) in φ kodiert. Bilden wir den Betrag $|F|^2= F^*F = r^2$ mit dem konjugiert-komplexen Wert $F^*=re^{-i\varphi}$, so sehen wir, daß die Ortsinformation wegfällt: der Betrag der Fouriertransformierten ist ortsinvariant und damit translationsinvariant. Eine Möglichkeit, ein Objekt translationsinvariant zu kodieren, besteht also in der Kodierung durch die Beträge der fouriertransformierten Komponenten.

Rotations- und Skalierungsinvarianz

Angenommen, in einer ersten Verarbeitungsstufe sei eine Translationsinvarianz schon durch eine Fouriertransformation erreicht (Ist dies nicht der Fall, beispielsweise, wenn man ein Bild direkt auf die komplexe Ebene abbildet, so führt jede kleine Verschiebung des Bildes zu großen Unterschieden in der nachfolgend betrachteten Stufe [WECH88]). Eine *Skalierung* äußert sich bei einer komplexen Koordinate $\mathbf{k}=k_1+ik_2=re^{i\varphi}$ durch eine Änderung $r\rightarrow\alpha r$ der Amplitude, eine *Rotation* durch eine Änderung $\varphi\rightarrow\varphi+\beta$ des Winkels. Wenden wir nun darauf eine logarithmische Transformation an

$$\ln(\mathbf{k}')= \ln(\alpha re^{i(\varphi+\beta)}) = \ln(re^{i\varphi})+\ln(\alpha e^{i\beta}) = \ln(r)+i\varphi + \ln(\alpha)+i\beta = \tilde{\mathbf{k}} + \mathbf{a}$$

so bilden Skalierung und Rotation einen konstanten, additiven Anteil; sie wirken sich bei den komplex-logarithmischen Werten als einfache Koordinatenverschiebung (Translation) aus. Wenden wir nun erneut die Fouriertransformation an, so erhalten wir schließlich die translationsinvarianten (und damit auch rotations- und skalierungsinvarianten) Mustervektoren (Klassenprototypen) $\mathbf{x}^i$ [FUCHS88].

Invarianz durch Zeitverzögerungen

Eine weitere Möglichkeit, verschobene, gedrehte und größenveränderte Muster wiederzuerkennen, besteht in der Anwendung von zeitverzögerten Eingabesignalen. In biologischen Systemen benötigen alle Signale (Nervenimpulse) eine endliche Zeit, um vom Zellkörper über das Axon bis zum Dendriten zu gelangen und dort eine Reaktion auszulösen. Bei dünnen, langen Axonen können dabei sehr lange Verzögerungen (>100ms) auftreten, so daß man annehmen kann, das ein eingegebenes Muster nicht nur zu einem Zeitpunkt t vorhanden ist, sondern auch eine gewisse Zeitspanne τ danach auch noch an bestimmten Synapsen zur Verfügung steht. Geben wir nun ein zweites Muster ein, so kann eine Assoziation (Korrelation) zum ersten Muster gelernt werden. Verfahren wir mit einem dritten Muster ebenso, so wird damit eine ganze zeitliche Assoziationskette in dem Netz abgespeichert; die Eingabe des ersten Musters reicht aus, um über das zweite Muster auch das dritte und so die gesamte Kette (Zeitsequenz) zu assoziieren, s. Kapitel 4.3 und Abbildung 4.3.1.

Diesen Mechanismus kann man nun dazu ausnutzen, anstelle einer Sequenz von verschiedenen Mustern eine Sequenz von verschiedenen Zustände ein- und desselben Musters bei einer Verschiebung, einer Drehung oder einer Größenänderung zu lernen [COOL89]. Bei der Wiedererkennung wird das angebotene Muster bei genügender Übereinstimmung mit einem der abgespeicherten Zustände identifiziert und assoziiert die weitere, restliche Kette bis hin zum letzten Zustand, dem "normalen" Klassenprototypen, der nun in der nachfolgenden Stufe sicher erkannt werden kann. In der folgenden Abbildung ist dies für das Bild eines "Windrads" gezeigt, das als "verrauschte", gestörte und rotierte Version in ein paralleles System aus 24x24=576 Neuronen eingegeben wird. Nach einer kurzen "Drehung" (Assoziationskette) stabilisiert sich das System beim Klassenprototypen.

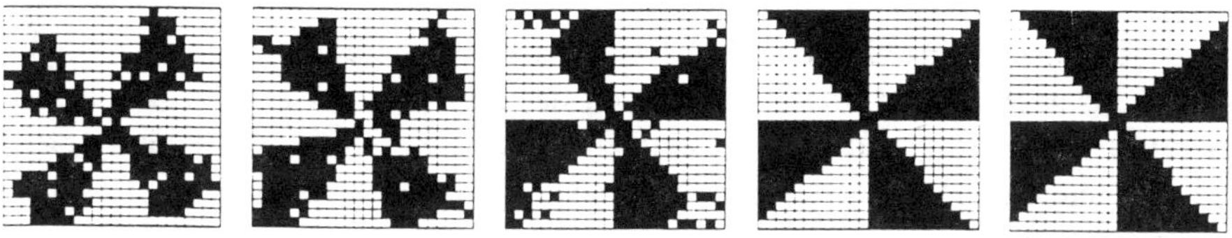

Abb.1.3.5 Rotationsinvariante Mustererkennung (aus [COOL89])

Der Nachteil dieser Methode besteht darin, daß das System nur immer gegenüber einer Transformationsgruppe (Rotation *oder* Translation etc.) invariant ist; mehrere Invarianzeigenschaften gleichzeitig lassen sich nur unvollständig lernen. Trotzdem besticht der Ansatz durch seine Einfachheit; zeitliche Verzögerungen und die verwendeten Lernregel (Hebb'sche Regel, s. Abschnitt 1.4) sind in biologischen Systemen durchaus plausible Annahmen. Allerdings würde der obige Ansatz bedeuten, daß wir beim Wiedererkennen von gedrehten Figuren umso länger brauchen würden, je stärker sie verdreht sind, da ja mit zunehmenden Winkel erst eine immer längere Assoziationskette ablaufen müßte. Tatsächlich wird dies in experimental-psychologischen Wahrnehmungsexperimenten auch beobachtet [COOP85] ! Es ist also durchaus sinnvoll, Elemente dieses Ansatzes weiterzuverwenden.

Invarianz durch höhere Synapsen

Hätten wir die Möglichkeit, alle Zustände einer verschobenen oder rotierten Figur (alle Elemente einer Transformationsgruppe) direkt und nicht über eine Zeitsequenz mit einem einzigen Muster (Klassenprototyp) zu assoziieren, so könnte man die Figur sofort ohne Zeitverzögerung wiedererkennen. Versuchen wir dies mit unseren einfachen Neuronen, so bekommen wir Schwierigkeiten, s. Abbildung 1.3.4. Es gibt allerdings einen Weg, diese Probleme zu überwinden: Die Einführung von höheren Synapsen [GIL87]. In der Abbildung 1.3.4 sehen wir, daß eine Translation im binären Fall dadurch gegeben ist, daß sich der Index i einer Komponente $x_i=1$ ändert, und zwar gleichzeitig für mindestens zwei dieser Komponenten. Dabei sollte für für eine invariante Erkennung die Neuronenaktivität trotz Translation gleich bleiben. Für ein Neuron zweiter Ordnung gilt also bei einer Verschiebung um *m* Pixel (*m* Indizes):

$$S(\Sigma_{jk} w_{ijk} x_{j+m} x_{k+m}) = y_i = S(\Sigma_{pq} w_{i,p-m,q-m} x_p x_q)$$

mit der Indexnotation p:=j+m und q:=k+m. Da dies für jeden beliebigen Punkt gilt, erhalten wir als hinreichende Bedingung

$$w_{ijk} = w_{i,j-m,k-m}$$

für die Gewichte zweiter Ordnung. Es bedeutet, daß die Gewichte w_{ijk} zweiter Ordnung nur noch (abgesehen von Randeffekten) von der Differenz der Indizes (Abstand der Punkte) abhängen soll, und nicht mehr deren absoluten Wert. Für die Gewichte w_{ij} erster Ordnung besagt die entsprechende Bedingung, daß sie überhaupt nicht mehr von den Eingabekomponenten x_j abhängen, sondern nur noch vom Neuronenindex *i* [GIL88]. Durch entsprechende Lernalgorithmen [GIL87] kann man die Gewichte für die Translation geeignet bestimmen; für die anderen Transformationen sind analoge Bedingungen zu lösen.

Invarianz durch die Verbindungsarchitektur

Einen ganz anderen Ansatz zur Verwirklichung von Invarianzen verfolgte Fukushima mit seinem Neocognitron [FUK80], [FUK87],[FUK88a,b], einem Netzwerk, das lernte, sehr stark deformierte Buchstaben wiederzuerkennen. In diesem Netzwerk gibt es also keine vollständige Translations-, Rotations- und Skalierungsinvarianz, sondern nur die Fähigkeit, begrenzte Veränderungen der gelernten Muster zu tolerieren. Diese "Deformationsinvarinz" kann allerdings (in ihren Grenzen) mehr als die bisher besprochenen Mechanismen: Nicht nur eine affine Abbildung des Objekts, sondern auch allgemeine Veränderungen und Deformationen des Bildes an sich (z.B. bei schlecht beleuchteten Buchstaben, im Raum gedrehten Objekt usw.) kann dieser Mechanismus tolerieren.

Nach dieser Einleitung fragt man sich sofort: wie funktioniert denn nun ein solch unverseller Mechanismus ? Die Grundidee beruht nicht auf einem, sondern auf zwei Mechanismen: zum einen auf dem Modell einer schichtweisen, sukzessiven Kodierung der Bildinformation und zum anderen auf der Begrenzung des Daten-Einzugsbereich von jedem Neuron einer Schicht auf ein lokales Gebiet der Ausgabeneuronen der vorherigen Schicht (begrenzter Dendritenbaum!). In der folgenden Abbildung ist das Schema gezeigt, wie ein Muster "A", das auf der ersten (lichtempfindlichen) Schicht U_0 präsentiert wird, in vier weiteren Schichten bearbeitet wird.

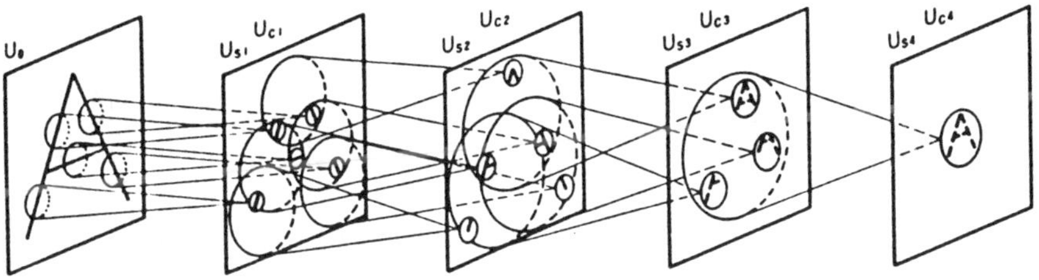

Abb. 1.3.6 Deformationsinvarianz im Neocognitron (aus [FUK88])

Wie man sieht, nimmt jedes Neuron der Schicht 1 nur die Ausgabe einer lokal begrenzten Menge von Neuronen der Schicht 0 wahr. An jeder Stelle der topographisch geordneten Schicht 1 antworten nur diejenigen Neuronen besonders stark, deren rezeptive Felder (s. Abschnitt 1.1.2) in ihrer Orientierung mit der lokalen Orientierung der Striche des "A" übereinstimmen. Die gleichzeitige Aktivität aller erregten Neuronen formt das Muster der Schicht 1, das damit eine Kodierung des Bildes darstellt. In der nächsten Schicht 2 werden schon komplexere Merkmale erkannt (Ecken, Enden, etc.), wobei deren Lokalisierung durch den Radius des Einzugsbereichs begrenzt ist. Auf diese Weise wird die lokale "Sicht" der ersten Schicht U_0, auf den ein Neuron aus einer folgenden Schicht reagieren kann, von Schicht zu Schicht erweitert, so daß am Schluß ein Neuron vorhanden sein kann, das Eingabereaktionen von allen Punkten in U_0 erhält und damit allein auf die Eingabe eines "A" antworten kann ("Großmutter-Neuron", s. Abschnitt 1.1.2). In der folgenden Abbildung 1.3.7 sind einige Beispiele für Zahlen gegeben, die das System korrekt erkannt hatte.

Jede einzelne der vier Schichten wurde mit speziellen, manuell eingegebenen Musterprimitiven trainiert, die sich naturgemäß von Schicht zu Schicht unterschieden. Das mathematische Funktionsmodell des Neocognitron ist relativ komplex und soll hier nicht weiter beschrieben werden; der interessierte Leser sei auf die Orignalliteratur verwiesen [FUK88b],[FUK89]. Die Deformationsinvarianz des Neocognitron ist im wesentlichen durch die Größe des Einzugsgebiets jedes Neurons von einer Schicht zur nächsten bestimmt. Ist das Einzugsgebiet zu groß, so kann die letzte Schicht nicht mehr zwischen zwei ähnlichen, aber verschiedenen Bildern trennen; ist es zu klein, so ist die Deformationstoleranz zu gering und ein leicht verändertes (z.B. verschobenes) Objekt

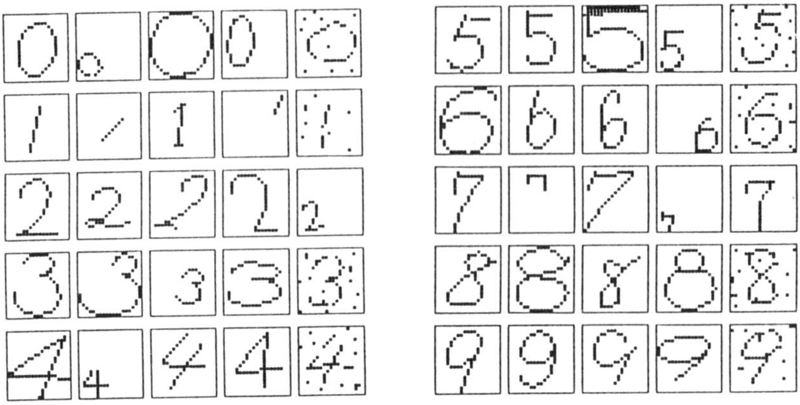

Abb. 1.3.7 Beispiele für deformierte, richtig erkannte Zahlen (aus [FUK88])

kann nicht mehr wiedererkannt werden. Es muß also ein Kompromiß zwischen den verschiedenen Anforderungen gefunden werden, der damit die Modellparameter (Radius, Maskengröße etc.) bestimmt [BAR90].

1.4 Optimales Lernen und Merkmalssuche

Im vorigen Abschnitt bezeichneten wir mit dem Begriff des "Lernens" einen iterativen Algorithmus, bei dem der Gewichtsvektor **w** eines formalen Neurons als Systemparameter derart verändert wird, daß eine vorgegebene Zielfunktion, beispielsweise die Kosten einer Mustereinordnung, optimiert wird. Die Lernregel zur Verbesserung des **w** bestand dabei aus einem stochastischen Gradientenalgorithmus.

In diesem Abschnitt werden wir nun eine andere Art von Lernregeln kennenlernen, die neue, unerwartete Einsichten in die mögliche Funktion formaler Neuronen eröffnen, wesentliche Merkmale der beobachteten Muster $\{\mathbf{x}\}$ zu ermitteln. Dies ermöglicht uns, durch Weglassen unwesentlicher Merkmale die Daten zu komprimieren; das System führt eine *Generalisierung* oder *Abstraktion* durch.

1.4.1 Die Lernregeln von Hebb und Oja

Der Physiologe *Hebb* formulierte 1949 eine Vermutung über die synaptischen Veränderungen zwischen Nervenzellen, die sich als fundamental herausgestellt hat. Er schrieb in seinem Artikel [HEBB49]:

> "Wenn ein Axon der Zelle A nahe genug ist, um eine Zelle B zu erregen und wiederholt oder dauerhaft sich am Feuern beteiligt, geschieht ein Wachstumsprozeß oder metabolische Änderung in einer oder beiden Zellen dergestalt, daß A's Effizienz, als eine der auf B feuernden Zellen, anwächst."

Diese Gedanken lassen sich auch mathematisch in unserer bisherigen Notation formulieren. Interpretieren wir die Effizienzänderung als Differenz der Gewichte zu den Zeitpunkten t-1 und t von B, so läßt sich das Anwachsen des Gewichts w_{AB} zwischen A und B beispielsweise als Produkt der Erregungen von A und B schreiben:

$$w_{AB}(t) - w_{AB}(t-1) =: \Delta w \sim x_A\, y_B \qquad \textit{Hebb'sche Lernregel} \qquad (1.4.1)$$

Diese Regel lautet mit der Proportionalitätskonstanten $\gamma(t)$

$$\Delta w(t) = \gamma(t)\, xy$$

oder als Iterationsgleichung für jede Komponente des Eingabevektors $\mathbf{x}=(x_1,..,x_n)^T$ und des einfachen Gewichtsvektors $\mathbf{w}_i=(w_1,..,w_n)^T$ des i-ten Neurons

$$w_{ij}(t) = w_{ij}(t-1) + \gamma(t)\, y_i x_j$$

bzw. $$\mathbf{w}_i(t) = \mathbf{w}_i(t-1) + \gamma(t)\, y_i \mathbf{x} \qquad \textit{Iterative Hebb'sche Lernregel} \qquad (1.4.2a)$$

Bei *Synapsen höherer Ordnung* (s. Abschnitt 1.2.1) wird zusätzlich zur Korrelation der j-ten Eingabekomponente x_j mit der Ausgabe y_i des i-ten Neurons auch die Korrelationen zu den anderen Komponenten x_k der Eingabe gelernt [GIL87]. Für

Synapsen zweiter Ordung modifiziert sich (1.4.2a) also zu

$$w_{ijk}(t) = w_{ijk}(t-1) + \gamma(t)\, y_i x_j x_k$$

In der *zeitkontinuierlichen Form* wird meist noch das in Abschnitt 1.2.1 beschriebene "Abklingen" mit einem Term $-\mathbf{w}(t)$ berücksichtigt, wobei die Regel (1.4.1) bei konstanten $\mathbf{x}$ und y als Grenzwert erscheint

$$\gamma^{-1} \frac{\partial}{\partial t} \mathbf{w}(t) = -\mathbf{w}(t) + \mathbf{x}(t) y(t) \qquad \textit{Zeitkontinuierliche Hebb'sche Lernregel} \qquad (1.4.2b)$$

oder $$\mathbf{w}(t) = (1-\gamma)\, \mathbf{w}(t-1) + \gamma(t)\, \mathbf{x} y \qquad (1.4.2.c)$$

in der iterativen Version. Die Zeitkonstante des Abklingens ist dabei γ.
Dabei müssen wir zwei verschiedene Zeitmaßstäbe (Mechanismen) unterscheiden: Die kurzzeitige Aktivität z(t), die sich relativ schnell ändern kann, hat in der zeitkontinuierlichen Form (1.2.0d) eine kleinere Zeitkonstante als die sich langsam ändernden Gewichte, die sich durch eine Mittelung der Muster ergeben.

Es gibt allerdings bei der Hebb'schen Lernregel ein Problem: Bei anhaltender Aktivität beider Zellen wachsen die Gewichte ins unendliche; die Zellen kennen kein "Vergessen". Diese Annahme ist nicht realistisch. Wie verschiedene Experimente gezeigt haben (s. z.B. [SING85]), schwächen aktive Verbindungen andere, unbenutzte Verbindungen. Die Ursache dafür könnte beispielsweise in einer nur begrenzt verfügbaren, molekularen Ressource (chem. Reaktionsgleichgewicht!) liegen, die bei unbenutzten Synapsen wieder abgebaut wird. Wie wir in Abschnitt 1.1.3 sahen, könnte dies beispielsweise bei der Nährstoffversorgung durch die Sternzellen geschehen.

Nehmen wir also an, daß zusätzlich zu der Hebb'schen Lernregel ein Normierungsmechanismus für die Gewichte eingebaut ist:

$$\sum_i \hat{w}_i^2 \overset{!}{=} 1 \qquad (1.4.3)$$

wobei die normierten Gewichte mit $\hat{w}$ bezeichnet sind. Dann ist

$$\hat{w}_i^2 = [w_i(t)/|\mathbf{w}|]^2, \text{ da } \sum_i \hat{w}_i^2 = (1/\mathbf{w}^2) \sum_i w_i^2 = 1$$

uns somit

$$\hat{w}_i(t) = \pm\, [w_i(t-1) + \gamma(t)\, x_i y] \,/\, |\mathbf{w}(t)| \qquad (1.4.4)$$

Entwickeln wir mit (1.4.2) die Funktion $f(\gamma) := 1/|\mathbf{w}(t)| = [\sum_i (w_i(t-1)+\gamma(t)\, x_i y)^2]^{-1/2}$ in einer Taylorreihe, so wird unter Vernachlässigung der Summanden mit $\gamma^2(t)$ und höheren Potenzen (1.4.4) zu

$$\begin{aligned} \hat{w}_i(t) &= [w_i(t-1) + \gamma(t)\, x_i y]\ f(\gamma) \approx [w_i(t-1) + \gamma(t)\, x_i y]\,(1-\gamma(t) y^2) \\ &= w_i(t-1) + \gamma(t)\, x_i y - w_i(t-1)\gamma(t) y^2 - \gamma^2(t) y^3 x_i \end{aligned}$$

Vernachlässigen wir wieder das Glied mit γ^2, so erhalten wir eine Lernregel, die nicht nur die Hebb'sche Regel beinhaltet, sondern auch eine Normierung der Gewichte durchführt:

$$\mathbf{w}(t) = \mathbf{w}(t\text{-}1) + \gamma(t)\, y(\mathbf{x}(t) - \mathbf{w}(t\text{-}1)y) \qquad \textit{Oja Lernregel} \qquad (1.4.5)$$

Diese Lernregel wurde 1982 von Oja gefunden. Was ist das Konvergenzziel der Iteration ? Bei seiner Untersuchung fand Oja [OJA82] ein verblüffendes Ergebnis.

Betrachten wir dazu die Änderung des Gewichtsvektors bei einem formalen Neuron mit linearer Ausgabefunktion y=S(z)=z. Die Vektoren **w** und **x** seien wie üblich als Spaltenvektoren notiert. Mit (1.4.5) ist

$$\begin{aligned} \Delta\mathbf{w} &= \gamma\, y(\mathbf{x} - y\mathbf{w}) \qquad\qquad \text{mit } y = z = \mathbf{x}^T\mathbf{w} = \mathbf{w}^T\mathbf{x} \\ &= \gamma\, [\, \mathbf{x}\mathbf{x}^T\mathbf{w} - (\mathbf{w}^T\mathbf{x})(\mathbf{x}^T\mathbf{w})\mathbf{w}\,] \end{aligned}$$

und die kontinuierliche Form vom Zeitschritt eins

$$\frac{\partial}{\partial t}\, \gamma^{-1}\mathbf{w} = (\mathbf{x}\mathbf{x}^T)\mathbf{w} - (\mathbf{w}^T(\mathbf{x}\mathbf{x}^T)\,\mathbf{w})\,\mathbf{w} \qquad (1.4.6)$$

Wie wir aus der linearen Algebra wissen, ist dabei das *äußere Produkt* $\mathbf{x}\mathbf{x}^T$nicht etwa ein Skalar wie das innere Produkt $\mathbf{x}^T\mathbf{x}$, sondern eine Matrix $(x_i x_j)$. Der *erwartete* Gewichtsvektor $\langle\mathbf{w}\rangle$ ist mit der Autokorrelationsmatrix $\mathbf{C} := \langle\mathbf{x}\mathbf{x}^T\rangle$

$$\frac{\partial}{\partial t}\, \gamma^{-1}\langle\mathbf{w}\rangle = \mathbf{C}\langle\mathbf{w}\rangle - (\langle\mathbf{w}^T\rangle\mathbf{C}\langle\mathbf{w}\rangle)\,\langle\mathbf{w}\rangle \qquad (1.4.7)$$

Schätzen wir nun kurz ab, wohin **w** konvergiert. Ist die Konvergenz erfolgreich, so ist bei $\langle\mathbf{w}\rangle=\mathbf{w}$ die linke Seite der Gleichung (1.4.7) null und mit dem Skalar $\lambda := \mathbf{w}^T\mathbf{C}\mathbf{w}$ gilt

$$\mathbf{C}\mathbf{w} = \lambda\mathbf{w} \;\text{ bzw. }\; (\mathbf{C} - \lambda\mathbf{I})\,\mathbf{w} = 0 \quad \text{mit der Einheitsmatrix } \mathbf{I} \qquad (1.4.8)$$

Wie wir aus der linearen Algebra wissen, werden die Lösungen $\mathbf{e}^1,\ldots,\mathbf{e}^M$ dieses homogenen Gleichungssystems als *Eigenvektoren* und die Koeffizienten $\lambda_1,\ldots,\lambda_M$ als *Eigenwerte* bezeichnet. Damit ist klar, daß mit

$$\lambda = (\mathbf{w}^T\mathbf{C}\mathbf{w}) = \lambda\mathbf{w}^T\mathbf{w} = \lambda\,|\mathbf{w}|^2 \qquad\qquad \Rightarrow\; |\mathbf{w}|^2 = 1$$

die Gewichte normiert bleiben. Zu welchem der verschiedenen Eigenvektoren konvergiert aber nun der Gewichtvektor w in (1.4.5) ?

Es läßt sich mit [LJUNG77] zeigen, daß die Differenzialgleichung (1.4.7) mit der Wahrscheinlichkeit eins das gleiche Konvergenzziel wie die Differenzialgleichung

$$dz/dt = C\, z(t) - (z(t)^T\, C\, z(t))\, z(t)$$

hat. Diese Differenzialgleichung, so zeigten Oja und Karhunen [OJA85], hat bei positiv semidefinitem C als Lösung den Eigenvektor $\mathbf{e}_{max}$ mit dem *größten* Eigenwert λ_{max}

$$\lim_{t\to\infty} z(t) = \begin{cases} \mathbf{e}_{max} & \text{bei } \mathbf{z}(0)^T\mathbf{e}_{max} > 0 \\ -\mathbf{e}_{max} & \text{bei } \mathbf{z}(0)^T\mathbf{e}_{max} < 0 \end{cases}$$

Dies ist ein wichtiges Ergebnis, das nicht nur für lineare Ausgabefunktionen (1.2.2) mit y=z gilt, sondern nach H. G. Schuster [SCHU90] auch für nichtlineare, sigmoide Ausgabefunktionen y=S(z) gemäß Gleichung (1.2.4).

Die Tatsache, daß beim Lernen der Korrelation von Eingabe **x** und Summenaktivität z bei beschränkten Gewichten der Eigenvektor mit dem größten Eigenwert gelernt wird, war übrigens schon vorher bekannt (s. [AMA77], S.179), aber nicht für eine spezielle Lernregel genutzt worden.

Verwendet man mehrere derartiger Neuronen und koppelt sie geeignet miteinander (s. Kapitel 2.4), so kann ein solches System *alle* Eigenvektoren von **C** als Gewichte extrahieren. Damit wirken die formalen Neuronen wie ein statistische Analysatoren: Das Muster **x** wird von seiner Darstellung in *n* alten Basisvektoren auf *n* neue Basisvektoren, die Eigenvektoren, transformiert. Dabei ist die neue Basis durch die Statistik der Daten selbst und deren inneren Zusammenhänge bestimmt.
Was bedeutet dies für die Darstellung der Daten?

1.4.2 Die Hauptkomponentenanalyse

In der statistischen Analyse von Daten in der Psychologie und Soziologie stellte sich schon früh die Frage, wie man das Material der teilweise korrelierten Variablen so transformieren kann, daß nur noch unkorrelierte ("orthogonale") Variable resultieren. Durch den Wechsel in der Beschreibungsbasis (*Transformation der Basisvektoren*) auf "natürliche", dem Problem angemessene Variable erhofft man sich eine verbesserte, von der Meßmethode möglichst unabhängigere Formulierung der betrachteten Zusammenhänge.

Dazu ermittelt man zunächst den Richtungsvektor der stärksten Datenänderung (größten Varianz σ_i^2) als neuen Basisvektor. Dann wird der Basisvektor in Richtung der größten Varianz orthogonal dazu gesucht, und so fort bis alle *n* alte Basisvektoren (Variablen) auf *n* neue Basisvektoren (*principal variables*) abgebildet wurden. Die Komponenten $\lambda_i = \sigma_i^2$ dieser neuen Basis sind die *principle components* .

Durch die Anpassung an die Daten erlaubt das neue Koordinatensystem, die Beschreibungsbasis der Daten zu verbessern. In der Abbildung 1.4.1 ist ein solches Beispiel zu sehen, bei der zwei Normalverteilungen überlagert sind, so daß sie sich weder in der x_1 noch in der x_2 Komponente trennen lassen, da es kein lokales Minimum der Projektion der Summenfunktion auf eine der beiden Koordinatenachsen (*Marginalverteilungen*) gibt. Nimmt man als Richtungen des transformierten Koordinatensystems dagegen die maximalen Varianzen, so ist nun eine Trennung der beiden Verteilungen durch die $\mathbf{e}^1$-Variable gut möglich.

Es zeigte sich bald, daß dieses Problem auch in anderen Disziplinen unter anderem

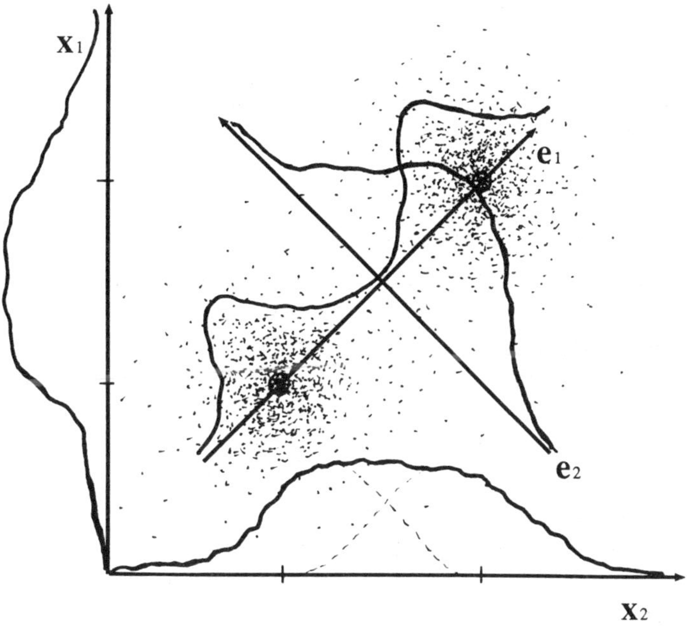

Abb. 1.4.1 Hauptkomponentenanalyse zweier Normalverteilungen

Namen, beispielsweise in der Physik unter dem Namen *Hauptachsentransformation*, bekannt ist. Die Lösung des Problems ist identisch mit dem Problem, alle Eigenvektoren $\mathbf{e}^i$ (*principal variables*, Hauptachsen) und Eigenwerte λ_i (*principle components*) der entsprechenden Matrix zu finden. Die Transformation auf das Basissystem von Eigenvektoren hat, wie im nächsten Abschnitt näher ausgeführt, eine interessante Eigenschaft: sie hat *maximale Informationserhaltung*.

Es gibt allerdings noch andere mögliche Transformationen, die ebenfalls interessante Eigenschaften haben. Beispielsweise sagt eine Transformation von *n* Variablen auf *n* Eigenvektoren nichts darüber aus, ob dabei auch wirklich alle Variablen nötig sind und nicht durch weniger Variablen ("gemeinsame Ursachen") ersetzt werden können. Ein Beispiel dafür sind Schulnoten von Schülern, die meist positiv miteinander korreliert sind. Je nach Arbeitshypothese lassen sich solche Faktoren wie "Sprachbegabung" und "Mathematische Begabung" als neue Variablen extrahieren, von denen die aktuellen Noten in den verschiedenen Fächern nur zufällige Ausprägungen einer gemeinsamen Ursachengröße darstellen. Die Suche nach neuen, den Variablen zugrunde liegenden, gemeinsame Faktoren wird *Faktorenanalyse* (*factor analysis*) genannt und ist stark von der Arbeitshypothese (Zahl der erwarteten Faktoren) abhängig. In unserem Beispiel könnte man auch anstelle von zwei Faktoren nur einen gemeinsamen Faktor erwarten und das Datenmaterial (Schulnoten) als zufällige

Abweichungen von dem gemeinsamen Faktor "Intelligenz" betrachten.

Allgemein formuliert transformiert die Hauptkomponentenanalyse die n alten Basisvektoren auf eine gleiche Zahl von $m = n$ neuen Basisvektoren, während die Faktorenanalyse $m < n$ Faktoren annimmt und die gesamte Varianz darauf verteilt. Näheres über die Faktorenanalyse ist in der Literatur, beispielsweise in [LAW71] zu finden.

1.4.3 Optimale Merkmale und Eigenvektorzerlegung

Im letzten Abschnitt sahen wir, daß der Übergang in der Darstellung von **x** von den initialen Sensordaten zu dem unkorrelierten Basissystem der Eigenvektoren eine Haufenbildung (Clusterung) und damit eine bessere Trennbarkeit der Daten bewirkt. Die Wahl der Eigenvektoren als Merkmale (Basissystem) hat aber auch noch andere Vorteile.

Benutzen wir bei formalen Neuronen lineare Aktivierung und lineare Ausgabefunktionen, so ist dies ein lineares System. In mechanischen, linearen Systemen tritt oft das Phänomen auf, daß die resultierende Erregung der Anregung gleicht. Dies ist in vielen Gebieten eine wichtige Erscheinung, beispielsweise im Flugzeugbau, wo bei einer Resonanz der Flugzeugflügel durch Luftwirbel die Flügel im Fluge abbrechen können. Die Eigenvektoren und Eigenwerte entsprechen hier Anregungen mit bestimmten Frequenzen ("Eigenfrequenzen") und Amplituden und müssen bei der Tragflügelkonstruktion berücksichtigt werden. Bei den formalen Neuronen entspricht die Resonanz einer besonders starken Antwort auf Eingabemuster mit bestimmten Mermalen. Was sind die Eigenschaften dieser Mermale?

Rekapitulieren wir für ein besseres Verständnis kurz die wichtigsten Eigenschaften des Eigenvektorsystems.

Eigenvektoren und Eigenwerte

Wie wir aus der linearen Algebra wissen, bilden die mit (1.4.8) definierten Eigenvektoren einer Matrix **W** ein System von linear unabhängigen (aber nicht unbedingt orthogonalen) Basisvektoren. Ist die Matrix hermitesch (im reellen Fall: symmetrisch), so sind die Eigenwerte reell und die Eigenvektoren orthogonal. Ist der Spalten- bzw. Zeilenrang rang(**W**) kleiner als die Dimension der Matrix, so gibt es linear abhängige Zeilen bzw. Spalten in **W** (" degenerierte Matrix") und es gibt n - rang(**W**) gleiche Eigenwerte; die dazu gehörenden (orthogonalisierbaren) Eigenvektoren werden als "degeneriert" bezeichnet.

Die Eigenvektoren besitzen unter anderem folgende für uns interessante Eigenschaften:

- ♦ Angenommen, wir transformieren den n-dimensionalen Vektor **x** auf den m-dimensionalen Vektor **y** ($m \leq n$) mittels einer linearen Transformation

$$\mathbf{y} = \mathbf{W}\,\mathbf{x} \tag{1.4.9}$$

Versuchen wir nun, den Vektor **x** zu rekonstruieren, so ist dies ohne Probleme nur möglich, wenn m=n=rang(**W**) ist. Für die Eigenvektoren gilt dabei nach (1.4.8)

$$\mathbf{W}\mathbf{e}^k = \lambda_k \mathbf{e}^k$$

so daß mit der Matrix **E** der Eigenvektoren als Spalten ($\mathbf{e}^1, \ldots, \mathbf{e}^m$) folgt

$$\mathbf{W}\,\mathbf{E} = \mathbf{E}\,\Lambda \qquad \Lambda := \begin{pmatrix} \lambda_1 & \ldots & 0 \\ 0 & \ldots & \lambda_m \end{pmatrix}$$

$$\text{bzw.} \qquad \mathbf{W} = \mathbf{E}\,\Lambda\,\mathbf{E}^{-1} \qquad \text{mit } \mathbf{E}^{-1} = \mathbf{E}^T \text{bei symmetr. } \mathbf{W} \tag{1.4.10}$$

und die Matrizen **W** und **E** wechselseitig festgelegt sind.

♦ Haben wir dagegen eine Dimensionsreduzierung mit $m<n$, so ist eine perfekte Rekonstruktion von **x** nicht möglich, da ein Informationsverlust bei der Transformation eingetreten ist. Stattdessen können wir versuchen, den n-dimensionalen Vektor **x** mit m anderen, n-dimensionalen, orthonormalen Basisvektoren $\mathbf{w}^i$ approximativ darzustellen:

$$\hat{\mathbf{x}} = \sum_{i=1}^{m} y_i \mathbf{w}^i + \sum_{i=m+1}^{n} b_i \mathbf{w}^i \tag{1.4.11}$$

wobei durch die Orthonormalität der Basisvektoren $y_i = \mathbf{w}^{iT}\hat{\mathbf{x}}$ gilt und damit identisch der Ausgabe des i-ten, linearen Neurons ist. Wie ermitteln wir nun diejenige Abbildung **W**, die bei der Dimensionsreduzierung (Datenkompression) den kleinsten Fehler macht ?

Es läßt sich zeigen, daß der erwartete, quadratische Fehler $d^2 := \langle(\mathbf{x}-\hat{\mathbf{x}})^2\rangle_\mathbf{x}$ genau dann minimal wird, wenn die m Basisvektoren $\mathbf{w}^i$ die ersten m Eigenvektoren der *Kovarianzmatrix* $\mathbf{C} := \langle(\mathbf{x}-\langle\mathbf{x}\rangle)(\mathbf{x}-\langle\mathbf{x}\rangle)^T\rangle_\mathbf{x}$ mit den *größten* Eigenwerten bilden ([FUK72], Kap.8.1), was einer *Maximierung der erwarteten Information* bei einer Gauß'schen Verteilung für **x** entspricht.

Die nicht vorhandenen Komponenten $y_{m+1}, \ldots, y_n$ werden bei der Approximation durch konstante Koeffizienten b_i ersetzt, wobei für minimalen quadratischen Fehler $b_i = \langle y_i\rangle = \mathbf{w}^{iT}\langle\mathbf{x}\rangle$ gelten muß.
Der resultierende Fehler ist dann durch die Summe der n-m letzten Eigenwerte gegeben

$$d^2 = \sum_{i=m+1}^{n} \lambda_i \tag{1.4.12}$$

Den *relativen* Fehler erhält man, indem (1.4.12) noch durch die Summe aller Eigenwerte, also der Spur von Λ, geteilt wird.
Beim Mittelwert $\mathbf{m} := \langle\mathbf{x}\rangle = \mathbf{0}$ ist $\mathbf{C} = \langle\mathbf{x}\mathbf{x}^T\rangle$, die *Autokorrelationsmatrix*, und $b_i = 0$.

♦ Sei die Entropie als $H := -\langle\ln p(\mathbf{x})\rangle_\mathbf{x}$ definiert (vgl.Kapitel 1.2.2). Die Entropie drückt auch einen Grad von Unbestimmtheit aus. Wollen wir diese Unbestimmtheit für eine Cluster-bildende, lineare Transformation **y**=**W x** besonders klein

machen, so wird die Entropie $H = -\langle \ln p(\mathbf{y}) \rangle_x$ genau dann minimal, wenn für die Matrix der Transformation die *m* Eigenvektoren mit den *kleinsten* Eigenwerten verwendet werden ([TOU74], Kap.7.5).
Nehmen wir beispielsweise an, daß die **x** normalverteilt sind, so läßt es sich zeigen ([FUK72],S.235), daß die Entropie der Ausgabe H(y) gegeben ist durch

$$H(y) = \Sigma_{i=1}^{n} H_i \qquad \text{mit } H_i = 1/2\,(1 + \ln(\lambda_i) + \ln(2\pi)) \tag{1.4.13}$$

was sich auch auf die Kodierung (Zahl der nötigen Bits) pro Ausgabekomponente y_i auswirkt.

Die Entwicklung eines zufälligen, nicht-periodischen Vektors **x** bei $\langle x_i \rangle=0$ in Gleichung (1.4.9) mit Hilfe der Eigenvektoren der Kovarianzmatrix **C** wird als *diskrete Karhunen-Loève Transformation* bezeichnet. Durch ihre optimale Informationserhaltung nimmt diese Transformation einen wichtigen Rang bei Problemen der Bild- und Sprachverarbeitung ein.

Im kontinuierlichen Fall wird **x**(t) nach orthogonalen Funktionen, den *Eigenfunktionen*, entwickelt; hierzu sei auf die Literatur, z. B. [FUK72], Kap.8.3, verwiesen.

Aufgaben

1) Zeige, daß die erwartete Ausgabe $\langle y^2 \rangle$ besonders groß wird, wenn der Gewichtsvektor dem Eigenvektor des größten Eigenwerts entspricht.

2) Zeige, daß der durch $\mathbf{x}' := \mathbf{x} - y\mathbf{w}$ definierte Eingabevektor senkrecht auf **w** steht, wenn **w** normiert ist.

2 Einfache feed-forward Netze

In diesem Kapitel sollen verschiedene einfache Modelle vorgestellt werden, bei denen die formalen Neuronen oder Gruppen von Neuronen ("Schichten") ohne Rückkopplung ("feed-forward") Informationen verarbeiten. Im einfachsten Fall führen dabei alle Elemente einer Schicht ihre Operationen parallel und unabhängig durch.

Allerdings ist die Bezeichnung "ohne Rückkopplung" bei feed-forward Netzen normalerweise nur auf die Hauptflußrichtung der Signale ("alle Eingänge einer Schicht verarbeiten nur die Signale der vorhergehenden Schicht") bezogen und sollte nur vor dem Hintergrund der Definition 1.3 und ihrer Diskussion in Abschnitt 1.2.3 gesehen werden. Beispielsweise werden weder die Auswirkung des neuronalen Ausgangssignals oder die des Fehlersignals nachfolgender Schichten auf das Lernen der Gewichte, noch die Wechselwirkungen der Einheiten innerhalb einer Schicht bei den Modellen dieses Kapitels als "Rückkopplung" angesehen.
Im Folgenden betrachten wir zunächst die einfachen feed-forward Netze.

2.1 Lineare Klassifikatoren

Bei der Einführung der formalen Neuronen in Abschnitt 1.2.1 sahen wir, daß ein formales Neuron mit binärer Ausgabefunktion prinzipiell eine lineare Separierung der Eingabemuster in zwei Klassen vornimmt. In diesem Abschnitt betrachten wir als Beispiele solcher Klassifikatoren zwei historische Modelle, die man als durchaus noch aktuelle Vorläufer heutiger Modellvarianten ansehen kann.

2.1.1 Perzeptron

Das erste, genauer beschriebene, algorithmisch orientierte Modell von kognitiven Fähigkeiten wurde von dem Psychologen F.Rosenblatt 1958 [ROS58] vorgestellt und löste unter den Gehirnforschern großen Enthusiasmus aus. Endlich schien ein Modell vorhanden zu sein, das nicht nur bestimmte Reize lernen und wiedererkennen kann, sondern auch von den ursprünglichen Eingabedaten leicht abweichende Reize richtig zuordnen kann. Diese Fähigkeit zur Klassifizierung schien eine echte Intelligenz-Leistung zu sein.

Das Grundschema der verschiedenen, existierenden Perzeptronvarianten besteht aus einer Eingabe (*künstliche Retina*) S, einer festen Kodierung (*Assoziationsschicht*) A in der jede Einheit (*Neuron*) dieser Schicht mehrere Bildpunkte der Retina beobachten kann, und einer Verarbeitungsschicht (*Responseschicht*) R, in der jede Einheit lernen soll, nur genau auf eine Klasse von Eingabemustern der Retina anzusprechen (s. Abb. 2.1.1). Die Verbindungen zwischen den Schichten S und A wurden als speziell ausgebildete, mehr oder weniger zufällig vorhandene, feste Zuordnungen verstanden;

die Verbindungen zwischen A und R dagegen als modifizierbar angenommen.

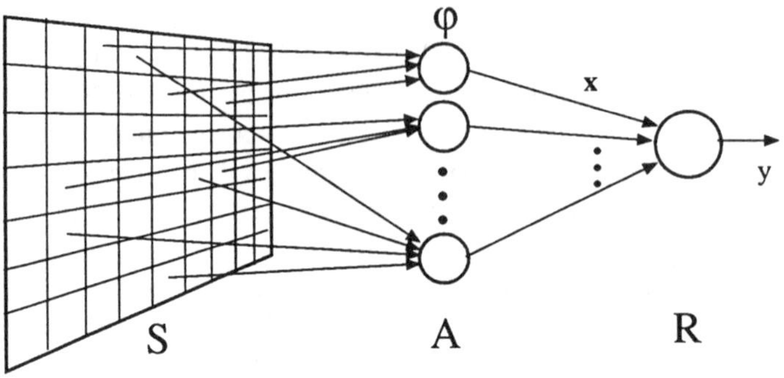

Abb. 2.1.1 Grundarchitektur des Perzeptrons

Bezeichnen wir mit $\mathbf{x} = (x_1,...,x_n)^T = (\varphi_1(S),...,\varphi_n(S))^T$ die Ausgabe der Assoziationseinheiten als Funktion φ_i der Eingabe in S, und mit $\mathbf{w} = (w_1,...,w_n)^T$ die Stärke der Verbindungen (Gewichte) zwischen den Schichten A und R, so wird die binäre, logische Ausgabe y_i (*Prädikat*) in der Responseschicht genau dann WAHR

$$y_i = \begin{cases} \text{TRUE} & \text{wenn } \mathbf{w}^T\mathbf{x} > T \\ \text{FALSE} & \text{wenn } \mathbf{w}^T\mathbf{x} \leq T \end{cases} \tag{2.1.1}$$

wenn die Aktivität einen Schwellwert T überschreitet. Eine Einheit der Response-Schicht kann somit als ein binäres, formales Neuron aus Abschnitt 1.2.1 angesehen werden.

Die faszinierende, neue Idee dieses Ansatzes bestand nun darin, durch Eingabe verschiedener Trainingsmuster und ihrer Bewertung durch einen externen Lehrer die Maschine dazu zu bringen, selbst die Gewichte für eine korrekte Klassentrennung richtig einzustellen. Einer der bekanntesten Lernalgorithmen dafür lautet folgendermaßen:

Bezeichnen wir aus der Menge $\Omega:=\{\mathbf{x}\}$ aller möglichen Muster diejenige Teilmenge mit Ω_1, bei der das Prädikat y_i=TRUE lauten soll, und die andere Menge von y_i= FALSE mit $\Omega_2 := \Omega - \Omega_1$. Unser Lernziel besteht darin, die Klassentrennung mit $\mathbf{w}$ so zu lernen, daß für jedes $\mathbf{x}$ aus Klasse Ω_1 die Bedingung $\mathbf{w}^T\mathbf{x}>0$ gilt, wobei die Schwelle als zusätzliches Gewicht (s. Formel 1.2.0a) angesehen wird. Ist das Gewichtsprodukt, (die Korrelation zwischen $\mathbf{x}$ und $\mathbf{w}$) zu klein, so können wir durch einen kleinen Zuwachs $\gamma\mathbf{x}$ (mit $0<\gamma<1$) für den Gewichtsvektor erreichen, daß mit $\mathbf{w}(t)^T\mathbf{x} = (\mathbf{w}(t\text{-}1) + \gamma\mathbf{x})^T\mathbf{x} = \mathbf{w}(t\text{-}1)^T\mathbf{x} + |\mathbf{x}|^2 > \mathbf{w}(t\text{-}1)^T\mathbf{x}$ die gewünschte Relation mindestens verbessert oder vielleicht sogar erreicht wird.

Dieses Vorgehen mit der Lernregel

$$\mathbf{w}(t) = \mathbf{w}(t-1) + \gamma\mathbf{x} \qquad \textit{Perzeptron-Lernregel} \qquad (2.1.2)$$

können wir auch in einem Algorithmus in einer Pseudo-Programmiersprache formulieren:

```
PERCEPT1:
        Wähle zufällige Gewichte w zum Zeitpunkt t:=0.
        REPEAT
        Wähle zufällig ein Muster x aus Ω1 U Ω2;     t:= t+1;
           IF (x aus Klasse Ω1)
              THEN  IF wTx ≤ 0
                      THEN w(t) = w(t-1) + γx
                      ELSE w(t) = w(t-1)
                    END
              ELSE   IF wTx > 0
                      THEN w(t) = w(t-1) - γx
                      ELSE w(t) = w(t-1)
                    END
              END
        UNTIL (alle x richtig klassifiziert)
```

Codebeispiel 2.1.1 Der Perzeptron-Algorithmus

Dieser Algorithmus läßt sich auch einfacher formulieren. Dazu bilden wir die neue Menge $\Omega^- := \{\mathbf{x} \mid -\mathbf{x} \text{ aus Klasse } \Omega_2\}$ der negierten Trainingsmuster, für die die Bedingung $\mathbf{w}^T\mathbf{x}>0$ zu $\mathbf{w}^T\mathbf{x}\leq 0$ wird und somit ebenfalls die Lernregel $\mathbf{w}(t) = \mathbf{w}(t-1) + \gamma\mathbf{x}$ gilt. Mit der speziellen Trainingsmenge Ω^- wird aus PERCEPT1

```
PERCEPT2:
        Wähle zufällige Gewichte w zum Zeitpunkt t:=0.
        REPEAT
        Wähle zufällig ein Muster x aus Ω1 U Ω-;     t:= t+1;
         IF wTx ≤ 0
            THEN w(t) = w(t-1) + γx
            ELSE w(t) = w(t-1)
         END
        UNTIL (alle x richtig klassifiziert)
```

Codebeispiel 2.1.2 Der vereinfachte Perzeptron-Algorithmus

Die Lernregel (2.1.2) verwendet die Lehrerentscheidung ("Soll-Wert") nur indirekt durch die Konstruktion von Ω^-. Schreiben wir die Transferfunktion (2.1.1) als

$$y = \begin{cases} 1 & \text{wenn } \mathbf{w}^T\mathbf{x} > 0 \\ 0 & \text{wenn } \mathbf{w}^T\mathbf{x} \leq 0 \end{cases} \qquad (2.1.3)$$

und definieren die Lehrerentscheidung

$$L(\mathbf{x}) = \begin{cases} 1 & \text{wenn } \mathbf{x} \in \Omega_1 \\ 0 & \text{sonst} \end{cases} \qquad (2.1.4)$$

so kann das "`IF...THEN`" Konstrukt in PERCEPT2 weggelassen und stattdessen die Lernregel

$$\mathbf{w}(t) = \mathbf{w}(t\text{-}1) + \gamma(L(\mathbf{x})\text{-}y)\mathbf{x} \qquad \textit{Fehler-Lernregel} \qquad (2.1.5)$$

benutzt werden. Rosenblatt nannte diese "rückgekoppelte" Lernregel *back-coupled error correction* [ROS62]. Sie kann als Vorläufer des "Back-propagation" Algorithmus aus Abschnitt 2.3 angesehen werden.

Die obige Lernregel (2.1.2) bei falsch klassifizierten Mustern läßt sich als Spezialfall eines *Gradientenalgorithmus* (s. Abschnitt 1.3)

$$\mathbf{w}(t) = \mathbf{w}(t\text{-}1) + \gamma\mathbf{x} = \mathbf{w}(t\text{-}1) + \gamma \sum_{\mathbf{x}\in\Omega_F} \mathbf{x} =: \mathbf{w}(t\text{-}1) - \gamma \nabla_{\mathbf{w}} R(\mathbf{w})$$

mit der positiven (?!) *Zielfunktion*

$$R(\mathbf{w}) = \sum_{\mathbf{x}\in\Omega_F} - \mathbf{w}^T\mathbf{x} \qquad \textit{Perzeptron-Zielfunktion} \qquad (2.1.6)$$

über alle mit dem Gewichtsvektor (Klassengrenze) **w** fehlklassifizierten Muster $\{\mathbf{x}\}_{falsch} =: \Omega_F$ ansehen, die erst bei richtiger Klassifikation aller Muster null wird [DUD73]. Damit kennen wir das Lernziel des Perzeptron-Algorithmus: Der Algorithmus versucht, die Strafe bei falscher Einordnung der Muster zu minimieren. Dabei wird interessanterweise - im Gegensatz zu dem stochastischen Algorithmus aus Abschnitt 1.3.3 - bei der Iteration ein festes Inkrement (Lernrate) γ=const verwendet. Ist die Konvergenz dennnoch gewährleistet ?

Das berühmte *Perzeptron-Konvergenztheorem* (s. z.B. [MIN88], Theorem 11.1, [DUD73], Kap.5.5.2, [TOU74], Kap.5.2.2) besagt nun, daß der obiger Algorithmus tatsächlich nach einer endlichen Anzahl von Iterationen mit konstantem Inkrement (z.B. γ=1) erfolgreich terminiert, falls es ein **w*** gibt, das beide Klassen mit der Entscheidung (2.1.1) von einander trennt. Im Sinne unserer früheren Notation aus Kapitel 1.2.1 müssen die beiden Klassen somit *linear separierbar* sein. Anderfalls, so zeigen Simulationen, wird die Klassengrenze bei der Iteration nur periodisch hin und her geschoben.

Obwohl man wußte, daß ein formales Neuron nur linear separierbare Klassen voneinander trennen kann, erhoffte man sich trotzdem "intelligentere" Leistungen von dem Perzeptron. Der Schlüssel dafür sollte die Funktion $\varphi(S)$ sein, die die Eingangsdaten "geeignet" auf linear separierbare Mustermengen abbildet. Natürlich stellt sich sofort die Frage: Läßt sich für alle Probleme eine solche Funktion $\varphi(S)$ finden? Welche Art von Objekten (geometrischen Figuren auf der Retina), welche Art von Musterklassen kann das Perzeptron prinzipiell erkennen und welche nicht ? Diese

Frage untersuchten Minky und Papert in ihrem berühmten Buch [MIN88] genauer. Die Möglichkeit der Klassentrennung ist beim Perzeptron entscheidend von der Abbildung φ_i der Retina-Schicht auf die Merkmale geprägt. Für Perzeptronarten mit Merkmalsfunktionen, die

◊ nur Bildpunkte aus einem begrenzten Radius enthalten (*diameter-limited perceptrons*)
◊ von maximal *n* (beliebigen) Bildpunkten abhängig sind (*order-restricted perceptrons*)
◊ eine zufällige Auswahl aller Bildpunkte erfassen (*random perceptrons*)

konnten sie zeigen, daß sie prinzipiell *keine* korrekte Klassifizierung von Punktmengen X:={**x**} (Bildpixeln) für topologische Prädikate durchführen können, wie beispielsweise "X ist ein Kreis", "X ist eine konvexe Figur" oder "X ist eine zusammenhängende Figur". Stattdessen kann ein solches Perzeptron nur ein einziges Prädikat "X hat die Eulerzahl E" erkennen. Die Eulerzahl macht eine globale Aussage über die Anzahl zusammenhängender Punktmengen (schwarze Bildpixel, die benachbart sind) und ist definiert als

$$E(X) \ := \ K(X) \ - \ \text{Anzahl der Löcher}$$

wobei K(X) die Anzahl der *Komponenten* des Bildes ist, also der Punktmengen eines Bildes, die dadurch charakterisiert sind, daß alle Punkte in einer Menge miteinander zusammenhängen, der Mengenschnitt untereinander aber leer ist. Die "Löcher" lassen sich dann einfach als Komponenten der komplementären Punktmenge X definieren.

Beispiel

In der folgenden Abbildung beispielsweise sind links zwei zusammenhängende, schwarz markierte Punktmengen in die Bildpunkte X eingezeichnet, so daß K(X)=2 ist. In der rechten Abbildung ist das Komplement davon zu sehen, bei dem nur ein zusammenhängender Bereich (Zahl der Löcher =1) erkennbar ist, so daß für Abbildung 2.1.2 die Eulerzahl E(X)=2-1=1 ist.

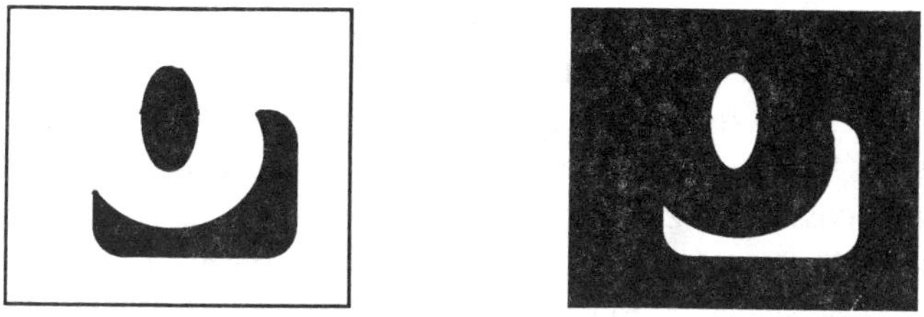

Abb. 2.1.2 Die Eulerzahl einer Bildpixelmenge

Ein Perzeptron vom ersten Typ kann beispielsweise erkennen, ob ein Bild vollkommen schwarz oder weiß ist, ob die bedeckte Fläche mehr als *s* Bildpunkte ausmacht oder eine ganz bestimmte Figur an der selben Retinastelle präsentiert wird, nicht aber, ob eine Figur verbunden ist.

Die Untersuchungen von Minsky und Papert zeigten, daß einfache Perzeptrons prinzipiell nicht die "höheren" Leistungen zeigen können, die man von ihnen erwartete und ernüchterten so viele Forscher. Abgesehen von den Neurologen und Gehirnforschern wandten sich das Interesse vieler Forscher der "Künstlichen Intelligenz" den formalen, logischen Methoden (Symbolverarbeitung) zu, die mit Hilfe der neuentwickelten Computer versprachen, die höheren, "intelligenten" Funktionen direkt umzusetzen. Erst die neueren Schwierigkeiten, die Ereignisse der realen Welt in die logischen symbolverarbeitenden Systeme zu integrieren, zeigten die Vorteile der alten Ansätze.

Multilayer-Perzeptrons

Zu den Perzeptron-Architekturen, die Minsky und Papert untersuchten, gehörten auch die *Gamba-Perzeptrons*, bei denen die Eingabefunktionen φ_i selbst wieder eine vollständige Perzeptron-Funktion (formales Neuron) darstellen. Fassen wir alle Funktionen φ_i zu einem Block (Schicht) zusammen, so läßt sich das Gamba-Perzeptron als ein zweischichtiges Netzwerk ansehen, das in der ersten Schicht *n* nicht-lineare formale Neuronen enthält und in der zweiten Schicht ein Neuron (Perzeptron) mit *n* Eingangsvariablen.

Da beide Schichten nicht-lineare Ausgabefunktionen enthalten, ließ sich über die Grenzen und Möglichkeiten der Gesamtfunktion damals relativ wenig aussagen. Auch heute ist dies noch ein sehr unerforschtes Gebiet (vgl. Kapitel 1.2.1 und Kapitel 2.3), besonders was die Gesamtfunktion vieler derartiger Schichten (*Multilayer-Perzeptrons*) angeht.

2.1.2 Adaline

Eine weitere, sehr bekannte Mustererkennungsmaschine war das *ADALINE* (*ADA*ptive *LIN*ear *E*lement) von Widrow und Hoff 1960. Ziel des Projekts war es, einen adaptiven, linearen Filter zu entwickeln, der mit Hilfe von dargebotenen Mustern eine Klassifizierung der Eingabedaten (binäre Ausgabe) erlaubt. In der folgenden Abbildung 2.1.3 ist ein Funktionsschema zu sehen.

Der Apparat selbst wurde damals aus diskreten, elektro-mechanischen Bauteilen aufgebaut: die 16 Schalter der Eingabe sind in einer 4x4 Matrix an der Frontplatte angeordnet, die Gewichte sind als Drehwiderstände (Potentiometer) ausgeführt und bestimmen die Größe der elektrischen Ströme, die im Summierer zusammengeführt und auf einen Verstärker gegeben werden. Die Fehleranzeige ist ein Zeiger-Meßinstrument.

Nach jeder Eingabe eines Musters (Umlegen der Schalter) mußten mit der Hand die entsprechenden Potentiometer soweit gedreht werden, bis die Fehlermessung ein Minimum anzeigte.

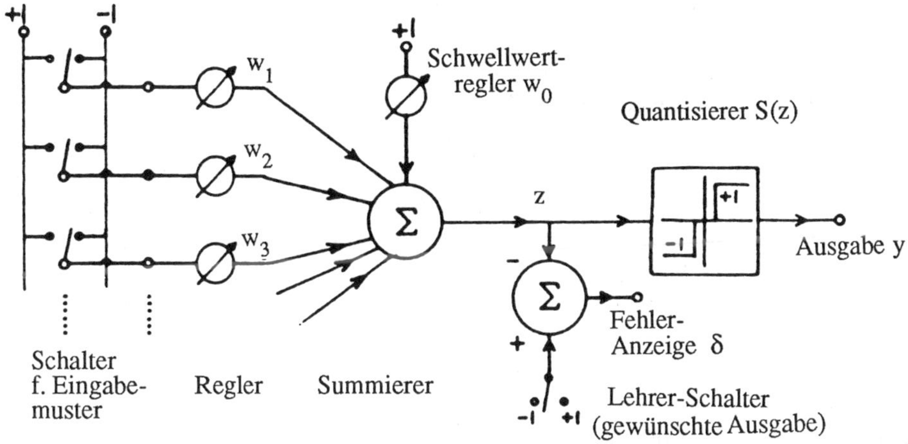

Abb. 2.1.3 Funktionsschema von Adaline (nach [WID60])

Wie man leicht sieht, implementiert das Funktionsschema des Adaline ebenso wie das Perzeptron formale Neuronen: Durch Schalter erzeugte, binäre Eingabesignale x_i werden mit Koeffizienten w_i gewichtet und summiert. Ist die Gesamtsumme > 0, so wird +1 ausgegeben, anderfalls -1. Damit ist die Aktivierung

$$y = \begin{cases} +1 & \text{wenn } \mathbf{w}^T\mathbf{x} > 0 \\ -1 & \text{wenn } \mathbf{w}^T\mathbf{x} \leq 0 \end{cases} \qquad \begin{array}{l} w_i \in \Re^+ \\ y, x_i \in \{-1,+1\} \end{array} \tag{2.1.7}$$

Betrachtet man die konstante Kodierung in der Assoziationsschicht des Perzeptrons als konstante Vorverarbeitungsstufe, so ist die gelernte Verarbeitung des Adaline in der Form eines binären, formalen Neurons der des Perzeptron äquivalent.

Beim Lernen gibt es allerdings einen Unterschied: Obwohl bei der Adaline-Maschine zum Lernen einer Musterklasse die Gewichte so verändert werden mußten, daß gegenüber der Lehrervorgabe $L(\mathbf{x})$ der Klassifizierungsfehler möglichst klein wurde, erkannten Widrow und Hoff durchaus richtig die iterative Gewichtsveränderung als Gradientenmethode, um das Minimum des quadratischen Fehlers zu finden. Dieser stochastisch-analytische Ansatz basiert auf Arbeiten, die damals der bekannte Kybernetiker Norbert Wiener über Filter durchgeführt hatte.

Die Lerngleichungen für die Veränderung der Gewichte läßt sich dabei leicht aus dem obigen Gütekriterium herleiten. Sei der erwartete, quadratische Fehler als Abweichung der tatsächlichen Aktivität $z(\mathbf{x})=\mathbf{w}^T\mathbf{x}$ von der gewünschten Ausgabe $L(\mathbf{x})$

des Lehrers definiert, so ist mit der Zielfunktion

$$R(\mathbf{w},L) := \langle (z(\mathbf{x}) - L(\mathbf{x}))^2 \rangle_x = \langle (\mathbf{w}^T\mathbf{x} - L(\mathbf{x}))^2 \rangle_x \qquad (2.1.8)$$

und der Ableitung

$$\nabla_w R(\mathbf{w}) = \langle 2(\mathbf{x}^T\mathbf{w} - L(\mathbf{x}))\mathbf{x} \rangle$$

die stochastische Approximation (1.3.11)

$$\mathbf{w}(t) = \mathbf{w}(t\text{-}1) - \gamma(t)(\mathbf{w}^T\mathbf{x}\text{-}L(\mathbf{x}))\mathbf{x} \qquad (2.1.9a)$$

mit den Bedingungen (1.3.10) für die Lernrate $\gamma(t)$.
Wollen wir den Fehler $\delta := (\mathbf{w}^T\mathbf{x}\text{-}L(\mathbf{x}))$ möglichst vollständig mit der Gewichtsänderung kompensieren, so daß die negative Differenz

$$\mathbf{x}^T\mathbf{w}(t) - \mathbf{x}^T\mathbf{w}(t\text{-}1) = -\gamma(t)(\mathbf{w}^T\mathbf{x}\text{-}L(\mathbf{x}))\mathbf{x}^T\mathbf{x} \overset{!}{\sim} -\delta$$

direkt proportional zum beobachteten Fehler ist, so ist es günstig, die Lernrate in das Produkt $\gamma =: \gamma' \cdot \alpha$ zu zerlegen mit positivem, endlichen $\alpha := (\mathbf{x}^T\mathbf{x})^{-1} = |\mathbf{x}|^{-2}$, $0<\alpha<G$. Mit diesem Gedanken läßt sich (2.1.9a) umformen in

$$\mathbf{w}(t) = \mathbf{w}(t\text{-}1) - \gamma(t)(\mathbf{w}^T\mathbf{x}\text{-}L(\mathbf{x}))\mathbf{x}/|\mathbf{x}|^2 \qquad \textit{Widrow-Hoff Lernregel} \quad (2.1.9b)$$

Da der Lernschritt proportional Fehler bzw. zur Differenz δ ist, wird die Widrow-Hoff Lernregel auch als *Delta-Lernregel* bezeichnet (s. Kapitel 2.3.1). Das für das Lernen erforderliche Fehlersignal wird dabei - im Unterschied zum *error-recurrent* Perceptron von Rosenblatt [ROS] mit Lerngleichung (2.1.5) - direkt aus der reellen Aktivität $z(\mathbf{x})$ und nicht aus dem binären Ausgangssignal $y(\mathbf{x})$ gewonnen.

Bei beiden Lernregeln ist der Erwartungswert der Lehrerentscheidung bzw. des Fehlers für das Konvergenzziel entscheidend, nicht die Zahlenrepräsentation des Ausgangssignals. Bei der Konvergenz selbst wirken sich allerdings die Bedingungen (1.3.10) für die Lernrate $\gamma(t)$ aus: Der Widrow-Hoff Lernalgorithmus (2.1.9) konvergiert immer, im Unterschied zum Perzeptron-Lernalgorithmus (2.1.5), egal, ob die Mustermengen Ω_1 und Ω_2 linear separierbar sind oder nicht. Die sinnvolle Interpretation des Konvergenzziels ist allerdings ein anderes Problem.

Das Schema des adaptiven, linearen Filters, das von Widrow und Hoff damals präsentiert und weiterentwickelt (s. z.B. [WID85],[TSYP73] wurde, fand in den darauffolgenden Jahren verschiedene Nutzanwendungen. Eine der wichtigsten ist zweifelsohne die Anwendung in interkontinentalen Telefonanlagen, wo digitale, adaptive Filter Rückkopplungen und Echos unterdrücken. In der folgenden Abbildung 2.1.4 ist dies an einer digitalen Telefonverbindung verdeutlicht. Auch die Verwendung von unzuverlässigen Übertragungsmedien (z.B. Telefonleitungen für ISDN) ist ohne den Einsatz von adaptiven Filtern zur phasenrichtigen Regeneration des binären, "verschmierten" Pegels nicht denkbar. Bei gleicher Fehlerrate ist hierdurch eine

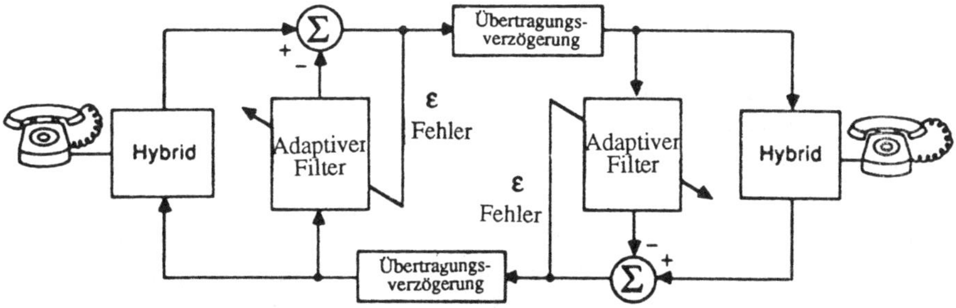

Abb. 2.1.4 Adaptive Echounterdrückung (nach [WID88])

Steigerung der Übertragungsrate um den Faktor 4 möglich.

Ein größeres Problem bei der Anwendung des Perzeptrons und von Adaline ist die Tatsache, daß die Eingabe und Ausgabe nur binär kodiert ist. Möchte man stattdessen beispielsweise bei Echtzeit-Controllern analoge Eingaben verwenden, so reicht es nicht aus, die Analogwerte vorher zu digitalisieren. Vielmehr muß man eine Kodierungsstufe vorsehen, bei der die Abbildung φ(S) die Ähnlichkeit von Analogwerten (z.B.geringe Differenz) auch in eine Ähnlichkeit (z.B. geringer Hammingabstand) der digitalen Zahl umsetzt. Ein Beispiel dafür ist das CMAC-System von J. Albus [ALB75], bei dem eine Version des Perzeptron-Lernalgorithmus zum Erlernen der Positionskontrolle eines Roboter-Manipulatorarms mit 7 Freiheitsgraden eingesetzt wird.

2.2 Assoziative Speicher

Der in heutigen Rechnern übliche Hauptspeicher ist physikalisch als *Listenspeicher* organisiert: Auf M Adressen $x^1 \ldots x^M$ werden M Inhalte $y^1 \ldots y^M$ gespeichert. Zum Abruf von y^i präsentiert man die physikalische Adresse x^i und erhält wieder den Inhalt (oder einen Zeiger darauf) zurück. Will man einen Inhalt finden, ohne dessen physikalische Adresse zu kennen (*inhaltsorientierte Adressierung),* so gibt es dabei allerdings ein Problem: ist die Liste vollkommen zufällig zusammengestellt, so muß im ungünstigsten Fall (*worst case*) die gesamte Liste durchsucht werden. Dies wirkt sich bei verschiedenen Anwendungen inhaltsorientierter Adressierung sehr ungünstig aus. Ein Beispiel dafür sind lernende Schachprogramme, bei denen zur Erkennung einer Spielsituation und ihrer möglichen Fortsetzung alle bisher gespeicherten Spielsituationen durchsucht werden müssen. Besitzt ein solches Programm wenig Vorwissen, mit dem die neue Situation geprüft werden muß, so geht die Entscheidung sehr schnell; ist dagegen schon ein "reicher Erfahrungsschatz" vorhanden, der laufend ergänzt wird, so vergrößern sich die Reaktionszeiten ebenso, bis das Programm "spielunfähig" wird. Der effektiven Organisation des Wissens und des schnellen Zugriffs im Speicher kommt deshalb eine wichtige Rolle zu.

Ein assoziativer Speicher ist aus diesen Gründen so organisiert, daß anstelle M physikalischer Adressen M inhaltsorientierte Schlüsselworte $\mathbf{x}^1 \ldots \mathbf{x}^M$ benutzt werden, zu denen die dazu assoziierten M Inhalte $\mathbf{y}^1 \ldots \mathbf{y}^M$ als M Tupel $(\mathbf{x}^i,\mathbf{y}^i)$ möglichst effektiv abgespeichert werden.
Für die interne Organisation gibt es nun verschiedene Möglichkeiten.

2.2.1 Konventionelle Assoziativspeicher

Herkömmliche Assoziativspeicher (*content-addressable memory, CAM*) bestehen im Wesentlichen aus normalen Listenspeichern (RAM), zwischen deren Speicherzellen aber noch die für die Suchoperationen (*Suchbefehle*) nötige Logik hardwaremäßig integriert ist. In Abbildung 2.2.1 ist das Grundschema eines solchen Assoziativspeichers gezeigt.

Haben wir beispielsweise alle Angestellte einer Firma und ihr Gehalt in eine Liste eingetragen, so läßt sich durch Eingabe der Operation und ihrer Argumente, den Teildaten eines Listeneintrags z.B. (">", 5000), alle Angestellten mit einem Einkommen > 5000 DM ermitteln.

Der Aufwand, die Operationen hardwaremäßig für jede Speicherzelle zur Verfügung zu stellen, ist allerdings ziemlich groß. Sieht man sie nur gleichzeitig für eine Spalte von Speicherzellen vor, so können zwar jeweils eine Zelle aller Worte in einer Spalte gleichzeitig verglichen werden, aber alle Spalten müssen zeitlich hintereinander getestet werden (*Wortparallel-bitserielle Architektur*). Werden dagegen alle Zellen einer Speicherzeile parallel bearbeitet und dafür die einzelnen Zeilen zeitlich

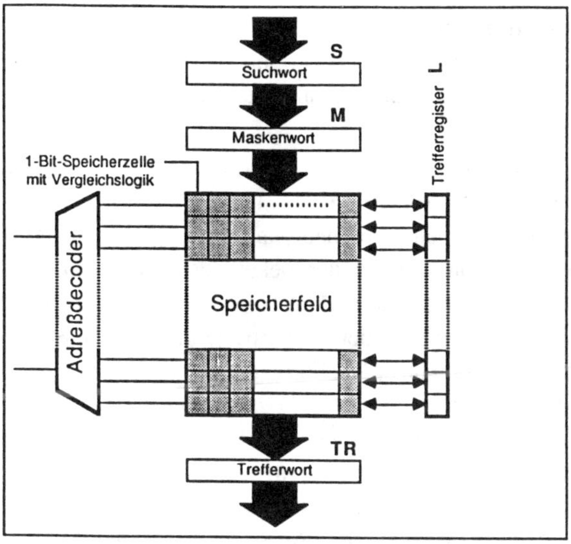

Abb. 2.2.1 Wort-parallel, bit-paralleler Assoziativspeicher

nacheinander, so spricht man von *wortseriell-bitparallelen* Speichern. In Abbildung 2.2.2 ist dies verdeutlicht. Ausführlichere Details sind beispielsweise in [KOH77] zu finden.

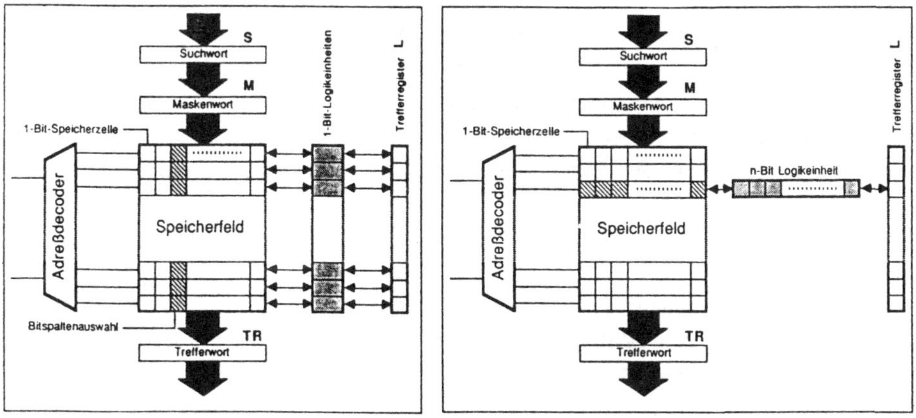

Abb. 2.2.2 Wortparallel-Bitserielle und Wortseriell-Bitparallele Organisation

Die konventionellen Assoziativspeicher (CAM) leiden unter einem für viele Anwendungen schwerwiegenden Problem: Wird nicht exakt derselbe Schlüssel präsentiert, sondern nur ein ähnlicher (z.B. ein Suchwort mit einem Buchstaben mehr oder weniger), so wird der dazu gespeicherte Inhalt nicht gefunden. Zwar lassen sich auch verschiedene Stellen des Suchworts mittels einer *Maske* als "unwichtig" erklären, aber man weiß bei einem unbekannt veränderten Suchwort nie, welche Stellen gestört sind und welche nicht.

2.2.2 Das Korrelations-Matrixmodell

Für diese Problematik haben die neuronalen Assoziativspeicher-Modelle große Vorteile. Betrachten wir dazu eines der bekanntesten der zahlreichen Modelle für assoziative Speicher, den Korrelations-Matrixspeicher. Dieses Modell hat eine lange Geschichte und existiert in verschiedenen Formulierungen, z.B. Steinbuch [STEIN61], Willshaw [WILL69], Anderson [AND72], Amari [AMA72], Kohonen [KOH72], Cooper [COOP73].

Das Modell

Seien die Eingabemuster (Ereignisse, Schlüssel) durch einen reellen Vektor $\mathbf{x} = (x_1,...,x_n)^T$ und die dazu assoziierten Ausgabemuster durch reelle $\mathbf{y}=(y_1,...,y_m)^T$ beschrieben, so läßt sich die Verknüpfung zwischen beiden Mustern linear mittels der Matrix $\mathbf{W} = (w_{ij})$ modellieren:

$$\mathbf{y} = \mathbf{W}\,\mathbf{x} \tag{2.2.1}$$

mit der linearen Ausgabefunktion $y_i = S(\mathbf{w}_i^T\mathbf{x}) := \mathbf{w}_i^T\mathbf{x}$ wie in Gleichung (1.2.2) aus Abschnitt (1.2.1).

In einer Implementierung (vgl. Adaline, Abb. 2.1.3) würde dem Matrixkoeffizient w_{ij} hardwaremäßig die "Stärke" der Verbindung (s. die Pfeilspitze in Abb. 2.2.3) zwischen der Eingabeleitungen x_i und der Ausgabeleitung y_j entsprechen. Die Aktivitäten der einzelnen Komponenten von $\mathbf{x}$ (z.B. Spannungen) summieren sich gewichtet (z.B. durch Widerstände) in z_i (z.B. als elektrische Ströme) und erzeugen ein Ausgabesignal y_i.

Speichern

Zum Speichern eines Paares $(\mathbf{x}^k,\mathbf{y}^k)$ werden gleichzeitig $\mathbf{x}^k$ an den Eingängen und die Lehrervorgabe $\mathbf{L}(\mathbf{x}) := \mathbf{y}^k$ direkt an dem Neuron präsentiert und die Gewichte an den Kreuzungspunkten verändert, beispielsweise nach der Hebb'schen Regel (1.4.1)

$$\Delta w_{ij} \sim L_i x_j$$

Nach dem Speichern von M Mustern $\mathbf{x}^1,...,\mathbf{x}^M$ resultieren mit der Proportionalitätskonstanten c_k die Gewichte

$$w_{ij} = \sum_k \Delta w_{ij} = \sum_k c_k L_i^k x_j^k \qquad w_{ij}(0):=0 \tag{2.2.2a}$$

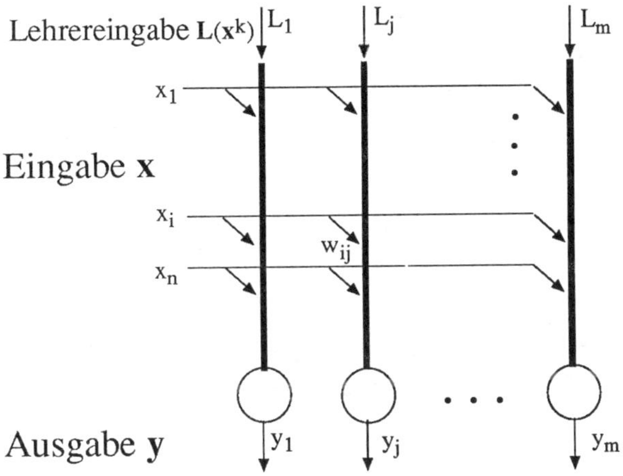

Abb. 2.2.3 Hardwaremodell eines assoziativen Speichers

und die Gesamtmatrix ist

$$\mathbf{W} = \Sigma_k \, c_k \, \mathbf{L}^k(\mathbf{x}^k)^T \qquad (2.2.2b)$$

als äußeres Produkt des Ein- und Ausgabevektors.

Auslesen
Wird diesem System ein bereits gespeicherter Vektor $\mathbf{x}^r$ erneut präsentiert, so ergibt sich als Ausgabe

$$\mathbf{y} = \mathbf{W}\ \mathbf{x} = \mathbf{z} = c_r\,\mathbf{L}^r\mathbf{x}^r\mathbf{x}^r \quad + \quad \sum_{k\#r} c_k\mathbf{L}^k(\mathbf{x}^k)^T\mathbf{x}^r \qquad (2.2.3)$$

$$\textit{ass. Antwort} \quad + \quad \textit{Übersprechen von anderen Mustern}$$

Normieren wir die Gewichte mit $c_k := 1/((\mathbf{x}^k)^T\mathbf{x}^k) = |\mathbf{x}^k|^{-2}$ und verwenden wir ein System von orthogonalen Speichervektoren $\mathbf{x}^k$, so wird mit $(\mathbf{x}^i)^T\mathbf{x}^j = 0$ bei i#j der Anteil des Übersprechens von anderen, gespeicherten Mustern null und wir erhalten wieder als Antwort das zu $\mathbf{x}^r$ ursprünglich assoziierte Muster $\mathbf{y}^r = \mathbf{L}^r$. Das gleiche Ergebnis ergibt sich auch, wenn wir bei $c_k := 1$ stattdessen die Eingabewerte normieren ($|\mathbf{x}^k| = 1$).

In dem nachfolgenden Programmbeispiel werden die Speicher- und Ausleseoperation wahlweise durch die logische Variable `Auslesen` gesteuert, die am Anfang der Musterpräsentation gesetzt wird.

```
AMEM:  (* Implementiert einen Korrelationsspeicher *)
   VAR (* Datenstrukturen *)
      x: ARRAY[1..n] OF REAL;          (* Eingabe *)
      y, L: ARRAY[1..m] OF REAL;       (* Ausgaben *)
      w: ARRAY[1..m,1..n] OF REAL;     (* Gewichte *)
      γ: REAL; (* Lernrate *);         Auslesen : BOOLEAN;
   BEGIN
      γ:= 0.1;                         (* Lernrate festlegen: |x|^2=10 *)
      initWeights(w,0.0);              (* Gewichte initialisieren *)
      Input (Auslesen);                (* Entscheidung: Auslesen oder Speichern *)
      REPEAT
        Read(PatternFile,x)            (* Eingabemuster *)
        IF Auslesen
          THEN            (* zu Muster x das gespeicherte y assoziieren *)
            FOR i:=1 TO m DO           (* Ausgabe für alle Neuronen *)
              y[i] := S(z(w[i],x))     (* Gl.(2.2.1); vgl. Codebsp 1.2.1 *)
            END;
          ELSE            (* Abspeichern des gewünschten Musters *)
            Read(PatternFile,L)(* gewünschte Ausgabe lesen*)
            FOR i:=1 TO m DO
              FOR j:=1 TO n DO                    (* Gewichte verändern *)
                  w[i,j] := w[i,j] +γ*L[i]*x[j]   (* nach Gl. (2.2.2a) *)
              END;
            END;
        END
      UNTIL EndOf(PatternFile)
   END AMEM.
```

Codebeispiel 2.2.1 Speichern und Auslesen im Assoziativspeicher

Fehlerhafte Eingabe

Was geschieht, wenn wir ein vom gespeicherten Muster $\mathbf{x}^r$ abweichendes Muster $\mathbf{x}:=\mathbf{x}^r+\tilde{\mathbf{x}}$ dem linearen System präsentieren ?

Sei die Abweichung mit $\tilde{\mathbf{x}}$ bezeichnet, so resultiert als Ausgabe

$$\mathbf{y} = \mathbf{W}\,\mathbf{x} = \mathbf{W}\,(\mathbf{x}^r+\tilde{\mathbf{x}}) =: \underset{\textit{Original}}{\mathbf{y}^r} + \underset{\textit{Störterm}}{\tilde{\mathbf{y}}}$$

die Überlagerung aus der zu $\mathbf{x}^r$ assoziierten, starken Antwort und einem kleineren "Störterm", der aus einer Linearkombination aller $\mathbf{y}^k$ gebildet wird.

Da bei der Ausgabe die Störungen meist schwächer als die gewünschten Originalmuster sind, kann man die korrekte Ausgabe automatisch dadurch erhalten, daß man alle Komponenten von $\mathbf{y}$ vor der Ausgabe einer Schwellwertoperation unterwirft. Ist die Schwelle T_i geeignet gewählt, so werden nur stärksten Komponenten sie überschreiten und das korrekte, nur um den Schwellwert verminderte $\mathbf{y}^r$ produzieren [AMA72]. Dies ist die Grundidee des linearen Assoziativspeichers mit Schwellwert.

Der lineare Speicher mit Schwellwert

Bisher betrachteten wir reelle Vektoren $\mathbf{x}$ und $\mathbf{y}$. Identifizieren wir die reellen Werte mit den Spikefrequenzen (s. Abb. 1.1.25) der Neuronen, so beschränkt sich der

Wertebereich der **x** und **y** auf positive Zahlen, da keine negativen Spikefrequenzen existieren.

Betrachten wir nun den Fall, daß bei beliebigen Eingabemustern $\mathbf{x}^k$ die Ausgabemuster mit $(\mathbf{y}^k)^T\mathbf{y}^r=0\ \forall r\neq k$, orthogonal kodiert sind (orthogonale Projektion der **x** auf **y**), so muß, damit $(\mathbf{y}^k)^T\mathbf{y}^r=0$ gilt, für das Produkt $y_i^k y_i^r$ ein Faktor oder beide null sein. Es kann es für eine Ausgabekomponente *i* nur *ein* $\mathbf{y}^r$ geben, bei dem diese Komponente y_i ungleich null ist. Damit vereinfacht sich die Gleichung (2.2.3) zu

$$z_i = y_i^r\, c_r\, (\mathbf{x}^r)^T\mathbf{x} \qquad \text{mit } r \text{ aus } [1..m] \qquad (2.2.4)$$

Verwenden wir beliebige, und nicht wie Kohonen orthogonale $\mathbf{x}^k$, so resultiert als Summenvektor **z** ein Vektor, der in jeder Komponente z_i das innere Produkt (Korrelation) aus dem Eingabevektor **x** und dem einzigen Speichervektor $\mathbf{x}^r$, der zu **y** mit der Komponente y_i ungleich null assoziiert wurde.

Damit ist das Ausgabemuster eine Funktion des inneren Vektorprodukts (Skalarprodukt), das die Kreuzkorrelation zwischen Inputmuster **x** und einem der Speichermuster $\mathbf{x}^r$ darstellt:

$$y_i = S(z_i) = S((\mathbf{x}^r)^T\mathbf{x})$$

Was können wir dabei über die Funktion $S(z_i)$ aussagen ?

Maximale Korrelation

Bei einem Eingabemuster **x**, das dem gespeicherten Muster $\mathbf{x}^r$ besonders ähnlich ist, ist die Kreuzkorrelation $(\mathbf{x}^r)^T\mathbf{x}$ besonders groß. Um nur bei Eingabe von $\mathbf{x}^r$ die Ausgabe y_i^r zu bewirken, muß die Funktion $S((\mathbf{x}^r)^T\mathbf{x}^r)$ nur bei besonders hoher Kreuzkorrelation die Komponente y_i^r ausgeben und bei allen anderen Mustern **x** eine Null. Eine Ausgabe größer Null soll also nur bei einem Neuron *r* erfolgen, das dem *Ähnlichkeitskriterium*

$$(\mathbf{x}^r)^T\mathbf{x} \;=\; \max_k\; (\mathbf{x}^k)^T\mathbf{x} \qquad (2.2.5)$$

genügt.

Bei jedem eingegebenen Muster **x** wird also geprüft, mit welchem der gespeicherten Muster $\mathbf{x}^k$ die größte Ähnlichkeit besteht und dieses Muster wird aktiviert. Da dies nicht nur für ein einziges Muster **x** geschieht, sondern für alle Muster, die das Ähnlichkeitskriterium erfüllen, wird die gesamte Menge aller möglichen Eingaben $\{\mathbf{x}\}=:\Omega$ in einzelne Untermengen Ω_k unterteilt, für die jeweils die selbe Ausgabe $\mathbf{y}^k$ erfolgt. Die Entscheidung für den Vektor $\mathbf{x}^k$ in dem neuronalen Element *i* stellt eine *Mustererkennung* dar, wie wir sie in Abschnitt 1.2.1 eingeführt haben; die Menge aller auf $\mathbf{y}^k$ bzw. $\mathbf{x}^k$ abgebildeten **x** bildet eine *Klasse* Ω_k, repräsentiert durch den *Klassenprototypen* $\mathbf{x}^k$. Das Ähnlichkeitskriterium, mit dem über die Klasseneinordnung entschieden wird, ist die Korrelation mit dem Klassenprototypen.

Über die allgemeine lineare Separierung des Musterraums der Eingabemuster **x** hinaus, wie sie in Abschnitt 1.2.1 vorgestellt wurde, werden die Gewichte beim Assoziativspeicher also derart durch die Hebb'sche Regel festgelegt, daß (bei orthogonaler Ausgangskodierung) jedes neuronale Element des assoziativen Speichers wie ein Klassifikator wirkt, der durch ein einziges Muster, den Klassenprototypen, festgelegt ist. Wie ist nun die Klassifizierung durch solch eine spezielle Wahl der Gewichte charakterisiert?

Veranschaulichung

Betrachten wir die geometrische Veranschaulichung dieser Mustererkennung. Für jedes Muster $\mathbf{x}$ wird diejenige Klasse r gewählt, bei der für alle anderen Klassenprototypen $\mathbf{x}^k$ gilt $(\mathbf{x}^k)^T\mathbf{x} < (\mathbf{x}^r)^T\mathbf{x}$. Dadurch wird, wie wir in Abschnitt 1.2.1 sahen, als Klassengrenze mit $(\mathbf{x}^k - \mathbf{x}^r)^T\mathbf{x}^* = 0$ eine Hyperfläche $\{\mathbf{x}^*\}$ definiert. Dabei ist dies eine Ebene, die durch den Nullpunkt geht und senkrecht auf der Verbindungslinie zwischen $\mathbf{x}^r$ und $\mathbf{x}^k$ steht. In Abbildung 2.2.4 ist eine geometrische Verdeutlichung im 3-dimensionalen Musterraum gezeigt.

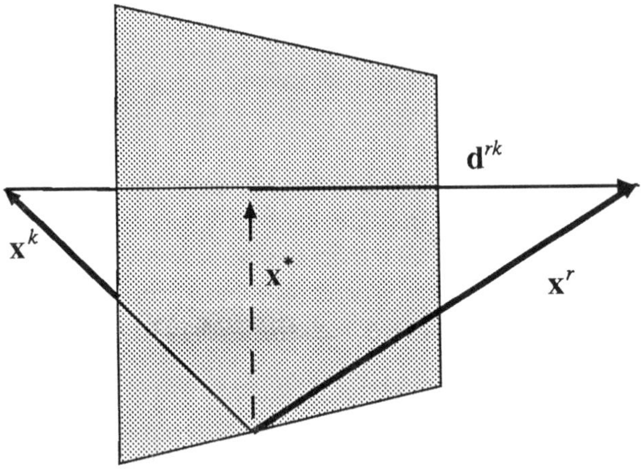

Abb. 2.2.4 Klassentrennung im 3-dim Musterraum

Allerdings kann die Klassifikation mit dem Kriterium der maximalen Korrelation einige Probleme bereiten. Angenommen, wir haben drei Klassenprototypen gespeichert und wollen noch einen vierten dazunehmen. In der Abbildung 2.2.5 ist diese Situation in der Ebene durch die vier Pfeile angedeutet; die Klassengrenzen sind gestrichelt eingezeichnet. Um mindestens die korrekte Erkennung des Klassenprototypen $\mathbf{x}^3$ selbst zu ermöglichen, muß die Korrelation mit dem neuen Klassenprototypen $(\mathbf{x}^4)^T\mathbf{x}^3 = |\mathbf{x}^4||\mathbf{x}^3|\cos\alpha$ kleiner sein als die Korrelation $|\mathbf{x}^3||\mathbf{x}^3|$ mit sich selbst. Also muß für die korrekte Erkennung von $\mathbf{x}^3$ die Bedingung $|\mathbf{x}^4| \cos\alpha < |\mathbf{x}^3|$ gelten.

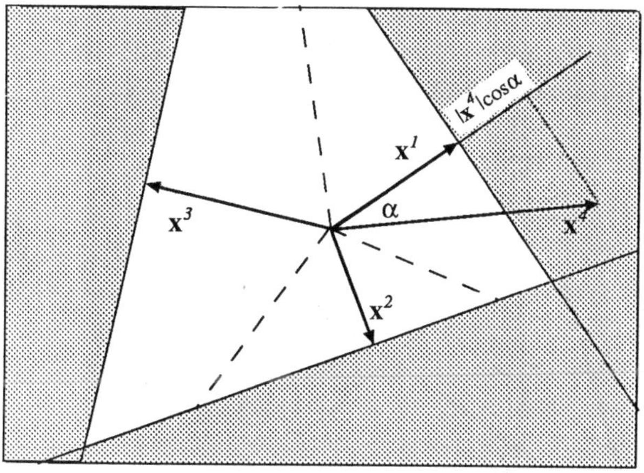

Abb. 2.2.5 Restriktionen für die Speicherung von Mustern

Diese Bedingung läßt sich geometrisch interpretieren: In der Abbildung 2.2.5 ist die Größe $|\mathbf{x}^4|$ cos α gerade die rechtwinklige Projektion des neuen Klassenprototypen $\mathbf{x}^4$ auf die Verlängerung von $\mathbf{x}^3$. Endet diese Projektion im schraffierten Bereich und ist länger als $\mathbf{x}^3$, so kann bei der Eingabe von $\mathbf{x}^3$ nicht mehr korrekt auf $\mathbf{x}^3$ erkannt werden, sondern das Muster wird $\mathbf{x}^4$ zugeordnet. Für jeden neuen Klassenprototypen ergibt sich also die Restriktion, daß er nicht im "verbotenen", grau schraffierten Gebiet sein darf, das durch die Hyperebenen (Geraden in Abbildung 2.2.5) begrenzt wird, die orthogonal zu den Klassenprototypen sind und durch deren Endpunkt gehen.

Eine Möglichkeit, diese Restriktionen zu implementieren, besteht in der Normierung der Klassenprototypen $\mathbf{x}^k$, beispielsweise mit $|\mathbf{x}^k|^2$=n bei der binären Kodierung $\mathbf{x} \in \{-1,+1\}^n$. In diesem Fall liegen die Endpunkte aller Muster auf einer Hyperkugel und die Klassengrenzen teilen bei halbem Winkel arccos$(\mathbf{x}^r,\mathbf{x}^k)/2$ den Musterraum.

Minimaler Abstand

Betrachten wir deshalb ein anderes Ähnlichkeitskriterium, das ohne solche Restriktionen auskommt. Mit der Forderung

$$|\mathbf{x}-\mathbf{x}^r| = \min_{\mathbf{k}} \; |\mathbf{x}-\mathbf{x}^k| \qquad (2.2.6)$$

wird ein Klassifikationschema und damit eine Aufteilung des Musterraums in Klassen nach dem Kriterium des kleinsten Abstands definiert. In [BRA88b] wird gezeigt, daß die Trennfläche ebenfalls eine Hyperfläche ist, die orthogonal zum Differenzvektor $\mathbf{d}_{rk} = \mathbf{x}^r - \mathbf{x}^k$ ist und ihn bei halbem Abstand $\mathbf{d}_{rk}/2$ schneidet. Im Unterschied zum Kriterium der maximalen Korrelation geht allerdings die Hyperfläche nicht unbedingt durch den Nullpunkt geht, siehe Abbildung 2.2.6.

Vergleichen wir die beiden Abbildungen (2.2.5) und (2.2.6) miteinander, so sehen wir, daß die Klassenprototypen im zweiten Bild niemals mit Hilfe des Korrelationskriteriums korrekt erkannt werden können.

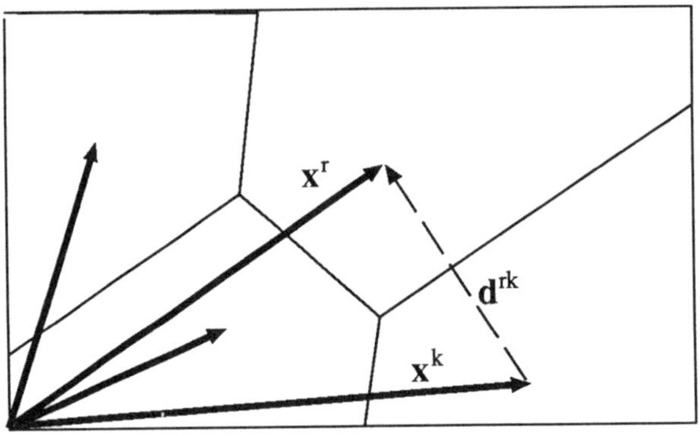

Abb. 2.2.6 Aufteilung des Musterraums bei min. Abstand

Klassifizierung und Parallelarbeit

In den vorher vorgestellten geometrischen Illustrationen sahen wir, wie durch ein Ähnlichkeitskriterium die Lage der Klassengrenzen und damit die Klassifizierung bestimmt wurde. Eine Klassifizierung kann man nun, wie vorher angedeutet, mit Hilfe einer nicht-linearen Ausgabefunktion S(z) in Form einer Schwellwertfunktion (siehe Abschnitt 1.2.1) eines formalen Neurons implementieren: Ist die Aktivität z_i des Neurons größer als eine Schwelle T_i^r für das Neuron *i* und Klasse *r*, so gehört das Muster zu der Klasse *r*; ansonsten ($z_i<T_i^r$) liegt nur eine Störung vor:

$$y_i = S(z_i) := \begin{cases} y_i^r & z_i - T_i^r > 0 \\ 0 & z_i - T_i^r \leq 0 \end{cases} \qquad (2.2.7)$$

Jedes Neuron entscheidet dabei unabhängig von allen anderen. Allerdings lassen sich die Ähnlichkeitsbedingungen (maximale Korrelation oder minimaler Abstand) nicht allgemein durch solche lokale Entscheidungen implementieren, denn es ergeben sich dabei zwei wesentliche Probleme:

◊ Die Ähnlichkeitsbedingungen (2.2.5) und (2.2.6) sind prinzipiell globale Betrachtungen. Jedes Prozessorelement (Neuron) müßte, um festzustellen, ob es aktiv sein soll oder nicht, seinen Wert für $(\mathbf{x}^r)^T\mathbf{x}$ bzw. $|\mathbf{x}-\mathbf{x}^r|$ mit den Werten aller anderen Prozessoren vergleichen, was aber zu einer starken Kommunikation (Vernetzung) zwischen den Prozessoren führen und synchronisierte Operationen erfordern würde. Eine solche Vernetzung ist aber im Modell nicht vorgesehen.

◊ Versucht man die Entscheidung zwischen mehreren Klassen direkt durch unabhängige, parallele Schwellwertoperationen zu implementieren, so stößt man auf die Schwierigkeit, daß die Klassifikation (s.Abb.2.2.4) mit einer Klassengrenze nur die Unterscheidung zwischen *zwei* Klassen *r* und *k* realisieren kann.

Jede Klassengrenze zu anderen Klassen verlangt von einem Neuron einen besonderen Schwellwert, der durch den Abstand (bzw. die Korrelation) zu dieser Klassengrenze bestimmt wird. Da es nur einen Schwellwert gibt, kann die Schwellwertentscheidung nicht gleichzeitig alle Klassengrenzen implementieren; man muß einen Schwellwert finden, der einen möglichst geringen Klassifizierungsfehler mit sich bringt. Verlangt man eine Schwelle bei der Ausgabefunktion, die kein Muster aus einer beliebigen Klasse *k* in Klasse *r* einordnet, so reicht es aus, die Schwelle entsprechend zu erhöhen, bis sie dem kleinsten Abstand (bzw. stärksten Korrelation) zwischen den gespeicherten Mustern noch gerecht wird.

Geometrisch läßt sich die "Klassifizierung mit dem kleinsten Abstand" als Zuordnung zum Prototypen $\mathbf{x}^r$ deuten, wobei alle Muster innerhalb eines Kreises mit dem Radius d^r um ihn liegen (s. Abb. 2.2.7).

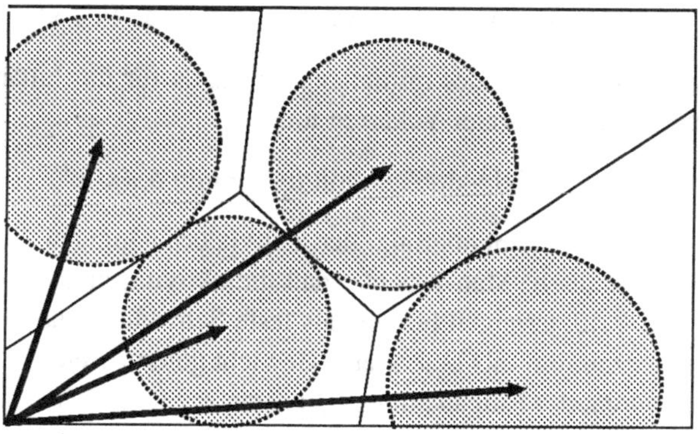

Abb. 2.2.7 Klassifizierung bei konstantem, muster*un*abhängigem Schwellwert

Dies führt aber zu einer Menge von Mustern (alle Punkte, die zwischen dem Kreisbogen und der Klassengrenze liegen), die dem verschärften Kriterium nicht gerecht werden und von der parallelen, dezentralen Entscheidung unterdrückt nur auf den Nullvektor ("keine Klasse") abgebildet werden, obwohl ihre Klassenzugehörigkeit durch die globale Ähnlichkeitsbedingung eindeutig bestimmt ist.

Erweitert man die Kreisbögen, so daß sich alle Bögen überschneiden und jedes Muster mindestens innerhalb eines Kreises (einer Klassifizierung) liegt, so gibt es auch Muster, die gleichzeitig in zwei verschiedene Klassen eingeordnet werden. Die resultierenden Ausgabevektoren des Assoziativspeichers sind somit als Überlagerung leicht verändert und haben einen geringen, nichtverschwindenden Abstand zu den korrekten Ausgaben.

Wie wir sehen, lassen sich mit einem Modell ohne Interprozessorkommunikation (im neuronalen Fall: "laterale Inhibition" oder ähnliche Kopplung, siehe Abschnitt 2.6) die *notwendigen*, globalen Klassifizierungskriterien nicht direkt implementieren. Stattdessen kann man nur lokale Schwellwertentscheidungen für *hinreichende* Klassifikation erreichen.

Verwendet man dagegen eine Kommunikation unter den Einheiten, so läßt sich durchaus eine Klassifizierung mit dem globalen Kriterium des minimalen Abstands verwirklichen. Ein Vorschlag für eine Implementierung mit Hilfe von kommunizierenden, zellularen Automaten ist in [WIN89] zu finden.

Aktivitätsabhängige Schwellen

Eine Möglichkeit einer lokalen Implementierung einer Klassifikation ist die Verwendung von aktivitätsabhängigen Schwellwerten. Hinreichende Schwellwerte für die Unterdrückung der störenden Assoziationen (Übersprechen) ergeben sich in [BRA88b] für das Ähnlichkeitskriterium der maximalen Korrelation

$$T_i = 1/2\,(K^r_{max}+|\mathbf{x}|^2) \qquad \text{mit } K^r_{max} := \max_k\,(\mathbf{x}^r)^T\mathbf{x}^k \qquad (2.2.8)$$

und für das Ähnlichkeitskriterium des minimalen Abstands für das binäre Modell mit dem Hammingabstand $d_H(\mathbf{u},\mathbf{v})$ zweier Vektoren **u** und **v**

$$T_i^r := 1/2\,(|\mathbf{x}^r|^2 + |\mathbf{x}|^2 - d_H^r/2) \qquad \text{mit } d_H^r := \min_k\, d_H(\mathbf{x}^r,\mathbf{x}^k) \qquad (2.2.9)$$

Vorschläge zur Hardwareimplementierung der aktivitätsabhängigen Schwellen sind ebenfalls in [BR88b] enthalten. Man beachte, daß die aktivitätsabhängigen Schwellen prinzipiell genauere Klassifizierungen bringen als feste Schwellen, auch wenn sie - wie beispielsweise beim Perzeptron - als besonderes Gewicht gelernt werden.

Bei konstanter Aktivität der Eingabemuster (konstanter Länge $|\mathbf{x}^k|^2$:=a) ist

$$K^r_{max} = 1/2(2a-d_H^r) = a - d_H^r/2$$

und beide Schwellen sind identisch. Hierbei ist die Klassengrenze bei $d_H^r/2$, ein Resultat, das gut mit der Kodierungstheorie (Fehlererkorrektur bei Blockcodes) übereinstimmt.

Mustergänzung und relationale Datenbanken

Mit der Einführung einer Schwelle zerfällt also die Menge aller möglichen Eingabemuster in Untermengen (Klassen), die durch die gespeicherten Muster als Klassenprototypen festgelegt sind. Die Ausleseoperation des Assoziativspeichers wird damit zu einer Mustererkennungsoperation. Hierbei erregt das Eingabemuster dasjenige Ausgabemuster, das zu dem Klassenprototypen mit der größten Ähnlichkeit zum Eingabemuster assoziiert ist. Die Tatsache, daß vom gespeicherten Muster abweichende

Eingabemuster die selbe, korrekte Ausgabe bewirken, läßt sich auch als *Toleranz* gegenüber fehlerhaften Daten *interpretieren*.

Assoziiert man zu jedem Eingabemuster $\mathbf{x}^k$ das gleiche Muster als Ausgabe $\mathbf{y}^k=\mathbf{x}^k$ (Autoassoziativer Speicher), so bedeutet die Toleranz gegenüber fehlerhaften Daten eine Korrektur- und Ergänzungsoperation der Eingabedaten. Diesen Mechanismus der Datenergänzung von unvollständigen Daten kann man dazu verwenden, Tupel von Daten, beispielsweise Relationen zwischen zwei Objekten *(Relation, Objekt1, Objekt2)* zu speichern. Ein Auslesen bzw. Ergänzen eines unvollständigen Tupels *(Relation, - , Objekt2)* wird damit zu einer relationalen Datenbankabfrage für *Objekt1*, s.[HIN81].

Beispiel 2.2.1

Zur Verdeutlichung der Fähigkeiten des korrelativen Assoziativspeichers geben wir uns vier binäre Muster vor, die autoassoziativ gespeichert werden sollen. Die vier Muster $\mathbf{x}^1 .. \mathbf{x}^4$ mit n=16 seien als 4x4 Matrix in Abbildung 2.2.8 visualisiert.

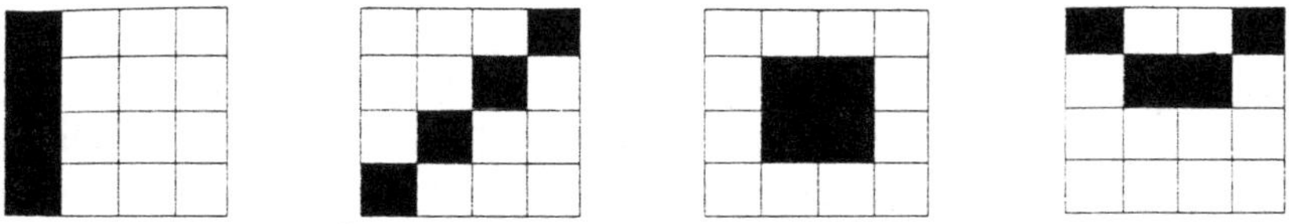

$\mathbf{x}^1$ = (1000 1000 1000 1000) $\mathbf{x}^2$ = (0001 0010 0100 1000) $\mathbf{x}^3$ = (0000 0110 0110 0000) $\mathbf{x}^4$ = (1001 0110 0000 0000)

Abb. 2.2.8 Visualisierung von vier Mustern

Wie man sieht, sind die vier Muster nicht orthogonal: sie "überlappen" sich visuell in manchen Komponenten. Angenommen, die Muster seien mit $\mathbf{x}^k=\mathbf{y}^k$ autoassoziativ abgespeichert. Geben wir nun ein Muster ein, das einem der gespeicherten ähnlich ist, so resultiert ein Muster $\mathbf{y}$, wobei mit $|\mathbf{x}^1| = ... = |\mathbf{x}^4|$ alle Schwellwerte T_i nach der Formel (2.2.9) gleich sind. In der folgenden Abbildung 2.2.9 ist die Ausleseoperation für die Eingabe von drei verschiedenen Mustern gezeigt, wobei das dritte Muster sowohl ein Fragment von $\mathbf{x}^2$ als auch von $\mathbf{x}^3$ sein kann. Es liegt damit auf der Grenzfläche zwischen Klasse 3 und 4 und kann keiner Klasse mit Sicherheit zugeordnet werden. Nach Formel (2.2.7) resultiert daraus der Nullvektor (keine Ausgabe), was einer Antwort "Das Muster ist unbekannt" entspricht, ganz im Gegenteil zu den rückgekoppelten Speichersystemen aus den Kapiteln 3.1 und 3.2, bei denen für die Ausgabe zwischen zwei Klassenprototypen kein stabiler Zustand existiert.

Man beachte dabei die Tatsache, daß eine kleine Verschiebung um einen Pixel aus beispielsweise $\mathbf{x}^1$ sofort ein Muster erzeugt, das den maximalen Abstand zu $\mathbf{x}^1$ annimmt: die visuelle Ähnlichkeit entspricht absolut nicht dem Ähnlichkeitsmaß des Hamming-Abstands. Für eine Verarbeitung von beispielsweise visueller Daten in

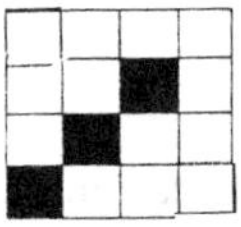

Ergänzungsoperation

Eingabe: $\mathbf{x}$ = (0000 0010 0100 1000) T = 3.5 $d(x,x^1) = 5$ $d(x,x^3) = 5$

Ausgabe: $\mathbf{y} = \mathbf{x}^2$ $d(x,x^2) = 3$ $d(x,x^4) = 5$

Rauschunterdrückung

Eingabe: $\mathbf{x}$ = (0000 0110 1101 0100) T = 4 $d(x,x^1) = 8$ $d(x,x^3) = 4$

Ausgabe: $\mathbf{y} = \mathbf{x}^3$ $d(x,x^2) = 6$ $d(x,x^4) = 6$

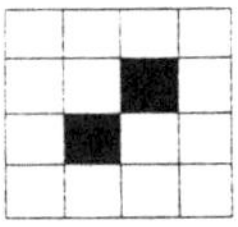

Unterdrückung von Grenzmustern

Eingabe: $\mathbf{x}$ = (0000 0010 0100 0000) T = 3.5 $d(x,x^1) = 6$ $d(x,x^3) = 2$

Ausgabe: $\mathbf{y} = \mathbf{x}^0$ = (0000 0000 0000 0000) $d(x,x^2) = 2$ $d(x,x^4) = 4$

Abb. 2.2.9 Auto-Assoziative Operationen im nicht-rückgekoppelten Speicher

Assoziativspeichern muß deshalb vorher eine spezielle Kodierungsoperation erfolgen, die ähnliche Eingaben des betrachteten Problems (z.B. visuelle Ähnlichkeit) in ähnliche Speichermuster (bzgl. Abstand etc.) übersetzt. Dieses Problem wird bei der *invarianten Mustererkennung* (Kap. 1.3.4) behandelt.

2.2.3 Die Speicherkapazität

Sei eine Sequenz von M Mustertupeln $(\mathbf{x}^1,\mathbf{y}^1)$, .., $(\mathbf{x}^M,\mathbf{y}^M)$ gegeben. Wieviele dieser Tupel können in einem Korrelationsspeicher zuverlässig gespeichert werden?

Betrachten wir dazu zwei Extremfälle; zum einen, wenn $\mathbf{x}^1 = .. = \mathbf{x}^M$ gilt und zum anderen, wenn $\mathbf{y}^1 = .. = \mathbf{y}^M$. Im ersten Fall kann kein wie auch immer konstruierter, beliebiger, assoziativer Speicher bei Eingabe eines $\mathbf{x}^i$ das dazu gehörende $\mathbf{y}^i$ auslesen, so daß maximal $M_{max}=1$ Tupelpaar gespeichert werden kann. Im zweiten Fall aber können beliebig viele Paare gespeichert werden, da jede Antwort $\mathbf{y}^i$ immer richtig ist. Die Speicherkapazität ist also nicht nur vom Speichermodell, sondern auch von der Art (Kodierung) der zu speichernden Mustern abhängig.

Kodierung

Welche Kodierung sollte man wählen? Ein gutes Kriterium ist zweifelsohne die Forderung, daß die Muster gleichmäßig unterschiedlich sein sollen, also alle Muster einen gewissen Abstand d voneinander haben sollen.

Der *maximale* Abstand ist bei orthogonalen Mustern gegeben:

$$\max d(\mathbf{x}^r,\mathbf{x}^k) = \max |\mathbf{x}^r| + |\mathbf{x}^k| - 2\mathbf{x}^r\mathbf{x}^k = 2a \quad \text{bei } |\mathbf{x}^i| = a \quad \text{und } \mathbf{x}^r\mathbf{x}^k=0$$

Falls die Muster nur *n* positive Komponenten haben, ist

$$M_{max} = \lfloor n/a \rfloor \qquad \lfloor\ \rfloor \triangleq \text{kleinste ganze Zahl}$$

Der *maximale erwartete* Abstand bei zufälligen Mustern konstanter Aktivität wird mit dem Erwartungswert

$$\langle d(\mathbf{x}^r,\mathbf{x}^k)\rangle = 2a - 2\langle(\mathbf{x}^r)^T\mathbf{x}^k\rangle = 2a - 2\Sigma_i \langle x_i^r\rangle\langle x_i^k\rangle \qquad \langle x_i\rangle = 0\cdot P(0)+1\cdot P(1) = a/n$$
$$= 2a - 2n\,(a/n)(a/n) = 2(a-a^2/n)$$

und der Maximums-Bedingung

$$\frac{\partial \langle d(\mathbf{x}^r,\mathbf{x}^k)\rangle}{\partial a}\Big|_{a=a^*} = 2(1-2a^*/n) \stackrel{!}{=} 0$$

zu

$$d = n/2 \quad \text{bei} \quad a^* = n/2 \tag{2.2.10}$$

$$\text{und} \quad M = \binom{n}{a^*} = \binom{n}{n/2} \quad \text{verschiedenen Mustern.}$$

Wie sich leicht nachprüfen läßt (Übungsaufgabe!), ist a* nicht nur die optimale Aktivität für einen maximalen, erwarteten Abstand, sondern maximiert auch gleichzeitig die Anzahl der verschiedenen Muster.

Spärliche Kodierung in binären Speichern

Die beiden obigen Kodierungen optimieren die Fehlertoleranz bzw. die Kapazität der Kodierung. Für das Modell eines binären Speichers hat sich eine dritte Art von Kodierung als praktisch erwiesen: die *spärliche* Kodierung (*sparse coding*) mit sehr geringer Aktivität. Referieren wir dazu kurz die Eigenschaften des binären Speichers.

Für den Fall binärer Muster ($\mathbf{x}$ aus $\{0,1\}^n$ und $\mathbf{y}$ aus $\{0,1\}^m$) wird beim Speicher mit binären Gewichten $w_{ij} \in \{0,1\}$ die Speicherregel (2.2.2) zu

$$w_{ij} = \bigvee_k y_i^k x_j^k = \max_k y_i^k x_j^k, \tag{2.2.11}$$

Das Auslesen geschieht über die Schwellwertregel (2.2.7).

Für den Grenzfall sehr großer Speicher konnte Palm 1980 [PALM80] zeigen, daß die maximale Speicherkapazität

$$H_B = \ln 2 = 0{,}693 \text{ Bit pro Speicherzelle} \tag{2.2.12}$$

beträgt, wobei für die Aktivitäten $a_x := |\mathbf{x}|$ und $a_y := |\mathbf{y}|$, mit den Dimensionen *n* und *m* der Vektoren und für die Anzahl *M* der gespeicherten Muster die Beziehungen gelten

$$a_x = \text{ld}\, m,\quad a_y = O(\log n),\quad M \approx (m\, n \ln 2)/(a_y\, \text{ld}\, m) \tag{2.2.13}$$

Bei n=1000 Eingabeleitungen bedeutet dies nur eine Aktivität von $a_x \approx 1\%$!
Für den *autoassoziativen* Speicher mit $\mathbf{x} = \mathbf{y}$ ist die Speicherkapazität halbiert.

Für den Normalfall endlicher Speichermatrizen fand Palm eine geringere

Speicherkapazität. In Abbildung 2.2.10 ist dies verdeutlicht. Links ist das Funktionsbild eines Speichers mit spärlicher Kodierung gezeigt, rechts die Information pro Speicherzelle in Abhängigkeit von der Matrixgröße für den Matrixspeicher und, zum Vergleich, für den konventionellen CAM. Die spärliche Kodierung d wird hier durch die Zuordnung jedes der *b* (bzw. *a*) möglichen Werte von einer der *k* (bzw. *j*) Eingabeleitungen von **x** (bzw. **y**) zu der Aktivierung von einer aus *b* (bzw. *a*) vorhandenen, binären, parallelen Leitungen erreicht. Damit haben die zu speichernden Muster immer genau *k* (bzw. *j*) Einsen.

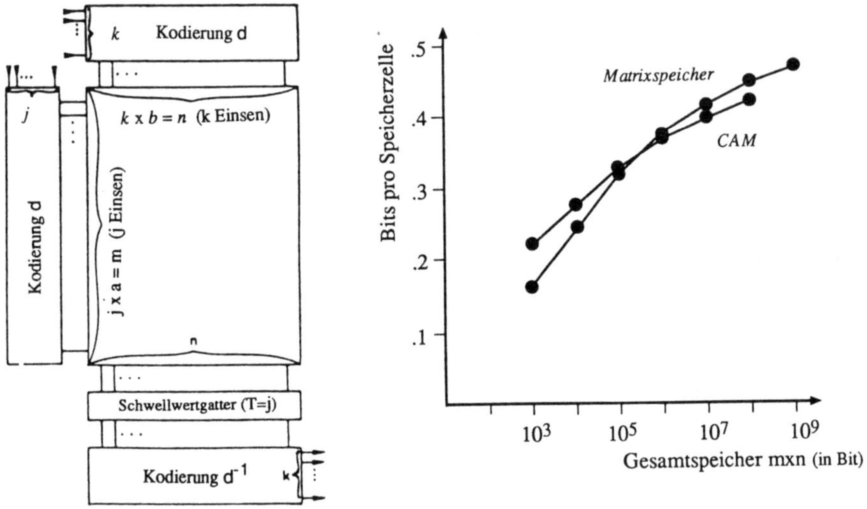

Abb. 2.2.10 Funktionsblöcke und Speicherkapazität eines binären, assoziativen Speichers (nach [PALM84])

Beim Auslesen wird über eine Rücktransformation das "spärliche" Datenwort wieder in ein "normal dichtes" umgewandelt. Aus Abbildung ist ersichtlich, daß dabei die Kapazität des binären, assoziativen Speichers durchaus mit einem konventionellen CAM-Speicher vergleichbar, und bei höheren Speichermengen, wie in der Abbildung zu erkennen, sogar besser ist. Ein anderes Kodierungsverfahren für eine spärliche Kodierung ist beispielsweise das Schema von *Kanerva*, das in Abschnitt 3.1.4 näher beschrieben ist.

Obwohl der Fall binärer Gewichte für die Hardwareimplementierung zunächst am einfachsten und damit am aktuellsten zu sein scheint, wollen wir auch nicht-binäre, reelle Gewichte betrachten. Sehen wir die Gewichte als analoge, reelle Größen an, so lassen sich in einem endlichen Intervall [0..R], wie wir aus der mathematischen Zahlentheorie wissen, stets unendlich viele Zahlen (Zustände) unterbringen. Nach unserer Definition 1.4 von Information hat damit jedes Gewicht prinzipiell auch *unendlich viel Information.* In der Realität stimmt dies natürlich nicht, da wir den Zustand eines Gewichts nur mit endlicher Präzision festlegen können und so nur eine endliche, unterscheidbare und - je nach Implementierung - reproduzierbare Zahl von Zuständen erhalten.

Eine sinnvolle Einschränkung für die Gewichte bedeutet die Wahl von binären Variablen **x** aus $\{0,1\}^n$ und **y** aus $\{0,1\}^m$. Durch die endliche Anzahl der möglichen Paare (**x**,**y**) gibt es auch nur eine endliche Anzahl möglicher Gewichtswerte der Speichermatrix, egal ob diese reelle oder nur ganzzahlige Werte annehmen können. Diese Art von Speichermatrix wurde von Bottini 1988 in [BOTT88] untersucht. Für die Speicherkapazität fand er bei spärlicher Kodierung im Grenzfall $\mu := P(y_i=1)$ gegen Null und $M \to \infty$

$$H = \mathrm{ld}(e)/2 = 0{,}72 \text{ Bit pro Element} \qquad (2.2.14)$$

was in der gleichen Größenordnung wie beim binären Speicher liegt. Eine binäre Implementierung von Gewichten bedeutet also keine wesentliche Einschränkung der Speicherkapazität. Dies trifft auch für rückgekoppelte Speichersysteme (s. Kapitel 3.2 "clipped synapses") zu.

2.2.4 Andere Modelle

Das Korrelationsmodell des assoziativen Speichers ist in den Grundfunktionen vieler anderer Modelle enthalten. Im Folgenden soll dies an einigen Beispielen näher erläutert werden.

Der Konvolutionsspeicher

Da beispielsweise Korrelation und Konvolution eng zusammenhängen, hat das *Konvolutionsmodell* von Bottini [BOTT80] trotz unterschiedlicher Speichermechanismen die gleiche Speicherkapazität (2.2.14). Das Konvolutions-Speichermodell geht dazu von einer binären Kodierung der Schlüssel $\mathbf{x}^k \in \{-a,+a\}^n$ und der Inhalte $\mathbf{y}^k \in \{0,1\}^m$ aus.

Zum *Speichern* wird

$$\Delta w_j^k = \sum_{i=1}^{m} y_i^k x_{j-i}^k$$

gebildet, wobei nach dem Anlegen von M Mustern $\mathbf{x}^1,\ldots,\mathbf{x}^M$ die Gewichte resultieren

$$w_j = \sum_{k=1}^{M} \Delta w_j^k \qquad (2.2.15)$$

Zum *Auslesen* bildet man

$$z_i^r = \sum_{j=1}^{n} w_j x_{j-i}^r \qquad \text{für } i=1..m \qquad (2.2.16)$$

Da $\langle \mathbf{x}^k \rangle = 0$ gilt, kann mit einer Schwelle T das gespeicherte Inhaltswort

$$y_i^r = \langle z_i^r \rangle$$

als Erwartungswert ausgelesen werden.

Bei einem in g Komponenten ungestörten Schlüssel $\mathbf{x}$ ergibt sich nach [BOTT88] für das Konvolutionsmodell als maximale Speicherkapazität im Grenzfall $\mu := P(y_i = 1)$ gegen Null und $M \to \infty$

$$H = g^2(\mathrm{ld}(e)/\pi)(1-\mu) \text{ Bits pro Element} \qquad (2.2.17)$$

was auch für das Korrelationsmodell gilt.

Perzeptron und Adaline

Angenommen, wir geben ein binär kodiertes $\mathbf{x}^k$ an die Eingänge des i-ten Neurons einer Perzeptron-Schicht und wünschen dazu eine orthogonal kodierte Assoziation $y_i^k := L_i^k$. Mit der Lernregel (2.1.5) des Perzeptrons

$$\mathbf{w}_i(t) = \mathbf{w}_i(t-1) + \gamma(L_i(\mathbf{x}) - y_i)\mathbf{x} \qquad \textit{Fehler-Lernregel} \qquad (2.1.5)$$

ist $\quad \mathbf{w}_i(1) = (L(\mathbf{x}^k) - y_i)\mathbf{x}^k = L_i^k \mathbf{x}^k \quad$ bei $\mathbf{w}_i(0) = \mathbf{0}$ und folglich $y_i^k(o) = 0$

Da in allen folgenden Zeitschritten $L_i^k = 0$ und mit passender Schwelle $\mathbf{w}_i^T \mathbf{x} < 0$ sein wird (Übungsaufgabe: warum?), speichert der Gewichtsvektor $\mathbf{w}_i$ gerade ein Muster $\mathbf{L}^k$ mit $L_i^k = 1$ ab, das bei der Eingabe von $\mathbf{x}^k$ an y_i wieder ausgegeben wird. Damit implementiert das Perzeptron bei geeigneter Inhaltskodierung und Anfangswerten einen Assoziativspeicher.

Auch Adaline mit der Lernregel (2.1.9a)

$$\mathbf{w}_i(t) = \mathbf{w}_i(t-1) + \gamma(t)(L(\mathbf{x}) - z_i)\mathbf{x} \qquad (2.1.9a)$$

bei t=1 $\quad \mathbf{w}_i(1) = (L(\mathbf{x}) - z_i)\mathbf{x} = L_i^k \mathbf{x}^k \quad$ bei $\mathbf{w}_i(0) = \mathbf{0}$ und folglich $z_i^k(o) = 0$

implementiert mit dem oben gesagten einen Assoziativspeicher.

Interessanterweise können auch die Zustände der Gewichte der Neuronen in Kohonens *Topologie-erhaltenden Abbildungen* (s. Abschnitt 2.6.2) als gespeicherte Klassenprototypen angesehen werden; die Auswahlregel (2.6.7) entspricht der Auswahlregel (2.2.6). Damit sehen wir, daß viele Modelle neuronaler Netze, die eine korrelative Aktivitärts- und Lernregel (Hebb-Regel) verwenden, bei geeigneter Musterkodierung einen korrelativen Assoziativspeicher darstellen, ähnlich dem Korrelations-Matrixspeicher. Der Assoziativspeicher kann also als eine Art "Grundfunktion" oder "erste Näherung" vieler neuronaler Modelle angesehen werden.

2.3 Back-Propagation Netzwerke

Beim Perzeptron und bei Adaline in Abschnitt 2.1 wurde mit viel Erfolg der Ausführungsfehler (die Differenz zwischen der gewünschten Ausgabe und der tatsächlichen Ausgabe des Netzwerks) dazu benutzt, die Gewichte für die gewünschte Funktion besser einzustellen. Diese Idee wird beim berühmten *error-backpropagation* Algorithmus auf Mehrschichten-Architekturen (*multilayer feed-forward*) ausgedehnt und dazu verwendet, überwachtes Lernen in allen Schichten durchzuführen. Die Idee wurde zuerst von Rosenblatt in seinem Buch [ROS62] für Multilayer-Perzeptrons verwendet und von ihm als *back-propagating error correction procedures* bezeichnet. Damit lernen wir einen Algorithmus kennen, den wir immer dann einsetzen können, wenn wir ein neuronales Netz mit Beispielen trainieren wollen, um eine unbekannte Funktion $\mathbf{y}=f(\mathbf{x})$ möglichst gut zu approximieren.

2.3.1 Die Funktionsarchitektur

Betrachten wir nun den Algorithmus, wie er von Rumelhart und McClelland in ihrem bekannten Buch "Parallel Distributed Processing" [RUM88] formuliert wurde. Obwohl der Algorithmus beliebig viele Schichten gestattet, geht man üblicherweise nur von zwei Schichten aus, die aber, wie wir aus Kapitel 1.2.2 wissen, für die Approximation einer beliebigen Funktion prinzipiell ausreichen. Die Eingänge beider Schichten sind, wie in Abbildung 2.3.1 zu sehen, vollständig miteinander vernetzt.

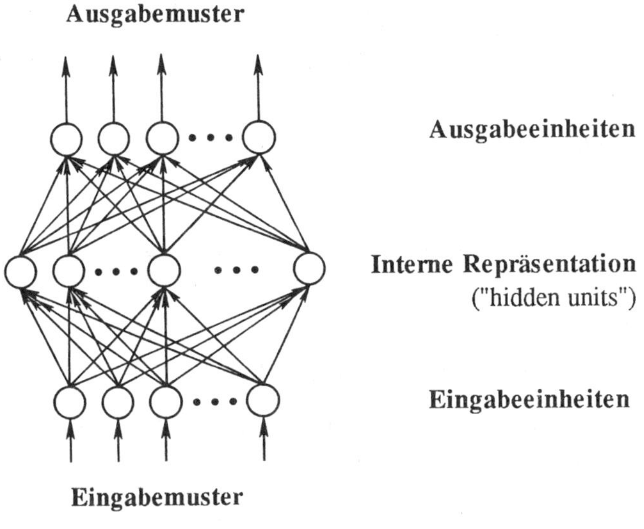

Abb. 2.3.1 Grundstruktur des Backpropagation-Netzwerks

Die Eingabeschicht (*input units*) als dritte Schicht besteht dabei allerdings nur aus Signalverteilerpunkten, so daß sie als graphische Konvention keine "echte" Schicht darstellt. Da die Ausgänge der Einheiten der ersten Schicht nicht beobachtet werden können, werden sie auch als "verborgene" Einheiten oder *hidden units* bezeichnet.

Die Gewichte der hidden units und der Ausgabeeinheiten werden beim Backpropagation-Algorithmus durch Training mit Eingabemustern $\mathbf{x}$ und den dazu gewünschten Ausgabemustern $\mathbf{L}$ (Lehrervorgabe) solange verbessert, bis das Netzwerk die gewünschte Leistung (die gewünschte Ausgabe bei einer Eingabe) mit genügender Genauigkeit zufriedenstellend erbringt. Dazu wird nach dem Durchlaufen (*propagation*) des Eingabesignals $\mathbf{x}$ durch die Netzschichten der Fehler $\delta := \mathbf{y}(\mathbf{x})-\mathbf{L}(\mathbf{x})$ des Ausgangssignals $\mathbf{y}$ bezüglich der gewünschten Ausgabe durch alle Schichten zurückgeführt (*error back-propagation*), wie dies in Abbildung 2.3.2 schematisch gezeigt ist.

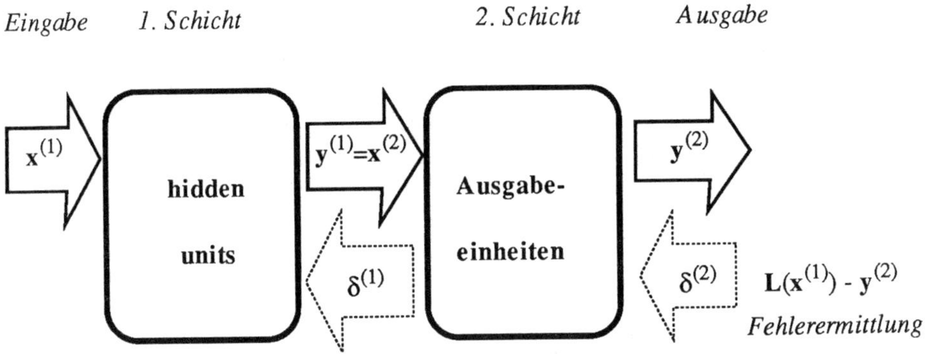

Abb. 2.3.2 Fehlerrückführung im Mehrschichtensystem

Die Lernregeln

Als Ziel geben wir uns vor, daß der Algorithmus das Quadrat des Fehlers für alle Trainingsmuster minimieren soll. Die Zielfunktion R lautet also mit dem Proportionalitätsfaktor 1/2

$$R = \Sigma_x R_x = 1/2\ \Sigma_x(\mathbf{y}(\mathbf{x})-\mathbf{L}(\mathbf{x}))^2 \qquad (2.3.1)$$

über alle Trainingsmuster $\mathbf{x}$. Der Gradientenalgorithmus (1.3.8) für die Iteration des Gewichts w_{ij} von Neuron j zu Neuron i wird damit

$$w_{ij}(t) = w_{ij}(t-1) - \gamma\ \Sigma_x \partial R_x/\partial w_{ij} \qquad (2.3.2)$$

Präsentieren wir hintereinander die einzelnen Traingsmuster, so ist die

Gewichtsänderung für das einzelne Trainingsmuster **x** mit $\Delta w_{ij} := w_{ij}(t) - w_{ij}(t-1)$

$$\Delta w_{ij}(\mathbf{x}) = -\gamma\, \partial R_x/\partial w_{ij} = -\gamma\, (\partial R_x/\partial z_i)(\partial z_i/\partial w_{ij}) \qquad (2.3.3)$$

Mit der Notation

$$\partial y_i/\partial z_i = \partial S(z_i)/\partial z_i =: S'(z_i) \qquad (2.3.3b)$$

ist mit

$$\delta_i := -\frac{\partial R_x}{\partial z_i} = -\frac{\partial R_x}{\partial y_i}\frac{\partial y_i}{\partial z_i} = -\frac{\partial R_x}{\partial y_i} S'(z_i)\,, \quad \frac{\partial z_i}{\partial w_{ij}} = \frac{\partial}{\partial w_{ij}} \Sigma_k w_{ik} x_k = x_j \qquad (2.3.4)$$

die Gewichtsänderung (2.3.3)

$$\Delta w_{ij}(\mathbf{x}) = \gamma\, \delta_i\, x_j \qquad \textit{Delta-Regel} \qquad (2.3.5)$$

Für die Neuronen der zweiten Schicht, deren Ausgabe wir beobachten können, gilt also

$$\frac{\partial R_x}{\partial y_i} = \frac{\partial}{\partial y_i} 1/2(y_i - L_i)^2 = (y_i - L_i) \qquad \text{der beobachtete Fehler}$$

Bezeichnen wir die Variablen der Neuronen der ersten Schicht mit dem Index $^{(1)}$ und die der zweiten Schicht zur Unterscheidung mit $^{(2)}$, so ist für die Ausgabeschicht mit der Definition aus (2.3.4)

$$\delta_k^{(2)} = -(y_k^{(2)} - L_k^{(2)}) S'(z_k^{(2)}) \qquad (2.3.6)$$

Für die anderen Schichten, beispielsweise für die erste Schicht ("hidden units"), gilt eine komplizierteres Delta. Betrachten wir dazu ein Neuron i, das in der folgenden Schicht andere Neuronen k beeinflußt, siehe Abbildung 2.3.3.

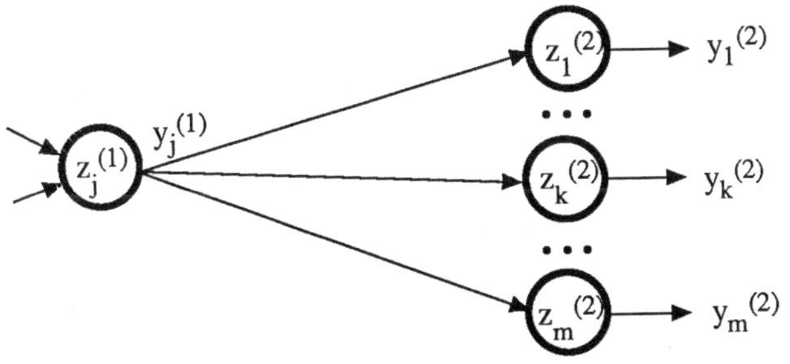

Abb. 2.3.3 Propagierung der Aktivität von Neuron i zu Neuronen k

Es läßt sich der beobachtete Fehler im i-ten Neuron der ersten Schicht rekursiv durch die Folgefehler der zweiten Schicht darstellen:

$$\frac{\partial R_x}{\partial y_i^{(1)}} = \sum_k \frac{\partial R_x}{\partial z_k^{(2)}} \frac{\partial z_k^{(2)}}{\partial y_i^{(1)}} = -\sum_k \delta_k^{(2)} \frac{\partial z_k^{(2)}}{\partial y_i^{(1)}} \qquad (2.3.6b)$$

Durch $\frac{\partial z_k^{(2)}}{\partial y_i^{(1)}} = \frac{\partial}{\partial y_i^{(1)}} \sum_j w_{kj}^{(2)} x_j^{(2)} = w_{ki}^{(2)}$

wird mit (2.3.4), (2.3.6b) und (2.3.3b)

$$\delta_i^{(1)} = -(\partial R_x/\partial y_i^{(1)})(\partial y_i^{(1)}/\partial z_i^{(1)}) = (\sum_{k=1}^{m} \delta_k^{(2)} w_{ki}^{(2)})\, S'(z_i^{(1)}) \qquad (2.3.7)$$

Setzen wir nun noch sigmoidale Fermi-Ausgabefunktionen (1.2.4a) voraus mit der Ableitung

$$S'(z) = \frac{\partial}{\partial z}\frac{1}{1+e^{-z}} = \frac{+1-1+e^{-z}}{(1+e^{-z})^2} = (1-S(z))\,S(z) \qquad (2.3.8)$$

so sind die Fehlerinkremente $\delta_i^{(2)}$ mit (2.3.6) und $\delta_i^{(1)}$ mit (2.3.7) bestimmt und wir haben damit die zwei Delta-Lernregeln für die Ausgabeschicht

$$\Delta w_{ij}^{(2)}(\mathbf{x}) = \gamma\, \delta_i^{(2)} x_j^{(2)} = -\gamma\, (y_i^{(2)} - L_i)(1-S(z_i^{(2)}))\, S(z_i^{(2)})\, x_j^{(2)} \qquad (2.3.9)$$

und für die Schicht der "hidden units"

$$\Delta w_{ij}^{(1)}(\mathbf{x}) = \gamma\, (\sum_k \delta_k^{(2)} w_{ki}^{(2)})\, (1-S(z_i^{(1)}))\, S(z_i^{(1)})\, x_j^{(1)} \qquad (2.3.10)$$

vollständig hergeleitet.

Für die allgemeinen Rekursionsformeln für eine beliebige Zahl von Schichten reicht es, in (2.3.7) die Ersetzung der $^{(2)}$ durch $^{(n)}$ und der $^{(1)}$ Terme durch $^{(n-1)}$ vorzunehmen, so daß

$$\delta_i^{(n-1)} = -\ (\sum_k \delta_k^{(n)} w_{ki}^{(n)})\, S'(z_i^{(n-1)}) \qquad (2.3.7b)$$

resultiert.

Mit den Lernregeln (2.3.9) und (2.3.10) errechnet der Algorithmus für jedes Trainingsmuster die notwendige Korrektur der Gewichte und speichert sie zunächst nur. Erst nach dem letzten Traingsmuster erfolgt dann tatsächlich die Korrektur der Gewichte mit Gleichung (2.3.2). Da die einzelnen Korrekturbeiträge auf der Basis der alten Gewichte ohne Kenntnis der bereits errechneten Korrekturen errechnet wurden, wird dies als *OFF-Line* Version bezeichnet.

Wollen wir im Unterschied dazu die Gewichte sofort nach jedem Trainingsmuster korrigieren, so können wir statt (2.3.2) die stochastische Version verwenden

$$w_{ij}(t) = w_{ij}(t-1) - \gamma\, \partial R_x/\partial w_{ij} \qquad (2.3.11)$$

Von der stochastischen Approximation wird uns in Kapitel 1.3.3 eine gute Konvergenz garantiert, wenn wir anstelle einer konstanten Lernrate γ=const eine den Bedingungen (1.3.10) gehorchende Lernrate, beispielsweise $\gamma(t)=1/t$, einsetzen. Diese Form des Algorithmus wird auch als *ON-Line* Version bezeichnet. In dem folgenden Codebeispiel 2.3.1 ist die Grundstruktur eines OFF-Line Backpropagation-Algorithmus

```
BackProp:          (* Lernen im Backpopagation-Netzwerk *)
    x1: ARRAY[1..n] OF REAL; x2: ARRAY[1..p] OF REAL;
    y2,L,d2:ARRAY[1..m] OF REAL;          (* y_i^(2),L_i,δ_k^(2) *)
    w1,dw1: ARRAY[1..p] OF ARRAY[1..n] OF REAL; (* w_ij^(1), Δw_ij^(1)*)
    w2,dw2: ARRAY[1..m] OF ARRAY[1..p] OF REAL; (* w_ij^(2), Δw_ij^(2)*)

    REPEAT (* jeweils einen Trainingszyklus *)
      dw1:=0.0; dw2:=0.0; γ:=0.5;
      REPEAT  (* Für alle Trainingsmuster im PatternFile *)
        Read(PatternFile,x1) (* Einlesen der Eingabe *)
        Read(PatternFile,L)  (* Einlesen der gewünschten Ausgabe *)
        (* Ausgabe errechnen 1. und 2. Schicht *)
        FOR i:=1 TO p DO         (* Für alle hidden units der 1.Schicht *)
          x2[i]:= S(z(w1[i],x1)) (* Ausgabe, vgl. Codebsp. 1.2.1 *)
        END
        FOR i:=1 TO m DO       (* Für alle Ausgabeneuronen: Ausgabe+Fehler*)
          y2[i]:= S(z(w2[i],x2)) (* Ausgabe, vgl. Codebsp. 1.2.1 *)
          d2[i]:= -(y2[i]-L[i])*(1-y2[i])*y2[i]    (* Gl.(2.3.6) *)
        END
        (* Gewichtsveränderungen in 2. Schicht *)
        FOR i:=1 TO m DO         (* Für alle Ausgabeneuronen *)
            FOR j:=1 TO p DO   (* Für alle Eingabemusterkomp. 2. Schicht *)
              dw2[i,j]:= dw2[i,j]+γ*d2[i]*x2[j]          (* Nach Gl.(2.3.9) *)
            END;
        END
        (* Gewichtsveränderungen in 1. Schicht *)
        FOR i:=1 TO p DO         (* Für alle hidden units der 1.Schicht *)
          FOR j:=1 TO n DO     (* Für alle Eingabemusterkomp. 1. Schicht *)
           dw1[i,j]:=dw1[i,j] + γ*SumProd(i,m,d2,w2)*(1-x2[i])*x2[i]*x1[j]
          END;
        END
      UNTIL (EOF(PatternFile))
      w1:=w1+dw1;                (* Korrektur der Gewichte *)
      w2:=w2+dw2;
    UNTIL Fehler_klein_genug
```

Codebeispiel 2.3.1 OFF-Line Training eines Backpropagation-Netzwerks

zum einmaligen Training von *n* Eingabeeinheiten, *p* hidden units und *m* Ausgabeeinheiten gezeigt, wobei in dem Beispiel die Trainingsmuster in einer Datei `PatternFile` fertig vorliegen. Im Code wird für die Fehlerprozedur der Gleichung (2.3.10) die Abkürzung `SumProd(i,m,`$\delta^{(2)}, w^{(2)}$`)` $:=\sum_{k=1}^{m}\delta_k^{(2)}\, w_{ki}^{(2)}$ verwendet.

2.3.2 Anwendung: NETtalk

Eines der ersten, wichtigsten Beispiele für die Anwendung des Backpropagation Algorithmus, das die Möglichkeiten und Probleme des Verfahrens zeigte, war das NETtalk Projekt, über das Sejnowski und Rosenberg 1986 [SEJ86] berichteten. Die Aufgabe des Systems bestand darin, vorhandenen ASCII-Text in Lautschrift (Phoneme) umzuwandeln, die über einen Sprachchip und einer nachgeschalteten Verstärker-Lautsprecher Kombination als verständliche Sprache erscheinen sollte. Vorläufer des Systems war ein Expertensystem von Digital Equipment (DECtalk), das mit einem Aufwand von 20 Mann-Jahren 95% Genauigkeit erreichte. Demgegenüber konnte das NETtalk-System in nur 16 CPU-Stunden so trainiert werden, daß es eine Genauigkeit von 98% erreichte.

Wie erreichte die Architektur des Systems so schnell eine so gute Genauigkeit ? Betrachten wir dazu die Architektur des Systems genauer. Das NETtalk System besteht aus einem normalen, zweischichtigen Backpropagation Netzwerk mit zusätzlichen Eingabeeinheiten ("dreischichtiges Netzwerk"). Die Anzahl der Eingabe- und Ausgabeeinheiten war dabei durch die Kodierung gegeben: Jeder der Textbuchstaben, der eingegeben wird, kann eines der 26 Buchstaben des Alphabets oder eines der drei Zeichen für Punktuation und Wortgrenzen sein, so daß bei einer binären Kodierung 29 binäre Eingänge ("Eingabeunits") pro Buchstaben benötigt werden.

Da jeder Buchstabe im Kontext der vor- und nachstehenden Buchstaben gesehen werden muß, werden die drei vorhergehenden und die drei nachfolgenden Buchstaben zusätzlich dem System als Eingabe präsentiert. Diese insgesamt sieben Buchstaben mit je 29 binären Eingabekomponenten bilden also 7x29=203 Eingabedaten, die mit 80 Neuroneneinheiten in der "versteckten Schicht" ("hidden units") dargestellt werden und eine Ausgabe auf den 26 binären Ausgabeeinheiten bewirken, die 23 Laut- und drei Artikulationsmerkmale (Continuation, Wortgrenze, Stop) kodieren. Das gesamte Netzwerk besitzt somit über 18000 Gewichte. In Abbildung 2.3.4 ist ein Funktionsschema des Netzwerks gezeigt.

Die Eingabeneuronen sind in der Abbildung 2.3.4 zum besseren Überblick in Spalten angeordnet; jede Spalte mit 29 binären Eingabeeinheiten kodiert einen der 7 Textbuchstaben, wobei der eigentlich betrachtete Buchstabe genau in der Mitte steht. Bei der Texteingabe wird der Text (Abb.2.3.4:"..then we wanted..") fortlaufend, wie bei einer Laufschrift, durch das "Fenster" von 7 Buchstaben geschoben . Nach jedem Verschiebeschritt werden die Gewichte neu bestimmt und die Abweichung gespeichert. Der Lernalgorithmus bedient sich einer geringfügig modifizierten Version des Backpropagation-Algorithmus (2.3.2) bzw. (2.3.5)

$$w_{ij}(t)^{(n)} = \alpha\, w_{ij}(t-1)^{(n)} - (1-\alpha)\gamma\, \delta_i^{(n+1)}\, S(z_j)^{(n-1)} \qquad (2.3.11)$$

mit der konstanten Lernrate $\gamma \approx 2{,}0$ und dem empirischen Parameter $\alpha \approx 0{,}9$, der den Gradientenzuwachs harmonisieren soll.

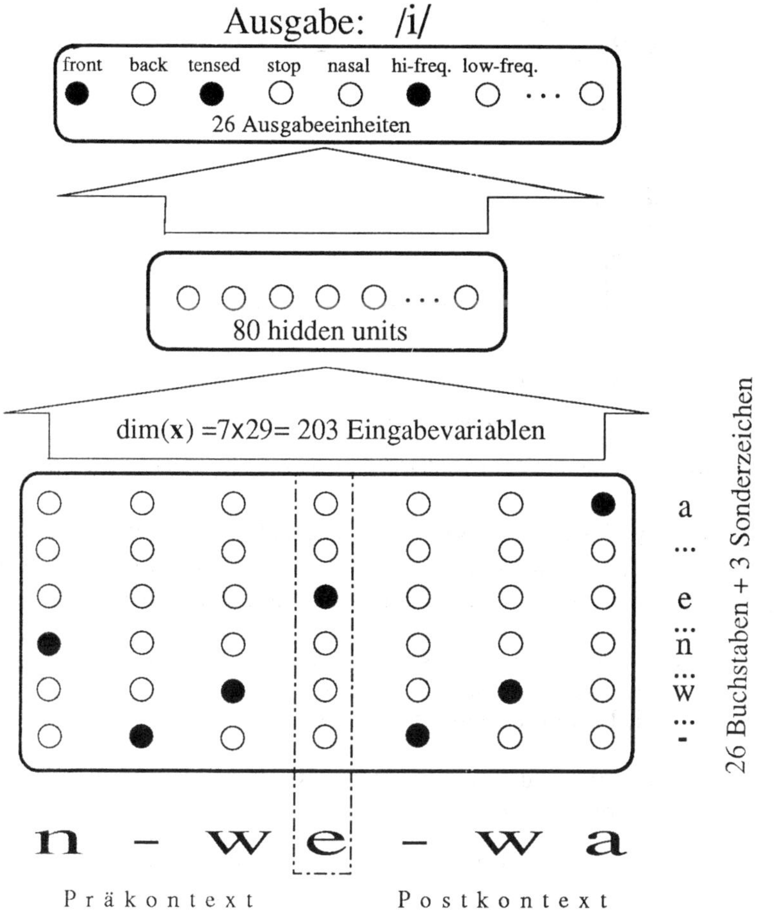

Abb. 2.3.4 Kodierung im NETtalk Netzwerk

Die Trainingsmenge bestand aus zwei Datensorten: zum einen aus protokollierten, von Kindern gesprochenen Sätzen, zum anderen aus zufallsmäßig eingegeben Worten eines Wörterbuchs mit 20 000 Einträgen. Bei beiden Textmaterialien war die phonologische Transkription verfügbar und diente als Lehrervorgabe L(**x**), mit der die Ausgabe verglichen wurde. Dabei wurde in der phonetischen Umschreibung ein besonderes Zeichen (Continuation) immer dann eingefügt, wenn ein Buchstabe nicht gesprochen wurde. Der Erfolg des Trainings kann an dem Prozentsatz der richtig ermittelten Betonungen ("Stresses") und Lauten ("Phoneme") in Abbildung 2.3.5 gesehen werden.

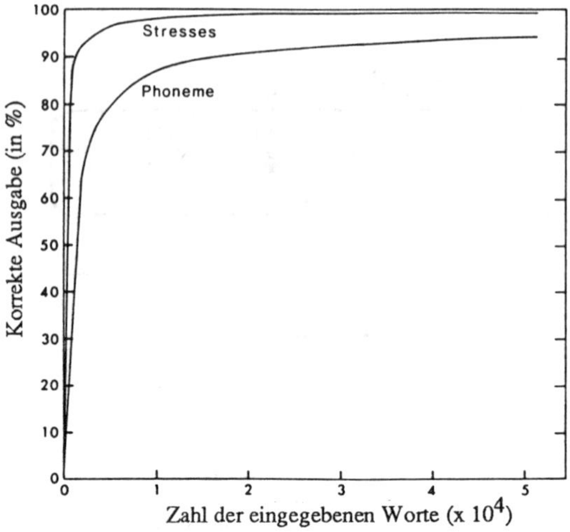

Abb. 2.3.5 Lernen der phonetischen Übersetzung (nach [SEJ86])

Beim Abhören der Laute, die mit den Ausgabedaten des NETtalk Netzes von dem Sprachsystem erzeugt wurden, konnten die Forscher drei Phasen der Sprachentwicklung unterscheiden, die man auch von der kindlichen Entwicklung her kennt:

- Zuerst wurden die Konsonanten und Vokale als Klassen getrennt. Innerhalb der Klassen blieben die Phoneme aber noch gemischt, so daß sich die Laute wie "Babbeln" anhörten.
- Dann wurden die Wortgrenzen als Merkmale entwickelt, so daß "Pseudoworte" erkennbar wurden.
- Zuletzt, nach ca. 10 Durchgängen pro Wort, entstand eine verständliche Sprache, die sich mit fortlaufender Erfahrung weiter verbesserte.

Die Konstellation der Gewichte ist dabei durchaus kritisch: werden sie zufallsmäßig alle auch nur wenig verändert, so sinkt die Erfolgsquote stark. Mit erneutem Training und erneutem Lernen "erholt" sich aber das Netz schnell wieder, da ja alle Gewichte vorher bereits fast optimale Werte hatten.

2.3.3 Die Funktion der "hidden units"

In der Abbildung 2.3.6 sind die Gewichte von zwei verschiedenen Neuronen der "hidden units" visualisiert (*Hinton Diagramm*). Dabei stehen weiße Vierecke für positive und schwarze Vierecke für negative Gewichte; die Flächengröße jedes Vierecks ist dem Wert des Gewichts proportional. Das erste Gewicht links oben ist

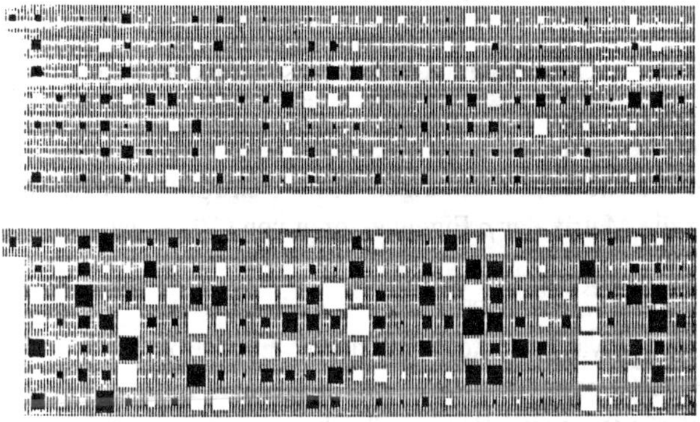

Abb. 2.3.6 Visualisierung der Gewichte (nach [SEJ86])

dabei das Verschiebungs-Gewicht (*bias*), also der Schwellwert. Bei der Betrachtung der Abbildung stellen sich einige Fragen: Was bedeuten die Gewichte und wie läßt sich ihre Verteilung interpretieren? Welche Aufgaben übernehmen die "hidden units", wohin konvergieren die Gewichte und wie groß ist die optimale Zahl dieser Einheiten?

Die Beantwortung dieser Fragen ist auch bis jetzt noch nicht vollständig aufgeklärt, aber seit dieser Zeit ist doch vieles klarer geworden. Zweifelsohne scheinen die formalen Neuronen mit den Gewichten eine interne Repräsentation der Eingabedaten aufzubauen, also eine Art Umkodierung und Datenkompression von vielen (203) Eingabedaten auf wenige (80) Ausgabedaten der hidden units. Gewichte, die fast Null sind, zeigen dabei die relative Unabhängigkeit der Repräsentation von diesen Eingabedaten an. Aber um was für eine Art der Repräsentation handelt es sich dabei ?

Mehr Licht in diese Zusammenhänge brachte die Arbeit von Baldi und Hornik 1989 [BAL89]. Sie konnten zeigen, daß ein Netzwerk, das aus zwei linearen Schichten (*n* Eingabeunits, *p* hidden units, *n* Ausgabeunits, s. Abb.2.3.1) und damit aus zwei aufeinanderfolgenden, linearen Abbildungen mit den Matrizen A und B besteht, und eine Transformation A·B der Eingabemuster mit dem Ziel des kleinsten quadratischen Fehlers verwirklicht, die folgenden Eigenschaften hat:

◊ Die Fehlerfunktion hat ein einziges, lokales und globales Minimum (s. Abb. 2.3.7)

◊ Dieses Minimum wird angenommen, wenn die *p* Gewichtsvektoren die *p* ersten Eigenvektoren mit maximalen Eigenwerten der Kovarianzmatrix

$$C_{xx}=(c_{ij}) \text{ mit } c_{ij} := \Sigma_k\, x_i^k x_j^k$$

der Trainingsmuster darstellen.

Da die Eigenschaft der Minimierung des Fehlerquadrats bzw. die maximale Erhaltung der Information durch die Transformation auf Eigenvektoren (vgl. Abschnitt 1.4.3) auch bei sigmoiden Ausgabefunktionen gilt [SCHU90], können wir stark vermuten, daß die erste Schicht des Backpropagation-Netzwerks wahrscheinlich eine Transformation der Eingabedaten auf das "natürliche", durch ihre Statistik bestimmtes Koordinatensystem der Eigenvektoren darstellt.

Die optimalen Transformationsmatrizen lassen sich für den linearen Fall auch direkt bestimmen. Sei A die Matrix der *p* Eigenvektoren von C_{xx}, so ist

$$B = A^T C_{xy} C_{xx}^{-1} \tag{2.3.12}$$

bei invertierbarem C_{xx}, was bei guter Wahl der Testmuster immer gegeben sein sollte. Die Konvergenz verlangsamt sich an den "kritischen Punkten" (Sattelpunkten), an denen für die Fehleränderungen $\partial R/\partial a_{ij} = \partial R/\partial b_{ij} = 0$ gilt (s. Abb.2.3.7).

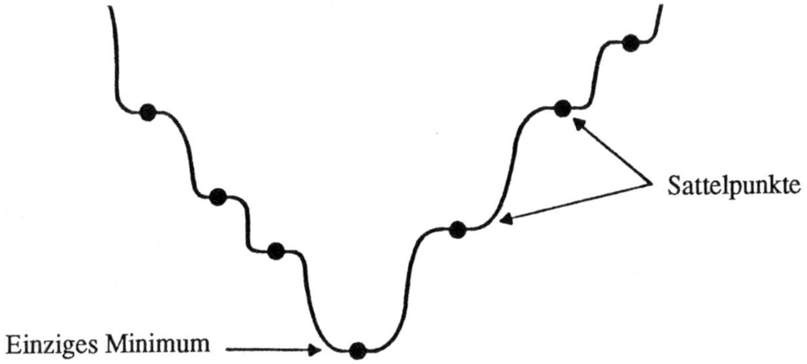

Abb. 2.3.7 Das Minimum des quadratischen Fehlers

Damit gilt das in Kapitel 1.4 gesagte ebenfalls für Backpropagation: Die Zahl der Eigenvektoren und damit die Zahl der "hidden units" ist immer kleiner oder gleich der Zahl der Eingabeunits. Weniger "hidden units" beschränkt die Zahl der möglichen Eigenvektoren und damit die Genauigkeit der Approximation nur dann, wenn ihre Zahl kleiner als der Rang der Kovarianz-Matrix C_{xx} ist und wird durch die Datenkompression als "Generalisierung" oder "Abstraktion" empfunden. Werden andererseits mehr "hidden units" als nötig installiert, so konvergieren auch sie zu nicht normierten Eigenvektoren.

Mit diesen Überlegungen können wir einige Schlußfolgerungen für den Einsatz des Backpropagation-Lernverfahrens ziehen.

Wären die Ausgabefunktionen der ersten Schicht linear, so könnte man beide Schichten (wie in Abschnitt 1.2.3 erläutert) zu einer einzigen zusammenfassen; die Gewichte könnten dabei leicht nach dem stochastischen Lernalgorithmus aus Abschnitt 1.3.3 so gelernt werden, daß der quadratische Fehler wie bei Adaline mit Hilfe der

Widrow-Hoff-Regel (2.1.9) minimiert würde. Wie in Kapitel 1.2.2 ausgeführt wurde, ist aber eine nicht-lineare Ausgabefunktion für die Eigenschaft des neuronalen Netzes als universeller Approximator unerläßlich. Dies bedeutet, daß es beim Backpropagation-Algorithmus im Unterschied zum Minimum des quadratischen Fehlers bei linearer Ausgabefunktion nicht nur ein, sondern mehrere lokale Minima des Fehlerquadrats geben kann. Um zu verhindern, daß der Gradientensuchalgorithmus in einem lokalen, aber nicht globalen Minimum der Zielfunktion "stecken" bleibt, müssen die initialen Gewichte und die Lernraten beider Schichten gut aufeinander abgestimmt werden. Da außerdem die gesamte Backpropagation-Lernprozedur durch das zweifache Anwenden des (an sich schon langsamen) stochastischen Gradientensuchalgorithmus ziemlich lange dauert können wir mit den bisherigen Ausführungen den Schluß ziehen, daß es besser ist, für eine schnelle, approximative Bestimmung der Gewichte in der ersten Schicht (Initialisierung!) auf die Rückführung des Fehlers zu verzichten und stattdessen direkt die Eigenvektoren der Kovarianzmatrix der Eingabedaten zu bestimmen. Die zweite Schicht lernt dann die Anpassung der Gewichte (passende Linearkombination der Eigenvektoren für ein gewünschtes Ergebnis) an die Lehrervorgaben wesentlich (exponentiell! s. [BAL88]) schneller.

Einige Methoden, um die Eigenvektoren der erwarteten Kovarianzmatrix der Eingabedaten schneller direkt zu lernen, sind im Abschnitt 2.4 beschrieben. Ungeachtet dessen kann man natürlich auch für die Bestimmung der Eigenvektoren vollkommen auf das Modell der neuronalen Netze verzichten und direkt auf die konventionellen Methoden (Softwarebibliotheken) zurückgreifen: Solange die Eingabedaten nicht zu groß und man dadurch nicht zu stark im nicht-linearen Teil der neuronalen Ausgabefunktion "arbeitet", werden die Ergebnisse sich kaum unterscheiden.

2.4 Eigenvektorzerlegung

Viele Funktionen menschlicher Informationsverarbeitung beim Sehen, Hören und Bewegen lassen sich durch eine Folge von Bearbeitungsschritten (*pipeline*) beschrieben werden (s. Abschnitt 1.1). Jeder dieser sequentiellen Schritte kann durch ein neuronales feed-forward Netz (*Schicht*) modelliert werden. In Abschnitt 1.2.3 lernten wir ein interessantes Leistungskriterium einer solchen Schicht kennen: Die Fähigkeit, soviel Redundanz wie möglich zu absorbieren oder soviel Information wie möglich durchzulassen.

Für Schichten, die wir mit einer linearen Transferfunktion **W** (z.B. durch lineare Ausgabefunktionen (1.2.2) bei den Modellneuronen) beschreiben können, ist die Ausgabe **y** von der Eingabe **x** abhängig

$$\mathbf{y} = \mathbf{W}\mathbf{x} \tag{2.4.0}$$

Im Abschnitt 1.4.3 lernten wir, daß für dieses Problem der kleinste quadratische Fehler und damit der größte Informationstransfer erreicht wird, wenn eine Transformation der n Mustervariablen $(x_1,..,x_n)=\mathbf{x}$ auf ein neues System von m unkorrelierten Variablen (Merkmale $y_1,..,y_m$), mit Hilfe der *Eigenvektoren* durchgeführt wird. Sind die n Eingabevariablen unabhängig voneinander, so sind es auch die m=n Eigenvektoren. Ist dies nicht der Fall, so geht auch keine Information verloren, wenn wir bei m<n die Zahl der Merkmalsvariablen auf die Zahl der tatsächlich unabhängigen Mustervariablen verringern und dabei vorhandene Redundanz eliminieren. Die Verkleinerung der Variablenanzahl läßt sich auch als *Datenkompression* auffassen; die Verfahren zur vollständige Transformation der Eingabevariablen auf ein System von Eigenvektoren (*Eigenvektorzerlegung*, *Karhunen-Loeve Entwicklung*) extrahieren dabei fast die gesamte Information der Daten und lassen sich damit beispielsweise als effektive Kompressionsverfahren für den Transport von Massendaten (Bild- und Sprachübertragung) einsetzen.

In den folgenden Abschnitten sind verschiedene Systeme mit verschiedenen Lernregeln aufgeführt, um die Eigenvektoren für eine solche Eigenvektorzerlegung zu lernen. Trotz verschiedener Lernregeln ist die eigentliche Transformation auf Eigenvektorkoordinaten mit (2.4.0) immer gleich, wobei die Zeilen von **W** aus den Eigenvektoren bestehen. Die Auswahl eines der Lernverfahren hängt dabei von den Einsatzbedingungen des betrachteten Problems ab.

2.4.1 Die "subspace"-Methode

Der einfachste Ansatz zur vollständigen Eigenvektorzerlegung besteht darin, die in Abschnitt 1.4.1 entwickelte Methode von Oja, den Eigenvektor mit dem größten Eigenwert von einem Neuron lernen zu lassen, auf mehrere Neuronen und damit mehrere Eigenvektoren auszudehnen.

Die Lernregel für ein Neuron war bei linearer Ausgabefunktion $y = S(z) = z$

$$\mathbf{w}(t) = \mathbf{w}(t\text{-}1) + \gamma(t)\, y\, [\mathbf{x}(t) - \mathbf{w}(t\text{-}1)y] \qquad \textit{Oja Lernregel} \qquad (1.4.5)$$

wobei die Normung $|\mathbf{w}|^2=1$ der Gewichte durch den Korrekturterm

$$\mathbf{x}^- := \mathbf{w}(t\text{-}1)\, y \qquad (2.4.1)$$

erreicht wurde. Haben wir nun *m* Neuronen, die alle die gleiche Eingabe **x** erhalten, so ist die Lerngleichung für das i-te Neuron

$$\mathbf{w}_i(t) = \mathbf{w}_i(t\text{-}1) + \gamma(t)\, y_i[\mathbf{x} - \mathbf{x}^-] \qquad (2.4.2)$$

Setzen wir als negativen, inhibitorischen Korrekturterm x_j^- für die Eingabe x_j nicht nur den Beitrag $w_{ij}y_i$ des eigenen Neurons wie in (2.4.1) an, sondern die Überlagerung aller anderen dazu [OJA89], so wird ein Neuron *i* gehindert, für eine Komponente x_j bei starken Gewichten w_{kj} der anderen Neuronen k sein eigenes Gewicht w_{ij} auszubilden. Ist also bereits ein Neuron besonders "empfindlich" für eine Eingabekomponente, so macht es alle anderen Neuronen darin "unempfindlich".Formal bedeutet dies

$$x_j^- := \sum_{i=1}^{m} w_{ij}\, y_i \quad \text{oder} \quad \mathbf{x}^- = \mathbf{W}\mathbf{y} \qquad (2.4.3)$$

wobei die Spalten von $\mathbf{W} = (\mathbf{w}_1, \ldots ,\mathbf{w}_m)$ aus den *m* Gewichtsvektoren gebildet werden. Diese Beeinflussungs-Situation ist in der Abbildung 2.4.1 schematisch wiedergegeben.

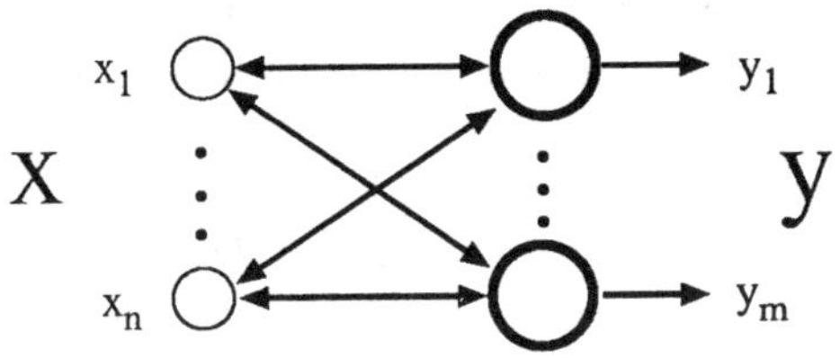

Abb. 2.4.1 Die Wechselwirkungen im "subspace"-Netzwerk

Die Neuronen haben beim Lernen in diesem Modell eine Wechselwirkung (Inhibition) ihrer Ausgabe y_i mit der Eingabe **x** über ihre Gewichte, was allerdings durchaus nicht den Möglichkeiten unserer Modellneuronen aus Abschnitt (1.2) entspricht. Bei der praktischen Anwendung in der Simulation auf einem Computer ist dieser Aspekt aber weniger wichtig.

Was ist nun das Lernziel des Systems? Die lineare Aktivierung ist für *m* Neuronen

$$\mathbf{y} = \mathbf{W}^T\mathbf{x} \qquad (2.4.4)$$

In Matrix-Schreibweise lautet die Lerngleichung (2.4.2) als Differenz nun

$$\Delta \mathbf{W} = \gamma(t)\,(\mathbf{x} - \mathbf{x}^{-})\mathbf{y}^{T} \tag{2.4.5}$$

Setzen wir für $\mathbf{x}^{-}$ und $\mathbf{y}^{T}$ die Ausdrücke (2.4.3) und (2.4.4) in (2.4.5) ein, so ergibt sich

$$\Delta \mathbf{W} = \gamma(t)\,(\mathbf{x} - \mathbf{W}\,\mathbf{W}^{T}\mathbf{x})\mathbf{x}^{T}\mathbf{W} \tag{2.4.5}$$

und anstelle der Differenzengleichung mit Zeitschritt $\Delta t=1$ als Differenzialgleichung

$$\frac{\partial}{\partial t}\,\gamma^{-1}\,\mathbf{W} \;=\; \mathbf{x}\,\mathbf{x}^{T}\mathbf{W} \;-\; \mathbf{W}\,(\mathbf{W}^{T}\mathbf{x}\,\mathbf{x}^{T}\mathbf{W}) \tag{2.4.6}$$

Diese Differenzialgleichung ist gerade die Matrixformulierung der Differenzialgleichung (1.4.6) aus Abschnitt 1.4.1. A.Krogh und J. Hertz zeigten in [KRO90], daß auch beim Erwartungswert von (2.4.6) die Spalten $\mathbf{w}_i$ der Matrix $\mathbf{W}$ zu den Eigenvektoren der Korrelationsmatrix $\mathbf{C}_{xx} = \langle \mathbf{x}\mathbf{x}^{T}\rangle$ konvergieren; jedes Neuron hat mit seiner linearen Ausgabefunktion die Projektion $\mathbf{w}_i^{T}\mathbf{x} = (\mathbf{e}^{i})^{T}\mathbf{x}$ auf den i-ten Eigenvektor $\mathbf{e}^{i}$ als Ausgabe: Das Netzwerk führt eine vollständige Eigenvektorzerlegung durch.

Eine Anwendung dieses Verfahrens in der Bildverarbeitung zur Texturerkennung ist ebenfalls in [OJA89] beschrieben.

2.4.2 Geordnete Zerlegung

Im neuronalen Modell des vorigen Abschnitts (Abb. 2.4.1) waren die Wechselwirkungen aller Neuronen für eine lineare Transformation (2.4.4) auf Eigenvektoren völlig symmetrisch und gleichartig. Dadurch hängt es für dieses System weitgehend von den initialen Werten der Gewichte (Anfangsbedingungen) ab, welcher der Gewichtsvektoren zu welchem Eigenvektor konvergiert. Möchte man aber eine Eigenvektorzerlegung mit der Absicht durchführen, beispielsweise durch Unterdrückung der Eigenvektorkomponenten mit den kleinsten Eigenwerten eine Datenkompression mit minimalem Informationsverlust durchzuführen (s. Abschnitt 1.4.3), so ist es günstig, die Zerlegung bereits derart durchzuführen, daß sich die Eigenvektoren nach der Größe ihrer Eigenwerte geordnet ergeben.

Ein solcher Lernalgorithmus wurde von Terence Sanger [SAN89] entwickelt. Er geht dazu von der Grundidee des Gram'schen Orthogonalisierungsverfahrens aus: Beginnend mit einem vorgegebenen Vektor suche man einen dazu orthogonalen Vektor. Hat man ihn, so suche man einen weiteren, der zu den beiden bereits vorhandenen orthogonal ist und so weiter, bis man eine zwar willkürliche, aber vollständige Basis gefunden hat.

Angenommen, wir gehen auch hier wieder von der linearen Transformation (2.4.0) aus. Betrachten wir nun Gleichung (2.4.2). Wie man leicht nachprüfen kann, ist der Vektor $\mathbf{x}\text{-}\mathbf{x}^{-}$ orthogonal zu $\mathbf{w}$. Subtrahieren wir also $\mathbf{x}^{-}$ von der Eingabe $\mathbf{x}$, so erhalten wir alle Anteile von $\mathbf{x}$, die nicht mit $\mathbf{w}_1$ bzw. dem Eigenvektor $\mathbf{e}^{1}$ mit dem größten

Eigenwert $\lambda_1=\lambda_{max}$ dargestellt werden können. Nehmen wir diese um alle Komponenten bezüglich des ersten Eigenvektors reduzierte Eingabe $\tilde{\mathbf{x}}$ und bieten sie dem zweiten Neuron mit der selben Lernregel als Eingabe an, so wird das zweite Neuron von der reduzierten Eingabe den Eigenvektor mit dem stärksten Eigenwert bestimmen. Da dieser Eigenvektor orthogonal zu $\mathbf{e}^1$ ist und $\lambda_1>\lambda_2$ gilt, haben wir mit $\mathbf{w}_2=\mathbf{e}^2$ den zweiten Eigenvektor gefunden.

Das Verfahren läßt sich iterativ fortsetzen, so daß sich als Lerngleichung für das i-te Neuron die Hebb'sche Regel

$$\mathbf{w}_i(t) = \mathbf{w}_i(t-1) + \gamma(t)\, y_i \tilde{\mathbf{x}}_i \qquad \textit{"Generalisierte" Hebb-Regel} \qquad (2.4.7)$$

mit

$$\tilde{\mathbf{x}}_i := \tilde{\mathbf{x}}_{i-1} - \mathbf{w}_i(t-1) y_i \quad \text{und} \quad \tilde{\mathbf{x}}_0 := \mathbf{x} \qquad (2.4.8)$$

angeben läßt.

Die nicht-rekursive Formulierung von (2.4.7) ist mit (2.4.8) also

$$\mathbf{w}_i(t) = \mathbf{w}_i(t-1) + \gamma(t) y_i (\mathbf{x} - \Sigma_{k\leq i}\, \mathbf{w}_k y_k) \qquad (2.4.9)$$

In der Abbildung 2.4.2 ist dieser sukzessive Lernprozeß (*pipeline*) der Eingabe mit einem Blockschema veranschaulicht. Die Aktivierung (2.4.0) selbst ist im Gegensatz dazu natürlich parallel.

Durch die asymmetrische Formulierung in (2.4.9) sind die Wechselwirkungen der Gewichtsveränderungen im Netzwerk hochgradig asymmetrisch und für biologische Anwendungen weniger plausibel, um so mehr aber für die technischen Anforderungen zur Datenkompression. Sehen wir bewußt $m<n$ Neuronen im Netzwerk vor, so ist der

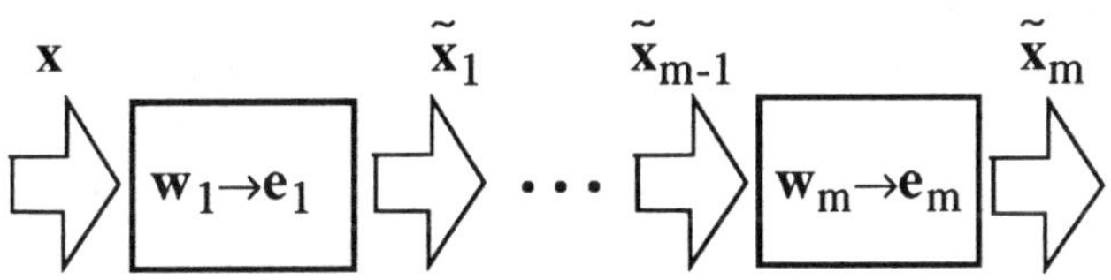

Abb. 2.4.2 Zerlegung der Eingabe

nach der Konvergenz der $\mathbf{w}_i$ mit (2.4.0) aus den Ausgangsvariablen y_i gebildete Vektor $\mathbf{y}$ eine diskrete, endliche Karhunen-Loève Entwicklung der Eingabe $\mathbf{x}$.

Betrachten wir zur Illustration dieses Konzepts eine Datenkompression in der Bildverarbeitung. In der Abbildung 2.4.3 ist links ein Bild (256x256 Pixel, 8 Bit) gezeigt, das mit einer 8x8 Matrix rasterförmig "abgescannt" wurde. Bei jedem Schritt erhält die Abtastmatrix 64 neue Eingabewerte, die von 8 Neuronen mit je 64 Gewichten nach obigem Schema ausgewertet werden. Die Gewichte nach der Iteration sind die gesuchten Eigenvektoren für dieses Bildmaterial und sind durch eine Schwärzung in der 8x8 Matrix rechts in der Abbildung dargestellt.

Abb. 2.4.3 Das Bildmaterial und seine Eigenvektoren

Nimmt man umgekehrt die für jede Position der Abtast-Matrix gewonnenen, quantisierten und damit diskretisierten Darstellung des 8-dim Vektor **y** und errechnet mit dem Satz von Eigenvektoren nach Gleichung (1.4.11) daraus das Orignalbild, so erhält man mit der auf 0,36 Bits/Pixel komprimierten Darstellung (insgesamt 23 Bit bei acht y-Komponenten gegenüber 64 Pixelx8Bit=512Bit jeder Abtastmatrix **x**) das Bild in Abbildung 2.4.4. Interessanterweise bringt eine Bildrestauration eines völlig anderen Bildes, das mit den selben Eigenvektoren auf 0,55 Bits/Pixel komprimiert wurde, ähnlich gute Resultate [SAN88]. Dies deutet darauf hin, daß die Eigenvektoren durch die stark wechselnde Helligkeitsverteilung im Rasterfenster wenig bildspezifisch und sehr allgemein ausgebildet wurden. Die Abweichungen der Bilder durch das schwach erkennbare Streifenmuster sind auf die viereckige, nichtüberlappende Form der 8x8 Matrix zurückzuführen.

Betrachten wir nochmals Bild 2.4.3. Die Eigenvektoren ähneln den rezeptiven Feldern aus Abschnitt 1.1.2. Auch ihre Funktion ist die gleiche: die eingehende Bildinformation muß komprimiert werden, wobei möglichst viel Information weitergegeben werden muß. In diesem Licht erscheinen die rezeptiven Felder nicht nur als ein Mittel, um das Retina-Bild auf Bildprimitive zu untersuchen, sondern auch als

Abb. 2.4.4 Wiederherstellung des kodierten Bildes

lokale Transformationder Bildinformation in eine andere Darstellung. Die genaue Art der lokalen Transformation ist allerdings noch nicht vollständig geklärt. So lassen sich beispielsweise die rezeptiven Felder auch als Gaborfunktionen (lokal begrenzte Sinus- und Kosinusfunktionen) und damit als lokale Fouriertransformationen beschreiben [DAU88]. Dies hängt allerdings eng mit der Eigenvektorentwicklung zusammen, da ja die Fourier-Koeffizienten bei periodischen Signalen Lösungen der Karhunen-Loeve Transformation darstellen.

2.4.3 Die Anti-Hebb Regel

Bei den beiden vorher vorgestellten Methoden von Oja und Sanger wurde davon ausgegangen, daß die neuronalen Wechselwirkungen von dem Ausgangssignal y_i über die eigenen Gewichte w_{ij} und die eigenen Eingänge x_j auf das Eingangssignal x_j der anderen Neuronen erfolgen soll - eine biologisch nicht sehr einleuchtende Annahme, da der Informationsfluß zum Signalfluß gerade umgekehrt ist. Eine andere Methode der geordneten Eigenvektorzerlegung, die stärkere Bezüge zu neurologischen Beobachtungen hat, wurde von Jeanne Rubner, Klaus Schulten und Paul Tavan entwickelt [RUB90].

Die Autoren nahmen an, daß das erste Neuron nach der Methode von Oja (s. Abschnitt 1.4.3) durch eine Hebb-Lernregel bei normierten Gewichten und zentriertem $\mathbf{x}$ den ersten Eigenvektor $\mathbf{e}^1$ lernt. Alle anderen Neuronen erhalten ebenfalls die gleiche, ungefilterte Eingabe $\mathbf{x}$. Die Ausgabe dieses Neurons unterdrückt außerdem über einen zusätzlichen Eingang im zweiten Neuron alle Korrelationen mit seiner Aktivität, so daß das zweite Neuron daran gehindert wird, den ersten Eigenvektor zu lernen und stattdessen den stärksten Eigenvektor der unkorrelierten (orthogonalen) Aktivität $\tilde{\mathbf{x}}$ lernt. Führt man diesen Gedanken weiter, so erhält jedes Neuron i einseitig das Ausgangssignal y_k aller vorherigen Neuronen k<i als Gegenkopplung. Das Gesamtnetz der Eigenvektorzerlegung ist in Abbildung 2.4.5 gezeigt. Diese Art der Kopplung wird in der Biologie als *laterale Inhibition* bezeichnet und ist durchaus in vielen Nervensystemen anzutreffen, allerdings in vollsymmetrischer Anordnung. In Abschnitt 2.6.1 wird sie näher untersucht.

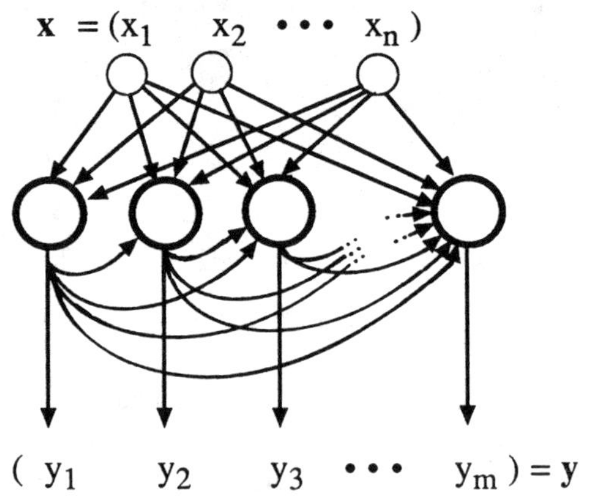

Abb. 2.4.5 Geordnete Eigenvektorzerlegung durch laterale Inhibition

Bezeichnen wir die Gewichte eines Neurons *i*, das Ausgaben anderer Neuronen *j* erhält, zur Unterscheidung von w_{ij} mit u_{ij}, so ist die Aktivierungsgleichung als Summe wieder linear

$$y_i = \mathbf{w}_i^T\mathbf{x} + \Sigma_{k<i} u_{ik} y_k = (\mathbf{w}_i + \Sigma_{k<i} u_{ik} \mathbf{w}_k)^T \mathbf{x} =: \tilde{\mathbf{w}}_i^T \mathbf{x} \qquad (2.4.10)$$

Die normalen Gewichte werden mit der Hebb'sche Lerngleichung (1.4.1) verändert

$$\Delta \mathbf{w}_i = \gamma \mathbf{x} y_i$$

und die Gegenkopplungsgewichte u_{ki} erhalten eine besondere Lernregel

$$\Delta u_{ik} = -\mu\, y_i y_k \qquad \textit{Anti-Hebb Lernregel} \qquad (2.4.11)$$

mit der die korrelierten Aktivitätsanteile subtrahiert werden. Konvergieren die Gewichtsvektoren $\mathbf{w}_i$ zu den Eigenvektoren $\mathbf{e}^i$, so werden sie unkorreliert und die Gewichte u_{ik} konvergieren nach null. Gehen wir andererseits von einer Situation aus, in der die Neuronen *i* und *j* im Mittel unkorreliert sind

$$0 = \langle y_i y_j \rangle = \tilde{w}_i^T \langle xx^T \rangle \tilde{w}_j = \tilde{w}_i^T C \, \tilde{w}_j = \lambda_j \, \tilde{w}_i^T \tilde{w}_j$$

so folgt daraus, daß auch ihre Gewichtsvektoren orthogonal sind. Da dann $\tilde{w}_1 = w_1$ zu einem Eigenvektor konvergiert und alle Gewichtsvektoren orthogonal zueinander sind, handelt es sich bei dem Basissystem um ein orthogonales Eigenvektorsystem.

Die Lernregel (2.4.11) ist nicht neu; schon Kohonen und Oja erkannten 1976 [KOH76], [KOH84] in einem anderen Zusammenhang, daß eine negative Rückkopplung der Form (2.4.11) eine Orthogonalisierung der gespeicherten Vektoren zur Folge hat.

Die Form der Lernregel (2.4.11) kann man, wie H. Kühnel und P. Tavan in [KÜH90] gezeigt haben, auch aus dem Prinzip der *kleinsten gemeinsamen Information* $I(y_k,y_i)$ zweier Ausgänge y_k und y_i erhalten. Für die Minimierung der Zielfunktion

$$I(y_k,y_i) = I_k + I_i - I_{ki} = \langle \ln 1/P(y_k) \rangle + \langle \ln 1/P(y_i) \rangle - \langle \ln 1/P(y_k,y_i) \rangle \qquad (2.4.12)$$

setzten sie einen Gradientenalgorithmus nach Abschnitt 1.3.2 an und erhielten für die stochastische Version bei einer Gauß'sche Normalverteilung als Eingabeverteilung $p(\mathbf{x})$

$$\Delta u_{ik} = -\gamma(t) \frac{\partial I}{\partial u_{ik}} = -\frac{\gamma(t)}{\langle y_k^2 \rangle} y_i y_k \qquad (2.4.12)$$

so daß wir den Wert von μ in Gleichung (2.4.11) gut abschätzen können.

2.4.4 Klassenhierarchien und Eigenvektorzerlegung

Angenommen, wir haben ein Muster $\mathbf{x} = (x_1,..,x_n)^T$ durch ein Netzwerk vollständig in seine Komponenten $y_1,..,y_m$ innerhalb eines geordneten Eigenvektorsystems $\mathbf{e}^1,..,\mathbf{e}^m$ zerlegt. Dann läßt sich, wie beispielsweise auch Hrycej [HRY88] bemerkte, das Muster in eine "natürliche", dem betrachteten Problem angemessene, "objektive" Klassifikationshierarchie (Klassifikationsbaum) einordnen, die wir folgendermaßen gewinnen.

Betrachten wir dazu den Informationsgehalt der Ausgabekomponenten y_i. Alle Eigenwerte bilden eine Ordnungsrelation $\lambda_1 > \lambda_2 > ... > \lambda_m$ und zeigen damit nach Abschnitt 1.4.3 den abfallenden Informationsgehalt $I(y_1) > I(y_2) > ... > I(y_m)$ der einzelnen Komponenten y_i an. Diskretisieren wir nun den Wertebereich der y_i in M Wertebereiche (Zustände), beispielsweise für M=2 über eine Binärfunktion $y_i = S_B(z_i)$ nach Gleichung (1.2.1a), so lassen sich diese diskretisierten Merkmale zur Klassifizierung verwenden. Beginnen wir an der Wurzel des Baumes (s. Abb. 2.4.6), so kann das wichtigste Merkmal y_1 einen von M Zuständen $y_1^{1},..,y_1^{M}$ annehmen. Diesen M möglichen Zuständen entsprechen M Unterknoten des Baums. Sei ein Merkmalszustand y_1^i und damit ein Unterknoten ausgewählt, so gibt für die nächste Verzweigung (Hierarchiestufe) der Wert y_2^k des zweitwichtigsten Merkmals den Unterknoten vor und so fort für alle weiteren Verzweigungen und Merkmale, bis alle m Merkmale ausgewertet sind.

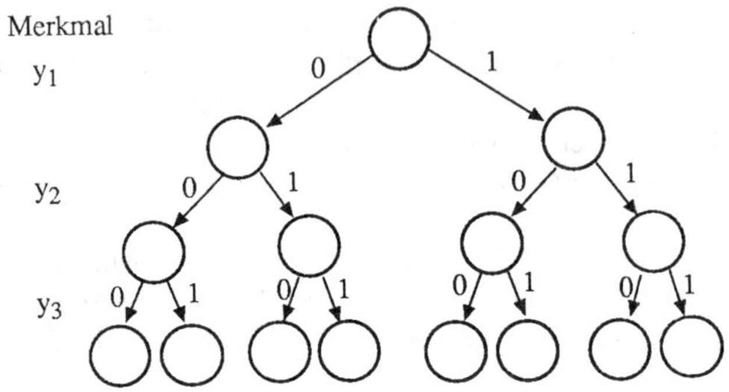

Abb. 2.4.6 Eine "natürliche" Klassenhierarchie

Diese Art der Hierarchiebildung unterstützt eine wichtige, in rein logischen Systemen unbekannte Eigenschaft: die dynamische Veränderung. Ist beispielsweise eine Klassifizierung zu grob, so ist bei erhöhter Aufmerksamkeit (niedrigere Schwellen) die Ausgabe y_{m+1} eines Neurons m+1 nun nicht mehr null, sondern liefert mit einem weiteren Unterscheidungsmerkmal eine feinere Aufteilung. Dies stimmt gut mit dem beobachteten Verhalten von kleinen Kindern überein: Sind am Anfang noch alle bewegten Dinge "Auto", so wird danach unterteilt in "Flugzeug", "Auto" und "Zug". Mit weiterer Erfahrung wird dann "Auto" in die einzelnen Autotypen wie "Golf", "Ente" usw. unterteilt.

Auch der Umbruch und die völlige Neuorganisation eines Klassifikationsschemas kann so harmonisch und quantitativ dargestellt werden: Eine Veränderung der Statistik der beobachteten Muster $\{\mathbf{x}\}$ und damit eine leichte Veränderung wichtiger Eigenvektoren kann zu einer starken Änderung der Klassifikation von $\mathbf{x}$ führen. In unserem Beispiel würde dies einer Neuorganisation der erkannten Autos nicht nach dem äußeren Erscheinungbild, sondern beispielsweise nach der inzwischen erkannten Automarke entsprechen.

2.5 Competitive Learning

Im vorigen Abschnitt sahen wir, daß durch die Wechselwirkung der Einzelneuronen wichtige Funktionen der Mustererkennung und Merkmalsgewinnung, wie beispielsweise eine Hauptachsentransformation, verwirklicht werden können. Eine der bekanntesten, lokalen Wechselwirkungen bestand dabei in einer gegenseitigen Hemmung ("laterale Inhibition" der formalen Neuronen. Ist das "Lernen" (Verändern der Gewichte) abhängig von der Größe der eigenen Aktivität, die aber von anderen Neuronen gehemmt werden kann, so spricht man von "Wettbewerbs-Lernen" (*Competitive Learning*). Die Hemmung wirkt sich dabei so aus, daß von allen Neuronen nur dasjenige Neuron mit der größten Aktivität ausgewählt wird und die maximale Ausgabe y_i=1 annimmt (*winner-take-all Netzwerk*); die Ausgabe alle anderen bleibt null. Diese Auswahlregel läßt sich relativ einfach *global* bei einer Simulation auf einem sequentiellen Computer durchführen; als *lokale* Entscheidung ist sie durch unabhängige Neuronen nicht so einfach zu implementieren, vgl. Kapitel 2.2.1.

Historisch entwickelte sich der Mechanismus aus Modellen, die die Veränderung der Gewichte durch einen Gewichtsaufbau beim selektierten Neuron ("Gewinner") und ein Abbau bei allen anderen Neuronen vorsahen [GRO72], den Effekt der Normalisierung der Gewichte durch gleichmäßigen Abbau dann durch eine explizite Gewichtsnormalisierung ersetzten [MAL73] und schließlich noch eine Normalisierung der Eingabe vorsahen [GRO76]. Genauer ist diese Entwicklung in [GRO87] beschrieben. Eine der populärsten Formulierungen stammt von Rumelhart und Zipser (1985)[RUM85] und ist in dem bekannten Lehrbuch [RUM86] enthalten .

Das Modell des Competitive Learning ist besonders für Probleme geeignet, wo sich nur eine eindeutige Lösungskonfiguration durchsetzen darf. Beispiele dafür sind eine Klassenentscheidung ("Großmutter-Neuron",s. Kap.1.1.2) oder die Entscheidung, auf welchem Prozessor ein Programmstück ablaufen soll (Schedulingproblem). Allerdings werden derartige Probleme meist mit allgemein rückgekoppelten Hopfield-Netzen gelöst (s. Kapitel 3.2). Das Modell des Competitive Learning läßt sich somit eher als Studienobjekt betrachten, um isoliert die Wirkungsweise einer hemmenden Wechselwirkung (Konkurrenzprinzip) zu erproben.

2.5.1 Grundmechanismen

Sei eine Menge (*Cluster*) von formalen Neuronen gegeben, die binäre Ein-und Ausgabe besitzen. Aus allen Neuronen des Clusters wird dasjenige herausgesucht, das die größte Aktivität z_r hat

$$z_r = \max_i \; z_i \qquad \text{mit } z_i = \mathbf{w}^T\mathbf{x} \qquad \textit{Auswahlregel} \qquad (2.5.1)$$

wobei die Ausgabefunktion lautet

$$y_i = S(z_i) := \begin{cases} 1 & r = i \\ 0 & r \neq i \end{cases} \qquad \textit{winner-take-all} \qquad (2.5.2)$$

Man kann nun mehrere Cluster nebeneinander auf der selben Eingabe **x** arbeiten lassen und das Ergebnis aller Ausgänge aller Cluster zu einem Ausgabevektor **y** zusammenfassen. Die Ausgabeinformation **y**, die soviel Einsen hat wie es Cluster auf dieser Ebene gibt, kann im nächsten Schritt von einer weiteren Cluster-Gruppe verarbeitet werden und so fort. Verringert man bei jedem Verarbeitungsschritt die Zahl der Neuronen pro Cluster und die Zahl der Cluster pro Ebene bis auf eins, so erhält man schließlich eine diskrete Entscheidung über das präsentierte Muster **x** (*Klassifizierung*).

Eine solche Situation ist in Abbildung 2.5.1 gezeigt, wobei in runden Kreisen der Zustand y_i jeder Einheit als Schwärzung aufgetragen ist. Man beachte, daß mit (2.5.2) in jedem Cluster nur für ein Neuron y_i=1 ist.

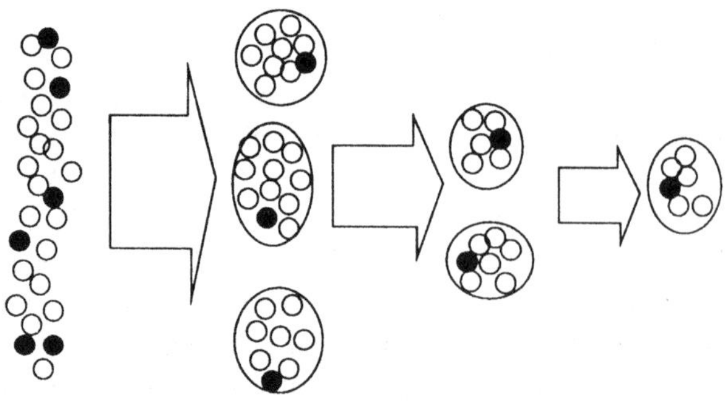

Abb. 2.5.1 Cluster-Entscheidungsfolge bei Competitive Learning

Die Regeln zur Gewichtsveränderungen resultieren aus der Forderung, den Abstand zum Eingabevektor zu verringern und dabei die Gewichte normiert zu halten:

Aus $|\mathbf{x}-\mathbf{w}| \to 0$, d.h. $\Delta\mathbf{w} \sim (\mathbf{x}-\mathbf{w})$ bzw. $\Delta\mathbf{w}_i = \gamma(c\mathbf{x}-\mathbf{w}_i)$ (2.5.3)

und $\Sigma_j w_{ij} = 1 \Rightarrow \Sigma_j \Delta w_{ij} = \Sigma_j w_{ij}(t) - \Sigma_j w_{ij}(t-1) = 0$ (2.5.4)

folgt für den Koeffizienten c aus (2.5.3) mit (2.5.4)

$$0 = \Sigma_j \Delta w_{ij} = \Sigma_j\, \gamma(cx_j - w_{ij}) = \gamma(c\Sigma_j x_j - 1) \quad \Rightarrow \quad c = 1/\,(\Sigma_j\, x_j)$$

Im Binärfall ist die Zahl der Einsen $\Sigma_j\, x_j$ gleich dem Betragsquadrat $|\mathbf{x}|^2$.

Die Lerngleichung für die Gewichte des r-ten Neurons ist also

$$\mathbf{w}_r(t) = \mathbf{w}_r(t\text{-}1) + \Delta\mathbf{w}_r = \mathbf{w}_r(t\text{-}1) + \gamma[\mathbf{x}/|\mathbf{x}|^2 - \mathbf{w}_r(t\text{-}1)] \qquad (2.5.5)$$
$$\mathbf{w}_i(t) = \mathbf{w}_i(t\text{-}1) \qquad \text{für } i \neq r\,.$$

2.5.2 Beispiel: Dipol-Korrelationen

Von den vielen Anwendungen, die in der Literatur beschrieben sind, soll eine der ersten, klassischen Beispiele aus [RUM86] stellvertretend beschrieben werden.
Gegeben sei ein Competitive Learning- Netzwerk mit einer Schicht und zwei Ebenen: Einer Eingangsebene mit 16 binären Eingängen und einer Klassifizierungsebene mit zwei sich gegenseitig hemmenden Einheiten. Die Eingänge werden dabei als zwei-dim. Feld der Maße 4x4 betrachtet. In Abbildung 2.5.2 ist dies links gezeigt. Das Netzwerk wurde mit zufälligen Anfangsgewichten initialisiert und dann als Trainingsmuster 400 Punkt-Paare von benachbarten Punkten im 4x4 Feld eingegeben. Die Ergebnisse von drei Experimenten A,B und C sind in der Abbildung 2.5.2 rechts gezeigt. Das linke Gitter zeigt dort den Zustand der Gewichte vor dem Training und das rechte Gitter den Zustand nach 400 Iterationen.

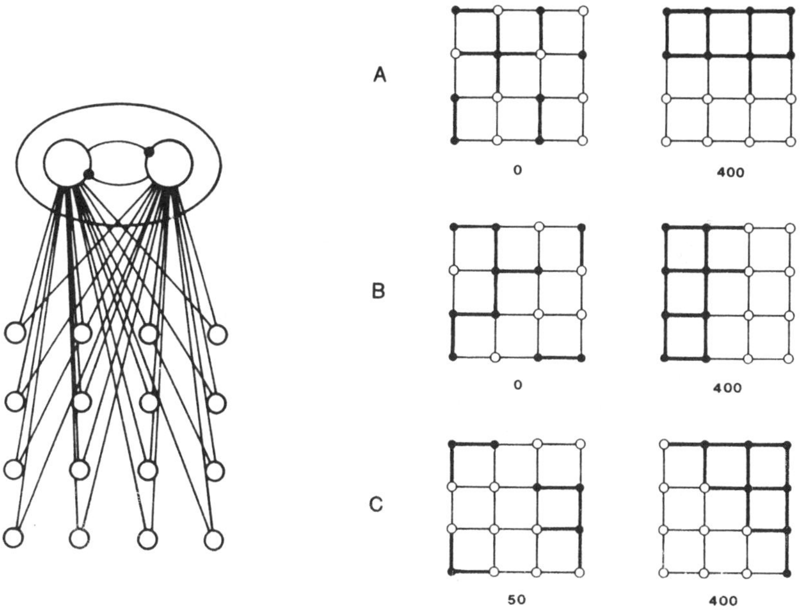

Eingabefeld und Netzwerk

Start- und Endzustände

Abb. 2.5.2 Das Dipol-Experiment (nach [RUM86])

Dunkle, vollausgefüllte Gitterpunkte symbolisieren die Tatsache, daß Einheit 1 das größere Gewicht für diese Eingabe hat und weiße Gitterpunkte, daß dies eher für Einheit 2 der Fall ist. Entsprechend für zwei gleichzeitig aktivierte Punkte (Dipol) signalisiert eine dicke, schwarze Linie die Dominanz der Einheit 1 und eine dünne Linie die Dominanz der Einheit 2 für diesen Eingabe-Dipol.

Wie man sieht, sind anfangs die Gewichte, und damit die Präferenzen, ziemlich gleichmäßig verteilt. Bereits nach wenigen Iterationen ändert sich aber die Verteilung und am Schluß reagiert jeweils eine Einheit auf eine zusammenhängende Menge der Hälfte aller Punkte, obwohl der Zusammenhang nur im Training hergestellt wurde und nicht in der Architektur tatsächlich vorhanden ist. Wie lassen sich diese Ergebnisse interpretieren?

2.5.3 Diskussion

Betrachten wir unsere Lerngleichungen (2.5.5) und die Aktivierung (2.5.2), so können wir beide Gleichungen miteinander kombinieren zu einer Lerngleichung für beliebige Neuronen i

$$\mathbf{w}_i(t) = \mathbf{w}_i(t\text{-}1) + \gamma\, y_i\, [\mathbf{x}/|\mathbf{x}|^2 - \mathbf{w}_i(t\text{-}1)y_i]$$

zusammenfassen. Bei normierter Eingabeaktivität $\mathbf{x}' = \mathbf{x}/|\mathbf{x}|^2$ wird dies zu

$$\mathbf{w}_i(t) = \mathbf{w}_i(t\text{-}1) + \gamma\, y_i\, [\mathbf{x}' - \mathbf{w}_i(t\text{-}1)y_i] \qquad (2.5.6)$$

Diese Lernregel ist der Oja-Lernregel (1.4.5) aus Abschnitt 1.4 sehr ähnlich, bei der als Lernziel die Gewichtsvektoren $\mathbf{w}_i$ zu den Eigenvektoren $\mathbf{e}^i$ der erwarteten Autokorrelationsmatrix **C** der Eingabewerte konvergieren! Man könnte also schlußfolgern, daß *competitive learning* gerade die Eigenvektoren als Merkmale in den Eingabemustern entdeckt und damit eine Eigenvektorzerlegung wie in Kapitel 2.4 durchführt. Allerdings gibt es im Gegensatz zu der Oja-Lernregel einige wichtige Unterschiede im Lernalgorithmus (2.5.6), die sich durchaus auswirken:

◊ Die Lernrate γ wird meist als konstant angenommen. Die Konvergenz ist dann nicht zwangsläufig, sondern stark musterabhängig. Beispielsweise ist die Reihenfolge der Trainingmuster wichtig: es lassen sich vielfach Testmuster angeben, die die Klassengrenze nur "hin- und herschieben", ähnlich wie beim Perzeptron in Abschnitt 2.1.1.

◊ Die Ausgabe y_i ist binär. Der Erwartungswert davon ist nicht unbedingt identisch mit dem linearen Wert der Oja-Lernregel.

◊ Die Gewichte sind mit der Bedingung $\Sigma_j w_{ij}=1$ (2.5.4) nicht so beschränkt wie mit der Bedingung $\Sigma_j w_{ij}^2=1$ der Oja-Lernregel, da die Gewichte ja auch negativ sein können und damit eine Summe selbst betragsmäßig sehr großer Gewichte die Bedingung (2.5.4) erfüllen kann.

◊ Gibt es genügend Neuronen pro Cluster und sind ihre Gewichte zu Beginn der Iteration passend gewählt, so können alle vorhandenen, verschiedenen Merkmale gelernt werden. Ist dies für die Anfangsgewichte nicht gegeben, so kann es Neuronen geben, die nie selektiert werden und mit ihren Gewichtsvektoren außerhalb der Musterwolken "hängen" bleiben. Gibt es außerdem nicht mindestens ein Neuron für jedes wichtige Merkmal, so gibt es Merkmale (unabhängig von ihrer Wichtigkeit), die nicht gelernt werden.

◊ Da die Cluster unkoordiniert sind, besteht eine gewisse Chance, daß andere Cluster auch andere Merkmale lernen, die noch nicht erfaßt wurden. Dies ist aber nicht zwangsläufig und stark bedingt durch die unterschiedlichen Anfangsgewichte und die Zufallsfolge der Muster $\mathbf{x}(t)$.

◊ Im Unterschied zur Oja-Lernregel und dem anderen Methoden zur Eigenvektorzerlegung "sieht" jedes Neuron nicht den ganzen Musterraum, sondern nur den Ausschnitt, der durch die Klassengrenzen gegeben ist. Da sich diese im Laufe der Iteration ändern, ist der resultierende Gewichtsvektor durch die Anfangsgewichte und die zufällige Reihenfolge der Muster bestimmt.

Mit dieser Erklärung erscheint auch das Ergebnis im Beispiel des vorigen Abschnitts 2.5.2 in einem anderen Licht: Das System lernt durch die Korrelation jeweils zweier Punkte die vollständige Ebene als Eingabe und bildet daraufhin zwei Eigenvektoren, die jeweils die Hälfte der Wahrscheinlichkeitsverteilung beschreiben. Sie entsprechen somit in etwa einer binären Version des Eigenvektors $\mathbf{e}^2$ aus Abbildung (2.4.3) und einem dazu orthogonalen (komplementären) Vektor $\overline{\mathbf{e}}^2$, wobei das gesamte Basisvektorsystem nur bis auf eine Drehung festgelegt ist.

Aus den obigen Ausführungen läßt sich folgern, daß *Competitive Learning* durch sein *winner-take-all* Prinzip zwar unkorrelierte Ausgänge und damit die Bildung von Eigenvektoren (vgl. Kapitel 1.4.2 und 2.4.3) fördert, dies aber durch seinen ungenügend entwickelten Algorithmus nicht konsistent durchführt: Weder werden die Eigenvektoren systematisch entwickelt noch nach ihrer Wichtigkeit (Information!) bewertet. Für den gleichen Zweck sind deshalb binäre Versionen der Algorithmen aus Kapitel 2.4 durchaus brauchbarer.

2.6 Topologie-erhaltende Abbildungen

Eine der wichtigsten Wechselwirkungen zwischen Neuronen ist die gegenseitige Hemmung innerhalb einer neuronalen Funktionsgruppe (Schicht). Im vorigen Abschnitt betrachteten wir ein einfaches Modell dazu: das "competative learning" oder "winner-take-all" Modell, bei dem dasjenige Neuron einer Gruppe (Cluster) aktiv wird und lernt, das den zur Eingabe ähnlichsten Gewichtsvektor besitzt.

Dieses Modell kann man verfeinern, indem man allen Neuronen regelmäßig angeordnete Punkte eines Raumes (Koordinaten) zuordnet, beispielsweise die Kreuzungspunkte in einer Gitterstruktur. Mit einer solchen Zuordnung werden zwischen den Neuronen *Abstände* und *Nachbarschaften* definiert. Die Wechselwirkungen innerhalb eines Clusters werden zu lokalen Wechselwirkungen, die bei verschiedenen Mitgliedern des Clustern (im Unterschied zum Modell des vorigen Kapitels) verschieden wirken können. Die neue Anordnung hat besondere Möglichkeiten: sie kann nicht nur eine Abbildung von hochdimensionalen Musterpunkten auf niederdimensionale (z.B. 2-dim. Gitter-) Punkte bewirken, sondern dabei auch eine wichtige Eigenschaft besitzen: benachbarte Muster werden auch auf benachbarte Neuronen abgebildet.

Schon früh in der Entwicklungsgeschichte der Mustererkennung stellte sich die Notwendigkeit heraus, die Musterdaten **x**, die nur als n-dimensionale Punkte im n-dimensionalen Raum definiert sind, auch für Menschen erfaßbar und begreifbar auf der 2-dimensionalen Fläche einer Zeichnung zu illustrieren [BLOM]. Eine Abbildung, die den Musterraum reduziert, verliert dabei sicher Information. Um Probleme bei der Trennung der hochdimensionalen Musterklassen weiterhin zu verdeutlichen, sollte allerdings eine solche Abbildung die wichtige Eigenschaft besitzen, daß benachbarte Punkte im Musterraum auch im Bildraum benachbart bleiben. Diese Nachbarschaftserhaltung kann auch mit dem Begriff *Topologie-Erhaltung* beschrieben werden, der in der Mathematik die Erhaltung zusammenhängender Punktmengen ausdrückt.

Bei den hier betrachteten Algorithmen und Anwendungen wird dieser Begriff allerdings nicht im qualitativen, mathematischen Sinn, sondern eher im quantitativen Sinne eines Gütekriteriums benutzt: Obwohl eine Kugel topologisch nicht äquivalent einem Torus ist [ARN64], läßt sie sich trotzdem mit einer "topologie-erhaltenden" Abbildung auf die Punktmenge eines Torus abbilden, wobei das mittlere Fehlerquadrat dabei minimal, aber endlich, wird. Der Begriff "topologie-erhaltend" sollte deshalb besser durch den weniger mathematisch präzise definierten, vagen Begriff "nachbarschafts-erhaltend" ersetzt werden.

Solche Abbildungen sind auch für die Neurobiologie interessant, da im Nervensystem höherer Tiere sehr viele derartiger Zuordnungen von benachbarten Körperarealen zu benachbarten Gehirnarealen experimentell beobachtet wurden. In Abbildung 1.1.19 ist eine solche Zuordnung, wie sie für verschiedene Sensorik-Arten (auditiv, taktil, etc) bekannt ist, für die menschliche Motorik abgebildet.

2.6.1 Lokale Wechselwirkungen in Neuronenfeldern

Das parallele Modell einer nachbarschaftserhaltenden, lokalen Abbildung stützt sich im Wesentlichen auf das Modell einer nachbarschaftlichen, lokalen Kopplung zwischen den Neuronen, wie es beispielsweise als physiologisches Phänomen der die *lateralen Inhibition* (Hemmung) bekannt ist. Hierbei erhalten die Neuronen nicht nur parallel zueinander eine Eingabe, sondern sie hemmen sich untereinander in der weiteren Nachbarschaft, so daß nur wenige, direkt benachbarte Neuronen aktiv übrigbleiben.

Eines der ersten Modelle für lateral gekoppelte Neuronen, das nachbarschaftserhaltende Eigenschaften aufwies, stammt von v.d.Malsburg [MAL73] und Willshaw [WIL76]. Das leicht modifizierte Modell wurde von Amari [AMA77], [AMA78], [TAK79], [AMA80] analysiert. Eine Übersicht und Einordnung der verschiedenen Arbeiten ist in [AMA83] enthalten.

Die Grundidee des Modells besteht darin, ein kontinuierliches Feld Z von Neuronen anzunehmen, bei dem an jedem Punkt **z** ein formales Neuron lokalisiert ist, s. Abbildung 2.6.1 links.

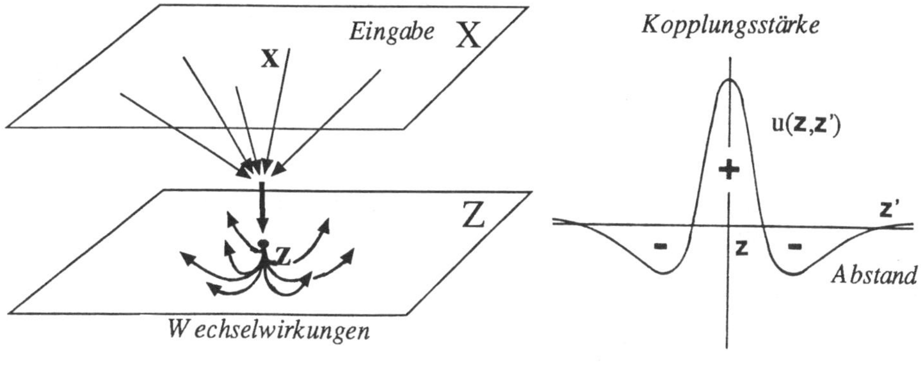

Abb. 2.6.1 Neuronenfelder und Wechselwirkung mit Nachbarn

Jedes dieser Neuronen erhält auch eine Eingabe von einem Feld X von Orten **x** und gewichtet sie mit Gewichten w(**x**,t). Seine Ausgabeaktivität y=S(z) koppelt es zu allen anderen Neuronen in der Nachbarschaft, die sie mit den Gewichten u(**z**,**z'**) bewerten. Die Kopplungsgewichte werden als feste laterale Kopplung betrachtet und nicht verändert. In Abbildung 2.6.1 ist rechts die fördernde bzw. hemmende Funktion eines Neurons vom Platz **z** an alle Nachbarn am Platz **z'** aufgetragen. Wie man sieht, ähnelt die Funktionsform dem Schnitt durch einen Sombrero, so daß sie den Namen *Mexikanerhut*-Funktion erhalten hat. Interessanterweise wird genau diese Funktion auch in der Bildverarbeitung als Bildoperator zur Kontrast- und Konturbildung benutzt, vgl. Abbildung 1.1.9 und [LEV85],S.180.

Damit läßt sich die zeitliche Aktivität $z(\mathbf{z},t)$ eines Neurons als Summe der gewichteten Eingabe $x(\mathbf{x},t)w(\mathbf{z},\mathbf{x},t)$ (s. Gleichung (1.2.0a), der Schwellaktivität $T(\mathbf{z},t)x_0$ und der Summe aller Nachbarschaftseinflüssen $u(\mathbf{z}-\mathbf{z}')y(\mathbf{z}',t)$ mit einer Zeitkonstante τ in der differenziellen Form der Gleichung (1.2.0c) formulieren:

$$\tau \frac{\partial}{\partial t} z(\mathbf{z},t) = \underbrace{- z(\mathbf{z},t) + \int_X w(\mathbf{z},\mathbf{x},t)\, x(\mathbf{x},t)\, d\mathbf{x}}_{\text{Eingabe für Neuron } \mathbf{z}} \underbrace{- T(\mathbf{z},t)x_0}_{\text{- Schwelle}} \underbrace{+ \int_Z u(\mathbf{z}-\mathbf{z}')y(\mathbf{z}',t)\, d\mathbf{z}'}_{\text{+Kopplungen}} \qquad (2.6.1)$$

Die Gewichte $w(\mathbf{z},\mathbf{x},t)$ werden beim Training mit der Zeitkonstanten τ_1

$$\tau_1 \frac{\partial}{\partial t} w(\mathbf{z},\mathbf{x},t) = - w(\mathbf{z},\mathbf{x},t) + \gamma_1\, y(\mathbf{z},t)\, x(\mathbf{x},t) \qquad (2.6.2a)$$

und die Schwelle $T(\mathbf{z},t)$ mit der Zeitkonstanten τ_2

$$\tau_2 \frac{\partial}{\partial t} T(\mathbf{z},t) = - T(\mathbf{z},t) + \gamma_2\, y(\mathbf{z},t)\, x_0 \qquad (2.6.2b)$$

verändert, wobei $y = S(z)$ und für die Zeitkonstanten $\tau_1,\tau_2 >> \tau$ gilt: Die Aktivität ändert sich wesentlich schneller als die Gewichte.

Die Lernregeln (2.6.2a) und (2.6.2b) reflektieren mit dem Term "yx" die Hebb'sche Lernregel. Es zeigt sich, daß das System stabil ist und bei kleinen Reizen in $\mathbf{x}$ auch kleine, lokalisierte Erregungszustände annimmt [AMA80]. Werden dagegen Reize mit endlicher Ausdehnung angelegt, so ist die Punktlösung nicht mehr stabil und es ergibt sich ein Erregungszustand ebenfalls endlicher Ausdehnung [TAK79].

Diskrete Neuronen

Betrachten wir nun den Fall diskreter, zusammenhängender Neuronen, wie er von Kohonen [KOH84] formuliert wurde.

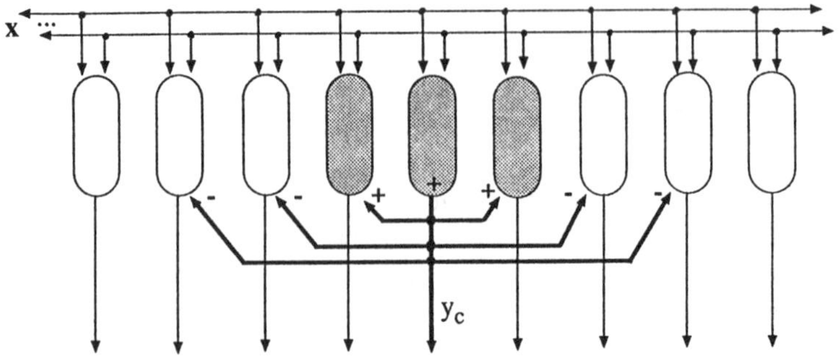

Abb. 2.6.2 Diskrete Laterale Inhibition

Die Aktivität z_i am Platz $\mathbf{z}_i$ wird nach (2.6.1) beim konkreten Zeitschritt Δt=, τ:=1 und T_i=0 bzw. einer Kodierung der Schwelle als Gewicht (s. Gleichung 1.2.0b) für das

Neuron *i*

$$z_i(t) - z_i(t\text{-}1) = - z_i(t\text{-}1) + \Sigma_j w_{ij}(t)\, x_j(t) + \Sigma_j\, u_{ij} y_j(t)$$

Nach dem "Abklingen" der Aktivität (s. Abschnitt 1.2.1, Zeitmodellierung) ergeben sich die Gleichungen

$$z_i(t) = \Sigma_j w_{ij}(t)\, x_j(t) + \Sigma_j\, u_{ij} y_j(t) \qquad (2.6.3a)$$

und

$$w_{ij}(t) = w_{ij}(t\text{-}1) + \gamma x_j y_i \qquad (2.6.3b)$$

Um das Anwachsen der Gewichte in (2.6.3b) zu verhindern, ergänzte Kohonen die einfache Hebb'sche Regel durch einen Term "$-B(y_i)w_{ij}$" , der in Abhängigkeit von der Ausgabe y_i ein "Vergessen" bewirken soll. Dies entspricht der Idee der "synaptischen Konkurrenz": nicht benutzte Gewichte werden vermindert, wenn durch andere Gewichte das Neuron aktiviert wird. Mit diesem Term und der Ausgabefunktion y=S(z) wird (2.6.3) zu

$$y_i(t) = S(\, \Sigma_j w_{ij}(t)\, x_j(t) + \Sigma_j\, u_{ij} y_j(t)\,) \qquad (2.6.4a)$$

und

$$w_{ij}(t) = w_{ij}(t\text{-}1) + \gamma[x_j y_i - B(y_i) w_{ij}] \qquad (2.6.4b)$$

Die Lernregel (2.6.4b) läßt sich als Vorläufer der Oja-Lernregel (1.4.5) ansehen.

Für diese diskrete Formulierung sind in der folgenden Abbildung 2.6.3 zwei Beispiele der Erregung eines zwei-dimensionalen Netzes mit einem Eingabemuster **x** bei geringen (a) und bei starken (b) Schwellwerten zu sehen, wobei die Größe der Aktivität eines Neurons durch die Größe der Punktschwärzung visualisiert wird. Die Netzschicht wird aus gitterförmig angeordneten Neuronen gebildet und ist von oben betrachtet.

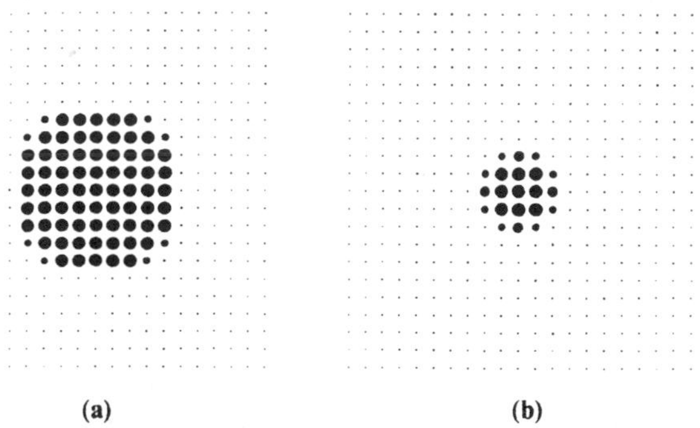

(a) **(b)**

Abb. 2.6.4 Parallele Aktivierung und Hemmung der Neuronen (aus [KOH84])

Man sieht deutlich, daß die Erregung sich in zusammenhängenden Gebieten (Cluster, "Blasen") gruppiert. Die Neuronen eines solchen Clusters zeichnen sich dadurch aus, daß ihre Aktivität überhalb einer Schwelle liegt. Dies sind besonders diejenigen Neuronen, deren Gewichtsvektor eine starke Korrelation mit dem Eingabemuster aufweist. Da die Erregung selbsttätig auch ohne Eingabe weiterbesteht, muß das gesamte System nach jeder Eingabe **x** durch ein Reset-Signal (Kontrollsignal) in der Aktivität zurückgesetzt ("gelöscht") werden, was beispielsweise im kontinuierlichen Modell mit Gleichung (2.6.1) durch Anheben der Schwellwerte mittels x_0 geschehen kann. In verschiedenen Arbeiten (s. [KOH84]) zeigte nun T.Kohonen, daß sich diese Art von lokalisierter Erregung für verschiedene Anwendungen gut einsetzen läßt. Dazu vereinfachte er zunächst den diskreten Algorithmus in geeigneter Weise.

2.6.2 Die Vereinfachung von Kohonen

Seien N Punkte $\mathbf{w}_1...\mathbf{w}_N$ gegeben, die beispielsweise in einer zwei-dimensionalen Nachbarschaft zusammenhängen sollen. Assoziieren wir mit jedem Punkt (Gewichtsvektor) eine Prozessoreinheit (Neuron), so hat bei einer einfachen rechteckigen Netzmasche jedes Neuron vier direkte Nachbarn. Jedes Neuron bekommt parallel die gesamte Eingabeinformation des n-dim. Mustervektors **x**. In Abbildung 2.6.4 ist eine solche Konfiguration gezeigt.

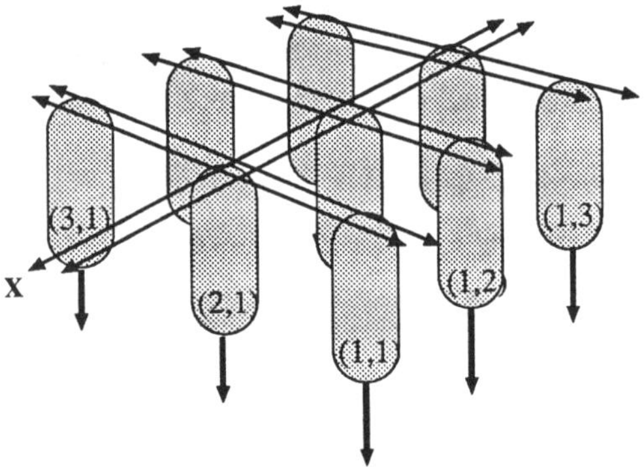

Abb. 2.6.4 Nachbarschaftskonfiguration der Neuronen $\mathbf{v} = (i_1,i_2)$

In der vorherigen Abbildung 2.6.3 läßt sich nun als "Mittelpunkt einer Aktivitätsblase" ein einziges Neuron c mit den Koordinaten $\mathbf{v}_c = (i_1,i_2)$ definieren, das als "selektiertes Neuron" mit der stärksten Aktivierung $z_c=\mathbf{w}_c^T\mathbf{x}$ = max betrachtet werden kann und die anderen Neuronen der Nachbarschaft über die kurzreichweitige Mexikanerhut-Funktion erregt hatte. Die Ausgabe y_c dieses Neurons (und einiger Neuronen in der Nachbarschaft, die ebenfalls stark erregt werden) ist maximal und damit im Sättigungsbereich der Quetschfunktion $S(z)=y \approx 1$. Mit der Definition $B(1):=1$ gilt somit für die Gewichte des Clusters

$$w_{ij}(t) = w_{ij}(t-1) + \gamma[x_j - w_{ij}] \qquad (2.6.5a)$$

und für alle anderen Neuronen, die außerhalb des Clusters sind und keine Aktivität aufweisen (y=0), für die Gewichte bei B(0):=0

$$w_{ij}(t) = w_{ij}(t-1) \qquad (2.6.5b)$$

Nehmen wir an, daß der Gesamtbetrag der Gewichte $|\mathbf{w}|$ und der Betrag der Eingabe $|\mathbf{x}|$ sich nicht ändern, so ist die maximale Korrelation $|\mathbf{w}_c{}^T\mathbf{x}|$ identisch mit dem minimalen Abstand $|\mathbf{w}_c-\mathbf{x}|$ (vgl. Gleichungen (2.2.5) und (2.2.6)): Anstelle des Neurons mit der größten Korrelation $\mathbf{w}_c{}^T\mathbf{x}$ kann man dasjenige Neuron *c* auswählen, dessen Gewichtsvektor $\mathbf{w}_c$ den kleinsten Abstand zum Eingabemuster hat ("*Kohonen map*"),

$$|\mathbf{x}-\mathbf{w}_c| = \min_k |\mathbf{x}-\mathbf{w}_k| \qquad \textit{(nearest neighbourhood classification)} \ (2.6.6a)$$

Das Cluster von Neuronen wird in der Vereinfachung von Kohonen durch die Auswahl eines einzigen Neurons ersetzt, um das noch zusätzlich eine Nachbarschaft (Menge von Nachbarneuronen) definiert wird. Die Aktivierung des Neurons nach dem Konkurrenzprinzip (*winner-take-all*, Kapitel 2.5)

$$y_k := \begin{cases} 1 & \text{wenn } k=c \\ 0 & \text{sonst} \end{cases} \qquad (2.6.6b)$$

bedeutet eine Quantisierung des Eingabemusters (*Vektorquantisierung*): alle geringfügigen Variationen dieses Musters werden auf ein und denselben Gewichtsvektor abgebildet. Mit der Vorschrift (2.6.6a) wird somit wie beim Assoziativspeicher (s. Abschnitt 2.2.2, Gl.(2.2.6)) eine Aufteilung des Musterraums in einzelne *Klassen* vorgenommen; der Gewichtsvektor ist der *Klassenprototyp*. Allerdings ist hier ein Bruch in der "Vereinfachung des Algorithmus" vorhanden: Wie wir aus Abschnitt 2.2.2 wissen, sind die Auswahlkriterien "maximale Korrelation" und "minimaler Abstand" nur dann äquivalent zueinander, wenn die Aktivität $|\mathbf{x}|$ genormt ist, oder aber aktivitätsabhängige Schwellen vorhanden sind. Für die Auswahloperation (2.6.6a) ist aber beides nicht gegeben (s. Abb. 2.6.5), so das die "Vereinfachung" tatsächlich einen *neuen* Algorithmus darstellt; der parallele Algorithmus (2.6.4) hat keine nachbarschaftserhaltenden Eigenschaften [ACK90] und ist für die weiteren Betrachtungen ungeeignet.

Die Auswahloperation (2.6.6a) wird üblicherweise sequentiell vorgenommen. Eine parallele Hardwareversion ist nur in ziemlich komplizierter Weise denkbar, beispielsweise durch einen Ergebnis-Bus aller Einheiten mit einer Rückkopplung, bei dem alle Einheiten mit geringerem Ergebniswert ihre Ausgabe von selbst abschalten. Im Allgemeinen ist die Auswahloperation schwierig vollparallel mit Einzelneuronen durchzuführen, da es eine globale Operation ist; die Problematik ist in Abschnitt 2.2.1 näher erläutert.

Nehmen wir zum Beginn des Algorithmus Zufallswerte für die Gewichtsvektoren an, so geschieht der eigentliche Mechanismus der nichtlinearen Abbildung durch eine Korrektur (Lernen) aller Gewichtsvektoren durch die Eingabemuster **x** zum Zeitschritt t+1. Fassen wir die Gleichungen (2.6.5a) und (2.6.5b) mit Hilfe einer *Nachbarschafts-funktion*

$$h(t+1,c,k) := \begin{cases} 1 & \text{wenn Neuron } k \text{ aus der Nachbarschaft von } c \text{ ist} \\ 0 & \text{sonst} \end{cases}$$

zusammen, so ergibt sich, ähnlich wie beim *competitive learning* in Gl.(2.5.5),

$$\mathbf{w}_k(t+1) = \mathbf{w}_k(t) + \gamma(t+1)\, h(t+1,c,k)\, [\mathbf{x} - \mathbf{w}_k(t)] \qquad (2.6.7)$$

Die Gleichung (2.6.7) ohne den Faktor h(t+1,c,k) beschreibt eine *stochastische Approximation* (Kapitel 1.3.3), deren Konvergenz unter den Voraussetzungen (1.3.10) für **x** und $\gamma(t)$ gegeben ist.

Die wichtige Idee des Lernschritts für die Gewichte in Gleichung (2.6.7), die ihn von den üblichen Verfahren (und damit der Konvergenzgarantie) der stochastischen Approximation sowie des "competitive learning" abhebt, ist die Einführung einer *Nachbarschaft* um das ausgewählte Neuron *c*. Mit Hilfe der Nachbarschaftsfunktion h(t+1,c,k) werden nicht nur das Neuron *c*, sondern parallel dazu alle Neuronen *k* innerhalb der Nachbarschaft am Lernprozeß beteiligt. Die Gewichtsänderung auch in der Nachbarschaft entspricht dabei dem positiven Anteil der Mexikanischen Hutfunktion aus Abbildung 2.6.1; der negative Anteil wird weggelassen. Im Unterschied zum "competitive learning" gewinnt hier also nicht ein einzelnes Neuron, sondern eine ganze Gruppe. Dabei kann die "Nachbarschaft" diskret definiert sein, beispielsweise als "alle Neuronen innerhalb eines Radius *d* (Abstand) um das Neuron *c*", oder kontinuierlich, beispielsweise durch die Gaußfunktion $h(t,c,k):=\exp(-(\mathbf{v}_c-\mathbf{v}_k)^2/2\sigma^2(t))$ mit der Standardabweichung ("Nachbarschaftsradius") σ, wobei der Abstand $\mathbf{v}_c-\mathbf{v}_k$ der Neuronen durch die Differenz der Koordinaten (Indizes) modelliert wird. Üblicherweise wird die Nachbarschaft während der Iteration in Stufen langsam eingeengt, so daß am Schluß nur noch das selektierte Neuron allein übrigbleibt. Interessanterweise ist das Verhalten des Algorithmus ziemlich unabhängig von der Art der Nachbarschaft; bei einer Simulation ist die Gewichtsveränderung in einer diskreten Nachbarschaft allerdings schneller berechnet, da im Unterschied zur Gaußfunktion keine zeitraubende Berechnung der Exponentialfunktion anfällt.

Im vereinfachten Programmierbeispiel "Codebeispiel 2.7.1" für den Algorithmus ist die diskrete Nachbarschaft im 2-dim Gitter ausgenutzt. Der "Nachbarschaftsradius" *s* wird gezielt benutzt, um die durch den Index festgelegten Nachbarn zu ermitteln und die Gewichtsveränderungen auf wenige, ausgewählte Gewichte zu beschränken.

Mit der Einführung einer Auswahloperation wird eine Eingabe **x** nicht mehr von allen Neuronen gleichartig verarbeitet. Da sich die Klassengrenzen im Laufe der

Iteration mit Änderung der Gewichte $\mathbf{w}_i$ verschieben, ist die Wahrscheinlichkeitsverteilung der $\mathbf{x}$, wie sie von einem Neuron "gesehen" wird, nicht durch einen Ausschnitt aus der bekannten Verteilung p($\mathbf{x}$) der Eingabe gegeben, sondern weicht davon ab. Konvergenzziel und -bedingungen sind hier deshalb schwierig exakt zu bestimmen.

```
TOPO:   (* topologie-erhaltende Abbildung auf ein m×m Gitter *)
        VAR  x: ARRAY [1..n] OF REAL;                         (* Muster*)
             w: ARRAY[1..m,1..m] OF ARRAY [1..n] OF REAL; (* Gewichte*)
            vc: RECORD i,j : INTEGER END;                     (* sel. Neuron *)
        BEGIN
           s:=smax;                               (* initial: max. Nachbarschaft *)
           FOR t:=1 TO tmax DO
                 Read(PatternFile,x)       (* Muster erzeugen oder einlesen *)
                 (* Neuron selektieren nach Regel (2.6.6a) *)
                 Min:= ABS(x-w[1,1]);                     (* initialer Wert *)
                 FOR i:=1 TO m DO                         (* In allen Spalten *)
                   FOR j:= 1 TO m DO                      (*       und Zeilen *)
                      Abstand:= ABS(x-w[i,j]);            (* suche Minimum *)
                       IF Abstand < Min
                          THEN Min:=Abstand; vc.i:=i;  vc.j:=j
                       END
                   END
                 END
                 (* Gewichte adaptieren nach Gleichung (2.6.7) *)
                 FOR i:= vc.i-s TO vc.i+s DO      (* Evaluiere 2-dim. *)
                   FOR j:= vc.j-s TO vc.j+s DO   (* Nachbarschaft um c*)
                      IF i>0 AND i<= m AND j>0 AND j<=m THEN
                         w[i,j]  =  w[i,j] + 1.0/FLOAT(t)*(x-w[i,j])
                      END
                   END
                 END
                 GrafikAnzeige(t,w) (* Visualisierung der Iteration *)
                 upDate(s,t)       (* Verkleinerung des Nachbarschaftsradius s *)
           END (* t *)
        END TOPO.
```

Codebeispiel 2.6.1 Nachbarschaftserhaltende, 2-dim. Abbildung

In der folgenden Abbildung 2.6.5 ist die Entwicklung und Konvergenz einer solchen topologie-erhaltenden Abbildung am Beispiel eines begrenzten, zwei-dimensionalen Musterraums (Rechteckfläche) gezeigt. Die Eingabemuster sind gleichverteilt über den Musterraum, dessen Grenzen mit der rechteckigen Umrandung angedeutet ist. In dem Musterraum sind die Gewichtsvektoren als Punkte eingezeichnet; Gewichtsvektoren direkt benachbarter Neuronen sind jeweils mit einer Linie verbunden.

Am Anfang der Iteration sind die Gewichtsvektoren initial nur in einem kleinen Bereich zufällig verteilt um den Nullpunkt in der Mitte. Schon bald aber wirken sich die über die Nachbarschaft der Neuronen definierten Zusammenhänge aus und die

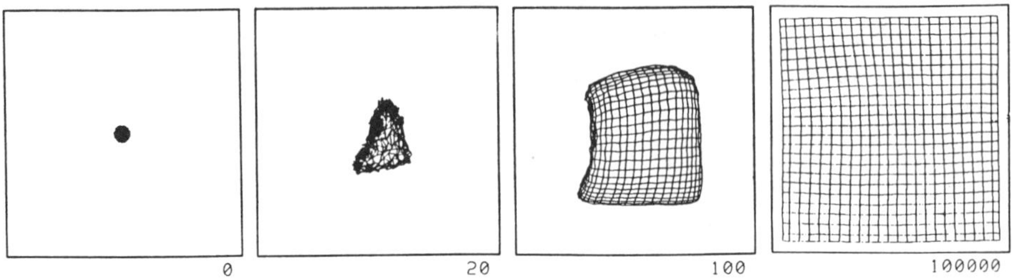

Abb. 2.6.5 Selbstorganisation und Konvergenz der topol.-erh. Abbildung (aus [KOH84])

Gewichtsvektoren ordnen sich entsprechend im Musterraum. Dabei wirken sich zwei verschiedene Mechanismen aus: Zum einen werden die Gewichtsvektoren benachbarter Neuronen in die gleiche Richtung korrigiert, so daß die Gewichtsvektoren benachbarter Neuronen die Tendenz haben, ähnlich zu werden (*Selbstordnung*); zum anderen erhalten die Neuronen am Gitterrand als Eingabe mindestens die Punkte **x** am Rande der Verteilung, so daß ihre Gewichtsvektoren "an den Rand streben" und das Netz aus den Gewichtsvektoren "wie ein Netz aus Gummibändern" auseinanderziehen (*Entfaltung*).

Die Tendenz zur Selbstordnung läßt sich relativ einfach zeigen: Seien zwei Neuronen aus der gleichen Nachbarschaft, so sind ihre Gewichtsvektoren $\mathbf{w}_1$ und $\mathbf{w}_2$ nach der Veränderung mit Gl.(2.6.7) und diskreter Nachbarschaft

$$\mathbf{w}_1(t+1) = \mathbf{w}_1(t) + \gamma\,(\mathbf{x}(t)-\mathbf{w}_1(t)) = (1-\gamma)\mathbf{w}_1(t) + \gamma\,\mathbf{x}(t)$$
$$\mathbf{w}_2(t+1) = \mathbf{w}_2(t) + \gamma\,(\mathbf{x}(t)-\mathbf{w}_2(t)) = (1-\gamma)\mathbf{w}_2(t) + \gamma\,\mathbf{x}(t)$$

mit dem gleichen Faktor γ. Ihr Abstand $|\mathbf{w}_1-\mathbf{w}_2|$ zum Zeitpunkt t ist nach der Iteration

$$|\mathbf{w}_1(t+1)-\mathbf{w}_2(t+1)| = |(1-\gamma)\mathbf{w}_1(t) - (1-\gamma)\mathbf{w}_2(t)| = |\,(1-\gamma)[\mathbf{w}_1(t) - \mathbf{w}_2(t)]|$$

Für $0 < \gamma \leq 1$ ist also

$$|\mathbf{w}_1(t+1) - \mathbf{w}_2(t+1)| < |\mathbf{w}_1(t) - \mathbf{w}_2(t)|$$

der Abstand der Gewichtsvektoren benachbarter Neuronen nach der Iteration geringer als vorher; die Gewichtsvektoren (Klassenprototypen) werden immer ähnlicher.

Die genauen mathematischen Zusammenhänge dafür sind sehr schwierig zu erfassen und bisher noch nicht hinreichend analysiert worden. Die Verteilung der Gewichtsvektoren nach der Selbstordnungsphase dagegen ist verschiedentlich näher untersucht worden (s. [KOH82], [RITT88],) und Gegenstand von Kontroversen (vgl. [RITT86]).

Optimale Abbildungen
Betrachtet man die topologie-erhaltenden Abbildungen als eine Schicht eines Systems, das ebenfalls den Forderungen nach maximaler Transinformation aus Abschnitt 1.2.2 erfüllen soll, so läßt sich bei M Klassen (Ausgabemustern $\mathbf{y}^i$) aus der hinreichenden Bedingung der gleichen Auftrittswahrscheinlichkeit der Klasse Ω_i

$$P(\omega_i) = P(\omega_j) := 1/M \qquad (1.2.15)$$

zeigen, daß daraus für die Dichte $M(\mathbf{x})$ der Klassenprototypen $\mathbf{w}$

$$\begin{aligned} M(\mathbf{x}) &:= \lim_{\Delta A \to 0} \text{Zahl der Klassen } k \text{ pro Raumelement } \Delta A \quad = k/\Delta A \\ &= \lim_{\Delta A \to 0} [P(\mathbf{x}|\Delta A) / (\text{Wahrscheinlichkeit einer Klasse})] / \Delta A \\ &= \lim_{\Delta A \to 0} [\int_{\Delta A} p(\mathbf{x})\, d\mathbf{x} \ / \ 1/M] / \Delta A \quad = \quad M\, p(\mathbf{x}) \end{aligned}$$

folgt

$$M(\mathbf{x}) \overset{!}{\sim} p(\mathbf{x}) \qquad (2.6.8)$$

Dies bedeutet, daß der Musterraums durch mehr Klassen in Zonen dichterer "Punktwolken" stärker unterteilt wird und die Ausgabe damit genauer wird. Diese bessere Auflösung kann man zwar als plausibel empfinden, steht aber im direkten Widerspruch zu den Ergebnissen von Linsker [LIN88b], der genau das Gegenteil fand. Hat nun der topologie-erhaltende Algorithmus von Kohonen diese Optimalitätseigenschaften?

Kohonen fand bei einer Untersuchung [KOH82] allgemein die Proportion $M(\mathbf{x}) \sim p(\mathbf{x})$. Demgegenüber zeigten Ritter und Schulten in [RITT86] mathematisch und durch Simulation, daß dies nicht allgemein der Fall ist. Beispielsweise ergeben sich für den eindimensionalen Fall $M(\mathbf{x}) \sim p(\mathbf{x})^{2/3}$ und für höhere Dimensionen kompliziertere Ausdrücke. Nur im zweidimensionalen (komplexen) Fall gilt obige Relation $M(\mathbf{x}) \sim p(\mathbf{x})$, so daß der Algorithmus immerhin im zweidimensionalen Fall *optimal* genannt werden kann.

2.6.3 Anwendungen

Die Methode der topologie-erhaltenden Abbildungen läßt sich auf die verschiedensten Probleme anwenden. Sie ist nicht beschränkt auf die ursprünglichen Anwendungen in der Mustererkennung, sondern kann in verschiedenen Bereichen eingesetzt werden. Beispielhaft für viele Bereiche sind nachstehend einige wichtige Beispiele in ihren prinzipiellen Ansätzen kurz beschrieben; für Details sei auf die jeweilige Literatur verwiesen.

Counterpropagation-Netze

Die nachbarschaftserhaltende Abbildung teilt den Musterraum $\Omega=\{\mathbf{x}\}$ in einzelne Klassen Ω_k ein, die jeweils durch einen Klassenprototypen $\mathbf{w}_k$ repräsentiert werden. Angenommen, es soll nicht nur die Klassifikation, sondern auch der Klassenprototyp selbst als Erwartungswert $\mathbf{w}_k = \langle \mathbf{x}\in\Omega_k \rangle$ der in die Klasse einsortierten $\mathbf{x}$ ausgegeben werden, so läßt sich auch dies durch eine weitere, lernende Schicht erreichen, wie von Hecht-Nielsen vorgeschlagen wurde [HN87]. In der folgenden Abbildung 2.6.6 ist das Verbindungsschema gezeigt. Zusätzliche Verbindungen zum Lernen sind gestrichelt gezeichnet.

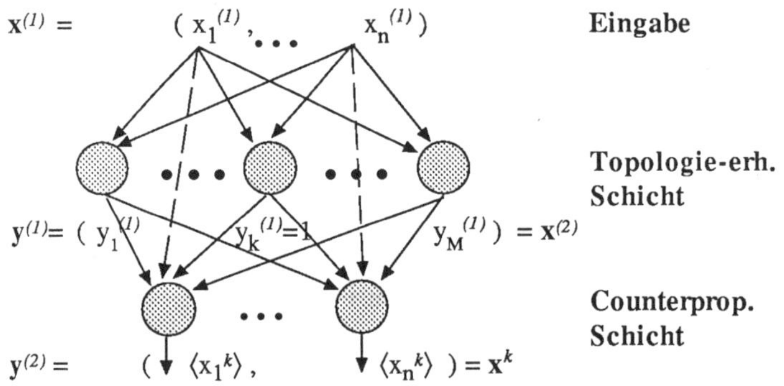

Abb. 2.6.6 Das Counterpropagation- Netzwerk

Seien die erste Schicht mit dem Index $^{(1)}$ und die zweite Schicht mit $^{(2)}$ notiert. In dieser zweiten Schicht ist jeweils ein Neuron pro auszugebender Komponente $\langle x_j^{(1)} \rangle$ vorhanden; für die Gewichte $w_{ji}^{(2)}$ im j-ten Ausgabeneuron gilt die Lernregel (2.6.7), wenn Klasse i mit y_i=1 selektiert wurde

$$w_{ji}^{(2)}(t+1) = w_{ji}^{(2)}(t) - \gamma(t+1)[x_j^{(1)}(t+1)-w_{ji}^{(2)}(t)]$$

Wie wir aus Abschnitt 1.3, Beispiel 1.3.1 wissen, stellt $w_{ji}^{(2)}(t)$ den zeitabhängigen Mittelwert von $(x_j^i)^{(1)}$ dar. Dies entspricht dem Lernen des Gewichts $w_{ij}^{(1)}$ in der ersten Schicht, so daß beide Neuronen mit den gleichen Lerngleichungen den gleichen Wert lernen: $w_{ji}^{(2)}(t)=w_{ij}^{(1)}(t)$.

Bei der Ausgabe ist in der ersten Schicht ist mit der Entscheidung für die Klasse k $y_k^{(1)}= 1 = x_k^{(2)}$. Damit wird in der zweiten Schicht mit

$$y_j^{(2)} = \Sigma_i\, w_{ji}^{(2)}\, x_i^{(2)} = w_{jk}^{(2)}\, x_k^{(2)} = w_{jk}^{(2)} = \langle (x_j^k)^{(1)} \rangle$$

der gewünschte Wert ausgegeben.

Diese Art, den Klassenprototypen auszugeben, ist nur für Hardware-Implementationen interessant. Bei reinen Simulationen geht es natürlich viel schneller, auf die zweite Schicht komplett zu verzichten und bei der Selektion der Klasse k direkt die Eingabegewichte $w_{kj}^{(1)}$ aus dem Speicher auszulesen und als j-te Komponente auszugeben. Einige Anwendungen der Counterpropagation-Netze sind in [HN88] skizziert.

Spracherkennung

Eine der interessantesten Anwendungen, die von Kohonen selbst initiiert wurde, ist die Abbildung von Sprachlauten auf sprachliche Merkmale [KOH88].

Die digitalisierten Sprachlaute (physikalischen Schwingungen) werden alle 10ms einer Fouriertransformation (26ms-Intervall) unterworfen. Das entstandene Kurzzeitspektrum wird in 15 Frequenzbereiche unterteilt. Die Intensität jedes Frequenzbereichs wird als eine der Eingabekomponenten für ein neuronales Netz betrachtet, so daß alle 10ms ein neuer, insgesamt 15-dim Eingabevektor **x**(t) zur Verfügung steht. Für alle M=21 finnischen Phoneme (die vorher bekannt waren!) wurden aus Sprachproben der Phoneme für je 50 Traingsmuster der Klassenprototyp $\mathbf{x}^1,..,\mathbf{x}^M$ ermittelt und ein 2-dim Netzwerk (Neuronen mit 2-dim Nachbarschaft) mit dem sequentiellen Algorithmus (2.6.7) des vorigen Abschnitts trainiert. Als Ergebnis formte sich eine 2-dim Karte, die an verschiedenen Stellen auf verschiedene Phoneme ansprach (Abb. 2.6.7).

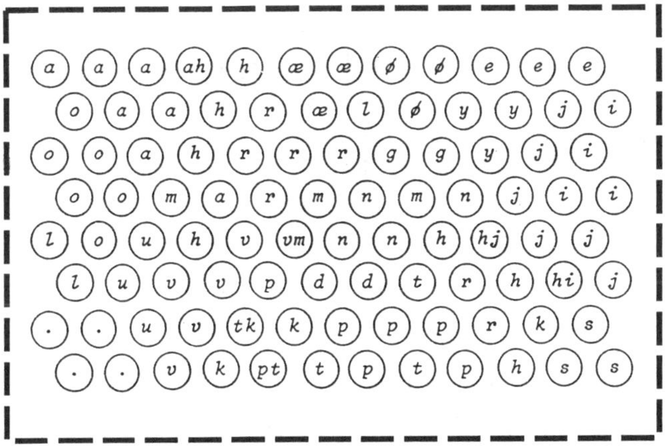

Abb. 2.6.7 Phonemkarte des Finnischen (nach [KOH88])

Interessanterweise gibt es Übergangseinheiten, die keinem der vorgegeben Phoneme eindeutig zuzuordnen sind und den Lautübergang andeuten.

Eine weitere Besonderheit in diesem System stellt die fehlende Zeitrepräsentation dar. Die Sprache wird als "Folge von sequentiellen Einzelphonemen" betrachtet, was in der Phonemkarte als Weg erscheint. In Abbildung 2.6.8 ist eine solche Sequenz für das Wort */humppila/* eingezeichnet; jeder Pfeil zeigt von der Koordinate des für **x**(t) ermittelten Neurons auf die nächste Koordinate des Neurons für **x**(t+10ms). Die Repräsentation der drei tonlosen Konsonanten /k,p,t/, die sich durch ihre zeitlichen Frequenzschwankungen charakterisieren, lassen sich deshalb mit der Phonemkarte nicht darstellen und müssen, abgesetzt von den 19 verbleibenden Phonemen, mit konventionellen Methoden gesondert extrahiert und erkannt werden.

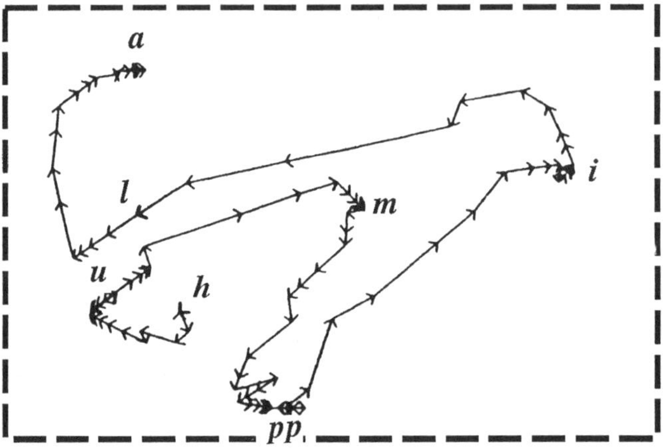

Abb. 2.6.8 Phonemsequenz für */humppila/* (nach [KOH88])

Mit dem vorgestellten System wurde also eine Abbildung zwischen gesprochener Sprache und der dazu gehörenden Lautschrift gelernt. Würde man nun noch zusätzlich die Zuordnung zwischen Lautschrift und geschriebenem Wort (Umkehrung von NETtalk, Kap. 2.3.2) lernen, so hätte man im Prinzip eine "Neuronale Schreibmaschine".

Robotersteuerung

Eine Anwendung der topologie-erhaltenden Abbildungen ist in der Steuerung von Robotermanipulatoren zu finden. Wie wir in der Abbildung 1.1.19 sehen können, treten interessanterweise auch bei der menschlichen Muskelsteuerung topologie-erhaltende Abbildungen auf. Dabei lassen sich die verschiedenen Kontroll- und Sensorschichten der Modelle der menschlichen Muskelkontrolle den Schichten der Roboterkontrolle gegenüberstellen. In Abbildung 1.1.20 ist dies für eine relativ grobe Modellierung gezeigt.

Für die Roboterkontrollschicht der direkten Positionskontrolle läßt sich nun ein direkter Ansatz angeben, um mit Hilfe der topologie-erhaltenden Abbildungen eine

Kontrolle der Gelenkwinkel der Manipulatorgelenke im kartesischen Raum zu erlernen, anstatt sie durch analytisch-geometrische Transformationen zu errechnen.

Angenommen, wir betrachten einen Roboterarm aus mehreren Segmenten, ähnlich den des bekannten PUMA Roboters, s. Abbildung 2.6.9.

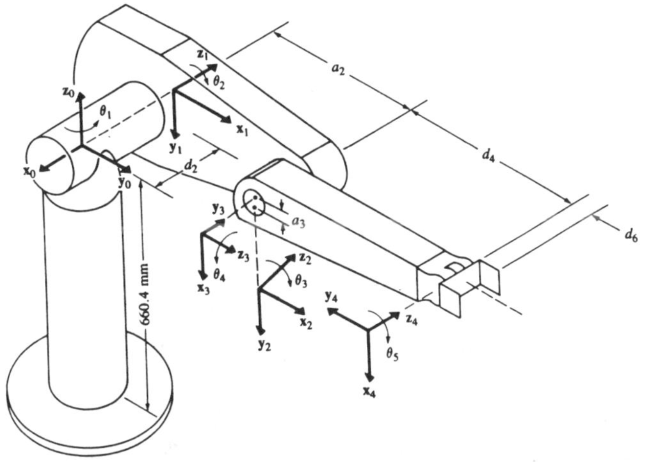

Abb. 2.6.9 Der PUMA Roboter (nach [FU87])

Das Grundproblem der statischen Positionskontrolle oder *Kinematik* besteht darin, bei vorgegeben Gelenkwinkeln θ_i die Arm- bzw. Handwurzelposition **x** zu errechnen, und ist relativ leicht zu lösen. Ordnen wir jedem Manipulatorsegment eine sog. *homogene Transformations*matrix [DEN55] zu, mit der für jedes Segment die Bewegungen im Raum (Translationen und Rotationen) beschrieben werden, so können wir die tatsächliche kartesische Position der Hand direkt durch sukzessives Ausmultiplizieren der Transformationsmatrizen aller Segmente erhalten. Jede Transformationsmatrix reflektiert dabei die Geometrie des Segments, zu der sie gehört.

Das umgekehrte Problem, aus der vorgegeben kartesischen Position **x** die Gelenkwinkel θ_i zu bestimmen (*inverse Kinematik*), ist dagegen wesentlich schwerer analytisch zu lösen. Jede Armgeometrie benötigt eine besondere Lösung, die auch nur mit akzeptablen Aufwand zu erreichen ist, wenn die Armgeometrie bestimmten Restriktionen (parallele oder orthogonale Gelenkachsen) erfüllt.

Dieses Problem läßt sich vermeiden, indem die Abbildung der inversen Kinematik nicht analytisch errechnet, sondern mit den topologie-erhaltenden Abbildungen gelernt wird. Dazu unterteilen wir die Armbewegung in zwei Teile: eine *grobe* Armbewegung, die im Wesentlichen die nicht-lineare inverse Kinematik beinhaltet, und in eine *feine* Armbewegung, die mit Hilfe der gewünschten Kartesischen Position (Eingabemuster) zwischen den groben Positionsrastern linear interpoliert.

Die grobe Positionierung

Betrachten wir eine topologie-erhaltende Abbildung, wie sie vorher eingeführt wurde. Der gesamte Arbeitsraum des Roboterarms ist in Zellen (Punktmengen) unterteilt (Abb. 2.6.10). Jeder Zelle wird ein Neuron mit seinem Gewichtsvektor zugeordnet, wobei der

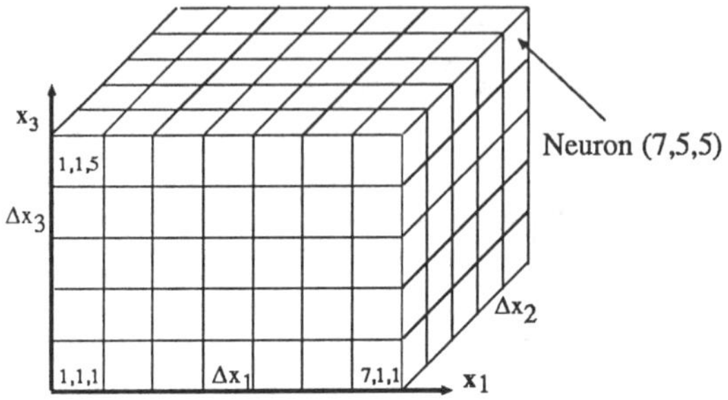

Abb. 2.6.10 Aufteilung des Arbeitsraums

Gewichtsvektor den Mittelpunktskoordinaten der Zelle entspricht. Jedes Neuron v der drei-dimensionalen Nachbarschaft ist durch sein Tripel $\mathbf{v}=(i_1,i_2,i_3)$ von Indizes innerhalb des Netzes gekennzeichnet. In Abbildung 2.6.10 ist dies am Beispiel des Neurons (7,5,5) illustriert.

Mit jedem Neuron v_k mit dem Gewichtsvektor $\mathbf{w}_k$ des kartesischen Raums sei auch ein entsprechender Vektor $\Theta_k = (\theta_1,\theta_2,\theta_3)$ des Gelenkkoordinatenraums assoziiert. Wird nun eine Kartesische Position $\mathbf{x}_{soll}$ gewünscht, so wird beim sequentiellen Algorithmus mit Gleichung (2.6.7) zuerst festgestellt, welches Neuron v_c die Abbildung der inversen Kinematik vollbringt. Mit dem Index *c* läßt sich sofort auf die Position Θ_c in Gelenkkoordinaten schließen, so daß die Transformation der inversen Kinematik hier nur aus einer einfachen, schnellen Tabellen- Ausleseoperation besteht.

Allerdings ist die Realisierung nicht unproblematisch: Wählen wir eine kleine Zahl von Neuronen (Würfelförmigen Arbeitsraum mit Kantenlänge 70 cm, 10x10x10=1000 Neuronen) entsteht ein großer, nichtakzeptabler Positionierungsfehler (ca.12 cm); für eine ausreichende Genauigkeit (0.121mm) müssen dagegen viele Neuronen (ca. 10^{12}) vorhanden sein, was zu erheblichem Speicherbedarf (12 Gigabyte!) für alle $\mathbf{w}_k$ und Θ_k führt.

Eine Möglichkeit, diese Probleme zu umgehen, besteht in einer linearen Korrektur der groben Bewegung.

Die Feinpositionierung

Wie schon Ritter und Schulten in [RITT3] vorschlugen, läßt sich der Fehler, der durch die Aufteilung des Arbeitsraums in endliche Zellen gemacht wird, durch eine Interpolation (lineare Approximation) für die Gelenkposition $\Theta(\mathbf{x})$ innerhalb einer

Zelle verkleinern:

$$\Theta(\mathbf{x}) = \Theta_c + \Delta\Theta = \Theta_c + \mathbf{A}_c\,(\mathbf{x}-\mathbf{w}_c) \qquad (2.6.9)$$

Dabei ist $\mathbf{A}_c$ eine Matrix, deren Koeffizienten für jedes Neuron extra gelernt werden muß. Zwar bedeutet das auch zusätzlichen Speicherbedarf pro Neuron, es verringert aber trotzdem den Gesamtspeicherbedarf, da so eine geringere Zahl von Neuronen notwendig ist, um den gleichen geringen Fehler zu erhalten.

Der Lernalgorithmus

Das Lernen der gespeicherten Tabellenwerte für $\mathbf{w}_k$ geschieht mittels stochastischer Approximation nach Gleichung (2.6.7).

Die übrigen Werte Θ_k und $\mathbf{A}_k$, also die 3 Gelenkkoordinaten vom Spaltenvektor Θ_k und die 9 Matrixkoeffizienten A_{11}, ... ,A_{33}, fassen wir zu dem allgemeinen 3x4 Gelenkparametermatrix $\mathbf{U}_k = (\mathbf{A}_k,\Theta_k)$ zusammen. Angenommen, wir erweitern die Spaltenvektoren $\Delta\mathbf{x} := (\mathbf{x}-\mathbf{w}_c)$ analog zu (1.2.0b) mit einer weiteren Komponente zu $\Delta\mathbf{x}\rightarrow(\Delta\mathbf{x}^T,1)^T$, so läßt sich der lineare Ansatz (2.6.9) auch als

$$\Theta = \Delta\Theta + \Theta_c = (\mathbf{A}_c,\Theta_c)(\mathbf{x}^T-\mathbf{w}_c^{\ T},1)^T = \mathbf{U}_c\Delta\mathbf{x} \qquad (2.6.9b)$$

formulieren. Die Matrix $\mathbf{U}$ läßt sich analog zu (2.6.7) koeffizientenweise folgendermaßen iterieren:

$$\mathbf{U}_c(t+1) = \mathbf{U}_c(t) + h(.)\gamma(t+1)[\mathbf{U}_c^{\ *}-\mathbf{U}_c(t)] \qquad (2.6.10)$$

mit der Nachbarschaftsfunktion h(.) und der (t+1)-ten Schätzung $\mathbf{U}_c^{\ *}$ von $\mathbf{U}_c$.
Wie kommen wir aber zu einer guten Schätzung $\mathbf{U}_c^{\ *} = (\mathbf{A}_c^{\ *},\Theta_c^{\ *})$?

Aus Kapitel 2.1 kennen wir eine gute Lernregel, die den quadratischen Fehler zwischen der Vorgabe L und der tatsächlichen Ausgabe $\mathbf{w}^T\mathbf{x}$ minimiert.

$$\mathbf{w}(t) = \mathbf{w}(t-1) - \gamma(t)[\mathbf{w}^T\mathbf{x}-L]\mathbf{x}/|\mathbf{x}|^2 \qquad \textit{Widrow-Hoff Lernregel} \quad (2.1.9b)$$

In der Gesamtmatrix $\mathbf{W}$ der Gewichte bilden die Gewichtsvektoren $\mathbf{w}^T$ die Zeilen, so daß (2.1.9b) transponiert für eine ganze Matrix $\mathbf{W}$ lautet

$$\mathbf{W}(t+1) = \mathbf{W}(t) - \gamma(t+1)[\mathbf{W}\mathbf{x}-\mathbf{L}]\mathbf{x}^T/|\mathbf{x}|^2 \qquad (2.6.11)$$

Die Korrektur der Matrix $\mathbf{W}$ erfolgt hier durch den Fehler $[\mathbf{W}\mathbf{x}-\mathbf{L}]\mathbf{x}^T/|\mathbf{x}|^2$.

Ersetzen wir Lernrate mit $\gamma(t+1)\rightarrow h(.)\gamma(t+1)$ durch die mit der Nachbarschaftsfunktion kombinierte Lernrate, so erhalten wir mit der Notation $\mathbf{W}\rightarrow\mathbf{U}_c$, $\mathbf{x}\rightarrow\Delta\mathbf{x}$ durch die Gleichsetzung des Fehlers $\mathbf{U}_c^{\ *}-\mathbf{U}_c(t)$ aus (2.6.10) mit dem Fehler $-[\mathbf{U}_c\Delta\mathbf{x}-\mathbf{L}]\,\Delta\mathbf{x}^T/|\Delta\mathbf{x}|^2$ aus (2.6.11) die Schätzung nach dem kleinsten quadratischen Fehler für die Gelenkparameter

$$\mathbf{U}_c^{\ *} = \mathbf{U}_c(t) + [\mathbf{L}-\mathbf{U}_c\Delta\mathbf{x}]\,\Delta\mathbf{x}^T/|\Delta\mathbf{x}|^2 \qquad (2.6.12)$$

$$= \mathbf{U}_c(t) + [\Delta\Theta_{soll} - \Delta\Theta_{ist}]\ \Delta\mathbf{x}^T / |\Delta\mathbf{x}|^2$$

mit der gewollten Bewegung $\mathbf{L} \rightarrow \Delta\Theta_{soll}$ und der tatsächlichen Näherung $\Delta\Theta_{ist} := \mathbf{U}_c \Delta\mathbf{x}$. Angenommen, wir können außer der tatsächlichen Endposition $\mathbf{x}_F$ auch die tatsächliche Position $\mathbf{x}_I$ nach der groben Bewegung feststellen. Dann kann man die beobachtete Bewegung $(\mathbf{x}_F - \mathbf{x}_I)$ als die Eingabe für das lineare System auffassen, die durch $\mathbf{U}_c$ bzw. $\mathbf{A}_c$ auf die Ausgabe $\Delta\Theta_{ist} := \mathbf{A}_c(\mathbf{x}_F - \mathbf{x}_I)$ linear abgebildet würde. Stattdessen aber wurde $\Delta\Theta_{soll} := \mathbf{A}_c^*(\mathbf{x}_F - \mathbf{x}_I) = \mathbf{A}_c(\mathbf{x} - \mathbf{w}_c)$ verlangt, so daß aus (2.6.12) für $\mathbf{A}_c^*$ die Iteration

$$\mathbf{A}_c^* = \mathbf{A}_c + \mathbf{A}_c[\ (\mathbf{x} - \mathbf{w}_c) - (\mathbf{x}_F - \mathbf{x}_I)\ ]\ (\mathbf{x}_F - \mathbf{x}_I)^T / |(\mathbf{x}_F - \mathbf{x}_I)|^2 \qquad (2.6.13)$$

wird. Dies wurde von Ritter und Schulten [RITT89] vorgeschlagen. Ist die Matrix $\mathbf{A}_c$ gut gelernt, so läßt sich eine Schätzung von Θ_c beispielsweise durch den restlichen Fehler $\Delta\mathbf{x} \rightarrow (\mathbf{x} - \mathbf{x}_F)$ zwischen gewünschter Position $\mathbf{x}$ und tatsächlicher Position $\mathbf{x}_F$ erreichen.

$$\Theta_c^* = \Theta_c + \mathbf{A}_c(\mathbf{x} - \mathbf{x}_F) \qquad (2.6.14)$$

Die Iteration nach (2.6.14) wird deshalb erst nach einigen Iterationsschritten für $\mathbf{A}_c^*$ begonnen.

Eine ausführliche mathematische Behandlung und viele interessante Simulationen dieses Ansatzes sind in dem empfehlenswerten Buch von H.Ritter, T.Martinetz und K.Schulten [RITT90] zu finden.

Optimale Informationsverteilung

Eine weitere Fehlerquelle bildet die endliche Auflösung *r* der gelernten Tabellenwerte für $\mathbf{w}_k$, Θ_k und $\mathbf{A}_k$ (Bits pro Tabellenwert), die identisch ist mit der *Information* r:= ld(Zahl der möglichen Werte), siehe Definition 1.4. Der gesamte maximale Positionierungsfehler ist damit eine Überlagerung aus dem Fehler der linearen Approximation und dem Fehler bei endlicher Auflösung.

Die prinzipielle praktische Verwendbarkeit des speicherplatz-intensiven Algorithmus ist zweifelsohne stark von seinem Speicherplatzbedarf bei noch akzeptablen Positionierungsfehler abhängig. Wie lassen sich nun die verfügbaren Parameter des Systems so einrichten, daß bei gegebenem maximalen Fehler die minimal nötige Informationsmenge (der minimale Speicherplatzbedarf) resultiert?

Wählen wir bei gegebener, fester Gesamtinformationsmenge (festem Speicherplatz) eine große Anzahl von Neuronen, so wird der Auflösungsfehler durch die geringen Auflösungen r_w, r_θ und r_A der Tabellenwerte für $\mathbf{w}_c$, $\Theta_c$and $\mathbf{A}_c$ besonders groß. Vergrößern wir dagegen die Auflösungen der Tabellenwerte, so vergrößert sich auch der Fehler der linearen Approximation durch eine resultierende, geringere Zahl von Neuronen (geringere Zahl der Tabellenwerte). Für eine optimale Informationsverteilung definieren wir folgendes Optimalitätskriterium [BRA91]:

> Bei einer *optimalen Informationsverteilung* führt eine kleine (*virtuelle*) Umverteilung von Information (Ändern von r_w,r_θ ,r_A oder *n*) weder zu einer Erhöhung, noch zu einer Erniedrigung des Positionierungsfehlers.

Eine Konfiguration, bei der eine Veränderung der Parameter bei konstanter Information (konstantem Speicher) eine Verkleinerung des Fehlers bewirken würde, ist zweifelsohne nicht optimal, da dann ja auch mit weniger Information der gleiche Fehler erreicht werden könnte. Aber auch der andere Fall, daß sich beim Informationstransfer der Positionierungsfehlers erhöht, ist nicht günstig: Die Umkehrung der Transferrichtung würde dann ebenfalls eine Fehlerabnahme bewirken und zeigt wie im ersten Fall eine nicht-optimale Informationsverteilung an.

Das oben eingeführte Prinzip einer "optimalen Informationsverteilung" ist übrigens konsistent mit den notwendigen, mathematischen Bedingungen des Minimums einer Funktion (Positionierungsfehler) mehrerer Veränderlicher (Auflösungen r_w,r_θ ,r_A und *n*) unter einer Nebenbedingung (konstante Information im System).

In [BRA90] sind solche Bedingungen für den Fall des PUMA Roboters numerisch-analytisch gelöst. Die obige Forderung nach optimaler Informationsverteilung bedeutet das Verschwinden der Ableitungen des absoluten Fehlers (totales Differenzial) nach allen Variablen r_w,r_θ,r_A und *n* bei konstantem Speicherbedarf. Aus diesen Bedingungen lassen sich die optimalen Werte für r_w,r_θ ,r_A und *n* bei gegebenem Positionierungsfehler bestimmen. Für einen Wert in der Größenordnung des mechanischen Fehlers von 0,2 mm ergeben sich die optimalen Systemparameter zu n=40 Neuronen/dim, r=16 Bit (SHORT INTEGER) Auflösung der beteiligten Variablen und s=1,9 MByte Speicherbedarf.

Ausblick

In den vorigen Abschnitten wurde gezeigt, wie sich topologie-erhaltende Abbildungen zur Robotersteuerung einsetzen lassen. Weiterhin wurde gezeigt, wie sich dabei aus dem Prinzip einer optimalen Informationsverteilung für einen minimalen Positionierungsfehler die optimalen Werte für Neuronenzahl, Positionskodierung und Speichergröße ergeben.

Die analytisch fundierte Roboterpositionierung wird bei dem vorgestellten Verfahren durch das Lernen einer Positionierungstabelle ersetzt. Dies hat folgende Vorteile:

- ♣ Wie bei allen tabellierten Funktionen wird die *Kontrolle sehr schnell*, da das Ausrechnen der Funktionen durch ein Nachschlagen in Tabellen (*memory mapping*) ersetzt wird.
- ♣ Da *keine analytischen Lösungen* für die inverse Kinematik benötigt werden, lassen sich mit dieser Methode auch sehr unkonventionelle Architekturen

steuern, bei denen die Gelenkachsen nicht orthogonal oder parallel zueinander orientiert sind oder die mehr Gelenke (Freiheitsgrade) als Kartesische Koordinaten besitzen. Dies bedeutet auch, daß Veränderungen der Armgeometrie für den Einsatz beim Benutzer keine umständlichen, zeitraubenden und kostspieligen Rückfragen beim Hersteller nötig machen; der Benutzer kann ohne tiefere Roboterkenntnisse die Manipulatorgeometrie direkt seinen Bedürfnissen anpassen.

♣ Die *Auflösung* (Neuronendichte) der topologie-erhaltenden Abbildung ist ortsabhängig und hängt von der Zahl der Trainingspositionierungen (Wahrscheinlichkeitsdichte) ab. Der Lernalgorithmus ermöglicht damit automatisch eine Anpassung der Positionierungsauflösung an den eigentlichen Einsatzort. Dabei lassen sich unproblematisch auch Nebenbedingungen (minimale Energie, minimale Abweichung vom mittleren Winkel) einführen, indem die Lerngleichungen (2.6.7) bzw. (2.6.10) entsprechend angepaßt werden.

Allerdings sind auch einige Nebenbedingungen zu beachten:

♦ Ein charakteristisches Problem von tabellierten Funktionen ist der *Speicherbedarf*, um eine gute Auflösung zu erreichen. Auch diese speziellen, topologie-erhaltenden Abbildungen bilden dabei, wie gezeigt wurde, keine Ausnahme. Trotzdem scheint es durch einen speicheroptimierten Ansatz (optimale Informationsverteilung!) möglich, bei realistischen Problemen mit relativ moderaten Speichergrößen auszukommen.

♦ Ein weiteres wichtiges Problem ist die *Zeit*, um den Algorithmus durchzuführen. Nehmen wir beispielsweise die obige Konfiguration mit ca. n=40 Neuronen in jeder Dimension, also insgesamt 64000 Neuronen.

Betrachten wir nur den Aufwand für die Selektion eines Neurons. Benutzen wir den sequentiellen Algorithmus, so muß für jede Positionierung vorher das Abstandsminimum der Position **x** zu allen 64000 Gewichtsvektoren gesucht werden, was einen großen Rechenaufwand bedeutet. Nimmt man anstelle einer beliebigen Wahrscheinlichkeitsverteilung p(**x**) dagegen eine Gleichverteilung an und verzichtet auf eine problemangepaßte Auflösung, so kann man die Minimumsuche bei den resultierenden, gleichartigen Zellen durch das direkte Ausrechnen des Neuronenindexes ersetzen.

Ein Ausweg aus diesem Dilemma bietet ein paralleler Algorithmus, der eine parallele Operation von vielen einfachen, in Hardware implementierten Prozessoren erlaubt.

Die erlernte Positionierung mittels topologie-erhaltender Abbildungen läßt allerdings auch einige Probleme außer Acht:

Δ Die Positionierung des Manipulators mittels topologie-erhaltender Abbildungen stellt nur einen Ansatz für eine Roboterkontrolle auf *unterster Ebene* dar (s. Abb. 1.1.20). Es ist sehr unklar, wie dieser Ansatz auf höhere Kontrollebenen wie Trajektorienkontrolle u.ä. ausgedehnt werden kann.

Δ Die erlernten Transformationstabellen sind *fest*, ähnlich der eines Assoziativspeichers, und müssen bei jeder kleinsten Änderung der Manipulatorgeometrie, z.B. einer leichten Schiefstellung, neu erlernt werden. Es gibt keine Bewegungsprimitive, die bei einer solchen Umstellung erhalten bleiben und als Wissen benutzt werden können.

Δ *Zeitsequenzen* können nicht erlernt werden; sie obliegen den höheren Kontrollschichten. Damit gibt es auf dieser Ebene auch keine Möglichkeit, beispielsweise dieselbe Bewegung an einer anderen Position zu wiederholen.

Δ Es gibt keine *Generalisierung* oder Abstraktion einer Bewegung. Von Menschen wissen wir aber, daß sie Bewegungskonzepte (wie z.B. die Handschrift) auch mit anderen Bewegungsprimitiven durchführen können, wenn beispielsweise anstatt auf Papier klein mit Bleistift auf eine Tafel groß mit Kreide geschrieben wird. Dies ist bei dem beschriebenen Ansatz aber prinzipiell nicht möglich.

Zusammenfassend kann gesagt werden, daß die topologie-erhaltender Abbildungen einen interessanten Ansatz zur Roboterkontrolle auf neuronaler Ebene mit vielen interessanten Eigenschaften darstellen. Trotzdem gibt es aber noch einige wichtige Probleme für eine zufriedenstellende, neuronale Roboterkontrolle zu lösen.

Das Problem des Handlungsreisenden

Ein Handlungsreisender möchte auf seiner Reise alle Kunden in allen Städten seines Bezirks hintereinander besuchen, beispielsweise in Deutschland (s. Abbildung 2.6.11). Dabei möchte er aber Zeit und Kosten möglichst gering halten. Ist außer den Streckenlängen zwischen den Städten nichts weiter über die Reise bekannt (z.B. verbindungsabhängige Kosten etc), so besteht sein Problem darin, eine möglichst kurze Reiseroute zu wählen, die alle Städte umfaßt. Dieses berühmte Problem ist als Problem der *Optimierung* bekannt; es gehört zu der Klasse der *NP-vollständigen* Probleme. Wie man sich leicht überlegen kann, hat der Reisende bei der ersten der *N* Städte genau N-1 Möglichkeiten, seine Reise fortzusetzen. Hat er diese gewählt, so verbleiben ihm bei der zweiten Stadt noch N-2 Alternativen für seine dritte Station und so fort. Die Zahl der möglichen Reisen ist also M=(N-1)(N-2)(N-3)... = (N-1)! . Mit der Stirling'schen Formel

$$N! \approx (2\pi N)^{1/2} N^N e^{-N}$$

ist

$$M = (N-1)! \approx (2\pi)^{1/2} e^{(N-1/2)\ln N \; -N} \; .$$

Die Zahl der Rundreisen nimmt mit wachsender Städtezahl exponentiell zu, so daß selbst moderne Rechner bei kleinen Problemgrößen wie N=1000 hoffnungslos überlastet sind: Bei der Rundreise aus Abbildung 2.6.11 durch N=120 Städten gibt es mit ca. $6\text{x}10^{196}$ möglichen Reisen als Elementarteilchen im Universum. Deshalb rücken für die praktische Anwendung Verfahren in den Mittelpunkt des Interesses, die nicht

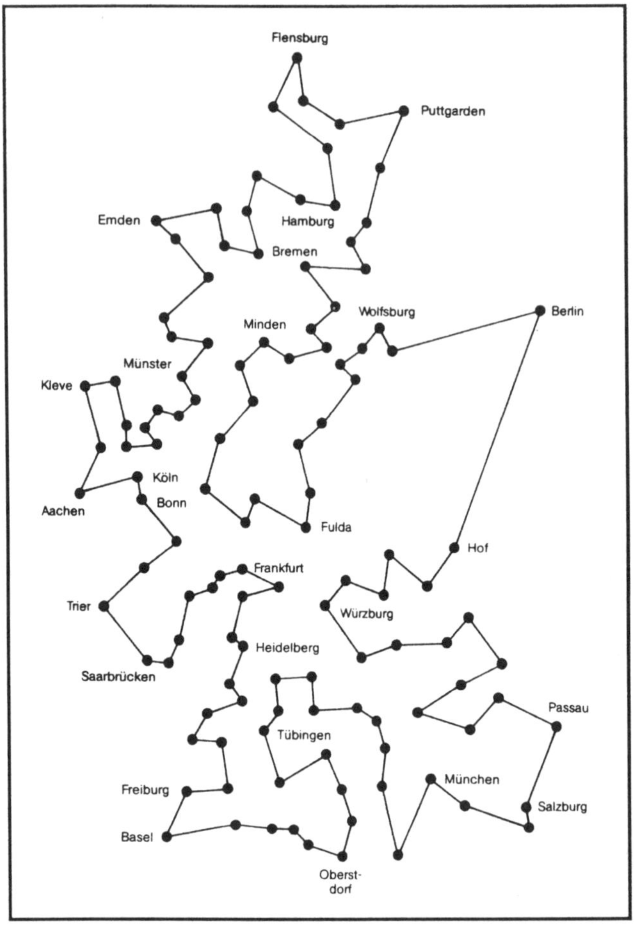

Abb. 2.6.11 Eine Rundreise durch 120 Städte (nach[AB87])

unbedingt nach langer Rechenzeit die allerbeste, überhaupt mögliche Rundreise (*Optimum*) finden, sondern bereits nach kurzer Zeit eine noch nicht ganz so gute Reise (*Suboptimum*) anbieten. Ein Beispiel dafür ist das Problem, bei einer automatischen Platinenbestückung mit Bauteilen durch möglichst kurze Wege für den Bestückungsarm möglichst kurze Bestückungszeiten zu erzielen.

B. Angéniol, G. De La Croix Vaubois und J.-Y LeTexier zeigten in [ANG88], daß die topologie-erhaltenden Abbildungen auch zur approximativen Lösung des Problems des Handelsreisenden eingesetzt werden können; andere Lösungen mit anderen Netzwerken werden wir später kennenlernen.

Dazu werden die Stadtkoordinaten $\mathbf{x} = (x_1,x_2)$ von den Autoren als Eingabemuster aufgefaßt, so daß die Menge aller Städte die Traingsmustermenge bildet. Jeder Iterationszyklus umfaßt die sequentielle Eingabe aller Städte (Eingabemuster) in einer einmal festgelegten, unveränderten Reihenfolge. Ausgehend von m=1 Neuronen wird nun für jedes Traingsmuster das Neuron mit dem "kürzesten Abstand" zwischen Gewicht und Muster (Minimumsuche, s. Gleichung (2.6.6)) gesucht. Wurde dieses Neuron bereits für eine Stadt ausgewählt, so wird eine Kopie des Neurons (Kopie des Gewichts) erzeugt, beide Neuronen "ausgeschaltet" und die Kopie als Nachbarneuron in eine geschlossene Kette (ein-dimensionale Nachbarschaft) gehängt. Ein selektiertes, aber ausgeschaltetes Neuron erzeugt dabei keine Gewichtsänderungen im Netz und wird bei der nächsten Eingabe wieder eingeschaltet. Damit wird sichergestellt, daß ein dupliziertes Neuronenpaar nicht gleichartig iteriert wird, sondern durch die unterschiedliche Nachbarschaft die Gewichtsänderungen verschieden ausfallen.

Diese Kette ("Gummiband") wird nun Schritt für Schritt um die Städte erweitert, so daß am Ende der Iteration für jede Stadt ein formales Neuron existiert: der zwei-dimensionale Inputraum (Menge aller Städte) wird auf eine ein-dimensionale Kette (Reiseroute) abgebildet, wobei die Nachbarschaftsbeziehungen (benachbarte Städte sind auch in der Kette benachbart) so gut wie möglich (mit dem kleinsten quadratischen Fehler) erhalten bleiben.

Die Lerngleichung für das i-te Neuron lautet hier

$$w_i(t) = w_i(t-1) + h(\sigma,d)\,(x-w_i) \qquad (2.6.15)$$

mit der Gauß'schen Nachbarschaftsfunktion $h(\sigma,d) := (1/2^{1/2})\exp(-d^2/\sigma^2)$ von dem Index-Abstand $d := \inf(\, i-i_c (\mathrm{mod}\ N),\ i_c - i(\mathrm{mod}\ N))$

Nach jedem Trainingsmuster-Zyklus wird die Nachbarschaft eingeschränkt, ähnlich wie in (2.6.7). Um "Konzentrationen" von Neuronengewichten in "leeren" Gebieten zu vermeiden, existiert außerdem noch ein Löschmechanismus, bei dem jedes Neuron, das in 3 aufeinanderfolgenden Zyklen von keiner Stadt ausgewählt wurde, aus dem Ring entfernt wird. In der folgenden Abbildung 2.6.12 ist die Konvergenz eines Rings aus 30 Neuronen auf 30 Städte gezeigt.

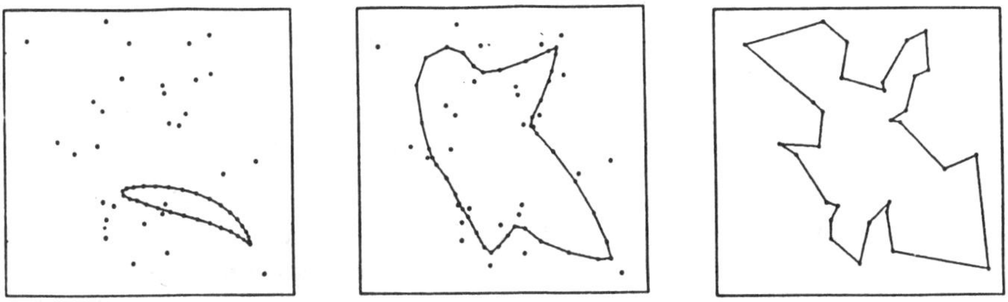

Abb. 2.6.12 Topologie-erhaltende Abbildung einer Reiseroute (aus [ANG88])

2.7 Aufmerksamkeits-gesteuerte Systeme

Wollen wir die Idee des *Competitive Learning* zur Mustererkennung einsetzen, so müssen die in Abschnitt 2.5.3 diskutierten Schwierigkeiten beseitigt werden. Eine Möglichkeit besteht darin, anstelle der Veränderungen des Algorithmus (zeitabhängige Lernrate etc) eine Kontrolle der Klassifizierung einzuführen. Hängt diese Kontrolle von einem Parameter ab, so läßt sich ein solcher Parameter als *Aufmerksamkeit* bezeichnen. Obwohl auch andere Modelle zur aufmerksamkeitsgesteuerten Klassifikation entwickelt wurden (s. z.B. [FUK84]) sind die Arbeiten von Gail Carpenter und Stephen Grossberg über die ART (*A*daptive *R*esonance *T*heory) Architektur am bekanntesten. Im Folgenden wird das ART1-Modell im Detail vorgestellt und über ART2 und ART3 wird eine Übersicht gegeben.

2.7.1 ART 1

Zu den bekanntesten und am längsten arbeitenden Forschern über Modelle neuronaler Netze gehört Stephen Grossberg vom "Center for Adaptive Systems" in Boston.
Die Arbeiten Großbergs sind nicht einfach zu verstehen, da

"... Erstens war er so produktiv und hat so viele Artikel geschrieben, daß seine Artikel selten in sich geschlossen sind und dauernd Referenzen zu vorherigen Ergebnissen, die woanders erschienen sind, enthalten.... Zweitens sind seine Artikel auf einem unüblich hohen Abstraktionsniveau geschrieben: Er beweist Sätze und schreibt nicht-lineare Differenzialgleichungen, um das Verhalten seiner theoretischen Konstruktionen zu beschreiben... Viele Mitglieder der natürlichen Zielgruppe für seine Artikel haben nicht den Grad an mathematischer Ausbildung, um Ergebnisse zu verstehen oder beurteilen zu können, die in dieser Form präsentiert werden... Drittens tendiert er dazu, ein selbst-konsistentes, aber unübliches Vokabular in seinen Artikeln zu benutzen."

Anderson, Einleitung zu [GRO76] in [AND88]

Deshalb soll die ART-Architektur in unserer gewohnten Notation näher beschrieben und ihre Funktion erläutert werden.

Im Laufe der Entwicklungsgeschichte der Modelle mit hemmenden Wechselwirkungen (vgl. Kapitel 2.4-2.6) zeigten sich bald die Schwierigkeiten, die mit einer konstanten Lernrate γ für die Konvergenz verknüpft sind: Das neue Muster wird nicht geringer gewichtet, wie bei der stochastischen Approximation (z.B. mit $\gamma(t)=1/t$), sondern bei konstantem γ gleichgewichtet und damit überbetont; das resultierende, gespeicherte Muster (*Klassenprototyp*, s. Kap. 2.2) ist nicht der Erwartungswert aller eingegebenen Muster (s. Beispiel 1.3.1), sondern wird stark von den letzten Mustern bestimmt und stabilisiert sich nicht. Solche Systeme befinden sich in dem Dilemma, daß entweder das Gelernte durch neue Muster wieder "ausgewaschen" wird oder aber das System stabil bleibt und nichts lernt (*Plastizitäts-Stabilitäts*-Dilemma).

Zusammen mit Gail Carpenter entwickelte Grossberg deshalb die ART-Familie von Modellen, um diesem Nachteil abzuhelfen. Bei ihren Modellen wird das Problem der dauernden Modifikation des gespeicherten Musters durch neue Eingaben dadurch gelöst, daß die Muster erst nach einer Ähnlichkeitsprüfung gelernt werden. Jedes eingegebene Muster wird dazu parallel mit allen anderen gespeicherten verglichen. Stimmt es mit einem der bereits gespeicherten Muster genügend überein (*Adaptive Resonanz*), so wird das gespeicherte Muster mit dem neuen Muster geeignet verändert (*lernen*). Für sehr stark abweichende Muster einer anderen, noch nicht gespeicherten Klasse würde dies aber bedeuten, daß diese eine bereits gespeicherte Klasse zu stark verändern und damit unterdrücken würden. Ist die Ähnlichkeit zu klein, so wird deshalb stattdessen eine neue Klasse erzeugt und das abweichende Muster als ihr Klassenprototyp gespeichert. In der folgenden Abbildung 2.7.1 sind zwei Beispiele für einen solchen Lernprozeß zu sehen.

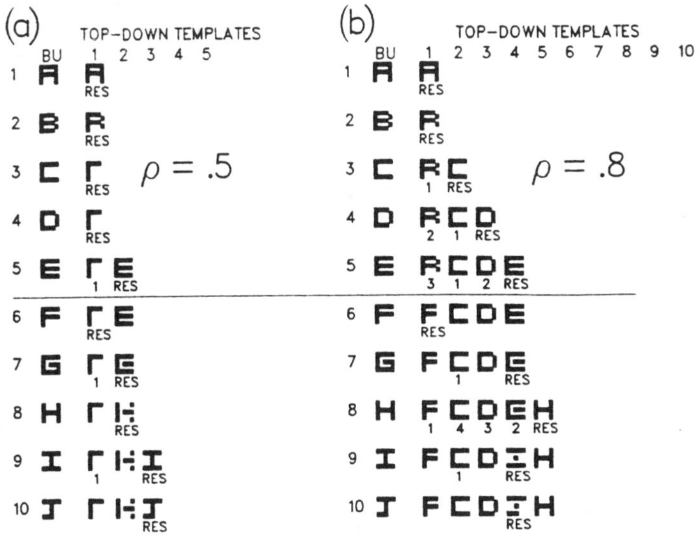

Abb. 2.7.1 Buchstabenlernen mit verschiedener Aufmerksamkeit (nach [GRO88b])

Hierbei sind Buchstaben in einer 5x5 Matrix kodiert und an 25 Eingabeneuronen eingegeben. Bei kleinerer Aufmerksamkeit (ρ=0,5) in Sequenz a) werden die 10 hintereinander präsentierten Buchstaben A bis J nur in drei Kategorien eingeteilt; bei höherer Aufmerksamkeit in Sequenz b) wirken sich die Unterschiede stärker aus und es werden mehr Kategorien gefunden. In jeder Spalte 1..10 sind außerdem die gespeicherten Muster (Gewichtsvektoren, "Erwartungsmuster") der Neuronen eingezeichnet.

Die Grundarchitektur der ART Systeme besteht aus zwei Schichten F_1 und F_2, die von einer Aufmerksamkeitskontrolle gesteuert werden. Die Eingabeschicht F_1 dient dabei nicht nur zum Puffern der Eingabewerte, sondern stellt auch eine Eingangskontrolle dar.

Die F_2-Schicht arbeitet als Klassifikator des Eingabemusters, wobei diese binäre Entscheidung in der Eingabeschicht gewichtet wiederum die Verarbeitung des Eingabemusters selbst kontrolliert. Obwohl dies eine Rückkopplung darstellt, ist das ART-Modell in Abschnitt 2 eingegliedert, da es als Kombination von feed-forward Netzen eher eine Zwischenstellung zwischen den reinen feed-forward Modellen und den vollvernetzten Neuronenmodellen einnimmt. Die Rückkopplung ist dabei rein hemmender Natur (Gegenkopplung) und erlaubt kein instabiles System durch unkontrollierte Oszillationen.

Wie vollbringt nun das System die gezeigten Leistungen? Zum qualitativen Verständnis der ART-Architektur reicht sicher das bisher gesagte aus. Wollen wir dagegen ähnliche Mechanismen in andere Architekturen einbauen oder mit anderen Mechanismen vergleichen, so müssen wir uns die ART-Funktionen genauer ansehen. In der Abbildung 2.7.2 ist eine Funktionsübersicht gegeben, die man aber nicht als Signalfluß-, sondern eher als Beeinflussungsübersicht auffassen sollte.

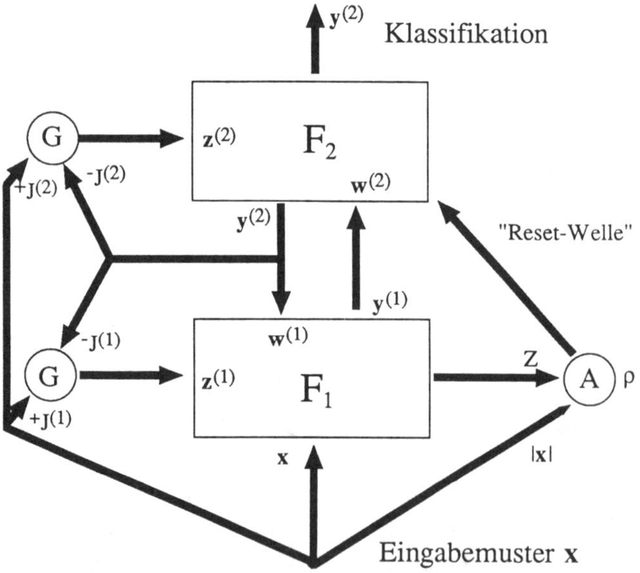

Abb. 2.7.2 Funktionsschema von ART1

Beim ART1 System, das mit binären Ein- und Ausgaben arbeitet [CAR87a], ist das Verbindungsnetzwerk relativ symmetrisch vollvernetzt aufgebaut. Um die Funktion zu verstehen, lassen wir zunächst die F_1-Schicht als reine Eingabeeinheiten außer acht und betrachten die F_2-Schicht näher.

Bezeichnen wir die Variablen der F_1-Schicht mit hochgestelltem $^{(1)}$ und die der F_2-Schicht mit $^{(2)}$, so läßt sich die Aktivität (*short term memory trace STM*) in F_2, die als "winner take all"- Netzwerk (Abschnitt 2.5) ausgeführt ist, mit einer Differenzialgleichung formulieren.

$$\tau \frac{d}{dt} z_i^{(2)}(t) = -z_i^{(2)}(t) + {}^+J_i^{(2)}(t)\,[1-a_2 z_i^{(2)}(t)] - {}^-J_i^{(2)}(t)\,[b_2+c_2 z_i^{(2)}(t)] \qquad (2.7.1a)$$

Die zeitdiskrete Version für den wesentlichen Fall binärer Signale nach dem "Abklingen" bei kurzen Zeitkonstanten (s. Abschnitt 1.2.1 zur prinzipiellen Problematik der Modellierung) läßt sich durch $\Delta t := \tau$ mit

$$\tau dz_i/dt \sim \tau \Delta z_i/\Delta t = \Delta z = z_i(t)-z_i(t-1)$$

gewinnen:

$$z_i^{(2)}(t) = {}^+J_i^{(2)}(t)\,[1-a_2 z_i^{(2)}(t-1)] - {}^-J_i^{(2)}(t)\,[b_2+c_2 z_i^{(2)}(t-1)] \qquad (2.7.1b)$$

mit $a_2, c_2 \geq 0$, wobei die Anregung (*exitation*) ${}^+J_i^{(2)}$ sich aus einer "ON-Center" Erregungsrückkopplung $y_i^{(2)}$ (s. *Rezeptive Felder* und *Mexikanische Hutfunktion* Kap. 1.1 und *winner-take-all* Modell, Kap. 2.5) und der gewichteten Ausgabe $s_i^{(2)}$ (*bottom-up adaptive filter*) ergibt:

$${}^+J_i^{(2)} = y_i^{(2)} + s_i^{(2)} \quad \text{mit } s_i^{(2)} := d_2 \sum_j w_{ij}^{(2)} y_j^{(1)} \qquad d_2>0 \quad (2.7.2)$$

$$\text{und } y_i^{(2)} = S^{(2)}(z_i^{(2)}) := \begin{cases} 1 & i=r \\ 0 & \text{sonst} \end{cases}$$

Die Hemmung (*Inhibition*) $J_i^{(2)}$ entspricht dabei der "OFF-Umgebung" um ein erregtes Neuron

$${}^-J_i^{(2)} = \sum_{j\neq i} y_j^{(2)} = |y^{(2)}| - y_i^{(2)} \quad \text{für binäre } y_i \qquad (2.7.3)$$

Die Faktoren ${}^+J_i$ und ${}^-J_i$ werden von Grossberg auch als *Verstärkungskontrolle* G (*gain*) bezeichnet, da sie den Zuwachs der Aktivität in (2.7.1) bestimmen.

Zusammen mit der "winner-take-all"-Entscheidung über die gewichtete Eingabe $s_k^{(2)}$, vgl. (2.5.1) und (2.5.2)

$$s_r^{(2)} = \max \{ s_k^{(2)} \mid \text{Neuron } k \text{ wurde bisher nicht gewählt} \} \qquad (2.7.4)$$

implementieren Gleichungen (2.7.1 - 2.7.4) bei einer günstigen Wahl von a_2, b_2, c_2 in (2.7.1) ein *competitive learning* Netzwerk im F_2 - Cluster.

Die F_1-Schicht ist spiegel-symmetrisch dazu aufgebaut und enthält zusätzlich nur die äußeren Eingänge. Diese Vernetzung ist in Abbildung 2.7.3 gezeigt, nicht aber alle sonst noch vorhandenen, durch die Gleichungen bedingten funktionalen Wechselwirkungen wie in Abbildung 2.7.2.

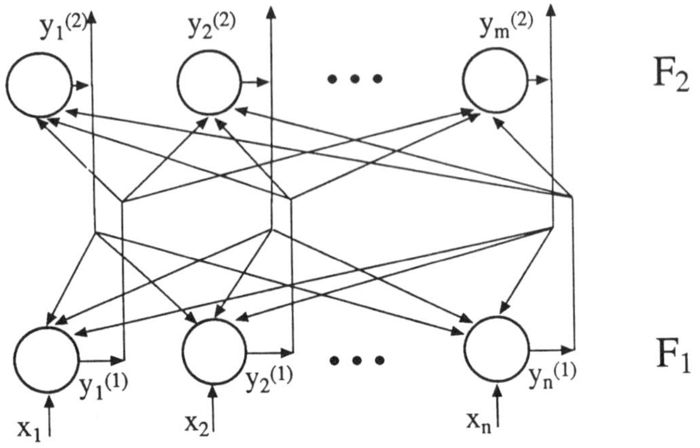

Abb. 2.7.3 Signalvernetzung in ART1

Die Aktivität ist zu Gleichung (2.7.1a) analog

$$\tau \frac{d}{dt} z_i^{(1)}(t) = -z_i^{(1)}(t) + {}^{+}J_i^{(1)}(t)[1-a_1 z_i^{(1)}(t)] - {}^{-}J_i^{(1)}(t)\,[b_1+c_1 z_i^{(1)}(t)] \qquad (2.7.5a)$$

oder in der zeitdiskreten Version

$$z_i^{(1)}(t) = {}^{+}J_i^{(1)}(t)[1-a_1 z_i^{(1)}(t-1)] - {}^{-}J_i^{(1)}(t)\,[b_1+c_1 z_i^{(1)}(t-1)] \qquad (2.7.5b)$$

mit einer sigmoidalen Ausgabefunktion $y_i^{(1)} = S^{(1)}(z_i^{(1)})$.

Dabei sind erregende und hemmende Eingaben mit

$${}^{+}J_i^{(1)} = x_i + d_1 \Sigma_j\, w_{ij}^{(1)} y_j^{(2)} \qquad \textit{Erregung} \qquad (2.7.6a)$$

$${}^{-}J_i^{(1)} = \Sigma_j y_j^{(2)} = |\mathbf{y}^{(2)}| \qquad \textit{Kontrollsignal} \qquad (2.7.6b)$$

beschrieben.

Die Nebenbedingungen für korrekte Funktion ergeben (s. [CAR87])

$$a_1, c_1 \geq 0, \qquad \max(1,d_1) < b_1 < 1+d_1 \qquad (2.7.7)$$

Mit dem Funktionsbild 2.7.2 und den obigen Gleichungen läßt sich nun bei der Eingabe eines Musters **x** das Verhalten des Systems auch quantitativ genau beschreiben.*a*

Adaptive Resonanz

Angenommen, ein Muster **x** wird präsentiert. Dann ist in F_2 anfangs keine Aktivität vorhanden und es wirken die Neuronen aus F_1 wie reine Eingabeneuronen, die die Eingabe x_i direkt über z_i und y_i an die Schicht F_2 weitergeben (Kontrollsignal ${}^{-}J_i^{(1)}=0$ und Erregung ${}^{+}J_i^{(1)} = x_i$, $z_i(0):=0$), was einem direkten Einfluß der Eingabe auf F_2 in Abbildung 2.7.2 entspricht. In der Schicht F_2 tritt dann mit dem "winner-take-all"

Mechanismus aus Gleichung (2.7.4) eine Selektion eines Neurons *r* mit einer Ausgabe $y_r^{(2)}=1$ auf. Diese Aktivität generiert im nächsten Zeitschritt mit (2.7.6a) eine zusätzliche Aktivität $w_{ir}^{(1)}y_r^{(2)}$ ("Erwartungsmuster") in der Eingabeschicht F_1 durch die Aktivierung eines Gewichts pro Eingabeleitung (s. Abb. 2.7.3). Stimmen Eingabe und Erwartungsmuster in F_1 genügend überein, so reichen die Anteile von beiden in der Erregung ${}^{+}J_i^{(1)}$ aus, die durch das Kontrollsignal ${}^{-}J_i^{(1)}=1$ hervorgerufene Hemmung zu überwinden ("2/3-Regel") und es kommt zur Ausgabe. Durch die stark nicht-lineare Verstärkung der nicht-linearen Ausgabefunktionen beider Schichten wird schnell ein stabiler Zustand erreicht ("*Resonanz*") und die Klassifizierung des Musters läßt sich am Index *r* des einzigen, aktiven Neurons in F_2 ablesen.

Aufmerksamkeit

Wann stimmen Eingabemuster und Erwartungsmuster "genügend" überein?
Die Überwindung der Hemmung drückt sich durch $z_i^{(1)}>0$ aus. Bezeichnen wir mit Z die Zahl der Neuronen mit $z_i^{(1)}>0$ in der F_1-Schicht und mit $|\mathbf{x}|^2$ die Zahl der aktiven Eingabeleitungen, so ist das Verhältnis $Z/|\mathbf{x}|^2$ gleich eins im Fall vollständiger Übereinstimmung. Weichen Eingabe und Erwartung voneinander ab, so ist dies kleiner als eins. Geben wir uns einen "Aufmerksamkeitsparameter" ρ vor, so ist "genügende Übereinstimmung" gegeben, wenn

$$\rho < Z / |\mathbf{x}|^2 \qquad (2.7.8a)$$

erfüllt ist.

Ist dies nicht der Fall, so wird von einer "Aktivitätskontrolle" A eine Reset-Welle generiert (s. Abb. 2.7.2), bei der die Aktivität $y_r^{(2)}$ in F_2 auf null gesetzt wird und bis zum Ende des Erkennungszyklus so bleibt (Blockierung). Damit wird Neuron *r* in Gleichung (2.7.4) nicht mehr selektiert, sondern es wird das nächste, in Frage kommende Neuron *k* ausgewählt und damit ein neues Erwartungsmuster angeregt. Dies repetiert sich solange, bis entweder Eingabe und Erwartung genügend übereinstimmen ("Resonanz"), oder aber die Zahl der möglichen Klassen, d.h. die Zahl der Neuronen erschöpft ist.

Da wir in diesem Modell binäre Muster klassifizieren, läßt sich die Zahl Z relativ einfach ermitteln. Der Zustand $z_i^{(1)}>0$ ist mit der "2/3 Regel" immer dann erfüllt, wenn $x_i^{(1)}=1$, $y_j^{(2)}=1$ und $w_{ij}^{(1)}=1$ ist (die Gewichte der ersten Schicht werden binär, s. Gleichung 2.7.9b). Dies aber läßt sich als $x_i^{(1)}w_{ij}^{(1)}y_j^{(2)}=1$ notieren, so daß

$$Z(j) = \Sigma_i\, x_i^{(1)} w_{ij}^{(1)} y_j^{(2)} \qquad (2.7.8b)$$

Lernen der Klassifizierung

Die Gewichte (*long term memory trace LTM*) werden nach jedem Klassifikationsvorgang verändert. Die Art der Veränderung garantiert dabei, daß weder ein "Auswaschen" der vorher gespeicherten Information durch exzessive Überlagerung klassenfremder

Muster, noch ein "starres" Festhalten an einer Form bei langsam zeitveränderlichen Klassenprototypen erfolgt.

Die Gewichte werden nach unterschiedlichen Regeln in beiden Schichten verändert. Die Speicherung der Muster wird mit der Gewichtsänderung in der F_1-Schicht

$$\frac{d}{dt}\, w_{ij}^{(1)} = \gamma_1 y_j^{(2)} (y_i^{(1)} - A_1 w_{ij}^{(1)}) \qquad A_1=\gamma_1:=1 \qquad (2.7.9a)$$

vorgenommen.

Die Lernregel (2.7.9) entspricht der *competitive learning* Regel (2.5.6) und bewirkt eine Anpassung aller Gewichte $w_{ji}^{(1)}$ an das Ausgangssignal $\mathbf{y}^{(1)}$ von F_1 und damit an das Eingangssignal **x** (dem Mittelwert von **x** im Fall abnehmender Lernrate, s. Beispiel 1.3.1), falls das Neuron *j* selektiert wurde; anderfalls tritt keine Veränderung ein:

$$w_{ij}^{(1)} = \begin{cases} 1 & \text{bei } y_j^{(2)}=1,\ y_i^{(1)} \approx 1 \\ 0 & \text{bei } y_j^{(2)} = 0 \end{cases} \qquad (2.7.9b)$$

Die Gewichte von F_2 werden ebenfalls analog der Regel (2.7.9) geändert

$$\frac{d}{dt}\, w_{ji}^{(2)} = \gamma_2\, y_j^{(2)}\, [y_i^{(1)} - A_2 w_{ji}^{(2)}] \qquad (2.7.10)$$

wobei der Faktor A_2 durch die Größe des Eingangssignals $\mathbf{y}^{(1)}$ von F_2 bestimmt wird:

$$A_2 := y_i^{(1)} + \alpha^{-1} \Sigma_{k\neq i}\, y_k^{(1)}$$

Schreiben wir die feste Lernrate als Produkt $\gamma_2 := \alpha\beta$, so wird aus (2.7.10)

$$\frac{d}{dt}\, w_{ji}^{(2)} = \beta\, y_j^{(2)}\, [(1-w_{ji}^{(2)})\alpha y_i^{(1)} - w_{ji}^{(2)} \Sigma_{k\neq i}\, y_k^{(1)}] \qquad (2.7.11)$$

Diese Lernregel läßt sich als eine spezielle Hebb-Regel "$y^{(2)}$ [.]" interpretieren, bei der die Ausgabe $y_j^{(2)}$ mit der Eingabe [in Klammern] korreliert wird, die sich aus den Signalen "$(1-w_{ji}^{(2)})\alpha y_i^{(1)}$" von F_1, vermindert um die hemmenden Wechselwirkungen $w_{ji}^{(2)} \Sigma_{k\neq i}\, y_k^{(1)}$ der anderen Neuronen der F_1-Schicht, zusammensetzt. Die Lernregel (2.7.11) implementiert also mit dem Term $y^{(2)}$ ein konkurrentes Lernen zwischen den Gewichten der F_2-Schicht.

Mit fortschreitender Zeit konvergieren die Gewichte des aktiven Neurons in (2.7.11), bis $dw_{ji}^{(2)}/dt = 0$ ist

$$(1-w_{ji}^{(2)})\alpha - w_{ji}^{(2)} \Sigma_{k\neq i}\, y_k^{(1)} = 0 \qquad y_i^{(1)} \approx 1 \Rightarrow \Sigma_{k\neq i}\, y_k^{(1)} = Z-1$$

Mit $y_i^{(1)} \approx 1$ ist die Summe $\Sigma_k y_k^{(1)}$ gleich der Zahl Z der Ausgabekomponenten der F_1-Schicht mit $z_i^{(1)}>0$, so daß sich als Konvergenzziel der Gewichte ergibt

$$w_{ji}^{(2)} = \begin{cases} \alpha/(\alpha+Z-1) & \text{bei } y_j^{(2)}=1,\ y_i^{(1)}=1 \\ 0 & \text{sonst} \end{cases} \qquad \alpha>1 \qquad (2.7.12)$$

Die Gleichung (2.7.11) bewirkt zwei verschiedene Arten des Lernens: das *langsame* Lernen und das *schnelle* Lernen. Ist ein Neuron r gefunden, das ein "genügend ähnliches" Erwartungsmuster generiert, so verändern sich die Gewichte nur wenig ("langsames Lernen"). Ist dagegen die Zahl der Klassen bei einem Erkennungsvorgang erschöpft, so wird das neue Muster bei dem letzten betrachteten Neuron k in F_2 gespeichert und die Gewichte des Neurons verändern sich stark ("schnelles Lernen").

Jede Veränderung des Klassenprototypen ist dabei von der Ähnlichkeit des Eingabemusters mit dem selektierten Klassenprototypen abhängig. Anstelle einer Schwellwertentscheidung wie bei Assoziativspeicher (s. Abschnitt 2.2.2) wird hier ein spezielles, in Gleichung (2.7.8) definiertes Ähnlichkeitsmaß verwendet und dies mit einer gesonderten Schicht F_1 implementiert. Dabei bleiben aber natürlich die grundsätzlichen, für den Assoziativspeicher geltenden Probleme erhalten: Die Suche nach einem Maximum muß dezentral durchgeführt werden (hier: durch zusätzliche, inhibitorische Verbindungen, s. Abschnitt 2.6.1) und das Ähnlichkeitsmaß, das auf dem Abstand $|\mathbf{x}-\mathbf{w}|$ aufbaut, garantiert keine Translations- und Rotationsinvarianz (vgl. Beispiel 2.2.1). Für Anwendungen von ART in der Sprach- und Bilderkennung muß deshalb noch eine Vorverarbeitungsstufe zur Invarianzbildung (s. Kapitel 1.3.4) verwendet werden.

Die Randbedingungen für die initialen Werte der Gewichte sind unterschiedlich: die Gewichte der F_2-Schicht müssen mit (2.7.12) klein genug sein ("keine Zufalls-Klassenbelegung")

$$0 < w_{ji}^{(2)}(0) < \alpha / (\alpha + n - 1) \qquad \text{bei } n \text{ Neuronen in } F_1, \ \alpha > 1 \qquad (2.7.13)$$

Es ist $\alpha / (\alpha + n - 1)|_{\alpha>1} > \alpha / (\alpha + n - 1)|_{\alpha=1} = 1/n > 1/(0.1+n)$
so daß z.B. $w_{ji}^{(2)}(0) := 1/(0.1+n)$

Die Gewichte von F_1 müssen dagegen groß genug sein ("Weiterleiten aller Eingabemuster")

$$1 \geq w_{ij}^{(1)}(0) > (b_1-1)/d_1 \qquad \text{z.B. } w_{ij}^{(1)}(0) := 1 \qquad (2.7.14)$$

Die initialen Werte der Gewichte sind kritisch; sind sie falsch, so können sie ein erfolgreiches Lernen der Muster verhindern.

Der vereinfachte Algorithmus

Zum Abschluß ist noch ein Programmierbeispiel für eine ART1-Mustererkennung gezeigt. Für das Programm wurde angenommen, daß das System sich nach jedem Schritt in einem stabilen Zustand befindet; anstelle der Differenzialgleichungen wurden also die vereinfachten Differenzengleichungen für das System *nach* dem "Abklingen" verwendet. Die Gegenkopplung zwischen den beiden Schichten F_1 und F_2 reduziert sich auf eine einfache Abfolge, bei der zuerst die Muster $\mathbf{x}$ unbeeinflusst durch die

F_1-Schicht direkt der F_2-Schicht präsentiert werden und dort Reaktionen hervorrufen. Die stärkste Reaktion aller verfügbaren Neuronen entscheidet über die Klassifizierung (winner-take-all): der Index yc des Neurons ist die Klassennummer. In einem zweiten Schritt wird dann geprüft, ob das mit dieser Klasse in der F_1-Schicht erzeugte Erwartungsmuster genügend mit der Eingabe übereinstimmt. Ist dies der Fall, so ist das Muster korrekt klassifiziert und die Gewichte der Klasse werden verändert (langsames Lernen). Ist dies nicht so, wird eine neue Klasse eröffnet und das Muster direkt gespeichert (schnelles Lernen).

```
ART1:   (* Implementiert ein einfaches ART1-Training *)
    VAR (* Datenstrukturen *)
        x: ARRAY[1..n] OF REAL;          (* Eingabe *)
        w1 : ARRAY[1..n,1..m] OF REAL;
        w2 : ARRAY[1..m,1..n] OF REAL;
        yc: INTEGER;                     (* selektiertes Neuron bzw. Klasse *)
        Classes: SET OF [1..m];          (* mögliche Klasse für x *)
        ρ ,γ,α,β: REAL; (* Aufmerksamkeit, Lernrate, Parameter *)
    BEGIN
        ρ:= 0.6;                         (* notw. Ähnlichkeitsgrad festlegen *)
        γ:= 0.1;                         (* Lernrate festlegen *)
        α:=1.1; β:=γ/α
        initWeights(w1,1.0);             (* Gewichte initialisieren *)
        initWeights(w2,1.0/(n+0.1))
        REPEAT                           (* Alle Trainingsmuster *)
          Read(PatternFile,x)            (* einlesen oder generieren. *)
          X:=0; FOR i:=1 TO n DO X:=X+x[i] END   (* Eingabeaktivität*)
          Classes:={1..m}                (* Alle Klassen kommen anfangs in Frage *)
          REPEAT              (* Alle möglichen Klassen durchsuchen *)
            yc:=0;
            WinnerTakeAll;               (* Beste Klassifizierung suchen *)
            IF yc#0           (* Klasse gefunden ? *)
                THEN          ÜbereinstimmungsTest;           (* nach (2.7.8a) *)
                ELSE          NeueKlasseInitiieren;           (* Muster speichern*)
            END;
          UNTIL yc#0
          IF yc>0             (* Klasse schließlich gefunden ? *)
            THEN Write (" Klasse "); WriteInteger(yc);
            ELSE Write (" Unbekanntes Muster und keine neue Klasse verfügbar!");
          END
        UNTIL EndOf(PatternFile)
    END ART1.
```

Codebeispiel 2.7.1 Der ART1-Algorithmus in Pseudocode

Einige Prozeduren für diese Schritte sind im Codebeispiel zur Übersicht nur erwähnt; der ausführlichere Programmcode ist im Folgenden gezeigt. Die erste Prozedur `WinnerTakeAll` findet das Neuron mit maximaler Aktivität, das bisher noch nicht "gewonnen" hatte, und simuliert damit das Ergebnis einer gegenseitigen Hemmung aller Neuronen in der F_2-Schicht.

```
WinnerTakeAll:
  Max:=0;                          (* Maximale Aktivität in F2-Schicht *)
   FOR i:=1 TO m DO                (* winner-take-all nach Gl.(2.7.4) *)
    IF (i IN Classes) AND (z(w2[i],x)>Max  (* Codebsp1.2.1 *)
       THEN yc:=i; Max:=z(w2[i],x)
    END
  END;
```

Codebeispiel 2.7.2 Ermittlung der maximalen Aktivität

Die zweite Prozedur `ÜbereinstimmungsTest` ist etwas komplizierter: Um den Quotienten zwischen akzeptierter und angebotener Aktivität zu bilden, muß man vorher beide errechnen. Zum Errechnen der Übereinstimmung des Erwartungsmusters mit der Eingabe reicht es, nach (2.7.8b) das Skalarprodukt des Eingabevektors `x[i]` und der Erwartung `w1[i,yc]` der Klasse yc zu bilden.

```
ÜbereinstimmungsTest:
       Z:=0; FOR i:=1 TO n DO Z:=Z+w1[i,yc]*x[i] END  (* F1-Aktivität *)
       IF ρ > Z/X              (* Zu geringe Übereinstimmung (2.7.8a)? *)
         THEN EXCL (yc,Classes) ; yc:=0;          (* Klasse ausschließen *)
         ELSE     (* Klasse gefunden: Gewichte anpassen ! *)
           FOR i:=1 TO n DO                          (* langsames Lernen *)
              w1[i,yc] :=x[i]                          (* nach (2.7.9b) *)
              w2[yc,i] :=w2[yc,i] -β*(w2[yc,i]*(Z-1)  (* nach (2.7.11) *)
              IF w1[i,yc]*x[i]=1.0 THEN
                w2[yc,i] :=w2[yc,i] +γ*(1.0-w2[yc,i])
              END
           END
       END;
```

Codebeispiel 2.7.3 Ermittlung der Übereinstimmung Eingabe/Klassenprototyp

Ist die Übereinstimmung für keine existierende Klasse groß genug, so wird das neue Muster als Klassenprototyp einer neuen Klasse gespeichert (schnelles Lernen), wobei ein bisher nicht benutztes Neuron der F_2-Schicht verwendet wird.

```
NeueKlasseInitiieren:
        IF Classes # {} (* Noch eine Klasse frei ? *)
          THEN  i:=1;
            REPEAT          (* Ermittle freie Klassennummer *)
                IF (i IN Classes) THEN yc:=i ELSE  INC(i) END
            UNTIL (i>m) OR (yc#0);
            FOR i:=1 TO n DO                   (* schnelles Lernen *)
                w1[i,yc] :=x[i]                (* nach (2.7.9b) *)
                w2[yc,i] := α/(α-1+X)          (* nach (2.7.12) *)
            END;
          ELSE  yc:=-1;
        END;
```

Codebeispiel 2.7.4 Speichern eines neuen Musters

Ist kein Neuron mehr frei, so ist die Kapazität des Systems erschöpft und es wird in der Simulation eine Fehlermeldung ausgegeben.

2.7.2 ART 2

Die Architektur von ART1 lernt und klassifiziert binäre Muster. Nicht alle Eingaben liegen aber bereits zu Beginn als binäre Muster, beispielsweise als Tupel von Prädikaten, vor. Betrachten wir beispielsweise analoge Muster wie Signalformen etc., so ist klar, daß die analogen Werte im binären ART1 nicht verglichen werden können. Die Entscheidung, ob das Muster einer Klasse *r* angehört, wurde ja, wie wir wissen, von dem Verhältnis Übereinstimmungsaktivität zu Eingabeaktivität bestimmt. Diese globalen Parameter sagen aber nicht viel über die Übereinstimmung der analogen Einzelkomponenten x_i aus; ein einziger Meßwert x_k stark außerhalb der Reihe kann trotz sonstiger, perfekter Übereinstimmung der restlichen Werte die korrekte Klassifizierung verhindern. Um diesen Fall auszuschließen und eine stabile, rauschunempfindliche Klassifizierung mit den Vorteilen von ART1 zu ermöglichen, wurde von Gail Carpenter und Stephen Grossberg die ART2 Architektur als modifizierte ART1 Architektur geschaffen [CAR87b]. Dazu wurde die F_1-Schicht in ihre drei Funktionen aufgeteilt: der Eingabeverarbeitung, der Erwartungswertgenerierung und der Vergleich zwischen Eingabe und Erwartung. In Abbildung 2.7.4 ist dies schematisch für eine ART2-Version gezeigt.

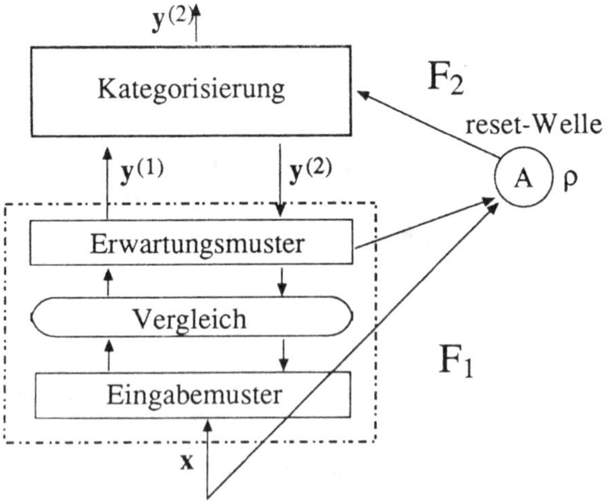

Abb. 2.7.4 Eine Version der ART2-Architektur

Auf eine ausführliche, detaillierte Beschreibung der Modifikationen gegenüber dem vorher ausführlich vorgestellten ART1 System möchte ich aus Platzgründen verzichten.

2.7.3 ART3

Bei der Anwendung der ART1 bzw. ART2 Architektur zeigte sich, daß die Architektur in größeren Systemen mit multiplen Schichten nur als jeweils eine, zusammenhängende Schicht mit den Unterteilen $F_1^{(i)}/F_2^{(i)}$ und einer dazu gehörenden Aktivitätskontrolle $A^{(i)}$ integrierbar ist ("*ART-Kaskade*"), s. Abbildung 2.7.5 links. Sollen die Schichten nun in beiden Richtungen Wechselwirkungen und eine einzige Aktivitätskontrolle haben wie in Abbildung 2.7.5 rechts, so muß die Funktion jeder Schicht $F^{(i)}$ gegenüber der ART1 und ART2 Architektur modifiziert werden [CAR90].

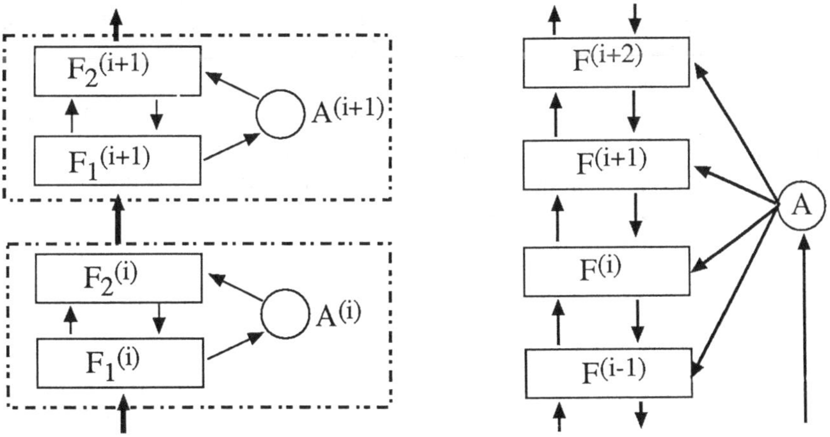

Abb. 2.7.5 ART Kaskade und homogene ART-Schichten

Dazu wurde nicht nur begonnen, jede Schicht gleichmäßig aus drei Unterschichten wie in ART2 (s. Abb. 2.7.4) aufzubauen, sondern auch die Aktivitätskontrolle ("Reset-Signal") als einen chemischen Mechanismus zu formulieren, der sich allgemein in allen Schichten auf die Weiterleitung von Signalen auswirkt. Das Synapsenmodell in ART3 unterscheidet dabei zwischen drei Größen: den Gewichten w, die beispielsweise einer Synapsenfläche und damit die maximale Ausschüttung einer den Transmitter auslösenden Substanz bestimmt, der Menge u(t) der Substanz sowie der Menge v(t) der Transmittersubstanz selbst. Die Reset-Welle, die in diesem Modell von einer beliebigen Schicht ausgelöst werden kann, bindet nur die Transmittersubstanz ("hohe Transmitterabbaurate"), so daß weder die Gewichte noch die Signale direkt beeinflußt werden. Trotzdem wirkt sich die Übertragungshemmung über die Differenzialgleichungen des Synapsenmodells so aus, daß nun die vorher aktiven Synapsen mit hoher Anregung u durch die begrenzte Anregungskapazität nur noch wenig Anregung bewirken können und damit andere, schwächere Klassenprototypen angeregt und somit eine andererer Klassifizierung selektiert werden kann.

Die mehrschichtige ART-Architektur hat noch andere Merkmale, die erwähnenswert sind.

- Die zweifache, adaptiv-selektive Verarbeitung der Eingabe führt in jeder Schicht zu einer hochgradig nicht-linearen Verstärkung ("Resonanz") bekannter Muster. Dadurch bleibt jede Schicht sehr stabil.

- Trotzdem kann jede Schicht die Veränderung ihrer gespeicherten Muster bzw. neue Muster lernen, wenn eine vorgegebene Toleranzschwelle überschritten wird (*Stabilität-Plastizitäts- Dilemma*).

- Der *competitive learning* Mechanismus jeder Schicht bewirkt eine sehr *spärliche Kodierung* jedes Ausgabesignals und damit eine gute Ausnutzung der Speicherkapazität (vgl. Kapitel 2.2.3).

Die ART3 Architekturfamilie birgt noch eine Fülle von Details und Anwendungsüberlegungen, die, ebenso wie die Differentialgleichungen des Synapsenmodells, hier nicht weiter erörtert werden sollen. Stattdessen sei der interessierte Leser auf die Literatur [CAR90] verwiesen.

3 Rückgekoppelte Netze

Die Teile des menschlichen Gehirns, die mit Aufgaben der sensorischen Verarbeitung (*periphere Leistungen*) beschäftigt sind, haben meist einen sehr speziellen, geordneten Aufbau. Dies läßt sich mit dem Schichtenmodell aus Abschnitt 1.1.1 erklären, bei dem die sensorische Verarbeitung in mehreren Stufen (Schichten) erfolgt (*pipeline-Modell*).

Betrachtet man die zeitliche Folge, mit der eine sensorische Erregung diese Schichten durchläuft, so bleibt pro Schicht so wenig Zeit, daß bei einer minimalen Taktrate der Neuronen von ca. 1 ms nur noch eine fast ausschließliche feed-forward Verarbeitung denkbar ist. Beispielsweise läßt sich nach einem "Klick"-Laut am Ohr in den verschiedenen Stufen des auditiven Systems (s. Abb. 1.1.17) eine Erregungswelle ableiten, die ihr Maximum nach 5 ms in der Cochlea, nach 7ms in dem Olivenkernkomplex, nach 9 ms im colliculus inferior, nach 13 ms im Genicularischen Körper und nach 24 ms im Auditorischen Cortex annimmt [KUFF].

Anders dagegen sieht es für das Großhirn (*Cortex*) aus, von dem wir sehr wenig wissen. Einige physiologische Hinweise besagen, daß im Unterschied zu den peripheren Arealen (z.B. visuelle Zentren, Areale 17,18,19 in Abb. 1.1.1) beispielsweise beim Mäusecortex mit ca. einer Million Eingangsfasern und ca. 20 Millionen Zellen, von denen die Mehrheit (85%) einheitliche, exitatorische Pyramidenzellen sind, anstelle einer Schichtenstruktur eine ungeordnete, lose Struktur von rückgekoppelten, gleichartigen Neuronen vorliegt [BRAI89]. Einige Forscher glauben deshalb, daß die Funktion des menschlichen Großhirns eher der eines großen Assoziativspeichers ähnelt, bei dem die sensorischen, stark kodierten Informationen miteinander und mit einer großen Menge bereits gespeicherter Informationen in Verbindung gebracht werden.

Stabile Zustände und Energiefunktionen

In den folgenden Abschnitten wollen wir uns deshalb näher mit den Modellen und Eigenschaften rückgekoppelter, parallel arbeitender Systeme (*recurrent* oder *feedback networks*) aus kleineren Einheiten befassen.

Da jede Einheit wiederum von vielen anderen Einheiten und damit auch wieder von sich selbst abhängig ist, läßt sich bei der daraus resultierenden, komplexen Dynamik über das Gesamtsystem durch Einzelbeobachtungen (Beispiele) meist relativ wenig aussagen; eine analytische Lösung der gekoppelten Differenzialgleichungssysteme ist meist aussichtslos oder sehr schwierig. Stattdessen hat es sich als sinnvoll erwiesen, Systeminvariante zu betrachten, die sich einheitlich auf das Verhalten der Einzelelemente auswirken. Eines der wichtigsten Größen ist dabei die *Energie* E des Systems. Ähnlich wie in physikalischen Systemen ist der stabile Zustand S, den das System nach einer gewissen Konvergenzzeit (hoffentlich) erreicht, durch ein Minimum an Gesamtenergie E(t) gekennzeichnet, sofern die Zustandsänderung jeder Einheit nur im Sinne einer Verminderung der lokalen Einzelenergie erfolgen darf. Die Stabilitätsbedingung an den Systemzustand für diskrete Zeitschritte,

$$E(S(t+1)) \leq E(S(t)) \qquad (3.0.1)$$

oder für kontinuierliche Zeit

$$\frac{\partial E}{\partial t} \leq 0 \qquad \exists\, E_{min} \text{ mit } E_{min} \leq E(t) \qquad (3.0.2)$$

wird bei Energiefunktionen, die nach unten beschränkt sind, als *Ljapunov-Bedingung* und die monoton fallende Energiefunktion als *Ljapunov-Funktion* bezeichnet.
Ist die Stabilitätsfunktion von einem Parameter **w** abhängig, so folgt dabei aus (3.0.2)

$$\partial E(\mathbf{w}(t))/\partial t = \nabla_{\mathbf{w}} E(\mathbf{w})\ \partial \mathbf{w}/\partial t \leq 0$$

Für diese Bedingung ist beispielsweise hinreichend [SCH90], wenn

$$\nabla_{\mathbf{w}} E(\mathbf{w}) = -\gamma\, \partial \mathbf{w}/\partial t \qquad \gamma > 0 \qquad (3.0.3)$$

ist, da $(\partial \mathbf{w}/\partial t)^2 \geq 0$ gilt. Die Stabilitätsbedingung transformiert sich damit interessanterweise in die Aussage, daß eine Konvergenz gewährleistet ist, wenn sich die Gewichte mit dem negativen Gradienten der Energie ändern. Dies ist aber auch die Aussage des Gradientensuchalgorithmus aus Abschnitt 1.4, so daß bei den rückgekoppelten Netzwerken Systemstabilität und Konvergenz der Gewichte eng miteinander verbunden sind.

Natürlich handelt es sich bei formalen Neuronen nicht um Atome und damit auch nicht um echte Energie; der Name "Energiefunktion" ist nur eine andere Bezeichnung für eine *Zielfunktion*, wie wir sie bereits bei der Mustererkennung in Abschnitt 1.3.1 kennengelernt haben. Da die Forschung über rückgekoppelte Modelle in jüngster Zeit stark von Physikern betrieben wurde (s. Abschnitt 3.1.2), behalten wir in diesem Abschnitt die Bezeichnung "Energie" für eine Zielfunktion zur Veranschaulichung bei. Wesentlich für die Funktion dieser Modelle ist damit nicht nur ihre Vernetzung und die Lernregeln für ihre Gewichte, sondern auch die Definition ihrer Energiefunktion.

Die Hauptarbeit, um solche Systeme zum Lösen einer bestimmten Aufgabe zu programmieren, besteht damit nicht nur im Entwurf einer Netzwerktopologie und im Zusammenstellen einer Menge von Trainingsmustern, sondern insbesondere in der Konstruktion einer Energiefunktion, die das gewünschte Resultat bewirkt.

3.1 Assoziativspeicher

Es gibt verschiedene Modelle für Systeme aus rückgekoppelten, formalen Neuronen. Wie schon in Abschnitt 2.2 festgestellt wurde, ist die Eigenschaft, assoziativ Muster zu speichern, eines der Grundproportionen neuronaler Modelle. Betrachten wir deshalb in diesem Abschnitt zuerst die Modelle und Eigenschaften assoziativer Speicher.

3.1.1 Brain-state-in-a-box

Eines der klassischen Modelle von Anderson, Silverstein, Ritz und Jones [AND77] besteht aus einer Erweiterung des korrelativen Assoziativspeichers aus Abschnitt 2.2. Im Unterschied zu dem dort vorgestellten Modell wirken die Ausgänge hier auch auf die Eingänge zurück, so daß sich eine Rückkopplung ergibt.

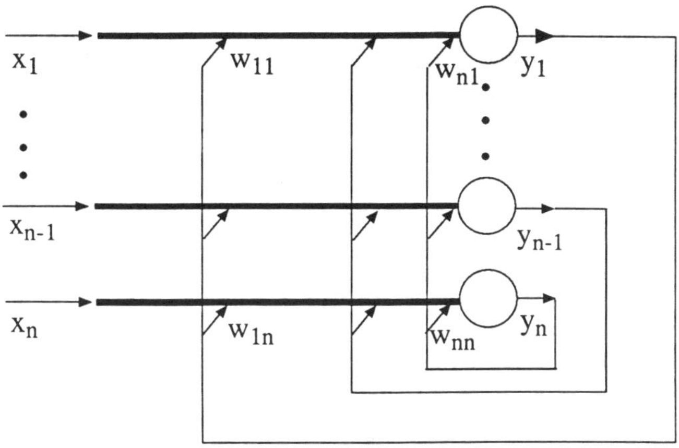

Abb. 3.1.1 Ein rückgekoppelter Assoziativspeicher

In der Abbildung 3.1.1 ist gezeigt, daß die Eingabekomponenten jeweils separat an den Eingang (dicker Strich) eines Neurons herangeführt sind. Die Pfeile verdeutlichen eine Ankopplung der Ausgangsleitungen über Gewichte w_{ij} an ein Neuron. Betrachten wir zunächst die Stabilität des rückgekoppelten Systems, ohne eine Eingabe vorzunehmen, bei möglichen, internen Zuständen **x**.

Aktivierung ohne Eingabe

Das an den Eingängen vorhandene Signal **x**(t) wird in diesem System linear auf die Ausgabe **y**(t) abgebildet, so daß in diesem linearen Modell zunächst die Ausgabe als Spaltenvektor

$$\mathbf{y} = \mathbf{S}(\mathbf{z}) = \mathbf{W}\mathbf{x} \tag{3.1.1}$$

vorhanden ist mit der Identität (1.2.2) als Ausgabefunktion

$$\mathbf{S}(\mathbf{z}) = \mathbf{z} \tag{3.1.2}$$

Stabile Speicherung von Mustern

Im Unterschied zu den einfachen Assoziativspeichern in Abschnitt 2.2 ist hier nicht nur eine autoassoziative Kodierung $(\mathbf{x}^k,\mathbf{x}^k)$ der zu speichernden Ein/Ausgabepaare vorhanden, sondern die Aktivität wirkt auch wieder auf sich zurück. Betrachten wir dazu zunächst nur das rückgekoppelte System *ohne* zusätzliche Eingabe. In diesem System lassen sich nur dann Muster $\mathbf{x}^k$ autoassoziativ stabil speichern, wenn

$$\mathbf{x}^k(t+1) = \mathbf{y}^k(t) = \mathbf{W}\,\mathbf{x}^k(t) \overset{!}{=} \lambda_k \mathbf{x}^k(t) \tag{3.1.3}$$

die Ausgabevektoren in die gleiche Richtung zeigen wie die Eingabevektoren: Das System ist in *Resonanz*. Die speicherbaren Muster stellen damit die *Eigenvektoren* der Gewichtsmatrix $\mathbf{W}$ dar und ihre Verstärkung λ_k die Eigenwerte; ihre Zahl ist gleich dem Rang der n×n Matrix $\mathbf{W}$, also maximal *n*.

Erzeugung der Speichermatrix

Aus Abschnitt 1.4, Gleichung (1.4.10) wissen wir, daß die Matrix $\mathbf{W}$ durch die Eigenvektoren festgelegt ist. Betrachten wir aber nun in diesem Modell eine Speicherung und damit die Erzeugung der Elemente von $\mathbf{W}$ wie üblich über die Hebb'sche Regel (1.4.1)

$$\Delta w_{ij} = y_i x_j = y_i y_j = y_j y_i = \Delta w_{ji} \tag{3.1.4}$$

$$\text{und} \qquad w_{ij} = \Sigma_k \, \Delta w_{ij}$$

so wird die resultierende Autokorrelationsmatrix bei initialen Anfangsgewichten $w_{ij}(0)=0$ von dem äußeren Produkt der beiden Vektoren aufgespannt

$$\mathbf{W} = \mathbf{W}^T = \Sigma_k \mathbf{y}^k (\mathbf{y}^k)^T = \Sigma_k \mathbf{x}^k (\mathbf{x}^k)^T \tag{3.1.5}$$

Sie ist symmetrisch und ihre Eigenvektoren sind damit orthogonal. Die Speichermuster $\mathbf{x}^k$ können in diesem Fall also nur dann Eigenvektoren und damit "stabile Zustände" darstellen, wenn sie nicht nur *linear unabhängig*, sondern auch *orthogonal* kodiert sind. Wählen wir uns unsere zu speichernden Muster also orthogonal (nicht unbedingt auch orthonormal), so können wir sie direkt über die Hebb'sche Regel abspeichern. Wie man leicht nachprüfen kann, ergibt sich mit (3.1.5) dann sofort die gewünschte Beziehung (3.1.3) mit $\lambda_k = |\mathbf{x}^k|^2$.

Was passiert nun mit einem beliebigen Muster, einer Abweichung von den bereits gespeicherten $\mathbf{x}^k$? Wird ein beliebiges $\mathbf{x}$ in das System eingespeist, so ist die Ausgabe mit $\mathbf{y}(t) =: \mathbf{x}(t+1)$

$$\mathbf{x}(t+1) = \mathbf{W}\mathbf{x}(t) = \Sigma_k \mathbf{x}^k (\mathbf{x}^k)^T \mathbf{x}(t) = \Sigma_k \mathbf{x}^k \, a_k(t) \qquad (3.1.6)$$

Das resultierende Muster ist also eine Überlagerung der Projektionen $a_k = (\mathbf{x}^k)^T \mathbf{x}$ des Vektors $\mathbf{x}$ bezüglich der neuen Basisvektoren, der Eigenvektoren $\mathbf{x}^k$. Damit bleibt auch jede Linearkombination der $\mathbf{x}^k$ genauso erhalten und stellt einen stabilen Zustand dar.

Sind die zu speichernden Muster $\mathbf{x}^k$ dagegen *linear abhängig*, so wird es schwieriger, sie zu speichern. Aus Abschnitt 1.2 wissen wir, daß dann die Pseudoinverse $\mathbf{X}^+$ für das Minimum des quadratischen Fehlers gebildet werden kann und sich mit Gleichung (1.2.8) ergibt

$$\mathbf{W} = \mathbf{X}\mathbf{X}^+$$

Auftrittswahrscheinlichkeiten und Eigenwerte

Betrachten wir weiterhin den Fall orthogonaler Muster $\mathbf{x}^k$. Nachdem jedes Muster $\mathbf{x}^k$ einige male (genau s^k-mal) präsentiert und gespeichert wurde, ergibt sich die Gewichtsmatrix aus (3.1.5) zu

$$\mathbf{W} = \Sigma_k \, s^k \mathbf{x}^k (\mathbf{x}^k)^T \qquad (3.1.7)$$

Nehmen wir an, daß die Mustervektoren auch normiert sind ($(\mathbf{x}^k)^T \mathbf{x}^k = 1$), so ist bei der Eingabe des Musters $\mathbf{x}^r$ mit

$$\mathbf{W}\,\mathbf{x}^r = s^r \mathbf{x}^r \qquad (\mathbf{x}^k)^T \mathbf{x}^r = 0 \text{ bei } r \neq k$$

bei fester Gesamtzahl $s = \Sigma_k \, s^k$ an Speicherungen die Ausgabe wieder ein Eigenvektor, so daß $s^r = \lambda_r$ gilt und damit die relativen Eigenwerte $\lambda_r / \Sigma_k \lambda_k$ proportional zur Auftrittswahrscheinlichkeit eines gespeicherten Musters $\mathbf{x}^i$

$$p_i = s^i / s \qquad (3.1.8)$$

sind; die relativen Größenunterschiede der Eigenwerte bedeuten hier einen entsprechenden Unterschied in den Auftrittswahrscheinlichkeiten. Haben alle gespeicherten Muster die gleiche Auftrittswahrscheinlichkeit, so sind auch alle Eigenwerte gleich. In diesem Fall ist auch jede beliebige Linearkombination der $\mathbf{x}^k$ Eigenvektor und damit stabiler Zustand, wie man leicht mit (3.1.6) nachprüfen kann.

Die Verarbeitung zufälliger Muster

Haben die gespeicherten Vektoren einen Erwartungswert null

$$\Sigma_k \, p_k \, \mathbf{x}^k = \langle \mathbf{x} \rangle_k = \mathbf{0} \qquad (3.1.9)$$

so ist der Erwartungswert der gesamten Speichermatrix

$$\langle \mathbf{W} \rangle = \Sigma_k \, p_k \, \mathbf{x}^k (\mathbf{x}^k)^T = \langle \mathbf{x}\mathbf{x}^T \rangle - \mathbf{0} = \langle \mathbf{x}\mathbf{x}^T \rangle - \langle \mathbf{x} \rangle \mathbf{x}^T - \mathbf{x} \langle \mathbf{x} \rangle^T + \langle \mathbf{x} \rangle \langle \mathbf{x} \rangle^T$$

$$= \langle(\mathbf{x} - <\mathbf{x}>)(\mathbf{x} - <\mathbf{x}>)^T\rangle = \mathbf{C}$$

proportional der positiv-semidefiniten Kovarianzmatrix **C**, so daß alle Eigenwerte $\lambda_r > 0$ sind.

Betrachten wir nun einen beliebigen, zufälligen Vektor **x**. Wie wir von Gleichung (3.1.6) wissen, bedeutet die lineare Abbildung mit der Matrix **W** eine Projektion auf die Eigenvektoren $\mathbf{x}^k$. Geht aber **W** in die Kovarianzmatrix **C** über, so bedeutet nun die Projektion auf die Eigenvektoren von **C**, wie wir aus Abschnitt 1.4.2 wissen, eine Hauptkomponentenanalyse. Damit maximiert die Projektion $y_1 = \mathbf{x}^T\mathbf{e}^1$ des Vektors **x** auf den Eigenvektor mit dem größten Eigenwert die Varianz

$$\text{var}\,(y_1) = \langle(y_1 - <y_1>)^2\rangle = \langle y_1{}^2\rangle = \lambda_1 \qquad \langle y_i\rangle = 0$$

Konstruieren wir orthogonal dazu in Richtung der zweitgrößten Varianz den zweiten normierten Eigenvektor und so fort, so erhalten wir eine Darstellung von **x** durch ein orthonormales Basissystem von Eigenvektoren, die als die wesentlichen, informationstragenden Merkmale der Eingabe {**x**} angesehen werden können (s. Abschnitt 1.4). Die Varianz des zufälligen Vektors **x** ist damit

$$\begin{aligned} \text{var}\,(\mathbf{x}) &= \langle|\mathbf{x} - <\mathbf{x}>|^2\rangle = \langle|\mathbf{x}|^2\rangle = \langle\, (\Sigma_k\, y_k\, \mathbf{x}^k)\, (\Sigma_k\, y_k\, \mathbf{x}^k)^T\, \rangle = \langle\, \Sigma_k\, y_k{}^2\, \rangle \\ &= \Sigma_k\, \text{var}\,(y_k) = \Sigma_k\, \lambda_k \end{aligned} \qquad (3.1.10)$$

die nun maximal ist, da die Variablen y_i nicht mehr korreliert sind. Bei normierten Vektoren mit $|\mathbf{x}|=1$ sind es die Eigenvektoren, die die größten Antworten liefern: unter allen **x** bringt $\mathbf{x}^1$ mit $|\mathbf{y}|^2=\lambda_1$ die größte Antwort; $\mathbf{x}^2$ mit $|\mathbf{y}|^2=\lambda_2$ die zweitgrößte und so fort.

Eingabe und Rückkopplung

Bisher betrachteten wir das gesamte System als ein geschlossenes, rückgekoppeltes System, in dem nur wenige der injizierten Zustände bei der Rückkopplung "überleben" können. Angenommen, wir betrachten einen diskreten Zeitpunkt t, in dem gleichzeitig Eingabe und Rückkopplung wirken können. Dann ist die Eingabe nach einem Zeitschritt mit (3.1.6) und (3.1.3)

$$\begin{aligned} \mathbf{x}(t+1) &= \mathbf{x}(t) + \mathbf{W}\,\mathbf{x}(t) = \Sigma_k\, a_k(t-1)\, \mathbf{x}^k + \mathbf{W}\,(\Sigma_k\, a_k(t-1)\, \mathbf{x}^k) \\ &= \Sigma_k\, (1+\mathbf{W})a_k(t-1)\, \mathbf{x}^k = \Sigma_k\, (1+\lambda_k)a_k(t-1)\, \mathbf{x}^k \end{aligned} \qquad (3.1.11)$$

Da die Eigenwerte λ_k alle positiv sind, gilt also

$$|\mathbf{x}(t+1)| \geq |\mathbf{x}(t)| \qquad (3.1.12)$$

so daß unter diesen Bedingungen nur die sog."degenerierten" Eigenvektoren mit $\lambda_j=0$ Fixpunkte im System sind. Für alle anderen Eingaben ist das System instabil.

Hier zeigt sich die Notwendigkeit, eine Wachstumsbeschränkung in dem rückgekoppelten System einzuführen. Wie wir aus Abschnitt 1.1.3 wissen, kann bei biologischen Neuronen die Variable x_i nur einen Wert aus dem Intervall [0,Z] annehmen. Erweitern wir das Intervall zu der Beschränkung

$$x_i \in [-Z, +Z] \tag{3.1.13}$$

so sind alle Zustände **y** des Systems in einer abgeschlossenen Menge des m-dimensionalen Raums enthalten; im dreidimensionalen Fall wäre dies ein Kasten der Kantenlänge 2Z. Identifizieren wir **y** mit einem Zustand im Gehirn, so läßt sich dieses Modell mit dem Schlagwort *brain-state-in-a-box* ("Gehirnzustand im Kasten") kennzeichnen. Der "Kasten" hat dabei im 3-dim Fall $8 = 2^3$ Ecken, im m-dimensionalen Fall 2^m Ecken (Warum?). Der Einschränkung des Zustandsraums, die ja nicht nur als Restriktion für die Eingabe **x**, sondern auch für die Ausgabe **y** aufzufassen ist, entspricht damit einer begrenzt-linearen Ausgabefunktion S(y) gemäß Gleichung (1.2.3).

Man beachte, daß das Modell von Oja (s. Abschnitt 1.4.1) mit der Forderung normierter Gewichte $|\mathbf{w}|^2=1$ trotz linearer Ausgabefunktion $y=\mathbf{w}^T\mathbf{x}$ ebenfalls bei begrenzter Eingabe $|\mathbf{x}| \leq Z$ eine begrenzte Ausgabefunktion S(z) impliziert:

$$\max(y) = \max(\mathbf{w}^T\mathbf{x}) = \max(\ |\mathbf{w}| \cdot |\mathbf{x}| \cdot \cos(\mathbf{w},\mathbf{x})\ ) = +Z$$

und $$\min(y) = \min(\ 1 \cdot |\mathbf{x}| \cdot \cos(\mathbf{w},\mathbf{x})\ ) = -Z$$

so daß die effektive Ausgabefunktion mit der begrenzt-linearen aus Gleichung (1.2.3b) übereinstimmt.

Die Begrenzung der Ausgabe, d.h. die "Ecken" des Zustandsraums sind dabei ziemlich wichtig für die Stabilität des Systems. Der Ausgabevektor wird nach (3.1.12) solange wachsen, bis er "stabil" ist, beispielsweise "in einer Ecke landet". Allerdings können wir nicht erwarten, daß alle Ecken stabil sind: Welche sind es ?
Sei $\mathbf{x}^k$ ein normierter Eigenvektor in einer Ecke (d.h. $|\mathbf{x}^k|=(\Sigma_k Z^2)^{1/2}$) des Systems, so ist mit (3.1.3) und $\mathbf{y}=S(\lambda_k\mathbf{x}^k)=\mathbf{x}^k$ die Gewichtsänderung bei der Speicherung

$$\Delta\mathbf{W} = \gamma\,\mathbf{x}^k\,(\mathbf{x}^k)^T\mathbf{x}^k = \gamma\,\mathbf{x}^k$$

und die Ausgabe wächst nach der Speicherung mit

$$(\mathbf{W}+\Delta\mathbf{W})\,\mathbf{x}^k = (\gamma+\lambda_k)\,\mathbf{x}^k$$

wieder in die gleiche Richtung des Eigenvektors. Ist das System also in einer zu einem der *m* Eigenvektoren gehörenden Ecke, so bleibt der Systemzustand stabil; die Eigenvektoren stellen *Resonanzzustände* des Systems dar.

Anwendung: *Kategorische Sprachwahrnehmung*

Das Modell des *brain-state-in-a-box* wurde in der gleichen Arbeit [AND77] zur Erklärung der experimentalpsychologischen Beobachtung der "kategorischen Sprachwahrnehmung" eingesetzt. Hierbei handelt es sich um die Beobachtung, daß Versuchspersonen beim Anhören und Einordnen von synthetischen Sprachlauten in Lautkategorien (Klassifizieren) trotz langsamer, kontinuierlicher Veränderung der Laute, beispielsweise von stimmhaftem */b/* zu stimmlosem */p/* durch Verzögerung des Stimmeinsatzes, über weite Verzögerungsbereiche keine qualitative Veränderung (Änderung der Lautkategorie) wahrnehmen; dann aber, in einem sehr kleinen Übergangsbereich ("Schwellwert t_0") auf der Zeitachse, schlagartig einen Wechsel des Phonemtyps registrieren. In Abbildung 3.1.2 ist ein solcher Umschlag an den Lauten */bah/* und */pah/* bei t_0=30 ms gezeigt.

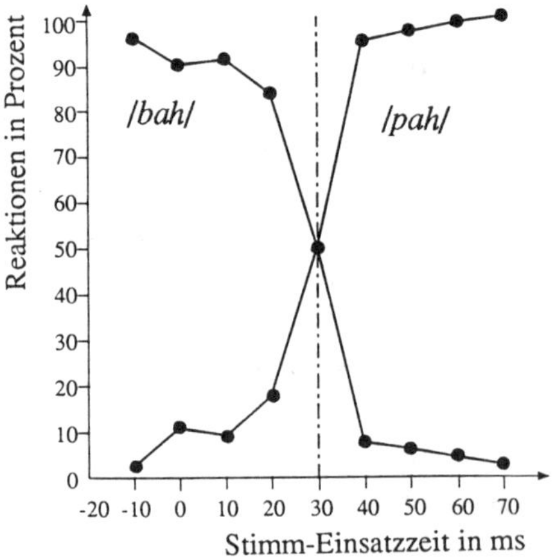

Abb. 3.1.2 Die Kategorisierung variierter Phonemlaute (nach [EIM85])

Es wird vermutet, daß in der Sprachverarbeitung zuerst ein vor-kategorischer Speicher der Sprachlaute und danach eine Kategorienbildung (Klassifikation) vorhanden ist. Bei Konsonanten fällt durch die kurze Dauer der Sprachlaute die Kategorisierung besonders klar auf, da die Klassifizierung über typische Frequenzen (*Formanten*) durch die unregelmäßigen Lautformen hier schwer möglich ist.

Bei der Simulation wählten sich die Autoren in [AND77] zwei 8-dim Vektoren **a** und **b** als Sprachmerkmale aus, die als Eigenvektoren zwei stabile Ecken in dem normierten System (Z=1) darstellen. Dann brachten sie das System in einen instabilen Zustand **x**, der auf einem Einheitskreis zwischen den beiden Vektoren lag, und ließen es konvergieren.Wurden dem initialen Zustand noch ein Gaußverteiltes Rauschen

(Zufallsabweichung um den Nullpunkt) überlagert, so war das Konvergenzziel nicht mehr deterministisch vorgegeben. In der Abbildung 3.1.3 ist die initiale Konfiguration der beiden Kategorien A und B sowie die 16 Startpositionen dazwischen als 2-dim Schnitt des 8-dim Vektorraums gezeigt.

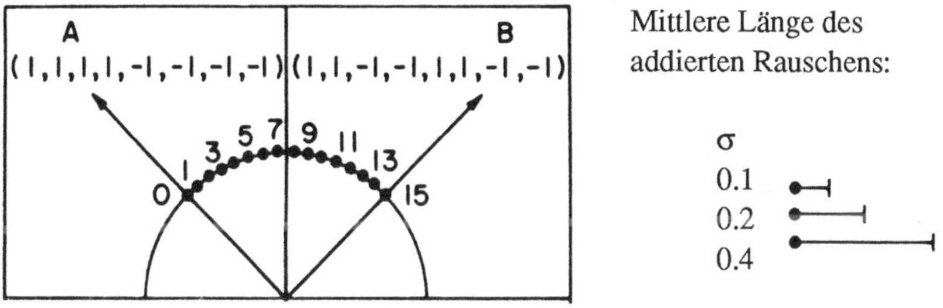

Abb. 3.1.3 Die Ausgangspositionen und Konvergenzziele der Iteration (nach [AND77])

Das Ergebnis der Simulation zeigt die prozentuale "Wahl" (Konvergenz) der Kategorie A bei jeweils 100 Iterationsläufe von einer gegebenen Startposition aus, wobei als Parameter die Standardabweichung s der Zufallsabweichung in allen 8 Dimensionen gewählt wurde. Wie deutlich zu sehen ist, wird die Unterscheidung zwischen den zwei Kategorien erst bei großen Störungen (σ=0.4) schwieriger.

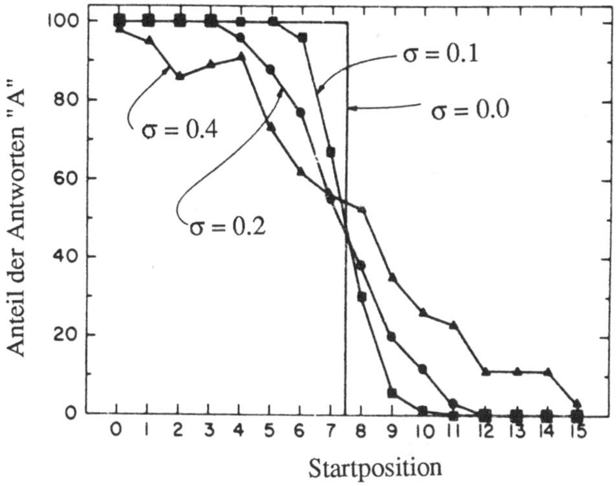

Abb. 3.1.4 Die Kategorisierung bei gestörter Eingabe (nach [AND77])

Diese Daten ähneln sehr stark denen in Abbildung 3.1.2, die andere

Experimentalpsychologen und Sprachforscher gemessen haben.

Andere Modelle

Ein weiteres, klassisches Modell eines einfachen, rückgekoppelten Assoziativspeichers ist in den Arbeiten von Amari 1972 [AMA72] und 1977 [AMA77] beschrieben. Ausgehend von zeitdiskreten, rückgekoppelten Aktivität eines parallel arbeitenden, vollvernetzten Systems

$$\mathbf{x}(t+1) = S_B(\mathbf{W}\mathbf{x}(t) - \mathbf{T}) \tag{3.1.14}$$
$$\text{mit } S_B(z) = 1 \text{ bei } z>0, \quad S_B(z) = 0 \text{ sonst}$$

ergeben sich Gleichgewichtszustände (*"Kurzzeitgedächtnis"*) nur für bestimmte Muster $\mathbf{x}^k$. Im Unterschied zu dem vorigen Modell von Anderson et al., bei der die rückgekoppelte, lineare Signalverstärkung (3.1.1) durch die Begrenzung ("Sättigung") (3.1.13) des Signals x(t) stabilisiert wird, benutzt Amari in (3.1.13) direkt eine binäre, nichtlineare Ausgabefunktion S_B.

Für das Erlernen der Gewichte **W** (*"Langzeitgedächtnis"*) gab Amari drei verschiedene Lernregeln in der Form (1.4.2c) an, die mit der Zeitkonstante α^{-1}, die ein Gewichtsbegrenzung und ein "Vergessen" durch das Abklingen der Gewichtsgröße bewirkt, lauten

$$w_{ij}(t+1) = (1-\alpha)\, w_{ij}(t) + \beta v_{ij}(t) \tag{3.1.15}$$

$$v_{ij}(t) = x_i(t)y_j(t) \quad \text{(Hebb-Regel)} \tag{3.1.15a}$$
$$v_{ij}(t) = x_i(t)L_j(t) \quad \text{("erzwungenes" Lernen)} \tag{3.1.15b}$$
$$v_{ij}(t) = x_i(t)z_j(t) \quad \text{(Potential-Lernen)} \tag{3.1.15c}$$

Der Lernprozeß hat also zwei verschiedene Zeitmaßstäbe: Nach der Eingabe eines Musters **x** stabilisiert sich das System nach wenigen Rückkopplungen, wobei sich die Gewichte kaum verändern (Kurzzeitverhalten). Geben wir sehr viele Muster ein, so konvergieren allmählich die Gewichte zu bestimmten Werten (Langzeitverhalten).

Für jede Lernregel läßt sich eine Zielfunktion $r(\mathbf{W},\mathbf{x},z)$ konstruieren, aus der man das Konvergenzziel für die Iteration (3.1.15) direkt ableiten kann. Die Änderung der Gewichte $\Delta\mathbf{W} = -\alpha\ \partial r/\partial\mathbf{W}$ wird dabei nach dem Gradientensuchalgorithmus aus Abschnitt 1.3.2 für jeden einzelnen Gewichtsvektor $\mathbf{w}_i$ (i-te Zeile von **W**) durchgeführt. Die Lernregeln in (3.1.15a-c) folgen dabei unterschiedlichen Anforderungen: In der ersten wird die Korrelation zwischen der Eingabe $\mathbf{x}_i$ und der erwünschten Ausgabe y_i, in der zweiten zwischen der Eingabe und einem Lehrer-Vorgabesignal L_i und in der dritten zwischen der Eingabe und der Neuronenaktivität z_i gelernt. Dabei läßt sich zeigen [AMA72], daß im dritten Fall der Gewichtsvektor **w** bei normierter Länge zum Eigenvektor der Korrelationsmatrix $\langle\mathbf{x}(t)\mathbf{x}^T(t)\rangle$ mit dem größten Eigenwert konvergiert. Dies ist in Übereinstimmung mit den Ergebnissen von Oja, s. Abschnitt 1.4.1!

Wählen wir uns für die Lernregel (3.1.15b) einen stabilen Zustand $\mathbf{x}^k$ durch $L_j:=x_j^k$ als Lernziel (*Speichern* von $\mathbf{x}^k$), so hat diese auto-assoziative Speicherung bestimmte Eigenschaften [AMA72]. Durch die Überlagerung der Korellationen konvergieren die Gewichte zum Erwartungswert

$$w_{ij} = \beta/\alpha \, \langle x_i(t)x_j(t)\rangle_t$$

so daß selbst bei der Eingabe von gestörten Versionen der stabilen Muster ("verrauschte Signale") stabile Zustände entstehen. Die Zahl der speicherbaren Muster richtet sich dabei nach der Stärke der überlagerten Störung und der mittleren Korrelation der zu speichernden Muster untereinander und ist, wie auch beim Modell des *brain-state-in-a-box*, maximal *n* bei orthogonalen Mustern. Bei völlig unkorrelierten Mustern können immer alle Muster wieder ausgelesen werden (stabile Zustände), wobei mit wachsender Musterzahl das Einzugsgebiet Ω_k jedes Klassenprototypen $\mathbf{x}^k$ abnimmt.

Die Speicherkapazität

Die Informationskapazität eines rückgekoppelten Netzwerks ist bei *n* binären, orthogonalen Mustern nach [AMA72] leicht zu bestimmen: das erste Muster hat mit *n* Dimensionen auch *n Freiheitsgrade* und deshalb *n* Bits; das zweite hat allerdings neben den *n* Dimensionen noch die Nebenbedingung der Orthogonalität zum ersten Muster zu erfüllen, so daß nur noch *n-1* Freiheitsgrade und damit *n-1* Bits zur Verfügung stehen. Entsprechendes gilt auch für das dritte Muster mit zwei Nebenbedingungen, so daß die *n* Muster (Basisvektoren) insgesamt $n+(n-1)+(n-2)+..+1 = n(n+1)/2$ Bits darstellen. Da es zusammen mit den *n* Schwellwerten $(n+1)n$ Gewichte gibt, für die außerdem mit $w_{ij}=w_{ji}$ zur Hälfte gleich sind, beträgt die Informationskapazität des Netzwerks

$$H = 0{,}5 \text{ Bit/Gewicht} \tag{3.1.16}$$

oder

$$H = 1 \text{ Bit pro unabhängiges Gewicht} \tag{3.1.17}$$

Eine Simulation

Eine Veranschaulichung der autoassoziativen Eigenschaften zeigte die Simulationen von Willwacher [WIL76]. In ein rückgekoppeltes Netzwerk nach Abbildung 3.1.1, das als Ausgabefunktion für $z>0$ eine sigmoide Funktion (Sättigungskurve) der Form

$$S(z) = \begin{cases} a(1-e^{-z/b}) & z>0 \\ 0 & \text{sonst} \end{cases} \qquad a,b>0 \tag{3.1.18}$$

implementierte, speicherte er verschiedene Muster ein. Ein Muster $\mathbf{x}$ wurde dabei als die Aneinanderreihung der Zeilen einer 10x10 Matrix betrachtet, in der verschiedene Buchstaben eingespeichert wurden, siehe Abbildung 3.1.4. Um ein "Überlaufen" der Gewichte zu verhindern, wurde nicht wie in (3.1.13) die Eingabe begrenzt, sondern die Gewichte selbst mit der Funktion (3.1.18) nicht-linear bewertet wie bei den *clipped synapses* in (3.1.39). Die Schwellwerte der n=100 Neuronen wurden durch die Gesamtaktivität geregelt.

In der Abbildung 3.1.5 ist die Musterergänzung im System gezeigt, nachdem alle Buchstaben eingespeichert worden sind. Bei der Eingabe eines Musters "wählt" das System dasjenige gespeicherte Muster $\mathbf{x}^r$ aus, das die größte Korrelation $\mathbf{x}^T\mathbf{x}^r$ mit der Eingabe $\mathbf{x}$ aufweist.

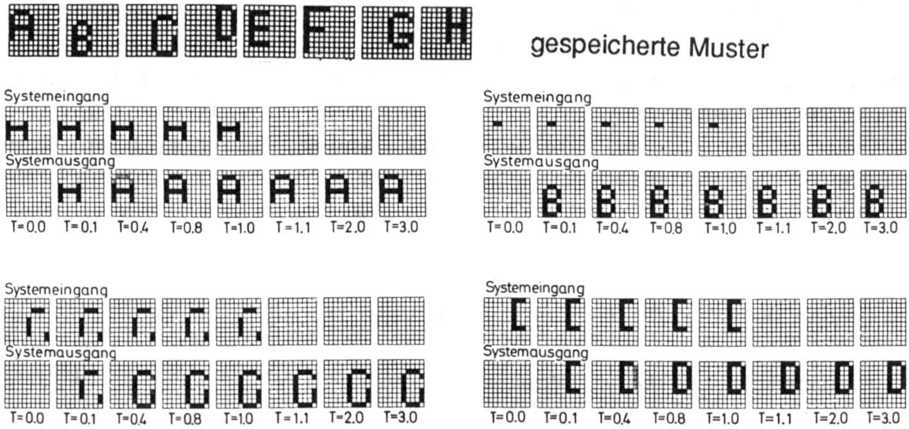

Abb. 3.1.5 Musterergänzung im autoassoziativen Speicher (aus [WIL76])

3.1.2 Das Hopfield-Modell

Einer der wichtigen Ereignisse für die Entwicklung von Gebieten der neuronalen Netze war die Tatsache, daß verstärkt theoretische Physiker Interesse an diesem Gebiet fanden und ihr Handwerkszeug, ein Spektrum physikalisch-mathematischer Methoden und Modelle, auf die neuen Probleme anwendeten. Ausgelöst wurde dieses Interesse nicht zuletzt 1982 durch einen Artikel von John Hopfield [HOP82], in dem er eine Verbindung zwischen den magnetischen Anomalien in seltenen Erden (*Spingläsern*) und Netzen aus rückgekoppelten, binären Neuronen (s. Abschnitt 1.2) aufzeigte und die Zielfunktion, die für das Verhalten des Systems ausschlaggebend ist, als *Energie* interpretierte. Mit diesem *Hopfield-Modell* war zwar prinzipiell nichts Neues gefunden worden, aber die Zugangsschwelle zu dem Gebiet der neuronalen Netze war für die Physiker entscheidend gesenkt worden. Da inzwischen eine Flut von Veröffentlichungen über dieses Modell und mögliche Varianten existiert, sei an dieser Stelle nur einige der wichtigsten Grundzüge erläutert. Für ausführlichere detaillierte Rechnungen und Hinweise sei auf die Lehrbücher von Amit [AMIT89] und von Müller und Reinhardt [MÜ90] verwiesen.

Viele physikalischen Modelle für Spingläser gehen von der Vorstellung von Atomen aus, die sich gegenseitig beeinflussen. Die Atome wirken dabei wie kleine Magnete (*Spins*), die in einem äußeren, konstanten Magnetfeld entweder parallel oder antiparallel orientiert sein können. Den Zustand der Dipolmagnete kann man auch mit "Spin auf" und "Spin ab" oder den Zahlen +1 und -1 bezeichnen. Bezeichnen wir die Kopplungskoeffizienten zwischen dem Atom i und dem Atom j mit w_{ij}, so ist das lokale Magnetfeld z_i beim Atom i eine Überlagerung aus den Zuständen y_j aller anderen Atome und der Wirkung eines äußeren Feldes T:

$$z_i = \sum_j w_{ij}\, y_j - T_i \qquad \text{für } i \neq j \tag{3.1.19}$$

Sind alle $w_{ij} > 0$, so ist das Material *ferromagnetisch*; wechselt das Vorzeichen von w_{ij} periodisch im Kristallgitter, so ist das Material *antiferromagnetisch*; bei einer zufälligen Verteilung des Vorzeichens spricht man von *Spingläsern*.

Dieses Modell hat das gleiche Verhalten wie ein System aus *n* binären Neuronen mit einer zentrierten Eingabe und Ausgabe

$$y_i, x_i \in \{-1,+1\} \Rightarrow |\mathbf{x}|^2 = n$$
$$y_i(t) = S(z_i(t-1)) := \operatorname{sgn}(z_i(t-1)) = \begin{cases} +1 & z_i \geq 0 \\ -1 & z_i < 0 \end{cases} \tag{3.1.20}$$

wobei der Übergang von der manchmal ebenfalls verwendeten Darstellung $x_i \in \{0,1\}$ zu der Darstellung $x_i \in \{-1,+1\}$ durch die Umrechnung $x_i \to (2x_i-1)$ erreicht werden kann. Dabei wird der Wert $S_i := y_i$ der Ausgabe $S_i(z_i)$ eines Neurons als sein *Zustand* betrachtet, so daß der Vektor $\mathbf{S} = (S_1,\ldots,S_n)$ als *Systemzustand* interpretiert werden kann.

Der Algorithmus des Modells läßt sich mit Hilfe der diskreten Verbindungen folgendermaßen formulieren:

```
HOPF1 : (* sequentielle Aktivierung rückgekoppelter Neuronen *)
        Wähle w_ij gemäß dem Problem          (* Problemkodierung *)
        Setze den Startzustand S(0); t:=0;
        REPEAT
          t := t+1;
          i := RandomInt (1,n)      (* wähle zufällig ein Neuron, i aus 1..n *)
          S_old:=S_i                (* merke alten Zustand *)
          z_i := z (w_i, S)         (* Bilde die Aktivität, s. Codebsp. 1.2.1 *)
          S_i := S (z_i)            (* Bilde die Ausgabefunktion 3.1.20 *)
          MarkNeuron (i)            (* setze die "alter Zustand" Markierung *)
          IF S_i#S_old THEN ResetAllMarks END
        UNTIL AllNeuronsMarked      (* Abbruchkriterium: stabiler Zustand *)
        Gebe Endzustand S(t) aus
```

Codebeispiel 3.1.1 Der sequentielle Algorithmus für das Hopfield-Modell

Dabei wird in diesem Codebeispiel für das Abbruchkriterium ein Mechanismus benutzt, der alle Neuronen mit gleichbleibenden Zuständen markiert. Sind alle Neuronen markiert, so kann sich im Netz nicht mehr ändern; das System ist in einem stabilen Zustand angelangt. Natürlich sind auch andere Abbruchkriterien denkbar; beispielsweise eine ausreichend gute Lösung oder ähnliches.

Für das zeitliche Systemverhalten betrachtet Hopfield zu einem Zeitpunkt nur eine Zustandsänderung an einem einzigen Neuron. Diese sequentiellen Zustandsübergänge sind leichter auf einem sequentiellen Rechner zu simulieren, verändern aber das Modell gegenüber einem echt parallelen, synchronen Modell wie es von Little und Shaw schon 1978 [LIT78] eingeführt worden ist.

Die Gewichte sind bei symmetrischen Kopplungen ebenfalls symmetrisch:

$$w_{ij} = w_{ji} \tag{3.1.21}$$

Die Zielfunktion (*Energie*) läßt sich durch die Forderung definieren, daß ein Aktivitätszuwachs eines Neurons i und damit eine Zustandsänderung nur mit einer Energieminderung verbunden sein soll:

$$z_i \sim - \partial E(S_i)/\partial S_i$$

und somit

$$E(S_i) := -z_i S_i \tag{3.1.22}$$

Dies bedeutet mit (3.1.19)

$$E(t) = \Sigma_i E(S_i) = - \Sigma_i \Sigma_{i<j} \; w_{ij} \, S_i(t) S_j(t) \quad + \; \Sigma_i T_i S_i(t) \tag{3.1.23}$$

Da die Energie zwischen i und i in der Doppelsumme zweimal gezählt wird, muß man entweder mit der Nebenbedingung j>i summieren oder den Faktor 1/2 vorsehen, was auch öfters benutzt wird, aber natürlich äquivalent zu (3.1.23) ist:

$$E(t) = -1/2\ \Sigma_i \Sigma_j\ w_{ij}\ S_i(t)S_j(t) \quad + \Sigma_i T_i S_i(t) \tag{3.1.24}$$

In Gleichung (3.1.23) ist der Fall der Wechselwirkung w_{ii} mit sich selber bei i=j mit der Nebenbedingung i<j ausgeschlossen. Da aber der Term $S_i(t)S_j(t)$ für i=j konstant eins ist, trägt dieser Term in der Doppelsumme von (3.1.24) nichts zur Dynamik des Systems bei und kann als Konstante zur Bequemlichkeit einbezogen werden, so daß die Randbedingung $i \neq j$ entfallen kann.

Betrachten wir die Schwelle T_i ebenfalls als Gewicht eines konstanten Neurons (s. Gleichung 1.2.0), so läßt sich (3.1.24) mit T_i=0 als

$$E(t) = -1/2\ \Sigma_i \Sigma_j\ w_{ij}\ S_i(t)S_j(t) =: \Sigma_i E_i(t) \tag{3.1.25}$$

schreiben.

Die Energie für die parallele Version von Little und Shaw ist interessanterweise fast identisch mit (3.1.23) bis auf den Faktor $S_j(t)$, der hier $S_j(t-1)$ lauten muß. Allerdings kann man damit E(t) nicht mehr als physikalische Energie zum Zeitpunkt t interpretieren, sondern nur noch als Stabilitätsfunktion (*Ljapunov-Funktion*) des Systems.

Angenommen, alle Gewichte sind vorgegeben und man überläßt das System sich selbst: Wie entwickelt sich der Systemzustand mit der Zeit? Betrachten wir dazu die Änderung der oben definierten Energie, wenn sich beim Zeitschritt t+1 der Zustand eines Neurons *i* ändert. In magnetischen Systemen entspricht dies der "Glauber Dynamik" [GLA63] für die sequentielle Änderung der Spins.
Mit (3.1.25) ist

$$E_i(t) = -z_i(t)S_i(t) \tag{3.1.26}$$

und nach einer Zustandsänderung durch die Aktivität $z_i(t)$ mit (3.1.20)

$$E_i(t+1) = -z_i(t)S_i(t+1) = -z_i(t)\ \mathrm{sgn}(z_i(t)) = -|z_i(t)|$$

Da $S_i \in \{-1,+1\}$ ist $\qquad E_i(t+1) \leq -z_i(t)S_i(t) = E_i(t)$

Die Energie wird also bei jedem Zeitschritt und jeder Zustandsänderung dieses Algorithmus nur kleiner oder bleibt gleich, so daß die Stabilitätsbedingung (3.0.2) erfüllt ist. Da außerdem $\Delta E_i = E_i(t+1)-E_i(t) = -z_i(S_i(t+1)-S_i(t)) = -z_i\ \Delta S_i$ ist bei konstanter Energie ($\Delta E_i = 0$) der Zustand konstant (ΔS_i=0) und umgekehrt. Dies gilt nur für den sequentiellen Algorithmus und bedeutet nicht notwendigerweise, daß es nicht zwei verschiedene Zustände mit gleicher globaler Energie E(S) geben kann: Beispielsweise ist die negierte Form $\bar{S}$ eines Zustands **S** unterschiedlich; seine Energie ist aber mit der Beziehung $S_iS_j = \bar{S}_i\bar{S}_j$ gleich. Da der Algorithmus sequentiell funktioniert, kann der Übergang von **S** auf $\bar{S}$ und zurück, wie bewiesen, nicht stattfinden. Es existiert somit ein Zustand minimaler Energie, der stabil ist. Es läßt sich zeigen [HOP84], daß dies hauptsächlich auf die Symmetriebedingung $w_{ij}=w_{ji}$ zurückzuführen ist.

Im Unterschied dazu läßt sich zeigen (Übungsaufgabe!), daß die Energie des parallelen Systems auch konstant bleibt ($\Delta E=0$), wenn $S_i(t+1)-S_i(t-1) = 0$ ist, so daß das System zwischen zwei Zuständen hin und her oszillieren kann. Betrachtet man noch die Beeinflussung einer Synapse durch mehrere, andere Neuronen (Synapsen höherer Ordnung, s. Abschnitt 1.2.1), so kann das System zwischen vielen Zuständen oszillieren.

Beispiel 3.1.1

Betrachten wir ein Hopfieldnetz aus n=2 Einheiten, s Abb. 3.1.6.

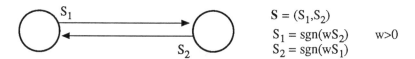

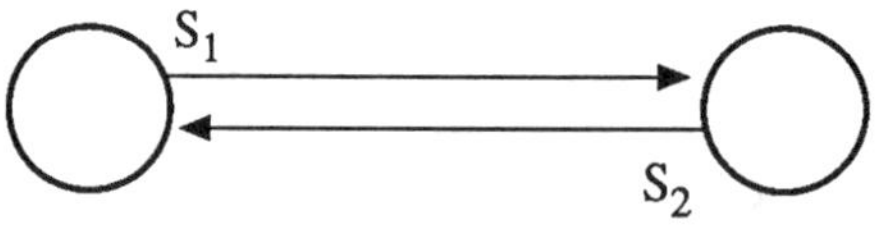

$$\mathbf{S} = (S_1,S_2)$$
$$S_1 = \mathrm{sgn}(wS_2) \qquad w>0$$
$$S_2 = \mathrm{sgn}(wS_1)$$

Abb. 3.1.6 Ein Hopfieldnetz mit n=2 Einheiten

Dann kann derSystemzustand **S**= (S_1,S_2) bei symmetrischen Gewichten $w_{12}=w_{21}=:w$ nur dann stabil bleiben, wenn **S**=(+1,+1) oder **S**=(-1,-1) ist. Nehmen wir nämlich an, daß **S**(t)=(-1,+1) sei, so ergibt sich im nächsten Schritt bei der Auswahl eines Neurons (sequentielle Dynamik)

$$z_1(t) > 0 \quad \text{und damit } \mathbf{S}(t+1) = (+1,+1)$$
oder
$$z_2(2) < 0 \quad \text{und damit } \mathbf{S}(t+1) = (-1,-1).$$

Bei **S**(t)=(+1,-1) gilt dies natürlich analog ebenso.
Ist dagegen **S**=(+1,+1) oder **S**=(-1,-1), so reproduzieren sich die Zustände immer wieder, da mit (3.1.19) folgt

$$(S_1(t)>0)\Rightarrow(z_2(t)>0)\Rightarrow(S_2(t+1)>0),\quad (S_2(t)>0)\Rightarrow(z_1(t)>0)\Rightarrow(S_1(t+1)>0)$$
und
$$(S_1(t)<0)\Rightarrow(z_2(t)<0)\Rightarrow(S_2(t+1)<0),\quad (S_2(t)<0)\Rightarrow(z_1(t)<0)\Rightarrow(S_1(t+1)<0)$$

Bei der parallelen Dynamik wechseln beide Neuronen gleichzeitig das Vorzeichen, so daß auch ein Pendeln zwischen **S**(t)=(+1,-1) und **S**(t)=(-1,+1) stabil sein kann ("Oszillation").

Der Algorithmus für das Hopfield-Modell läßt sich, anstatt mit einer diskreten Dynamik eines Netzes wie in Codebeispiel 3.1.1, auch nur mit Hilfe der Systemenergie formulieren. Er sieht nach einer initialen Wahl der Gewichte, die durch das betrachtete Problem gegeben sind, solange eine sequentielle Zufallsauswahl und Zustandsverbesserung eines Neurons vor, bis die Energie unter eine vorgegebene Schwelle sinkt. Ein diskretes Netzwerk wird für diesen Algorithmus nicht mehr explizit benötigt; implizit ist es aber in der Energiedefinition enthalten. Ist die minimale Energie E_{min}

```
HOPF2 :  (* Sequentieller, Energie-gesteuerter Algorithmus *)
         Wähle w_ij gemäß dem Problem        (* Problemkodierung *)
         Setze den Startzustand S(0); t:=0;
         Bilde E                             (* nach Gleichung 3.1.25 *)
         REPEAT
            t:= t+1
            i:= RandomInt(1,n)               (* wähle zufällig ein Neuron, i aus 1..n *)
            ΔE:= E_i(-S_i) - E_i(S_i)        (* Energiediff. bei Zustandsänderung *)
            IF  ΔE ≤ 0  THEN   E := E + ΔE;  S_i:= -S_i
         UNTIL E ≤ E_min                     (* Abbruchkriterium *)
         Gebe Endzustand S(t) aus
```

Codebeispiel 3.1.2 Energie-Algorithmus des Hopfieldmodells

nicht bekannt, so reicht es auch, solange zu iterieren, bis für alle Neuronen $\Delta E_i=0$ ist.

Im Unterschied zu den feed-forward Netzen entspricht die "Programmierung" des Netzwerks nicht etwa einer Auswahl einer Lernregel und der Aufstellung von Trainingsmustern, sondern bereits der initialen Festlegung des Systemzustands $\mathbf{S}(0)$ sowie der Gewichte.

Wie werden nun die Gewichte festgelegt ? Dies ist sicher vom Verwendungszweck des Netzwerks bestimmt. Betrachten wir dazu das uns schon aus Kapitel 2.6.3 bekannte Beispiel.

Anwendung: *Das Problem des Handlungsreisenden*

Das Hopfield-Modell betrachtet die Wechselwirkung vieler, miteinander gekoppelter Einheiten und versucht, durch die Definition einer Zielfunktion ("Energie") die Konvergenz der Zustandsfolge vom initialen Zustand zu einem stabilen Zustand zu zeigen. Dieser stabile Zustand entspricht einem lokalen Minimum der Zielfunktion. Durch die binären Ausgabefunktionen und die Nebenbedingungen eines Problems, die sich in der Definition der Gewichte widerspiegeln, existieren meist mehrere lokale Minima, die nicht mit dem globalen Minimum übereinstimmen müssen.

Das Hopfield-Modell läßt sich also besonders gut bei den Probleme anwenden, bei denen viele einzelne, unabhängige Größen existieren, die sich miteinander koordinieren müssen, um gemeinsam eine optimale Lösung zu bilden. Abgesehen von der Rechenzeit, die nötig ist, um auf traditionellen Rechnern die Wechselwirkung sehr vieler Einheiten zu simulieren, besteht das wesentliche Problem bei diesem Ansatz, das globale bzw. ein möglichst gutes suboptimales, lokales Minimum zu finden.

Betrachten wir dazu als Beispiel das Problem des Handlungsreisenden, das wir bereits in Kapitel 2.6.3 eingeführt hatten. Bei der Benutzung des Hopfield-Modells sind, wie wir wissen, verschiedene Schritte nötig, um das vorhandene Problem auf den Mechanismus des Modells abzubilden. Dazu wählen wir uns zuerst die Kodierung der *N* Städte, die vom Handlungsreisenden auf einer Reise hintereinander besucht werden sollen, auf die Art und Weise, wie sie von Hopfield und Tank [HOP85] vorgeschlagen wurden. Dafür wird eine Matrix aufgestellt, die als Spalten die Städte und als Zeilen die Positionsnummer der Stadt innerhalb der Reise enthalten. In der Abbildung 3.1.7 ist dies verdeutlicht.

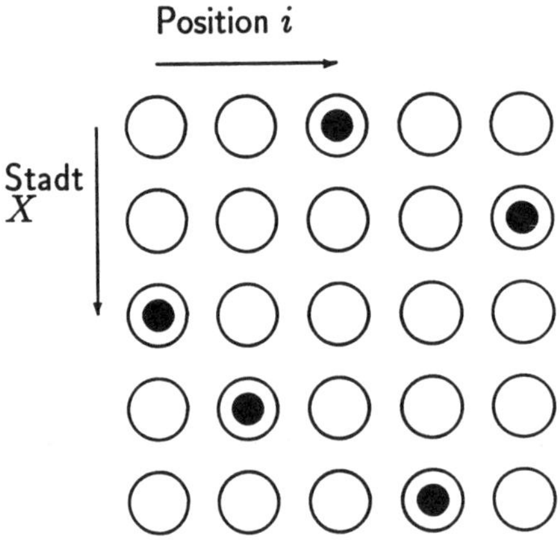

Abb. 3.1.7 Kodierung der Reise C→D→A→E→B→C

Alle Zeilen der Matrix werden, hintereinandergehängt, als Zustandsvektor **S** des Systems aufgefaßt; ein dunkler Punkt in der Matrix bei Zeile X und Spalte i bedeutet, daß auf der Rundreise Stadt X als i-te Station zu besuchen sei und wird im Vektor mit "1" notiert; alle leeren Kreise mit "0". Wir benutzen hier also die binäre Notation $S_i \in \{0,1\}$ anstelle der symmetrisch-dualen Spin-Notation $S_i \in \{-1,+1\}$.

Alle $n=N^2$ Komponenten des Zustandes **S** können wir nun im Sinne der Matrix doppelt indizieren, um sowohl die Reihe (Stadt) als auch die Spalte (Position) festzuhalten. Mit S_{xi} ist also der Zustand (das Matrixelement) festgelegt, bei dem die Stadt X an i-ter Position in der Rundreise steht und mit $w_{xi,yj}$ das Gewicht zwischen S_{xi} und S_{yj}. Die Reise auf dem Weg zwischen den Städten X und Y ist mit der Bedingung

$$S_{x,i}\, S_{y,i+1} = 1 \quad \text{und} \quad S_{x,i}\, S_{y,i-1} = 1 \tag{3.1.27}$$

charakterisiert, wobei die Position bei N Städten Modulo N gerechnet wird. Die Gesamtwegstrecke ist bei bekanntem Abstand d(X,Y) zwischen den Städten X und Y

$$E_d(S) := 1/2\, \Sigma_x\, \Sigma_{y\neq x}\, \Sigma_i\, d(X,Y)\, S_{x,i}\, (S_{y,i+1} + S_{y,i-1}) \qquad (3.1.28)$$

wobei die Summierung alle möglichen Städte und Positionen berücksichtigt. Da dabei alle Wege in beiden Richtungen gezählt werden, müssen wir mit d(X,Y)=d(Y,X) ein Faktor 1/2 davorsetzen.

Die obige Formel gibt zwar die Länge einer Rundreise, unterscheidet allerdings dabei nicht, ob die Matrix bzw. der Zustand S tatsächlich auch eine Rundreise darstellt. Um ungültige Reisen (unerwünschte Matrizen) auszuschließen, definieren wir uns noch die Nebenbedingungen

- Keine Stadt darf mehrfach vorkommen (nur eine 1 in jeder Zeile)
- An jeder Position darf nur eine Stadt stehen (max. eine 1 in jeder Spalte)
- An jeder Position muß mind. eine Stadt stehen (mind. eine 1 in jeder Spalte)

Mit diesen Nebenbedingungen reduzieren wir die Zahl $M=2^{N^2}$ aller durch eine NxN Matrix beschreibbaren Reisen auf die Zahl $M=(N-1)!/2$ der tatsächlich sinnvollen Reisen. Die Nebenbedingungen lassen sich durch Terme einer Energiefunktion ausdrücken, die nur bei Erfüllung der Nebenbedingung null wird:

(3.1.29)

$$\begin{aligned} E(S) :=\ & A/2\ \Sigma_x\, \Sigma_{i\neq j}\, \Sigma_i\, S_{x,i}\, S_{x,j} && \textit{keine Stadt mehrfach} \\ & + B/2\ \Sigma_x\, \Sigma_{y\neq x}\, \Sigma_i\, S_{x,i}\, S_{y,i} && \textit{nicht mehr als eine Stadt pro Position} \\ & + C/2\ (N - \Sigma_x\, \Sigma_i\, S_{x,i})^2 && \textit{mind. eine Stadt pro Position} \\ & + D\, E_d(S) && \textit{minimaler Reiseweg} \end{aligned}$$

mit dem jeweiligen Term-Faktor "1/2" wegen der Doppelzählung und den noch zu bestimmenden Parametern A,B,C,D > 0. Die so definierte Energiefunktion (3.1.29) steht nicht etwa im Gegensatz zu der bereits definierten allgemeinen Energiefunktion (3.1.23) des Hopfieldmodells, sondern muß mit ihr identisch sein. Um diese Identität auch tatsächlich herzustellen, errechnen wir uns nun die dafür benötigten Gewichte w_{ij}. Die allgemeine Energiefunktion (3.1.23) modifiziert sich mit der obigen Doppelindex-Notation zu

$$E(t) = -1/2\, \Sigma_u \Sigma_v \Sigma_i\, \Sigma_j\ w_{ui,vj}\, S_{ui}(t) S_{vj}(t) \quad + \Sigma_u \Sigma_i T_{ui} S_{ui}(t) \qquad (3.1.30)$$

Mit der Definition

$$\delta_{ij} = \begin{cases} 1 & i=j \\ 0 & \text{sonst} \end{cases} \qquad \textit{Kronecker-Delta} \qquad (3.1.31)$$

ergeben sich dann die Gewichte $w_{ui,vj} = w_{ui,vj}^{(1)} + w_{ui,vj}^{(2)} + w_{ui,vj}^{(3)} + w_{ui,vj}^{(4)}$ für den (3.1.32)

ersten Term: Für u=v und i≠j ist der Term A, also muß

$$w_{ui,vj}^{(1)} = -A\, \delta_{uv}\, (1-\delta_{ij})$$

zweiten Term: Für u=/v und i=j ist der Term B, also

$$w_{ui,vj}^{(2)} = - B\, \delta_{ij}\, (1-\delta_{uv})$$

dritten Term: Für alle anderen Terme einer nicht-sinnvollen Reise soll

$$w_{ui,vj}^{(3)} := - C \qquad \text{gelten.}$$

Dabei läßt sich die Energie (3.1.37) auch umformen in

$$E = C/2\, (\Sigma_u \Sigma_i\, S_{ui})(\Sigma_u \Sigma_i\, S_{ui}) \quad + \; T\, (\Sigma_u \Sigma_i S_{ui})$$

so daß mit T:= -CN folgt

$$E = \; C/2\, [(\Sigma_u \Sigma_i\, S_{ui})(\Sigma_u \Sigma_i\, S_{ui}) \quad - \; 2N\, (\Sigma_u \Sigma_i S_{ui})]$$

was bis auf einen konstanten, fehlenden Term $C/2\ N^2$ identisch mit der Vorgabe in (3.1.29) ist.

vierten Term: Für u≠v, i=j+1 und i=j-1 ist der Term gleich - D d(u,v), also

$$w_{ui,vj}^{(4)} := - D\, (1-\delta_{uv})(\delta_{i,j+1}+\delta_{i,j-1})d(u,v)$$

Der im dritten Term fehlende Ausdruck $C/2\ N^2$ verändert das dynamische Verhalten des Systems nicht, da er nur die Energie um einen festen, vom Systemzustand unabhängigen Betrag verschiebt; wir können also bei der Gewichtsbestimmung ohne Probleme auf ihn verzichten.

Die Wahl der Parameter A,B,C und D ist durchaus nicht beliebig. Beispielsweise beruhen die Schwierigkeiten von Wilson und Pawley [WIL88], die nachfolgend beschriebene Simulation von Hopfield und Tank nachzuvollziehen, im wesentlichen auf diesem Problem. Bedingungen für die Parameter lassen sich beispielsweise aus der Tatsache herleiten, daß die Energiedifferenz größer null für benachbarte Zustände einer vernünftigen Reise ist [LAN88], [KAM90]

$$C > 2D \max_{\substack{u,v,w \\ u\neq w}} (d(u,v)+d(u,w)) \qquad \text{und daraus} \quad A > C/2, \quad B > C/2 \qquad (3.1.33)$$

In einer analogen Simulation mit sigmoiden statt binären Ausgabefunktionen zeigten Hopfield und Tank [HOP85], daß der Algorithmus tatsächlich das Gewünschte leistet.

In Abbildung 3.1.8a ist die Verteilung der Längen von zufällig generierten, "vernünftigen" Rundreisen von N=10 Städten als Histogramm zu sehen. Der vergrößerte Ausschnitt (*x100*) zeigt eine gute Konvergenz des Algorithmus bei den kleinsten Reiselängen (Häufigkeitspunkte unterhalb der Achse).

In Abbildung 3.1.8b ist die Verteilung der Reiselängen bei N=30 gezeichnet, wobei hier die minimale Reiselänge durch einen Pfeil angezeigt ist. Obwohl die meisten (ca. 10^{22}) der $4.4 \cdot 10^{30}$ Rundreisen länger sind als 7, konvergiert das System regelmäßig in diesem Bereich. Wird die Nichtlinearität ("Verstärkung") der sigmoidalen Ausgabefunktionen nur langsam erhöht, so bleibt das System im Konvergenzbereich eines suboptimalen Fixpunkts [KAM90] und konvergiert dahin. Ein solcher suboptima-

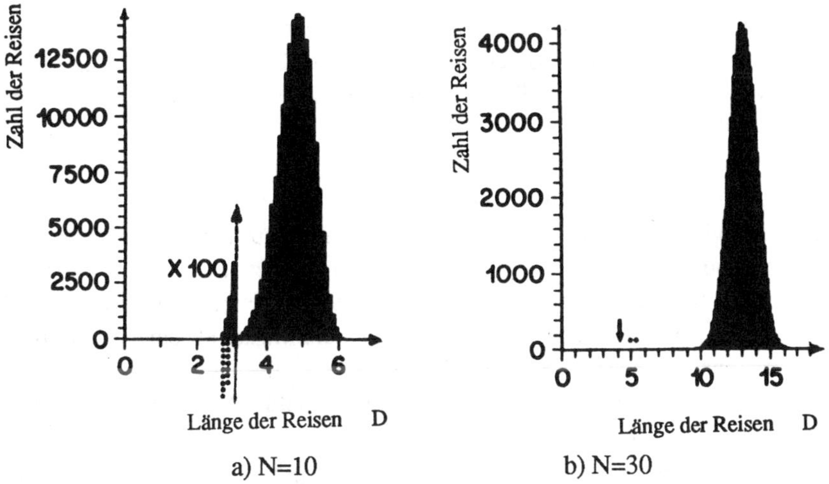

Abb. 3.1.8 Verteilung der Längenvon Zufallsreisen (nach [HOP85])

ler Wert ist in Abbildung 3.1.9b gezeigt. Die best-möglichste Reise ist mit dem deterministischen Lin-Kernighan Algorithmus [LIN73] errechnet und in Abbildung 3.1.9c eingetragen.

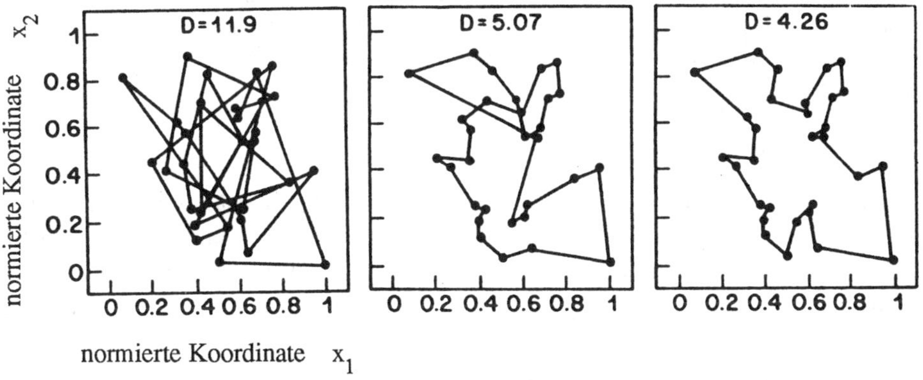

Abb. 3.1.9 a) zufällige, **b)** suboptimale und **c)** beste Rundreise (nach [HOP85])

Die Anwendung des Hopfield-Modells auf das Problem des Handlungsreisenden ist, wie bereits gesagt, nur ein Beispiel aus der Problemklasse der NP-vollständigen Probleme. Ein anderes Beispiel besteht aus dem Problem, *n* verschiedene Arbeiten auf *m* Maschinen so zu verteilen, daß alle Arbeiten möglichst schnell verrichtet werden. Dies ist nicht nur für die Arbeitsorganisation in Fabriken interessant, sondern auch für das Problem der Lastverteilung in Multiprozessoranlagen. In der Arbeit von Protzel [PRO90] wurde dies für eine fehlertolerante, adaptive Lastverteilung im fehlertoleranten SIFT-Multiprozessorsystem gezeigt. Selbst bei der Modellierung von defekten Neuronen (defekte Schedulingprogramme) durch feste Zustände S_i konvergierte der Systemzustand selbst bei defekten Prozessoren immer zu einem stabilen Zustand für ein sinnvolles Schedulingschema.

Die Speicherkapazität von assoziativen Mustern

Angenommen, wir wollen das Hopfield-Netz im Gegensatz zum vorher behandelten Problem des Handlungsreisenden nun für die Aufgabe verwenden, Muster zu speichern. Wie wir für den Spezialfall autoassoziativer Speicherung aus den Abschnitten 2.2.2 und 3.1.1 wissen, lassen sich besonders gut orthogonale Muster abspeichern. In diesem Fall reicht es, für das Abspeichern von M Mustern $\mathbf{S}^k$ die Gewichte w_{ij} nicht über spezielle Energiefunktionen zu bestimmen, sondern dafür die Hebb'sche Regel zu verwenden

$$w_{ij} = 1/n \sum_{k=1}^{M} S_i^k S_j^k \quad \text{bzw.} \quad \mathbf{W} = 1/n \sum_{k=1}^{M} \mathbf{S}^k (\mathbf{S}^k)^T \qquad (3.1.34)$$

Ist der Anfangszustand $\mathbf{S}^r$ zum Zeitpunkt t gegeben, so ergibt sich der Zustand zum Zeitpunkt t+1 mit (3.1.20) durch

$$\mathbf{S}(t+1) = \mathbf{y}(t+1) = \mathbf{sgn}(\mathbf{W}\mathbf{S}^r)$$

mit der Vektorfunktion $\mathbf{sgn}(\mathbf{x})$, die komponentenweise mit $\text{sgn}(x_i)$ das Vorzeichen bestimmt. In diesem Modell ist also $S_i \in \{-1,+1\}$ und damit $|\mathbf{S}|^2 = n = \text{const.}$
Da $\mathbf{S}^k$ und $\mathbf{S}^r$ nach Voraussetzung orthogonal sind, ist $(\mathbf{S}^k)^T\mathbf{S}^r = 0$ für $k \neq r$ und es ergibt sich mit $\mathbf{S}^T\mathbf{S} = |\mathbf{S}|^2 = n$

$$\mathbf{S}(t+1) = \mathbf{sgn}(1/n \textstyle\sum_k \mathbf{S}^k(\mathbf{S}^k)^T\mathbf{S}^r) = \mathbf{sgn}(\mathbf{S}^r) = \mathbf{S}^r$$

so daß sich der gespeicherte Zustand reproduziert; er wirkt als *stabiler Zustand.* Um zu prüfen, ob auch die Nachbarzustände in ihn übergehen und er damit als *Attraktor* für seine Umgebung wirkt, verwenden wir als initialen Zustand $\mathbf{S}(0)$ eine in p der n Komponenten gestörte Form des gespeicherten Musters $\mathbf{S}^r$. Dann ist die Aktivierung des i-ten Neurons

$$z_i(0) = \textstyle\sum_j w_{ij} S_j(0) = 1/n\, S_i^r \sum_j S_j^r S_j(0) \qquad (3.1.35)$$

In der Summe von (3.1.35) gibt es also p Summanden, bei denen das Produkt $S_j^k S_j(0)$ aus ungleichen Faktoren besteht mit $S_j^k S_j(0)=-1$ und an $n\text{-}p$ Stellen gleiche Faktoren aufweist, also $S_j^k S_j(0)=+1$ ist. In der Summe ist also p mal (-1) und *(n-p)* mal +1, so daß die Summe gleich $n\text{-}2p$ ist. Aus (3.1.35) wird

$$z_i(0) = 1/n\, S_i^r (n-2p) = S_i^r(1-2p/n) \qquad (3.1.36)$$

Der Netzzustand nimmt somit trotz gestörten Initialzustands den ursprünglich gespeicherten Zustand $\mathbf{S}^r$ an, wenn

$$\mathbf{S} = \mathbf{sgn}\,(\mathbf{z}) = \mathbf{sgn}(\mathbf{S}^r(1\text{-}2p/n)) = \mathbf{S}^r$$

ist. Dies folgt genau dann, wenn (1-2p/n)>0 oder n/2 > p ist. Dies bedeutet, daß bei einem gespeicherten Muster eine "Wiedererkennung" oder Musterergänzung nur möglich ist, wenn die Zahl der gestörten Stellen und damit der *Hamming-Abstand* zum gewünschten Muster nicht zu groß ist. Durch die konstante Aktivität $|\mathbf{S}|^2 = n$ im Netzwerk sind die Ähnlichkeitskriterien der maximalen Korrelation und des minimalen Abstands aus Abschnitt 2.2 einander gleich; es reicht für eine korrekte Klassifikation eine konstante Schwelle aus.

In der nachfolgenden Abbildung 3.1.10 ist die Konvergenz anhand vier ausgewählter Zustände von einem stark gestörten Muster "A" zu dem Muster "A" gezeigt, das im Netzwerk abgespeichert war. Der Vektor $\mathbf{S}^k$ ist als 20x20 Matrix dargestellt, wobei ein Punkt für +1 und ein Leerzeichen für -1 gezeichnet wurde.

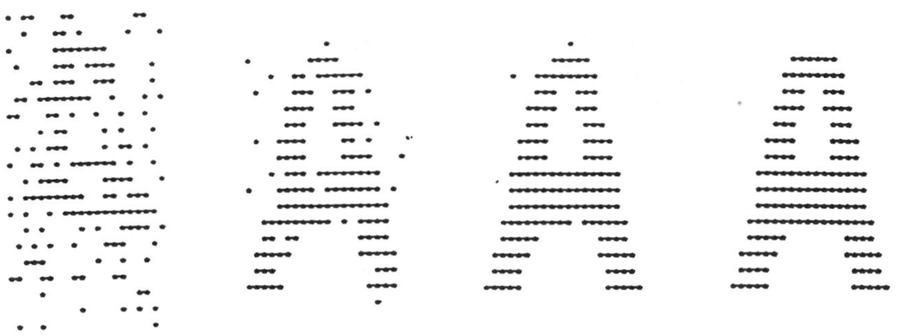

Abb. 3.1.10 Musterergänzung und Rauschunterdrückung (aus [KIN85])

Allerdings sollte an dieser Stelle ein wichtiger Unterschied zwischen dem einfachen und dem rückgekoppelten Assoziativspeicher erwähnt werden: Durch die Rückkopplung gibt es eine Abstimmung der Neuronen untereinander, so daß trotz konstanter Schwelle immer ein gespeichertes Muster existiert, zu dem der Systemzustand konvergiert. Es gibt also im Unterschied zum einfachen Assoziativspeicher keine Situation, in der das eingegebene Muster so stark von den gespeicherten Mustern abweicht, daß das System mit der Ausgabe des Nullvektors "Muster unbekannt" signalisieren kann. Diese Unfähigkeit zum Nicht-Wiedererkennen ist ein ernsthaftes Problem in der Klasse der rückgekoppelten Netzwerke und muß mit speziellen Maßnahmen (s. z.B. das ART-Modell aus Abschnitt 2.7) behandelt werden.

Das Speichervermögen

Die *Speicherkapazität* des Hopfield-Modells ist dabei, wie wir schon in Kapitel 2.2 bei einfachen Assoziativspeichern sahen, stark von der Kodierung der zu speichernden Muster geprägt.

Betrachten wir nur *orthogonale* Muster, so gibt es gerade M=*n* Muster (*n* Basisvektoren!), die von m=*n* Neuronen zuverlässig gespeichert werden können. Jedes der n Muster hat n Bit, wobei nach Amari [AMA72] maximal H=1 Bit pro unabhängigem Speicherelement (Gewicht) gespeichert werden kann, s. Gl.(3.1.17).

Für einen Abruf eines gespeicherten Musters (Musterergänzung bzw. Konvergenz zum gespeicherten Muster mit geringstem Hammingabstand) ist allerdings der Konvergenz- oder Einzugsbereich nicht mehr so groß wie im vorigen Beispiel mit einem Muster. Es läßt sich zeigen (s. z.B. [MÜ90]), daß gespeicherte Muster nur dann zuverlässig "ausgelesen" werden können, wenn die Abweichung (Störung) des initialen Zustands S(0) nicht mehr als p=13,8% der *n* Stellen erfaßt.

Für *nicht-orthogonale* Muster gelten allerdings schlechtere Verhältnisse. Betrachten wir beispielsweise die Fähigkeit, *M* beliebige Muster zu speichern, so zeigten Abu-Mostafa und St.Jaques [ABU85], daß allgemein $M \leq n$ gelten muß. Darüber hinaus läßt sich zeigen, daß

$$M \approx n/(4 \ln n) \qquad \text{[MCE87]} \qquad (3.1.37a)$$

und sogar

$$M > n/[2 \ln(n) - \ln \ln (n)] \qquad \text{[AMA88]} \qquad (3.1.37b)$$

gilt. Letzteres bewies Amari sogar, ohne die Spin-Glass Analogie zu benutzen.

Eine andere Situation ergibt sich, wenn wir zulassen, daß die Zustände des Systems, die sich nach gewisser Zeit "einschwingen", *nur im Mittel* den gewünschten Zuständen (gespeicherten Mustern) entsprechen sollen. Mit dieser Erweiterung erlauben wir auch fehlerhafte Zustände, die sich durch das "Übersprechen" von Mustern (Kreuzkorrelationen) ergeben; vgl. Formel (2.2.3) von nicht-rückgekoppelten Assoziativspeichern. Mit dem *Speichervermögen* $\alpha := M/n$ läßt sich eine Gruppe von Modellen charakterisieren, bei denen die zu speichernden Muster $\mathbf{S}^k$ als Zufallsmuster mit einem Kreuzkorrelations-Erwartungswert $\langle(\mathbf{S}^k)^T\mathbf{S}^r\rangle=0$ angenommen werden. Für diese gilt bei Hebb'scher Speicherregel (3.1.34), daß bei zunehmender Zahl von abgespeicherten Mustern und damit zunehmendem α der Auslesefehler exponentiell ansteigt und bei

$$\alpha_{\text{Hebb}}=0{,}138 \qquad \text{[AMIT85]} \qquad (3.1.38)$$

mit einer 50%gen Fehlerrate ein Auslesen sinnlos werden läßt. Ordnen wir der zunehmenden Unordnung im Speicher eine "Temperatur" zu, so läßt sich das neuronale Netz mit einem magnetischen System vergleichen, das erhitzt wird und bei einer "Sprungtemperatur" plötzlich alle magnetischen Eigenschaften verliert. Die Vorgänge im Inneren dieses Systems lassen sich dabei durch Betrachtungen über Mittelwerte von Wechselwirkungen (*mean field theory, MFT*) approximieren.

Begrenzung der Gewichte

Die Veränderung der Gewichte nach der Hebb'schen Regel bedeutet bei sehr vielen, gespeicherten Mustern ein "Überladen" der Speicherkapazität und ein zu starkes Wachstum der Gewichte. Um diesen Effekt zu begrenzen ist es sinnvoll, einen Mechanismus zur Wachstumsbeschränkung einzubauen.

Nehmen wir dazu an, daß nach jeder Konvergenz ("Anregung eines Zustandes") die betreffenden Synapsengewichte auch etwas mit der negativen Hebb'schen Regel vermindert werden ("Vergessen"), so werden nicht gelernte, schwache, durch "Übersprechen" von Mustern entstandene Fehlzustände aus dem System entfernt [KEE87] ("Gehirn-Reorganisation durch Träumen").

Eine andere Methode der Gewichtsregulierung besteht darin, die Größe der Synapsengewichte auf einen festen Maximalbetrag zu begrenzen, beispielsweise durch eine nicht-lineare Quetschfunktion (vgl. Abschnitt 1.2.1). Schränken wir beispielsweise die Zahl der möglichen Zustände der Synapsen auf zwei ein (*clipped synapses*)

$$w_{ij} = M^{1/2}/n \quad S\left(\sum_{k=1}^{M} M^{-1/2} s_i^k s_j^k\right) = +/- M^{1/2}/n \tag{3.1.39}$$

mit $\qquad S(z) := \mathrm{sgn}(z)$

so läßt sich zeigen [HEM87],[HEM88b] , daß α nur unwesentlich kleiner ist

$$\alpha_{\mathrm{clipped}} = 0{,}102 \tag{3.1.40}$$

wobei für allgemeine, nicht-lineare Funktionen S(.) immer $\alpha \leq \alpha_{\mathrm{Hebb}}$ gilt [HEM88a]. Dies ist eine für die VLSI-Technik sehr interessante Tatsache: Binäre Gewichte reichen also für eine Implementierung dieses Modells normalerweise aus. Auch für den Fall der begrenzt-linearen Funktion $S_L()$ aus Gleichung (1.2.3a,b) fand Parisi [PAR86], daß der Speicher trotz der Gewichtsbegrenzung niemals die Fähigkeit verlor, neue Muster zu lernen. Damit kann diese Art von Speicher als *Kurzzeitspeicher* (Kurzzeitgedächtnis) angesehen werden, der immer wieder überschrieben wird. Die Existenz dieser Art von Speichern wird auch in der sensorischen Verarbeitung beim Menschen vermutet.

Betrachten wir nur linear unabhängige Muster, so ist bei geeigneter Energiefunktion sogar ein α=1 im Grenzwert möglich [KAN87]. Mit einigen Kunstgriffen läßt sich das Speichervermögen sogar auf α=2 steigern [OP88]. Dies wird allerdings mit extremer Instabilität bei Abweichungen der Muster erkauft. Bei besserer Stabilität sinkt dagegen das Speichervermögen bei der Speicherung von Zufallsmustern auf die üblichen α =0,138.

Bei *nicht-orthogonalen, beliebigen* Mustern, die gespeichert werden sollen, wird die Sachlage, wie auch bei den einfachen Assoziativspeichern aus Abschnitt 2.2, wesentlich problematischer. Hier wie auch bei der vorher geschilderten Situation des "Überladens" des Speichers kann man versuchen, den Fehler dadurch möglichst klein zu machen, daß man die günstigste Matrix **W** (kleinste quadratische Fehler) für die lineare Abbildung sucht. Nach Abschnitt 1.2.3 ist hierbei **W** durch die Moore-Penrose Pseudoinverse der Mustermatrix $\underline{\mathbf{S}} = (\mathbf{S}^1,...,\mathbf{S}^M)$ bestimmt. Die so gefundene Matrix **W** läßt sich als gute Näherung der ursprünglich gesuchten Matrix auffassen, obwohl eine nicht-lineare Ausgabefunktion vorliegt. Ein anderer Ansatz ist in Abschnitt 3.1.5 gezeigt, bei dem die nichtlineare Stufenfunktion in die Optimierung einbezogen wird.

Die Speicherkapazität des Hopfield-Modells hängt nicht nur von der Kodierung, sondern auch von der Modellierung der Kodierung ab. Beispielsweise bewirkt eine nicht-zentrierte Binärkodierung mit $x_i \in \{0,1\}$ gegenüber einer zentrierten Binärkodierung mit $x_i \in \{-1,+1\}$ eine schlechtere Speicherkapazität [AMARI77], was auf den Unterschied im Lernverhalten unter der Hebb'schen Regel bei unterschiedlichen Modellen zurückzuführen ist. Im ersten Fall ist bei $S_i=0$, $S_j=1$ das Gewichtsinkrement $\Delta w= S_iS_j= 0$, im zweiten Fall dagegen bei $S_i=-1$, $S_j=1$ ist $\Delta w= S_iS_j=-1$; das Gewicht ändert sich bei jedem Muster und kodiert mit seinem veränderten Zustand Information.

3.1.3 Bidirektionale Assoziativspeicher (BAM)

Aus der physikalischen Optik sind Konfigurationen bekannt, bei denen Lichtstrahlen durch dünne Materialien, beispielsweise Fotofilme, in der Intensität beeinflußt werden. Wurde der Film vorher selbst wieder durch Licht geschwärzt (z.B. als Hologramm), so stellt das Filmmaterial einen Speicher dar, der optisch beschrieben und wieder ausgelesen werden kann. Da der Lichtstrahl in manchen optischen Anordnungen hinter der Folie zurückreflektiert wird, durchläuft er das selbe Material dabei erneut; diese Art von Speicher wird *reflexiver Speicher* genannt.

In der Abbildung 3.1.11 ist das Schema einer physikalisch-optischen Realisierung gezeigt. Die Einheiten oder "Reflexionsschichten" bestehen aus Streifen, die je zur

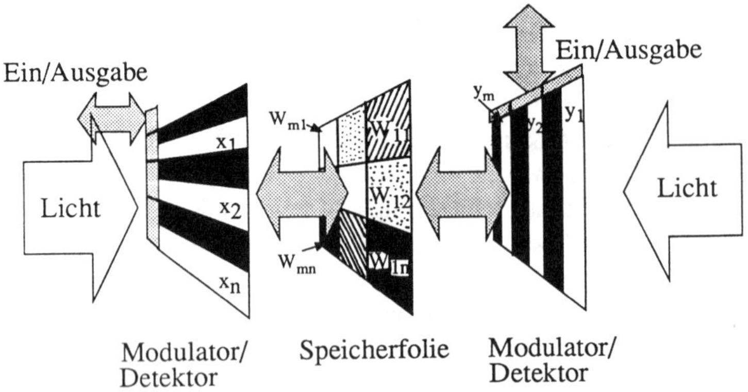

Abb. 3.1.11 Physikalisches Anordnung des BAM

Hälfte in einen Lichtmodulator (z.B. Kerr-Zelle, durchlässig) und zur anderen Hälfte in einen Detektor (Fotozelle, schwarz) unterteilt sind. Durch eine externe Elektronik (schraffierten Pfeile) angesteuert werden zum Auslesen des Speichers die Streifen mehr oder weniger lichtdurchlässig, je nach dem Wert der Komponente x_j des Eingabemusters **x**, und beleuchten mit diesem Lichtstreifen je eine Zeile des Films. Die Lichtdurchlässigkeit des Films kann man als Multiplikation von x_j mit einem Faktor w_{ij} deuten. Die resultierende Intensität $w_{ij}x_j$ fällt auf die orthogonal dazu angeordneten Detektorstreifen und wird dort vertikal summiert zu $z_i = \Sigma_j w_{ij} x_j$. Eine Schwellwertoperation S(z) ist in der integrierten Streifenelektronik eingebaut. Man beachte, daß bei der Rückprojektion von y_i nach x_j dieselbe Filmstelle benutzt wird, so daß die Einheiten j und i symmetrisch gekoppelt sind: $w_{ij}=w_{ji}$.

Die Anordnung hat den Vorteil, daß die drei Schichten "zusammengeklebt" (Sandwich-Bauweise) durch Vermeidung von Linsen, Spiegeln etc. leicht miniaturisiert und integriert werden können. Für die Fülle der tatsächlichen physikalischen Realisierungen sei auf die Literatur (z.B. Opt. Lett. (1986), Vol.11, pp.56,118,186 sowie [APO87]) verwiesen. Ein neuronales Funktionsschema ist in Abbildung 3.1.12 gezeigt. Der Name *Bidirektional Associative Memory (BAM)* geht dabei auf Bart Kosko zurück, der die Eigenschaften derartiger Speicheranordnungen untersuchte [KOS87].

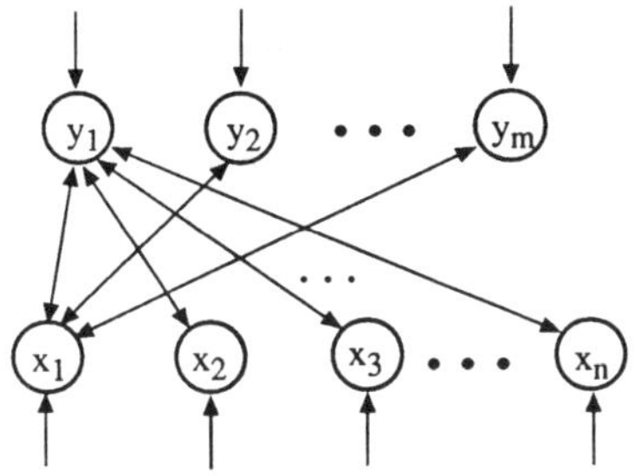

Abb. 3.1.12 Ein neuronales Schema des BAM

Wie verhält sich ein solches Speichersystem? Ist es stabil? Wieviel Muster können gespeichert werden? Diese und andere Fragen lassen sich beantworten, wenn wir uns die Anordnung in Abbildung 3.1.12 genauer ansehen. Für das BAM gilt:

- alle Gewichte sind symmetrisch gleich $w_{ij} = w_{ji}$
- alle Einheiten, außer den Einheiten der selben Schicht, beeinflussen sich gegenseitig: $w_{ij} = 0 \;\; \forall i,j$ derselben Schicht

Obwohl das Speichermodell starke Ähnlichkeiten mit der ART1-Architektur hat (s. Kapitel 2.7.1), ist es durch die Funktionsdefinition entsprechend dem Hopfield-Modell eher als spezielle Variante des Hopfieldmodells einzuordnen. Durch die Symmetriebedingung der Gewichte ist das Modell ebenfalls stabil und hat eine geringere

Speicherkapazität (68% in der Simulation [LOOS88]) als das Hopfieldmodell, da es auch eine geringere Anzahl von Gewichten aufweist. Allerdings gibt es einen gewichtigen Unterschied zwischen dem BAM-Modell und der physikalisch-optischen Realisierung: das erstere hat in der Simulation [KOS87] die sequentielle Glauber-Dynamik [GLA63] des Hopfieldmodells, das letztere aber die parallele, zeitkontinuierliche Dynamik realer Systeme. Trotzdem sind keine großen Abweichungen zwischen Modell und Realität bekannt.

Das BAM läßt sich gut zur Musterergänzung einsetzen, wobei in jeder Schicht ein Teilmuster eingegeben wird. Haben wir beispielsweise das Paar (A,B) abgespeichert, indem Muster "A" in Schicht 1 und "B" in Schicht 2 eingegeben wurde, so läßt eine Eingabe von "A" auf Schicht 1 das Muster "B" in Schicht 2 entstehen und umgekehrt. Selbst eine gestörte Teileingabe von "A" reproduziert ein korrektes "B" und dadurch wiederum ein korrektes "A". Dabei wird in der jeweiligen Verarbeitungsrichtung zwischen den Schichten ein Mechanismus ausgenutzt, der der Musterergänzungseigenschaft des heteroassoziativen Speichers (s. Kapitel 2.2.2) entspricht.

3.1.4 Spärliche Kodierung: Das Kanerva-Modell

Eines der Hauptprobleme bei der Speicherung von Mustern im Hopfield-Modell bilden unerwünschte, stabile Zustände (*spurious states*), die durch Überlappung der Muster hervorgerufen werden. Ähnlich wie beim einfachen Assoziativspeicher in Kapitel 2.2.3 gibt es auch hier die Möglichkeit, die Speicherkapazität durch Verwendung einer spärlichen Musterkodierung zu maximieren.

Spärliche Kodierung

Definieren wir uns einen "Spärlichkeitsexponenten" *s* (*sparseness exponent*) als die Wahrscheinlichkeit, daß eine binäre Musterkomponente x_i den Wert "1" ("aktive") annimmt,

$$n^{-s} := P\{x_i=1\} \qquad \text{für } \; 0<s<1 \qquad (3.1.41)$$

so erhalten wir nach Amari [AMA89] bei der Verwendung von extrem "dünn" kodierten Mustern (*sparse coding*) die maximale Anzahl

$$M_{max}(s) = \begin{cases} n^{1+s} / \log n & 0 \le s < 1 \\ n^2 \; / \; (\log n)^2 & s \to 1 \end{cases} \qquad (3.1.42)$$

von Mustern $\mathbf{x}^1..\mathbf{x}^M$ zu speichern. Dies entspricht einer Speicherkapazität pro Speicherelement von

$$H = s \quad \text{[Bits pro Speicherelement]} \quad \text{bei } s \not\to 0 \qquad (3.1.43)$$

Die Gleichung (3.1.42) zeigt für nicht-spärliche Kodierung einen Ausdruck, der ungefähr dem in Gleichung (3.1.37a) von McElice et al. entspricht. Bei spärlicher Kodierung dagegen wird ein deutlich besseres Speichervermögen erreicht. Liegt hingegen nicht-spärliche Kodierung vor, so gibt es wieder eine deutliche Verbesserung der Speicherkapazität bei symmetrischer Kodierung {-1,+1} anstelle von {0,1}; bei stark spärlicher Kodierung verschwindet dieser Vorteil aber wieder [AMA89].

Voraussetzung für diese Werte ist allerdings, daß die Aktivität (die Zahl der "1") in allen **x** konstant bleibt. Ist dies auch bei gestörten Mustern der Fall, so kann das korrekte Muster in einem Schritt erreicht werden, wenn nicht mehr als β aktive Komponenten gestört sind, wobei

$$\beta := 1 - (M / M_{max})^{1/2} \qquad \text{im Grenzfall } n \to \infty \qquad (3.1.44)$$

ist. Man sieht, daß ein großer Konvergenzradius und damit eine Musterergänzung nur dann vorhanden ist, wenn die Kapazität nicht voll ausgeschöpft ist, also weniger Muster gespeichert sind, als mit (3.1.42) maximal möglich wäre.

Der Assoziativspeicher von Kanerva

Die guten Resultate durch spärliche Kodierung, die gegenüber der geringen Speicherkapazität (3.1.38) bei nicht-spärlicher Kodierung doch ermutigend wirken, führten zu verstärkten Anstrengungen, auch im Hopfieldmodell für den "normalen" Gebrauch eine spärliche Kodierung einzuführen. Ein Schema dafür ist das Kodierungsschema von Kanerva [KAN86]. Das um diese Kodierung erweiterte Hopfieldmodell wurde als *Kanerva-Assoziativspeicher* bekannt. Die Grundidee besteht im Wesentlichen darin, das ursprünglich dicht kodierte Muster als Schlüssel für ein daraus gewonnenes, spärlich kodiertes Muster zu verwenden. Die Kodierungsoperation wird dabei zur Ausleseoperation eines einfachen Hetero-Assoziativspeichers, der dem Hopfieldnetz vorgeschaltet ist. In Abbildung 3.1.13 ist ein Blockfunktionsschema eines solchen zweistufigen Systems gezeigt.

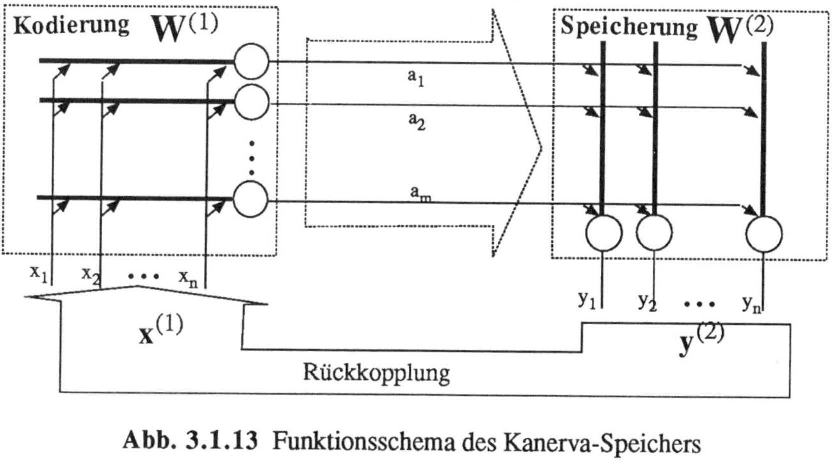

Abb. 3.1.13 Funktionsschema des Kanerva-Speichers

Für eine spärliche Kodierung wird die Kodierungsmatrix $\mathbf{W}^{(1)}$ (die festen Gewichte des Kodierungsnetzwerks) aus Zeilen gebildet, die zufällig mit +1, -1 besetzt sind. Durch die zufällige Wahl haben alle *m* Zeilen von $\mathbf{W}^{(1)}$ einen gewissen, gleichmäßigen Hammingabstand voneinander. Wie wir aus Abschnitt 2.2.2 wissen, wird mit Hilfe dieser *Klassenprototypen* $\mathbf{w}_i^{(1)}$ der Musterraum durch das Kriterium des kleinsten Abstands in *m* Klassen aufgeteilt. Für eine approximative Aufteilung reicht es auch, einen festen Abstand *r* anzugeben (*Hyperkugel* mit Radius *r*), der für die Einordnung entscheidend ist. Mit ähnlichen Gedanken wie für Formel (3.1.36) folgern wir, daß bei einem Hammingabstand $d_H(\mathbf{w}_i^{(1)},\mathbf{x})$ das Produkt aus der Matrixzeile $\mathbf{w}_i^{(1)}$ und der Eingabe $\mathbf{x}$ insgesamt $z_i := \mathbf{w}_i^{(1)}\mathbf{x} = n - d_H$ gleiche Komponenten aufweist. Mit der Forderung

$$S(z) := \begin{cases} 1 & d_H \leq 2r \\ 0 & d_H > 2r \end{cases} \qquad (3.1.45)$$

entspricht diese Ausgabefunktion unserer bekannten binären Ausgabefunktion S_B aus (1.2.1a) mit der Schwelle $d_H=2r$ bzw. der Schwellaktivität $z_i=n-2r=:T_i$.

Das System aus der nicht-linearen Kodierung $\mathbf{W}^{(1)}$ und dem nicht-linearen Assoziativspeicher $\mathbf{W}^{(2)}$ läßt sich durch die Rückführung der Ausgabe $\mathbf{x}^{(1)}(t+1):=\mathbf{y}^{(2)}(t)$ zu einem rückgekoppelten, autoassoziativen Netzwerk und damit zu einem Hopfield-Netzwerk ähnlichen System gestalten (*Kanerva-Assoziativspeicher*). Für dieses Speichersystem zeigte Chou [CHOU88], daß die Zahl *M* der maximal gespeicherten Muster bei optimalem Parameter *r* exponentiell mit *n*, der Zahl der Komponenten des Eingabevektors, anwächst. Trotzdem aber ist dabei die Information pro Speicherelement (Bits pro Gewicht), wie Keeler [KEE88] herausfand, konstant und unabhängig vom Speichermodell

$$H = (1-H_{err}) / (R^2\, b) \qquad (3.1.45)$$

mit
$H_{err} := p_{err} \log p_{err} + (1-p_{err})\log(1-p_{err})$ "Falschinformation"
$p_{err} := P\{\text{eine Komponente der Ausgabe ist fehlerhaft}\}$
$R :=$ Signal-Rauschverhältnis
$b :=$ Zahl der möglichen Bits pro Speicherelement

Die diesem Ergebnis zugrundeliegende Betrachtungsweise geht von dem Shannon'schen Ansatz (s. Kapitel 1.2.3) der maximalen Nutzinformation aus, die bei der Übertragung von einem Sender (Eingabemuster) zu einem Empfänger (Ausgabemuster) durch einen Kanal mit begrenzter Kapazität (Assoziativspeicher) erreicht werden soll. Durch geeignete Wahl der Parameter (des Speichers) soll dabei das Rauschen (die Fehlerwahrscheinlichkeit durch Übersprechen von anderen, gespeicherten Mustern, vgl. Abschnitt 2.2.2) besonders klein werden.

3.1.5 Rückgekoppelte, heteroassoziative Speicher

Angenommen, die Gewichte beim BAM sind nicht symmetrisch: $w_{ij} \neq w_{ji}$. Dann läßt sich das BAM als ein System nach Abbildung 3.1.13 beschreiben, das für jede Projektionsrichtung eine eigene Gewichtsmatrix besitzt und damit aus zwei rückgekoppelten, heteroassoziativen Speichern $\mathbf{W}^{(1)}$ und $\mathbf{W}^{(2)}$ besteht.

Wann ist dieses System stabil ? Eine hinreichende Bedingung ist zweifelsohne dann gegeben, wenn die nicht-lineare Operation $\mathbf{y}^{(1)}=\mathbf{S}(\mathbf{W}^{(1)}\mathbf{x}^{(1)})$ durch die nachfolgende Operation $\mathbf{y}^{(2)}=\mathbf{S}(\mathbf{W}^{(2)}\mathbf{x}^{(2)})$ wieder rückgängig gemacht wird:

$$\mathbf{x}^{(1)}=\mathbf{y}^{(2)}=\mathbf{S}(\mathbf{W}^{(2)}\mathbf{x}^{(2)}) = \mathbf{S}(\mathbf{W}^{(2)}\mathbf{S}(\mathbf{W}^{(1)}\mathbf{x}^{(1)})) \qquad (3.1.46)$$

Für rein lineare Ausgabefunktionen $\mathbf{y}=\mathbf{S}(\mathbf{z}):=\mathbf{z}$ ist die Bedingung (3.1.46) leicht lösbar: Angenommen, $\mathbf{W}^{(1)}$ ist gegeben, so muß $\mathbf{W}^{(2)}$ mit der inversen Abbildung $(\mathbf{W}^{(1)})^{-1}$ übereinstimmen. Existiert die inverse Matrix nicht, so läßt sich immerhin noch die Pseudoinverse $\mathbf{W}^{(1)+}$ bilden (s. Abschnitt 1.2.3), die die inverse Abbildung mit dem kleinsten quadratischen Fehler realisiert. Ist die Quetschfunktion S(.) allerdings nicht-linear, beispielsweise binär, so muß man dies bei der Berechnung von $\mathbf{W}^{(2)}$ berücksichtigen.

Seien andererseits die *M* binären Muster $\mathbf{x}^i = \mathbf{x}^{(1)} \in \{0,1\}^n$ sowie die *M* zu assoziierenden, binären Ausgaben $\mathbf{y}^i = \mathbf{y}^{(1)} \in \{0,1\}^m$ gegeben. Dann bietet das *Ho-Kashyap Verfahren*, wie [HAS89] zeigte, eine Möglichkeit, die für die Operation $\mathbf{y}^{(1)}=\mathbf{S}(\mathbf{W}^{(1)}\mathbf{x}^{(1)})$ nötige Matrix $\mathbf{W}=(\mathbf{w}_1,..,\mathbf{w}_n)^T$ zu konstruieren. Für die inverse Abbildung $\mathbf{y}^{(2)}=\mathbf{S}(\mathbf{W}^{(2)}\mathbf{x}^{(2)})$ ist dieses Verfahren natürlich auch möglich, so daß mit der Definition der zu speichernden Musterpaare die Abbildungsmatrix $\mathbf{W}^{(1)}$ und mit der Kenntnis von $\mathbf{W}^{(1)}$ die fehlende Matrix $\mathbf{W}^{(2)}$ ermittelt werden kann. Betrachten wir nun dieses Verfahren genauer.

Angenommen, wir fassen alle Eingaben $\mathbf{x}^k$ für die Abbildung $\mathbf{W}$ zu einer Matrix $\mathbf{X}:=(\mathbf{x}^1,..,\mathbf{x}^M)^T$ zusammen (vgl. Kapitel 1.2.3). Für jeden Spaltenvektor $\mathbf{w}_i$ (Zeile von $\mathbf{W}$) ergibt sich für die Eingabe $\mathbf{x}^k$ eine Aktivität $z_i^k=\mathbf{x}^k\mathbf{w}_i$ und dann eine Ausgabe $S(z_i^k)$. Fassen wir die z_i^k für verschiedene Eingaben k=1..M zu einem Vektor $\mathbf{z}_i:=(z_i^1,..,z_i^M)^T$ zusammen, so lautet nun die Aufgabe, ein solches $\mathbf{w}_i$ zu finden, bei dem der Fehler $(\mathbf{L}_i-\mathbf{S}(\mathbf{z}_i))^2$ zu der gewünschten Ausgabe $\mathbf{L}_i$ bei allen Eingaben minimal wird. Das Ho-Kashyap Verfahren [HO65] minimiert nun bei gegebener Matrix $\mathbf{X}^i$ aller Eingaben $\mathbf{x}^k$ den quadratischen Fehler einzeln für jeden Gewichtsvektor $\mathbf{w}_i$

$$|\mathbf{X}^i\mathbf{w}_i - \mathbf{L}_i|^2 = \min_{\mathbf{L}_i>0,\ \mathbf{w}_i\neq 0} \qquad (3.1.47)$$

wobei als Nebenbedingung jede Komponente von $\mathbf{L}_i$ positiv sein muß. Wie läßt sich unser Problem, das außer einer nicht-linearen Ausgabefunktion S(.) auch verschwindende Ausgabekomponenten beinhaltet, auf diesen Formalismus abbilden ?

Betrachten wir als Ausgabefunktion eine binäre Schwellwertfunktion, so läßt sich dafür $S_B(.)$ aus Gleichung (1.2.1a) verwenden, wenn man die Schwelle T für die Schwellwertoperation wie in Gleichung (1.2.0b) durch die Erweiterungen

$$\mathbf{x} \rightarrow (1,\mathbf{x}) \text{ und } \mathbf{w} \rightarrow (-T,\mathbf{w})$$

als Gewicht auffaßt. Damit muß, um $y_i^k = L_i^k = 1$ zu erfüllen, für $S_B(z)$ nur $z_i^k > 0$ gegeben sein. Für alle $L_i^k = 1$ ist also das Iterationsziel (3.1.47) vollkommen ausreichend! Wie aber können wir noch $L_i^k = 0$ erfüllen, obwohl $L_i > 0$ für das Ho-Kashyap Verfahren gegeben sein muß ?

Im Gegensatz zu der Nebenbedingung in Gleichung (3.1.47) ist nur für $L^k = 1$ die Relation $z^k = (\mathbf{x}^k)^T\mathbf{w} > 0$; bei $L^k = 0$ ist dagegen für Muster $\mathbf{x}^k$ die Aktivität $z^k < 0$. Um trotzdem das Ho-Kashyap-Verfahren verwenden zu können, wurde nun folgender Kunstgriff bei der Kodierung des Problems angewendet: Anstatt die Matrix **X** aus allen Eingabemustern direkt mit $\mathbf{X} = (\mathbf{x}^1,..,\mathbf{x}^M)^T$ zu bilden, wurde für den Minimisierungsprozeß jedes Gewichtsvektors $\mathbf{w}_i$ eine eigene Matrix $\mathbf{X}^i$ (eine eigene Menge von Trainingsmustern) definiert. Diese ergibt sich dadurch, daß alle Zeilen X_k, in denen $L_k = 0$ sein soll, anstelle von **x** der negative Wert **-x** verwendet wird

$$X_k^{\,i} := \begin{cases} -\mathbf{x}^k \text{ und } L_i^k \rightarrow 1 & \text{wenn } L_i^k = 0 \\ \mathbf{x}^k & \text{wenn } L_i^k = 1 \end{cases} \qquad (3.1.48)$$

So ist für jede Zeile der Matrix $\mathbf{X}^i$ die Relation $z_k^{\,i} = X_k^{\,i}\,\mathbf{w}_i > 0$ bzw. die Vorgabe $L_i^k = 1$ für alle Trainingsmuster k=1..M und alle Gewichtsvektoren i=1..m erfüllt. Dies entspricht dem Trick, wie er schon beim Perzeptron in Abschnitt 2.1 zur Vereinfachung des Algorithmus PERCEPT1 zu PERCEPT2 angewendet worden ist. Der Ho-Kashyap Algorithmus lautet dann nach [HAS89] folgendermaßen:

```
HoKa:  Errechne X+ für Xi ; Setze zi(0), z.B. = (1,1,...,1);
       wi(0) := X+zi(0); t:=0;
       REPEAT
                t := t+1;
                d(t) := Xi wi(t-1) - zi(t-1) ;          (* jetziger Fehler *)
                zi(t) := zi(t-1) + γ (d(t) + |d(t)|) ; (* optimiere z, gegeben w *)
                wi(t) := X+zi(t) ;                      (* optimiere w, gegeben z *)
       UNTIL |d| < dmin                 (* Abbruch bei vorgegeb. Fehlergrenze *)
```

Codebeispiel 3.1.3 Der Ho-Kashyap Algorithmus für eine Speichermatrix

Das Problem bei diesem Algorithmus besteht darin, die Pseudoinverse $\mathbf{X}^+$ von $\mathbf{X}^i$ zu bilden, was aber ebenfalls iterativ gemacht werden kann.

Mit dem Ho-Kashyap Verfahren haben wir eine Möglichkeit kennengelernt, bei gegebenen M Paaren $(\mathbf{x}^k\mathbf{y}^k)$ nicht nur die dem feed-forward System entsprechende Matrix $\mathbf{W}^{(1)}$ bzw. $\mathbf{W}^{(2)}$ mit dem kleinsten quadratischen Fehler zu ermitteln, sondern auch die darauf angewendete, nicht-lineare Operation $S(\mathbf{z}^{(1)})$ bzw. $S(\mathbf{z}^{(2)})$ in die Optimierung einzubeziehen, vgl. Abschnitt 2.2.

3.2 Wahrscheinlichkeitsmaschinen

Eines der größten Probleme der rückgekoppelten Systeme des vorigen Abschnitts 3.1 ist nicht nur die Suche nach einem stabilen Zustand des Systems, sondern auch die Frage, welche Bedeutung ein gefundener, stabiler Zustand minimaler Energie eigentlich hat. Gibt es noch andere stabile Zustände, die auch minimale Energie besitzen? Ist der stabile Zustand nur mit einem *lokalen* Energieminimum verknüpft oder bedeutet er auch ein *globales* Minimum? Und wenn das Minimum nur lokal ist- wie finden wir dann den Zustand mit globalem Minimum?

Solche und ähnliche Fragen sind in den bisher betrachteten, deterministischen Modellen nur schwer zu beantworten. Bei unserer Anwendung des Hopfield-Modells, dem Problem des Handelsreisenden, versuchten wir das Problem dadurch zu lösen, daß ein große Anzahl von Iterationsprozessen durchgeführt wurden, bei denen jeweils eine Rundreise (Startwerte) zufällig angenommen und dann beobachtet wurde, wohin das System konvergierte. Die stabilen Zustände (Lösungen) mit der niedrigsten Energie sind hier die suboptimalen Lösungen, wobei man nie sicher sein konnte, mit allen Iterationen auch die globale Lösung gefunden zu haben.

3.2.1 Der Metropolis-Algorithmus

Die Problematik, ein globales Minimum zu finden, lösten Metropolis, Rosenbluth und Teller [MET53] für die Berechnung von sehr vielen Teilchen (Gasen) durch einen Trick: Statt jeden möglichen Zustand des System mit gleicher Wahrscheinlichkeit anzunehmen, und den einzelnen Zustand mit seiner Energie gewichtet zu betrachten (*Monte-Carlo-Verfahren*), betrachteten sie die Zustandswahrscheinlichkeit als bereits von der Energie abhängig und gewichteten die so erreichten Zustände mit eins. Der Übergangsprozeß von einem Zustand S^r zu einem anderen Zustand S^s besteht dabei aus zwei Mechanismen: zum einen aus der zufälligen Generierung eines in Frage kommenden Zustands S^s und zum anderen aus der Akzeptanz dieses Zustands-Kandidaten mit einer bestimmten Wahrscheinlichkeit P_{rs}^A. Der Übergang soll bei negativer Energiedifferenz $\Delta E_{rs} := E(S^s)-E(S^r)$ auf jeden Fall stattfinden; bei positiver Differenz (Energieerhöhung) dagegen mit exponentiell abnehmender Wahrscheinlichkeit:

$$P_{rs}^A := \min\{1, \exp(-\Delta E_{rs}/kT)\} \quad \textit{Akzeptanzwahrscheinlichkeit} \qquad (3.2.1)$$

Damit wird die deterministische, binäre Ausgabefunktion des Hopfieldmodells durch eine wahrscheinlichkeitsgesteuerte Ausgabe ersetzt; im Grenzfall des Parameters $T\to 0$ gehen beide Modelle ineinander über. Der Verlauf der Akzeptanzwahrscheinlichkeit in Abhängigkeit von der Energiedifferenz ist in Abbildung 3.2.1 gezeigt.

Bei diesem Modell ist prinzipiell jeder Zustand erreichbar. Wird im Laufe der Iteration durchaus nicht jeder Zustand genauso oft erreicht, so liegt dies an der

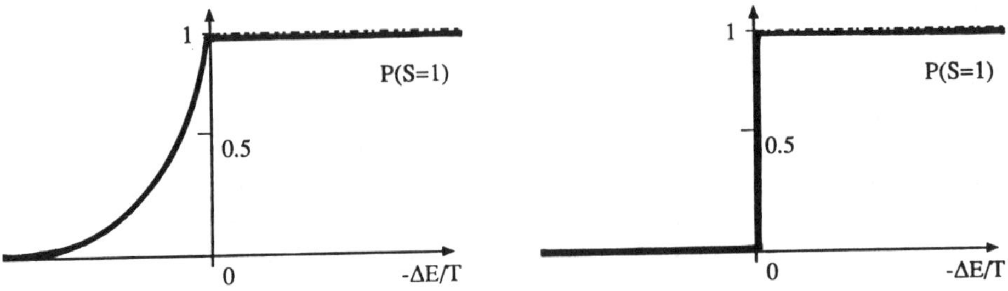

(**a**) beim Metropolis-Algorithmus (**b**) beim Hopfield-Modell

Abb. 3.2.1 Die Ausgabewahrscheinlichkeit für S(ΔE)=1

gewichteten Übergangswahrscheinlichkeit in Gleichung (3.2.1). Sei die Anzahl der Situationen, einen bestimmten Zustand **S** erreicht zu haben, mit $|\{\mathbf{S}\}|$ notiert, so stellt sich im statistischen Mittel bei zwei Zuständen $\mathbf{S}^r$ und $\mathbf{S}^s$ mit unterschiedlichen Energiewerten $E(\mathbf{S}^r) > E(\mathbf{S}^s)$ ein Gleichgewicht mit

$$|\{\mathbf{S}^r\}| = |\{\mathbf{S}^s\}| \exp(-\Delta E_{rs}/ kT) \qquad (3.2.2)$$

ein. Natürlich bilden sich dabei auch statistische Fluktuationen; ein Übergewicht auf einer Seite wird aber durch die Statistik im Mittel wieder ausgeglichen. Da der Übergang nach $\mathbf{S}^r$ von jedem Zustand aus erfolgen kann, stellt sich, wie wir aus der Physik wissen, im Mittel eine *Boltzmann-Verteilung*

$$|\{\mathbf{S}^r\}| \sim \exp(-E_r / kT) \qquad \textit{Boltzmann-Faktor} \qquad (3.2.3)$$

mit der Aufenthaltswahrscheinlichkeit

$$P(T, \mathbf{S}^r) = \frac{\exp(-E_r/kT)}{\Sigma_k \exp(-E_k/kT)} \qquad (3.2.4)$$

ein, die außer der Energie noch durch den Faktor kT, der *Temperatur*, bestimmt wird. Die physikalische Konstante k (*Boltzmann-Konstante*) kann auch zur Vereinfachung bei den neuronalen Netzen mit $kT \to T$ in den Parameter T hineingezogen werden.

Typische Merkmale eines *Metropolis-Algorithmus* sind also zum einen eine gleichverteilte Zustandssuche, und zum anderen die Existenz einer Akzeptanzwahrscheinlichkeit. Der Energie-Algorithmus des Hopfieldmodells (Codebeispiel 3.1.2) geht über in den Metropolisalgorithmus in Codebeispiel 3.2.1. Die Akzeptanzentscheidung wird hier durch die Entscheidung modelliert, ob eine Zufallsvariable kleiner als die Akzeptanzwahrscheinlichkeit (3.2.1) ist. Da die Auftrittswahrscheinlichkeit für gleichverteilte Zufallszahlen aus dem Intervall [0,1], die kleiner oder gleich dem Wert p sind, gleich p ist

$$P(x|x \le p) = p$$

```
Metro:
        Wähle w_ij gemäß dem Problem          (* Problemkodierung *)
        Setze den Startzustand S(0); t:=0;
        Bilde E                               (* nach Gleichung 3.1.25 *)
        REPEAT
           t:= t+1
           i:= RandomInt(1,n)                 (* wähle zufällig ein Neuron aus 1..n *)
           S' := S; S_i':=-S_i
           ΔE:= E(-S_i) - E(S_i)              (* Energiediff. bei Zustandsänderung *)
           IF  ΔE > 0                         (* Akzeptanz des neuen Zustands ? *)
              THEN  IF RandomReal(0,1)≤exp(-ΔE/T)
                    THEN  S := S' END
              ELSE  S := S'
           END
        UNTIL   Abbruchkriterium
        Gebe Endzustand S(t) aus
```

Codebeispiel 3.2.1 Der Metropolis-Algorithmus

ist die Abfrage "RandomReal(0,1)$\leq P^A$ " mit der Wahrscheinlichkeit P^A wahr, was als Akzeptanzkriterium gefordert war.

3.2.2 Simulated Annealing

Beim Metropolis-Algorithmus stellte sich ein "thermodynamisches Gleichgewicht" zwischen den verschiedenen Zuständen des Systems ein. Dabei wurden die Zustände mit minimaler Energie ebenso wie andere, für uns aber uninteressante Zustände erreicht. Um nun das System im optimalen Zustand "einzufrieren", können wir "die Temperatur" T absenken, so daß die Übergangswahrscheinlichkeiten aus den optimalen Zuständen gegen null gehen und das System im Zustand geringster Energie verbleibt. Dieser Vorgang läßt sich mit dem Erhitzen eines Materials bis über den Schmelzpunkt hinaus und dem darauffolgenden, behutsamen Abkühlprozeß vergleichen und wird deshalb "simuliertes Ausglühen" (*simulated annealing*) genannt. Dabei geht das Material vom Zustand höherer Energie (z.B. mit Kristallfehlern) in einen Zustand niedrigerer Energie (geordneter Kristall) über; das Aufheizen ermöglicht dabei den Übergang von einem lokalen Minimum zu einem anderen, tiefer liegenden Energieminimum.

Ein simulated-annealing Algorithmus [KIRK83] stellt somit eine Vorschrift dar, auf welche Art eine solche "Abkühlung" vorzunehmen ist. Allerdings stoßen wir bei diesem Vorgang auf ein Problem: wird die "Abkühlung" zu schnell vorgenommen, so findet das System nicht das globale Minimum, sondern bleibt in einem suboptimalen, lokalen Minimum "stecken". Wie läßt sich dies vermeiden? Betrachten wir dazu den Prozeß genauer.

Beim Simulated Annealing ist gegenüber dem Metropolis-Algorithmus zusätzlich die Suche nach einem Folgezustand auf die Nachbarschaft begrenzt, beispielsweise auf alle Zustände mit dem Hammingabstand (Anzahl unterschiedlicher Komponenten) von $d_H=1$. Dann ist die Generationswahrscheinlichkeit eines neuen Zustands *j* bei vorliegendem Zustand *i*

$$P_{ij}^{G} := \begin{cases} 1/N & d_H(S^i,S^j) \leq 1 \\ 0 & \text{sonst} \end{cases} \tag{3.2.5}$$

mit der Anzahl der Nachbarzustände $N := |\{S^j / d_H(S^i,S^j) \leq 1\}|$

Mit der Akzeptanzwahrscheinlichkeit P_{rs}^{A} des Metropolis-Algorithmus wird die Übergangswahrscheinlichkeit zwischen den Zuständen

$$P_{ij} = P_{ij}^{G}\, P_{ij}^{A}(T) \tag{3.2.6}$$

Bleibt die Temperatur T konstant, so läßt sich das Gesamtsystem als eine Kette von zeitunabhängigen Zustandsübergängen, eine *homogene Markov-Kette*, beschreiben. Für diese stellt sich nach sehr großer Schrittzahl eine eindeutige, stationäre Wahrscheinlichkeitsverteilung des Aufenthalts ein, falls

◊ jeder Zustand von jedem Zustand in endlicher Schrittzahl erreichbar ist ("irreduzibel")

◊ jeder Zustand mit Sicherheit wieder erreicht wird ("aperiodisch und rekurrent")

Die Wahrscheinlichkeitsverteilung (3.2.6) für beliebige Zustände geht im Grenzwert in eine Boltzmannverteilung für einen optimalen Zustand mit minimaler Energie

$$P_i(T) = \frac{\exp(-\Delta E_i/T)}{\Sigma_k \exp(-\Delta E_k/T)} \tag{3.2.7}$$

$$\text{mit} \quad \Delta E_k := E(S^k) - E(S^{opt})$$

über.

Dieser Gleichgewichtszustand stellt sich bei konstanter "Temperatur" T ein. Wie erreichen wir diesen optimalen Zustand? Für ein Absenken von T kann man nun eine Folge von Iterationen mit T_1, T_2, .. etc. durchführen, wobei jede Iteration eine homogene Markovkette mit konstanter Temperatur darstellt. Ein solches "Kühlschema" wird dann *homogenes Simulated Annealing* genannt. Im Gegensatz dazu stellt eine Iteration mit stetig absinkender Temperatur T eine inhomogene Markovkette dar und wird deshalb *inhomogenes Simulated Annealing* genannt. Die Bedingung für eine Konvergenz bei diskreten Zeitschritten t=1,2,.. ist (s. [AARTS89])

$$T(t) = \gamma\,(\log(t+t_0+1))^{-1} \qquad \gamma>0,\ t_0 \geq 1 \tag{3.2.8}$$

und garantiert eine Konvergenz gegen die statistische Verteilung mit S^{opt}. Allerdings gibt es hier ein Problem: die Temperaturänderung nach Gleichung (3.2.8) geht sehr langsam vor sich; zu langsam für die meisten Anwendungen. Man verwendet deshalb meistens ein homogenes Kühlschema, das durch die Angaben

- der initialen Temperatur T(0)
- dem zeitlichen Verlauf von T(t+1) = f(T(t))
- der Länge m(T) der Markovketten
- eines Abbruchkriteriums

festgelegt ist.

Im folgenden Codebeispiel ist dies näher erläutert. Dabei dient der um den Metropolis-Ansatz erweiterte Hopfield-Energiealgorithmus als Grundoperation, die für jeden Zeitschritt bei einer festen Temperatur gemäß dem Kühlschema {f(T):=aT mit a<1} wiederholt wird. Das Abbruchkriterium kann dabei dem Problem entsprechend pragmatisch gewählt werden; beispielsweise kann abgebrochen werden, wenn in einem Iterationslauf keine Energie- bzw. Zustandsänderung mehr stattfindet.

```
SimAn:
  Wähle S,w_ij gemäß dem Problem         (* Problemkodierung *)
  Setze den Startzustand S(0); t:=0; T:=T_0;
  Bilde E                                (* nach Gleichung 3.1.25 *)
  REPEAT
      t := t+1;                          (* Für jeden Zeitschritt ... *)
      T := aT;                           (* ... "Abkühlen" bei a<1  *)
      FOR cnt:=1 TO m(T) DO              (* ... Markovkette durch Iteration *)
          i:= RandomInt(1,n)             (* wähle zufällig ein Neuron aus 1..n *)
          S' := S; S_i':=-S_i            (* Vorschlag für neuen Zustand *)
          ΔE:= E(-S_i) - E(S_i)          (* Energiediff. bei Zustandsänderung *)
          IF  ΔE > 0                     (* Akzeptanz des neuen Zustands ? *)
              THEN  IF RandomReal(0,1)≤exp(-ΔE/T) THEN S:=S' END;
              ELSE  S := S'
          END;
      END;
  UNTIL Abbruchkriterium
  Gebe Endzustand S(t) aus
```

Codebeispiel 3.2.2 Der Metropolis-Algorithmus mit Simulated Annealing

Als Anwendungsbeispiel betrachten wir das Problem des Handlungsreisenden in der Notation, wie es beim Hopfieldmodell in Abschnitt 3.1.2 vorgestellt wurde. In der folgenden Abbildung ist von links nach rechts die Ausgangssituation, ein Zwischenzustand und der Endzustand der Rundreise und ihrer Kodierung für eine Simulation abgebildet.

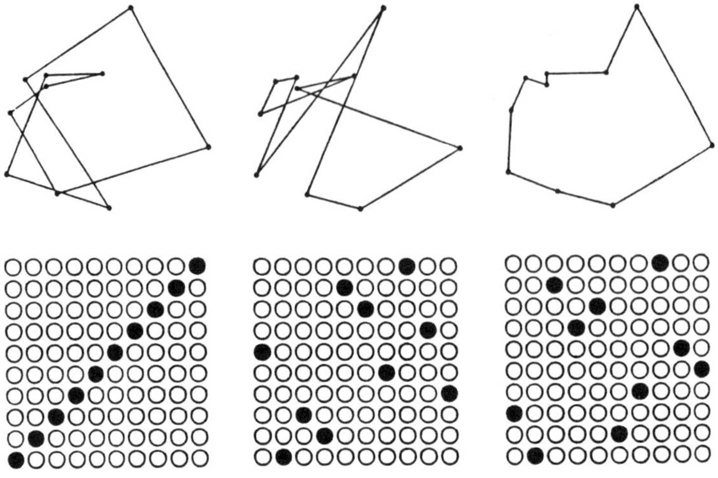

Abb. 3.2.1 Simulationszustände des TSP-Problems mit Simulated Annealing (nach [LAN88])

Im zeitlichen Verlauf der Simulation nimmt das System durch die Zustandsvariation ziemlich unterschiedliche Energien an ("Rauschen" in Abbildung 3.2.2), die aber im Mittel bei sinkender "Temperatur" T abnehmen, um sich bei niedrigstem Niveau zu stabilisieren. In der Abbildung 3.2.2 ist dies für das obige Beispiel verdeutlicht.

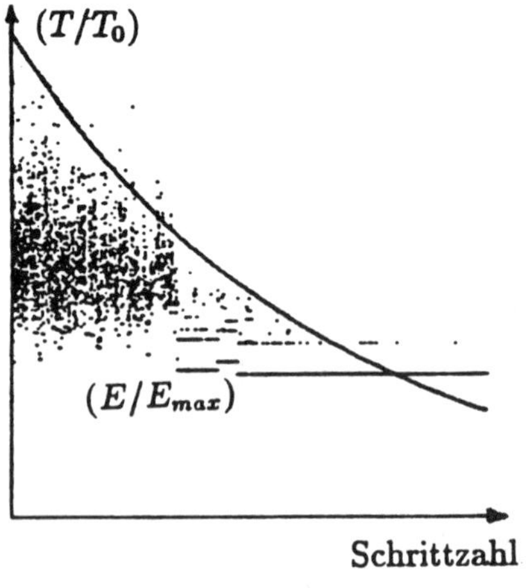

Abb. 3.2.2 Relative Temperatur und Energie bei der Simulation (nach [LAN88])

3.2.3 Boltzmannmaschinen

Die bisher im Abschnitt 3.2 vorgestellten Modelle sind eine Erweiterung des Hopfieldmodells zu wahrscheinlichkeitsgesteuerten Zustandsübergängen. Dabei blieb die Art und Weise, ein solches Netzwerk zu programmieren, immer die gleiche: die für den stabilen Endzustand entscheidenden Gewichte w_{ij} mußten zuerst errechnet und dann im Ausdruck für die Energie eingesetzt werden.

Dieser Nachteil wird im Modell der *Boltzmannmaschine* dadurch vermieden, daß das System *lernt*, durch *Verändern* seiner Gewichte einen gewünschten Endzustand zu erreichen. Eine Boltzmannmaschine ist dabei geschichtet aufgebaut und ähnelt etwas dem Backpropagation-Netzwerk aus Abschnitt 2.3. Es handelt sich aber um ein modifiziertes Hopfield-Netzwerk, das um zusätzliche Einheiten (*hidden units*) erweitert wurde. Diese Einheiten gehören nicht zu den Eingabe- und Ausgabeeinheiten; ihre Zustände können deshalb nicht "von außen" beobachtet werden. In Abbildung 3.2.3 ist ein solches Netz gezeigt. Man beachte, daß durch die Einführung einer geschichteten Struktur im Unterschied zum Hopfieldmodell keine vollständige Vernetzung mehr gegeben ist.

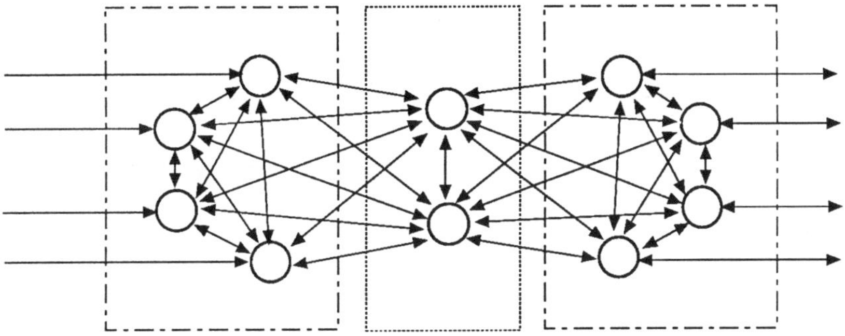

Abb. 3.2.3 Verbindungsnetz einer Boltzmannmaschine

Die grundlegende Funktion einer Boltzmannmaschine besteht in einer *Relaxation*, einem Einstellen eines Gleichgewichts bei Vorgabe bestimmter Nebenbedingungen. Diese Nebenbedingungen können beispielsweise die Vorgabe eines Eingabemusters sein, für das sich dann ein Ausgabemuster einstellt, die Vorgabe einer Ausgabe, für die die ursprüngliche Eingabe ermittelt wird, oder andere, teilbestimmte feste Zustandswerte der Ein-und Ausgabeneuronen, die ergänzt werden sollen. Das Vorgeben dieser Werte wird dabei als "klemmen" (*clamping*) bezeichnet und der eigentliche Relaxationsprozeß als "geklemmter Lauf".

Beim Übergang von einem Zustand zu einem anderen wird durch Angabe von Übergangswahrscheinlichkeiten auch hier versucht, durch "Herausdiffundieren" das "Festkleben" in lokalen Minima zu vermeiden. Allerdings ist dabei die Wahrscheinlichkeit, unter Energieabnahme einen anderen Zustand anzunehmen, im Unterschied zum Metropolisalgorithmus nicht eins, sondern etwas kleiner. Bezeichnen wir wieder die Änderung der Energie (Gl. (3.1.25)) mit ΔE, so ist die Wahrscheinlichkeit des Neurons *i*, den Zustand 1 anzunehmen, mit

$$P(S_i(t+1)=1) := \frac{1}{1 + \exp(-\Delta E_i/T)} \quad \text{mit } \Delta E_i := E(S_i)-E(\bar{S}_i) \qquad (3.2.9)$$

entsprechend der Fermi-Funktion (1.2.4a) definiert. In Abbildung 3.2.4 ist dies im Vergleich zu Abbildung 3.2.1 dargestellt.

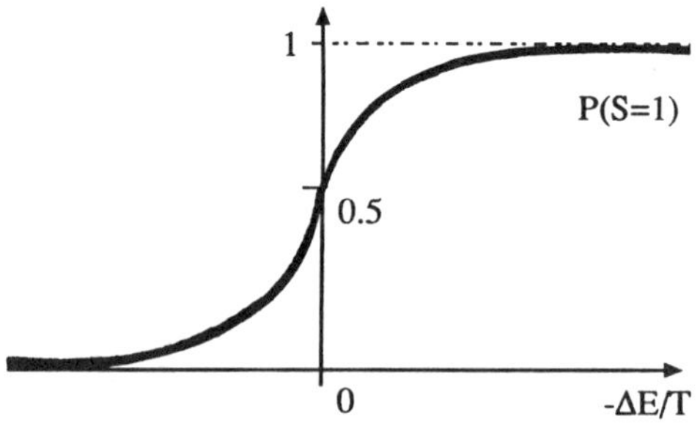

Abb. 3.2.4 Nicht-deterministische Ausgabefunktion der Boltzmannmaschine

Mit dieser Ausgabefunktion ergibt sich ein Gleichgewicht im Netz, das durch eine Boltzmannverteilung wie in (3.2.4) charakterisiert wird; die relative Wahrscheinlichkeit hängt dabei nur von der Energiedifferenz ab.

$$P_a/P_b = \exp(-(E_a-E_b)/T \qquad (3.2.10)$$

Wir können drei verschiedene Funktionsweisen der Boltzmannmaschine unterscheiden:

1) *Der freie Lauf*
   Vom beliebigen Anfangszustand **S**(0) gehen die Neuronen in einen anderen Zustand über, wobei für den Zustandsübergang die Wahrscheinlichkeit (3.2.9) gilt.

2) *Geklemmter Lauf: Auslesen*
   Der Zustand $\mathbf{S}^{\alpha}$ einiger Eingabe- bzw. Ausgabeneuronen wird vorgegeben und es stellt sich ein dazu kompatibles Gleichgewicht im Gesamtsystem ein. Dies wird beispielsweise dazu verwendet, um wie beim Assoziativspeicher ein gespeichertes Musterpaar auszulesen.

3) *Geklemmter Lauf: Lernen*
Der Zustand S^α entsprechender Ein- und Ausgabeneuronen wird, gemäß den zu lernenden Mustern, vorgegeben. Dann werden die Gewichte derart verändert, daß sich interne Zustände S^β bei den "hidden units" einstellen mit dem stabilen Gesamtzustand $S^{\alpha\beta} := (S^\alpha, S^\beta)$.

Der Lernalgorithmus
Die Gewichte müssen bei vorgegebenem Ein/Ausgabeverhalten vom System gelernt werden. Nach unserem Verständnis von Lernen (s. Abschnitt 1.3) bedeutet dies die Optimierung einer Zielfunktion. Für die Funktion von Systemen lernten wir in Kapitel 1.2.3 eine interessante Zielfunktion (Gütekriterium) kennen, die Zustandswahrscheinlichkeiten verwendet: die *Information* eines Zustands. Dieses Gütekriterium wird auch bei der Boltzmannmaschine [ACK85] verwendet, was nicht weiter verwunderlich ist: der Begriff der Entropie wurde gerade für Systeme von vielen Teilchen mit zufallsbedingten Zuständen wie Gase etc. geschaffen, um ihre Gleichgewichtszustände zu beschreiben.

Sei die Wahrscheinlichkeit eines Zustands S^α im geklemmten Lauf mit $P^+(S^\alpha)$ bezeichnet. Die mittlere Information oder Entropie dieses Zustands ist mit Kapitel 1.2.3

$$H = - \Sigma_\alpha P^+(S^\alpha) \ln P^+(S^\alpha) \tag{3.2.11}$$

Die mittlere Information H_s des tatsächlichen Zustands bei freiem Lauf ist bezüglich der vorgegebenen Wahrscheinlichkeiten P^+ und den beobachteten Wahrscheinlichkeiten P^-

$$H_s := - \Sigma_\alpha P^+(S^\alpha) \ln P^-(S^\alpha) \tag{3.2.12}$$

Die Größe H_s kann auch als *subjektive Information* bezeichnet werden und kann nie kleiner als H sein [PFA72]. Die Differenz $H_m := H_s - H$ kann als *fehlende Information* gedeutet werden, die aus der subjektiven Sicht des Systems resultiert und bei der Adaption der internen Erwartungen an die vorgegebene Außenwelt null wird.

Damit haben wir eine Gütefunktion für das Lernen der Boltzmannmaschine gefunden: Die Minimisierung der fehlenden Information H_m. Ein Lernalgorithmus, um eine Zielfunktion R zu minimisieren, kennen wir aber bereits aus Kapitel 1.3.2 : die Gradientensuche. Mit der Formel (1.3.8) ist

$$w_{ij}(t+1) = w_{ij}(t) - \gamma\, \partial H_m / \partial w_{ij} \tag{3.2.13}$$

Errechnen wir uns nun die Ableitung $\partial H_m / \partial w_{ij}$ der fehlenden Information. Da die Wahrscheinlichkeiten $P^+(S^\alpha)$ konstant vorgegeben sind und sich beim Lernen nicht verändern, ist mit (3.2.12)

$$\frac{\partial H_m}{\partial w_{ij}} = \frac{\partial H_s}{\partial w_{ij}} = - \Sigma_\alpha P^+(S^\alpha) \frac{\partial}{\partial w_{ij}} \ln P^-(S^\alpha) \tag{3.2.14}$$

Da die Wahrscheinlichkeitsverteilung $P^-(S^\alpha)$ einer Boltzmannverteilung (3.2.4) folgt, geht (3.2.14) in

$$\frac{\partial H_m}{\partial w_{ij}} = - \Sigma_\alpha P^+(S^\alpha) \left[\frac{\partial}{\partial w_{ij}} (-E_\alpha/T) - \frac{\partial}{\partial w_{ij}} \ln(\Sigma_{\mu\nu} \exp(-E_{\mu\nu}/T))\right] \quad (3.2.15)$$

Mit der Energiedefinition (3.1.24) sowie

$$\Sigma_\alpha P^+(S^\alpha) = \Sigma_{\alpha\beta} P^+(S^\alpha, S^\beta) =: \Sigma_{\alpha\beta} P^+(S^{\alpha\beta})$$

wird (3.2.15) zu

$$\frac{\partial H_m}{\partial w_{ij}} = - \frac{1}{T} \Big[\Sigma_{\alpha\beta} P^+(S^{\alpha\beta})\, S_i^{\alpha\beta} S_j^{\alpha\beta} - (\Sigma_\alpha P^+(S^\alpha)) \{\Sigma_{\pi\theta} \exp(-E_{\pi\theta}/T)\, S_i^{\pi\theta} S_j^{\pi\theta} / (\Sigma_{\mu\nu} \exp(-E_{\mu\nu}/T))\}\Big]$$

Mit $\Sigma_\alpha P^+(S^\alpha) = 1$ und den Abkürzungen

$$P_{ij}^+ := \Sigma_{\alpha\beta} P^+(S^{\alpha\beta})\, S_i^{\alpha\beta} S_j^{\alpha\beta} \quad (3.2.16a)$$

$$P_{ij}^- := \Sigma_{\alpha\beta} P^-(S^{\alpha\beta})\, S_i^{\alpha\beta} S_j^{\alpha\beta} \quad (3.2.16b)$$

erhalten wir schließlich

$$\frac{\partial H_m}{\partial w_{ij}} = - \frac{1}{T} (P_{ij}^+ - P_{ij}^-)$$

und mit der Lerngleichung (3.2.13)

$$w_{ij}(t+1) = w_{ij}(t) + \gamma\, (P_{ij}^+ - P_{ij}^-)/T \quad (3.2.17)$$

Die Wahrscheinlichkeiten P_{ij}^+ und P_{ij}^- sind die Gesamtwahrscheinlichkeiten, daß beide Neuronenzustände $S_i^{\alpha\beta}$ und $S_j^{\alpha\beta}$ eins sind. Dies können wir aber experimentell beobachten!

Der Lernalgorithmus besteht somit aus den beiden Phasen:

1) *Freier Lauf*

Für verschiedene Anfangszustände **S**(0) wird jeweils ein Iterationslauf mit N Iterationen durchgeführt, bis das System konvergiert ist. Dabei zählt jedes Neuron i, wie oft es und der Nachbar j gleichzeitig den Zustand "eins" haben. Diese Summe, geteilt durch N, ist P_{ij}^-.

2) *Geklemmter Lauf*

Lege spezielle **S**(0) an, die aus den gewünschten Input/Output Zuständen bestehen. Alle unvorgegebenen Werte werden mit $P^+(S^\alpha)$ aufgefüllt.

Halte die gewünschten Zustände fest, lasse das System mit einer bestimmten Iterationszahl N konvergieren und zähle dabei, wie oft Neuron i und Neuron j gleichzeitig den Zustand "1" haben. Damit folgt P_{ij}^+.

Weiteres Material zu diesem Thema ist beispielsweise in [AARTS89] zu finden; eine Version der Maschine mit Synapsen höherer Ordnung wird in [SEJ86b] beschrieben.

3.3 Nichtlineare Dynamik, Attraktoren und Chaos

Möchte man die Ausgabe eines bestimmten Musters bei einem rückgekoppelten Netzwerk bewirken, so muß das Netzwerk dazu einen stabilen Zustand erreichen. Bei linearen, begrenzten Ausgabefunktionen (Brain-state-in-a-box, Abschnitt 3.1.1) sind dies die Eigenvektoren der Gewichtsmatrix; beim Hopfieldmodell allgemeine, zu speichernde Muster, die je nach ihren Eigenschaften (Hamming-Abstand etc.) unterschiedliches Speichervermögen des Netzwerks bewirken. Dabei können die Muster leicht gestört sein; die Rückkopplung mit einer nicht-linearen (binären) Ausgabefunktion der Modellneuronen kann aber eine Korrektur dieser Störung erreichen (Musterergänzung). Wird bei der mehrfachen Iteration das gestörte Muster dem gespeicherten Muster immer ähnlicher, so ist eine *Konvergenz* des Systemzustands gegeben. Das gespeicherte Muster "zieht" das Ausgabemuster (den Systemzustand **S**) an; es wirkt als *Attraktor.* Ein festes, n-dimensionales Muster kann man auch als Punkt im n-dimensionalen Raum auffassen; das anziehende Muster ist somit ein *Fixpunkt.*

Der wichtigste Grund für dieses Systemverhalten ist neben der Rückkopplung die Existenz einer nicht-linearen Ausgabefunktion S(z). Die Transferfunktion S(**w**,**x**) eines Neurons hat dabei eine wichtige Eigenschaft: sie bildet Eingabewerte **x** und **x**', die einen geringen Abstand |**x**-**x**'| von einander haben, auch auf Ausgabewerte **y** und **y**' mit einem geringen Abstand |**y**-**y**'| ab, so daß lokale Nachbarschaften erhalten bleiben und das System relativ stabil gegenüber Abweichungen (Fehlern und Störungen) ist.

Diese Eigenschaft ist aber nicht selbstverständlich. Viele nicht-lineare Systeme aus der Natur wie die Hydrodynamik, Luftturbulenzen (Wetter!) und chemische Reaktionen können die Eigenschaft haben, kleine Störungen so extrem zu verstärken, daß das System in völlig andere Zustände übergeht. Obwohl das System deterministisch arbeitet, ist es dabei nicht möglich, die Vorgeschichte zu rekonstruieren: dicht beieinander liegende Punkte können aus völlig verschiedenen Gegenden des Zustandsraums stammen. Da die Folgezustände von Punktmengen {**x**} beliebig weit im Zustandsraum verstreut sein können, spricht man hier von *chaotischen* Systemen.

Wie wir später sehen werden, gibt es auch Situationen, in denen dies für neuronale Netze zutreffen kann. Betrachten wir deshalb die chaotischen Systeme genauer.

3.3.1 Deterministisches Chaos

Ein bekanntes Beispiel für ein solch nicht-lineares, chaotisches Verhalten ist die sog. *logistische* Funktion

$$x(t+1) = f(x(t)) := \alpha\, x(t)\, [1-x(t)] \qquad x \in [0,1] \quad (3.3.1)$$

Dies ist eine quadratische Funktion, eine Parabel, die zwei Nullstellen an x=0 und x=1 als Schnittpunkte mit der x-Achse hat, siehe Abbildung 3.3.1.

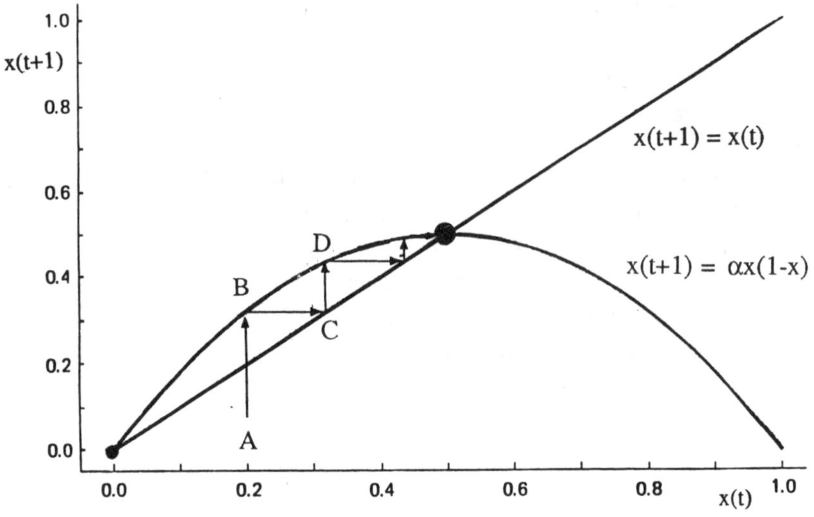

Abb. 3.3.1 Die logistische Abbildung bei $\alpha=2$ und ihr Fixpunkt

In der Abbildung ist zusätzlich die Gerade eingezeichnet, die mit der Identitätsabbildung G: x(t+1) = x(t) gegeben ist. Wie leicht einzusehen ist, gibt es zwei Fixpunkte in dem System: x(t)=0 und die Lösung der Gleichung $x = \alpha x(1-x)$, also $x=1-\alpha^{-1}$.

Die Iteration der Gleichung (3.3.1) läßt sich dabei auch graphisch durchführen, siehe Abbildung 3.3.1. Gehen wir von Punkt x=A=0.2 aus, so ist x(t+1) durch den Parabel-Funktionswert B gegeben. Dies ist das Argument der nächsten Iteration. Um den dazugehörenden Punkt C auf der x-Achse zu finden, reicht es, parallel zur x(t)-Achse die Gerade G zu schneiden. Der Schnittpunkt hat als x(t)-Koordinate den Wert C. Die Iteration wiederum dieses Punktes geschieht durch eine Gerade, die parallel zur x(t+1)-Achse durch den Schnittpunkt gezeichnet wird. Schnittpunkt dieser Geraden mit der Parabel ist D, der Funktionswert von C, und so weiter. Wie wir sehen, ist der Nullpunkt ein instabiler Fixpunkt.

Erhöhen wir den Parameterwert α über einen Wert α_1, so wird die Steigung der Parabel im Schnittpunkt mit der Geraden zu steil (<-1) und dieser Fixpunkt wird instabil. Stattdessen bilden sich zwei andere Attraktorpunkte heraus, zwischen denen die Abbildung hin- und her oszilliert mit x(t+2)=x(t), siehe Abbildung 3.3.2 links. Erhöhen wir nun α weiter, so ergeben sich ab einem weiteren Wert α_2 vier Attraktorpunkte mit periodischer Oszillation x(t+4)=x(t), Abbildung 3.3.2 rechts: die Zahl der Iterationsschritte, um den gleichen Wert wieder zu erreichen (*Periode*), verdoppelt sich von 2 auf 4. Diese Periodenverdoppelung geschieht in immer kleineren Abständen von α_i; die Folge von Parameterwerten α_i konvergiert zu einem Grenzwert $\alpha^*=3{,}569..$ und der Quotient $(\alpha_i-\alpha_{i-1})/(\alpha_{i+1}-\alpha_i)$ der Abstände geht im Grenzwert gegen

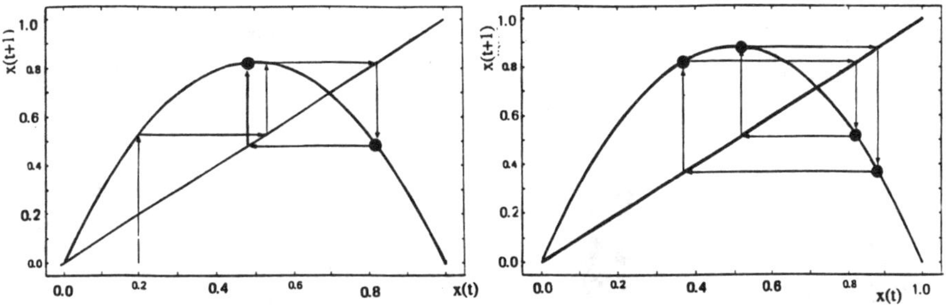

Abb. 3.3.2 Die Logistische Abbildung bei α=3,3 und α=3,53
Die Fixpunkte sind 0,48 und 0,83 sowie 0,37, 0,52, 0,83 und 0,88.

die *Feigenbaum-Zahl* δ=4,6692... Bei α^* wird die Menge der Attraktorpunkte unendlich; die Iteration x(t+1) liefert ab diesem α sehr unregelmäßige (*chaotische*) Ergebnisse, siehe Abbildung 3.3.3 rechts [BAK90]. Dabei gibt es trotz der chaotischen Iteration eine gewisse Ordnung in den Chaos: Startet man die Iteration in bestimmten Raumgebieten, so führt sie nicht aus diesen Gebieten heraus. Diese Gebiete werden als *chaotische Attraktoren* bezeichnet.

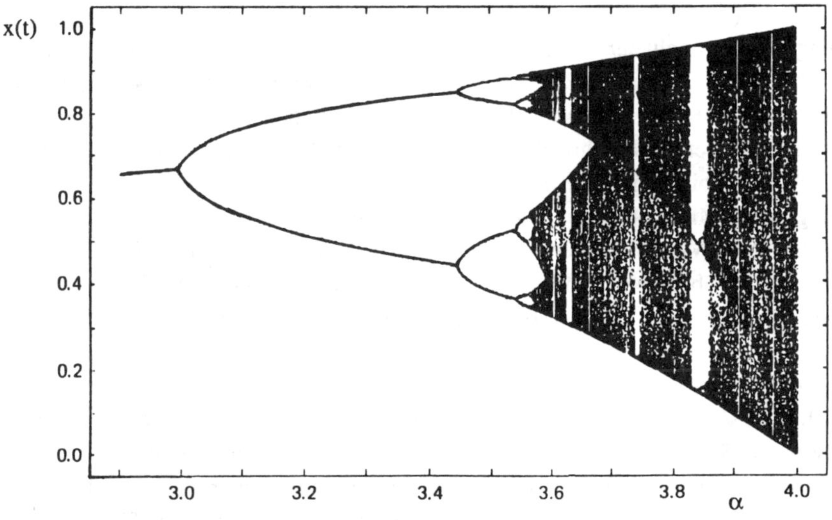

Abb. 3.3.3 Bifurkationsdiagramm der Logistischen Abbildung (nach [BAK90])

Periodenfenster

Betrachten wir die Abbildung (3.3.3) genauer, so bemerken wir zwischen α=3,8 und 3,9 eine Lücke in den chaotischen Zuständen. Hier existiert ein Gebiet, das wieder wenige, stabile Attraktorenpunkte besitzt mit der Iterationsperiode drei. Dieses als

Periode 3-Fenster bezeichnete Intervall von x ist in Abbildung 3.3.4 links vergrößert wiedergegeben. Im rechten Teil der Abbildung ist gezeigt, wie die 3-Periode zustande kommt.

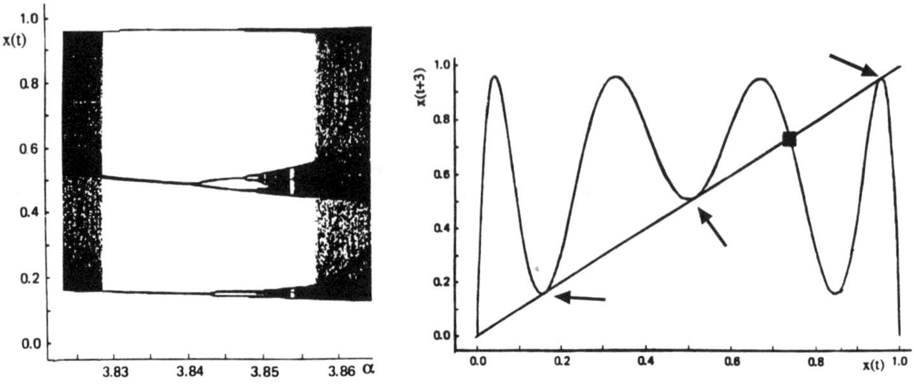

Abb. 3.3.4 Periode 3-Fenster und die Abbildung $x(t+3)= f(f(f(x(t))))$ (nach [BAK90])

Die Funktion $f^3(x(t)):= f(f(f(x(t))))$ ist eine Funktion (Polynom) mit drei "Tälern", siehe Abbildung. Erhöht sich der Parameter α, so "senken" sich die Täler ab, bis sie die Gerade $x(t+3)=x(t)$ berühren. Bei diesem Wert von $\alpha=3{,}8282$ bricht schlagartig das instabile, chaotische Verhalten ab und es ergeben sich an den Punkten, wo die Funktion f^3 tangential die Gerade berührt, drei zyklische Fixpunkte (*Tangentenbifurkation*), die in der rechten Abbildung durch kleine Pfeile gekennzeichnet sind und in der linken Abbildung in der Mitte, oben und unten als durchgehende Linien zu sehen sind. Der mit einem schwarzen Viereck gekennzeichnete Schnittpunkt ist instabil. Erhöht man α weiter, so erfolgt über neue, zyklisch stabile Schnittpunkte von f^3 mit der Geraden die Folge von Periodenverdopplungen (s. linke Abbildung), die wieder im Chaos landet.

Entropie und Information

Im Abschnitt 1.2.3 hatten wir uns einen wichtigen Begriff definiert: die *Information* eines Systems. Sind alle *N* Zustände des Systems gleichwahrscheinlich, so ist die mittlere Information H (*Entropie*) des Systems maximal und es gilt $H=- \ln (N)$. Haben wir ein System mit nur einem Fixpunkt, also einem möglichen stabilen Zustand, so ist $H=0$; wir wissen immer, in welchem Zustand sich das System befindet. Nimmt die Zahl der möglichen Zustände mit wachsendem α zu, so erhöht sich die Entropie des Systems nach jedem Bifurkationspunkt. In Abbildung 3.3.5 ist dies für unsere logistische Abbildung gezeigt. Da im chaotischen Gebiet beliebig viele Punkte angenommen werden können, wurde die Wahrscheinlichkeitsverteilung für jeden Wert von α

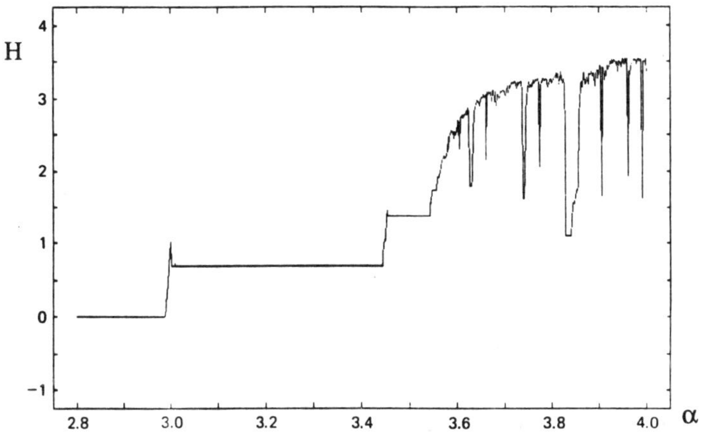

Abb. 3.3.6 Die mittlere Information des Systems (nach [BAK90])

dadurch geschätzt, daß man das Intervall [0,1] in 40 Abschnitte (Zustände) unterteilt und bei einer festen Anzahl von Iterationen gezählt hat, wie oft der Iterationswert in einen Abschnitt s_k (Zustand k) fiel. Mit der relativen Häufigkeit P_k kann dann über die Definition 1.5

$$H(x) := \langle I(x^k)\rangle_k = - \Sigma_k P(x^k) \ln P(x^k)$$

die mittlere Information ermittelt werden.

Dehnen und Falten

Der Grundmechanismus des chaotischen Systems läßt sich leicht an unserem Beispiel der logistischen Funktion erschließen. Für α=4 wird das Intervall [0,1/2] mit f(x)=4x(1-x) auf [0,1] abgebildet. Das restliche Intervall [1/2,1] wird ebenfalls auf [0,1] abgebildet - aber in umgekehrter Reihenfolge! In der Abbildung 3.3.7 ist dies verdeutlicht.

Damit bewirkt die logistische Abbildung nicht nur eine *Dehnung* des Intervalls auf die doppelte Länge, sondern auch eine *Faltung* (linke Abbildung). Wird dies mehrmals durchgeführt (rechte Abbildung), so kommen Punkte aus sehr unterschiedlichen Intervallgegenden nebeneinander zu liegen.

Das chaotische Verhalten des Systems beruht also dabei zum einen auf einem Verhalten der Iteration, das kleinste Abweichungen sehr stark verstärkt (*Dehnung*). Denken wir beispielsweise an Billard, wo durch die runde Oberfläche der Kugeln ähnliche Verhältnisse herrschen, so wird unsere Vorhersage des Spiels trotz perfekter Ballkontrolle und exakter Kenntnis aller Spieldaten bereits nach nur einer Minute falsch

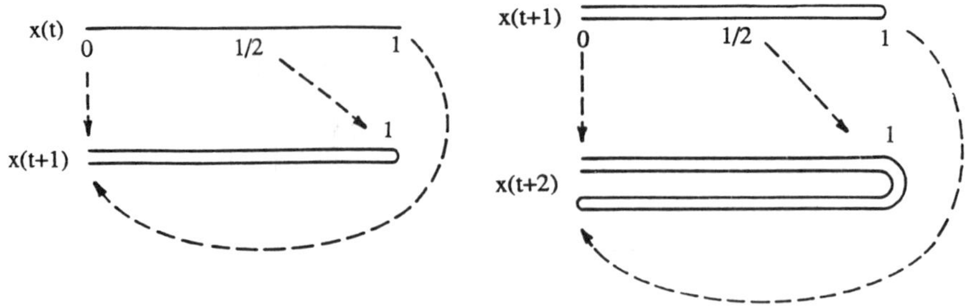

Abb. 3.3.7 Die Dehnung und Faltung des Intervalls [0,1]

sein, wenn wir auch nur den Gravitationseinfluß eines einzigen Elektrons am Rand der Milchstraße vergessen haben [CRUT87].

Zum anderen aber ist das Chaos durch eine *Faltung* des Zustandsraums bedingt: in unserem Beispiel wird durch die Quadrierung negative x auf positive abgebildet. Man kann sich diesen Vorgang auch ganz bildlich vorstellen: markieren wir ein Stück Brotteig mit einem kleinen Punkt roter Lebensmittelfarbe, so wird beim Kneten des Teigs, d.h. Drücken (= Dehnung des Raums) und Überschlagen des Teigs (= Falten des Raums), zuerst eine rote Spur und dann eine immer bessere Verteilung der roten Farbpunkte erreicht, bis schließlich der ganze Teig einheitlich rosa gefärbt ist. Würde stattdessen der Teig nur gedrückt, so würde durch diese nachbarschaftserhaltenden Operationen alle Zutaten lokal zusammenhaften und sich nicht mehr vermengen. Wie wir sehen, ist also Chaos unbedingte Voraussetzung zum Brotbacken. Das Modell des Brotbackens führte übrigens in der mathematischen Nachahmung zur Entdeckung eines neuen Systems: dem Rössler-Attraktor [CRUT87].

Einen gute Übersicht über die Chaos-Problematik gibt das Buch von G. Schuster [SCHU84].

3.3.2 Chaos in neuronalen Netzen

Wir wir im Abschnitte 3.1 gesehen hatten, haben rückgekoppelte Netze normalerweise stabile Zustände, die man beispielsweise durch Lernregeln Hebb'scher Art für die Gewichte erreichen kann. Allerdings gibt es auch Umstände, unter denen es mit dem Iterationsmechanismus der rückgekoppelten Netze zu chaotischem Verhalten kommen kann. Obgleich dies ein relativ neuer Aspekt bei den neuronalen Netzen ist, sind doch verschiedene Mechanismen bekannt.

Einer der einfachsten Mechanismen besteht aus der Tatsache, daß bei rückgekoppelten Netzwerken - auch bei einer einfachen Hebb'schen Regel - durch die Rückkopplung der Ausgabe Polynome höherer Ordnung fürs Lernen der Gewichte entstehen können [MAAS90]. Nehmen wir eine einfache, zeitdiskrete, erregende Aktivierung wie im ersten Term von Gleichung (2.7.5)

$$z_i(t) = (1-\alpha_1)z_i(t-1) + \beta S(\mathbf{w}_i^T\mathbf{z}(t-1) + x_i(t-1))\,(1-z_i(t-1)), \qquad S(x)=x \text{ bei } x>0$$

mit der geringen Abklingkonstante α_1 und lassen das rückgekoppelte System nach der Hebb'schen Regel 1.4.2c mit einer größeren Zeitkonstante α_2^{-1} lernen

$$w_{ij}(t+1) = (1-\alpha_2)w_{ij}(t) + \gamma\, z_i(t)z_j(t)$$

so ergibt das Einsetzen der Aktivierung $z_i(t)$ in die obige Lerngleichung

$$w_{ij}(t+1) = (1-\alpha_2)w_{ij}(t) + \gamma\, f(w_{ij}(t))$$

ein Polynom f der Gewichte, das unter anderem auch quadratische Terme von w_{ij} enthält. Betrachten wir nun beispielsweise ein einfaches System aus drei Neuronen bei $\mathbf{x}=(1,-1,1)$ und $\alpha_1=0.15$, $\alpha_2=0.5$, $\beta=0.15$, so können wir mit zunehmender Gewichtsverstärkung γ das vorher beschriebenen, chaotische Verhalten bei den Gewichtszuständen beobachten. In der folgenden Abbildung 3.3.8 ist die Summe der Gewichte als Funktion von γ aufgetragen. Ein ähnliches chaotische Verhalten fanden die Autoren auch in einem Backpropagation-System.

Ein anderen Mechanismus beschrieben Wang und Ross [WAN90]. Wird in einem rückgekoppelten Hopfield-Netzwerk, in dem die Verbindungen zufallsmäßig realisiert werden, die Aktivierung durch Synapsen erster und zweiter Ordnung (vgl. Abschnitt 1.2.1) verursacht

$$z_i(t) = \alpha_1 \Sigma_j\, w_{ij}\, S_j(t) + \alpha_2 \Sigma_{jk}\, w_{ijk}\, S_j(t)S_k(t) + \eta$$

wobei die Muster $\mathbf{S}^p$ nach der Hebb'schen Regel gelernt wurden

$$w_{ij} = \gamma_1 \Sigma_p\, S_i^p S_j^p \qquad w_{ijk} = \gamma_2 \Sigma_p\, S_i^p S_j^p S_k^p$$

so ist der Erwartungswert der Korrelation $\mathbf{S}^p\mathbf{S}(0)$ von Anfangs- und Endzustand nicht konstant, sondern stark vom Rauschen η im Netzwerk abhängig und zeigt ebenfalls chaotisches Verhalten.

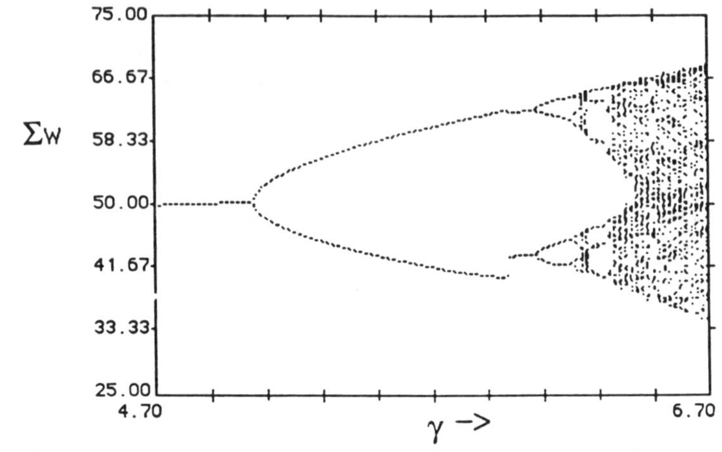

Abb. 3.3.8 Bifurkationsdiagramm bei Hebb'schem Lernen (nach [MAAS90])

Ein weiterer Mechanismus liegt in der Stabilitätsbedingung $w_{ij}=w_{ji}$ des Hopfieldnetzwerks begründet. Wird diese Bedingung verletzt, beispielsweise bei der Speicherung von Mustersequenzen, wo das Muster $\mathbf{S}^p$ mit dem nachfolgenden Muster $\mathbf{S}^{p+1}$ korreliert wird

$$w_{ij} = \gamma_1 \sum_p S_i^{p+1} S_j^p \quad \neq w_{ji} \; !$$

so kann das "Bestreben" des Systems, alle Muster gleichzeitig zu verwirklichen, zu einem "chaotischen" Verhalten führen [RIE88].

3.3.3 Die Chaos-Maschine

Die Existenz von Chaos kann nicht nur als Nebeneffekt in neuronalen Netzen auftreten, sondern auch als Grundmechanismus der neuronalen Prozessoreinheiten verwendet werden. Dies wurde in einem interessanten Modell "Fraktal-Chaos" von Bertille und Perez [BERT88] demonstriert. Das Modell kann für so unterschiedliche Anwendungen wie assoziative Speicherung, Neuigkeitsdetektor, Optimierung für das Problem des Handlungsreisenden, Bilderkennung und dergleichen mehr eingesetzt werden [PER88].

Die Grundstruktur des neuronalen Netzes ist keine vollständige Vernetzung, sondern meist nur eine Verbindung mit begrenzter Nachbarschaft, wie sie in einem zweidimensionalen Gitter mit vier Nachbarn vorgegeben ist, siehe Abbildung 3.3.9. Jedes Neuron (i,j) erhält direkt eine Eingabe $x_{ij}(t)$ sowie die Aktivitätswerte ("Energie") $z_{i,j+1}, z_{i+1,j}, z_{i-1,j}$ und $z_{i,j-1}$ seiner vier Nachbarn und errechnet sich daraus seinen eigenen Zustand $z_{ij}(t+1)$ zum nächsten Zeitpunkt.

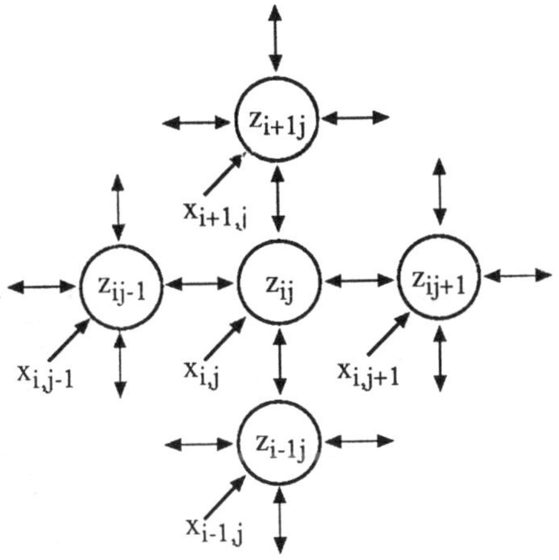

Abb. 3.3.9 Das neuronale Netz "Fraktal-Chaos"

Die Iterationsgleichung dafür beruht auf der chaotischen Iterationsgleichung von Varela

$$z(t+1) = 1 - \alpha z(t)^2 \qquad z \in [-1,+1],\ \alpha \in [0,2] \qquad (3.3.11)$$

die man als Version von (3.3.1) ansehen kann, bei der die Variablentransformation $x \rightarrow (z+1)/2$ und $\alpha \rightarrow \alpha/4$ durchgeführt wurde und die dabei entstehende Funktion $f(z)=\alpha(1-z^2)$ um α-1 verschoben ist. Das chaotische Verhalten dieser Iterationsgleichung entspricht deshalb dem der logistischen Funktion und ist in Abbildung 3.3.10 verdeutlicht, in der die (periodischen) Fixpunkte der Iteration zu einem Zeitpunkt in Abhängigkeit vom Parameter α und dem Startwert x(0) aufgetragen sind.

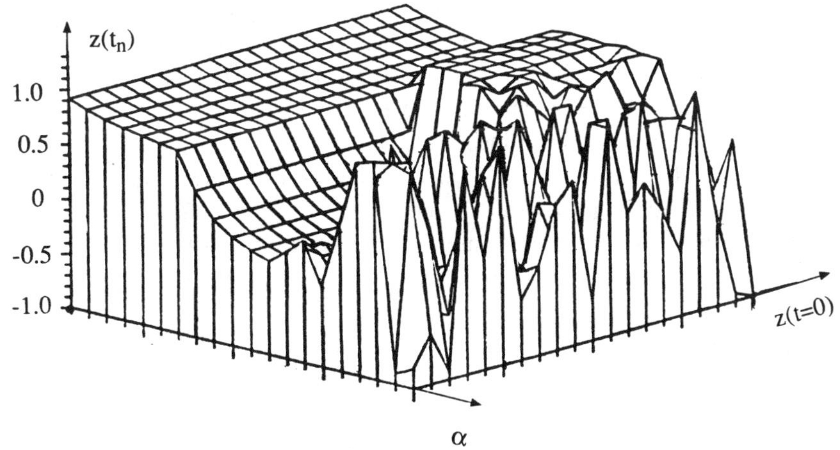

Abb. 3.3.10 Fixpunkte und Chaos im Varela-Modell (nach [PER88b])

Die Abhängigkeit der iterierten Werte vom Parameter α läßt sich für mehrere Startwerte $z(0) \in [-1,+1]$ für einen Zeitpunkt übereinander zeichnen (Abbildung 3.3.11); das Konvergenzziel entspricht Abbildung 3.3.3.

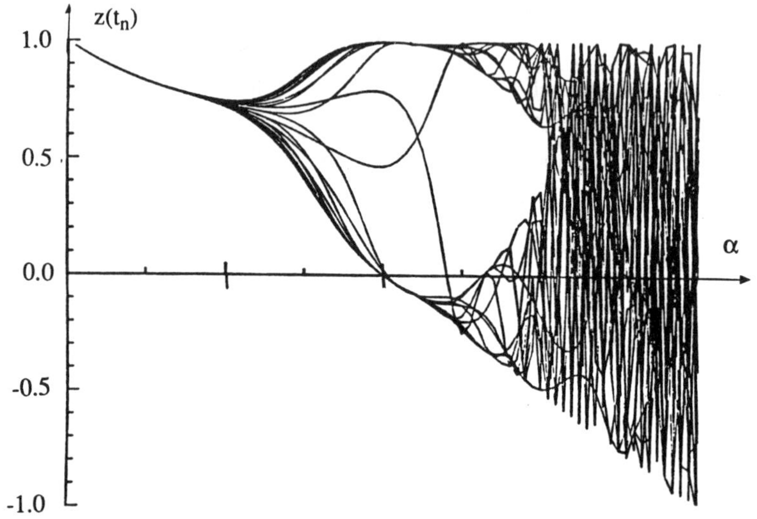

Abb. 3.3.11 Projektion von Abbildung 3.3.10 auf die α-Achse (nach [PER88b])

Im chaotischen Bereich wird das Einzelsystem ("Neuron") durch winzige, externe Störungen dazu gebracht, seinen Zustand zu verlassen und einen neuen Zustand aufzusuchen. Erst im Fixpunktbereich gibt es wieder stabile Regionen, bei denen das System trotz externer Einflüsse seinen (periodischen) Zustand nicht verläßt.

Die Beschreibung des Einzelsystems erinnert dabei an den Mechanismus des *simulated annealing* aus Abschnitt 3.2. Auch hier kann man mit Hilfe einer "Temperatur" das System aus dem Bereich einer Vielzahl von möglichen Zuständen in einen stabilen Bereich mit wenigen Zuständen überführen. Dies ist die Grundidee für den Mechanismus des "Fraktal-Chaos" Modells. Analog zu dem *homogenen Kühlschema* wird zunächst für festes, großes $\alpha_{ij}(t_1)$ und einen "Energie"-Startwert $z_{ij}(t_1):=x_{ij}$ in jedem Neuronenelement mindestens eine Iteration [BERT90] nach (3.3.11) vollzogen. Nach einer festen Iterationszahl wird dies abgebrochen, der Wert $z_{ij}(t_2)$ wird als Fixpunkt z_{ij}^* betrachtet.

Für das nächste Iterationsintervall werden zwei verschiedene Iterationsparameter verändert: der Startwert $z_{ij}(t_2)$ und die "Temperatur" α_2. Mit den Definitionen

$$S_k(z_{ij}) = \begin{cases} 1 & z_{ij}(t_k) - z_{ij}(t_{k-1}) > 0 \\ 0 & \text{sonst} \end{cases} \qquad \textit{"Spin"} \qquad (3.3.12)$$

und $\qquad TS\,(S_k) = \begin{cases} 1 & S_k \neq S_{k-1} \\ 0 & \text{sonst} \end{cases}$ $\qquad$ *"Spintransition"* $\qquad$ (3.3.13)

für die Aktivitätszunahme ("Spin") und die Zustandsänderung (" Spintransition") lassen sich für den k-ten Iterationslauf verschiedene Strategien definieren, um verschiedene Ziele zu erreichen. Die Zielfunktionen sind

(E1) *Minimisierung der Aktivitätsabweichung* ("Energieminimum")

$$z_{ij}(t_k) := x_{ij} + \delta z_{ij}(t_{k-1})$$

mit der Aktivitätsabweichung von den vier Nachbarn

$$\delta z_{ij}(t_{k-1}) := 1/4[z_{ij+1}+z_{i+1j}+z_{i-1j}+z_{ij-1}] \; - \; z_{ij}(t_{k-1})$$

Nach den Simulationen von Bertilli und Perez stabilisiert sich das gesamte Netzwerk erst, wenn die Abweichungen zu den Nachbarn konstant bleiben ("minimale lokale Energie") und keine Fluktuationen mehr auftreten.

(E2) *Minimisierung der Aktivitätsabweichung und der Zustandsänderung*

$$z_{ij}(t_k) := x_{ij} + \delta z_{ij}(t_{k-1}) + TS(S_{k-1}) z_{ij}(t_{k-1})$$

realisiert durch die Temperaturstrategien (Kühlschemata):

(T1) $\alpha_{ij}(t_k) := |\alpha_{ij}(t_{k-1}) + C\,\delta z_{ij}(t_{k-1})|$ ("minimale lokale Energie")

(T2) $\alpha_{ij}(t_k) := |\alpha_{ij}(t_{k-1}) - C\,TS(S_{k-1})|$ ("minimale Zustandsänderung")

(T3) $\alpha_{ij}(t_k) := |\alpha_{ij}(t_{k-1}) - C\,\overline{TS}(S_{k-1})|$ ("maximale Zustandsänderung")

mit dem"Temperaturleitfähigkeitskoeffizienten" C
und dem bool'schen Komplement der Spinänderung $\overline{TS} := |TS-1|$

Das Kühlschema ist selbstregulierend: gibt es bei (E1) bzw. (T1) starke Energieunterschiede, so wird durch Anwachsen der Temperatur α der Zustandsraum solange erweitert, bis das System einen Zustand ausgeglichener Energie gefunden hat. Dann sinkt die Temperatur wieder auf das Minimum, das das System erlaubt. Je unterschiedlicher die x_{ij} also sind, umso höher ist die stabile Temperatur und damit die Zahl der möglichen Zustände: der Zustandsraum wird gerade so erweitert, daß die eingegebene Information (der Logarithmus aus der Zahl der möglichen Zustände, s. Abschnitt 1.2.3) auch im System gespeichert werden kann; vergleiche Abbildung 3.3.6. Dies bedeutet einen Selbst-Dimensionierung des Lösungsraums!

Das Problem des Handlungsreisenden

Unter verschiedenen Anwendungen des Modells (s. [PER88]) betrachten wir das Problem des Handlungsreisenden genauer, da Problemstellung und Hintergrund bereits früher (s. Abschnitte 2.6.3 und 3.1.2) eingeführt worden sind und es leicht mit anderen Ansätzen verglichen werden kann.

Die ursprüngliche Fragestellung lautet, für *N* bekannte Städte eine solche Rundreise zusammenzustellen, daß auf einer möglichst kurzen, minimalen Reisestrecke jede Stadt genau einmal besucht wird. Dieses Problem der minimalen Rundreise bildeten die Autoren auf das komplementäre Problem ab, eine maximal lange Rundreise zu finden, indem sie die normierten Wegstrecken $d_{xy} \in [0,1]$ durch ihr Komplement $d_{xy} \rightarrow (1-d_{xy})$ ersetzten und lösten stattdessen dieses Problem.

Das Ziel, jede Stadt genau nur einmal zu besuchen, ist mit der Bedingung äquivalent, daß in der Zustandsmatrix in Abbildung 3.1.9 nur jeweils ein Neuron in jeder Spalte und Zeile aktiv ("dominant") sein darf. Dies läßt sich in diesem System dadurch modellieren, daß jedes Neuron anstelle nur der vier direkten Nachbarn (s. Abb. 3.3.9) alle Neuronen in der gleichen Zeile und Spalte des Gitters als Nachbarn hat. Der stärkste Nachbar gibt für die ganze Reihe und Spalte den Maximalwert vor und bestimmt damit die Energie.

$$\delta z_{ij}(t_{k-1}) = \max \{\max_{m\#i} z_{mj}, \max_{m\#j} z_{im}\} \tag{3.3.14}$$

Dem globalen Energiemaximum entspricht dabei eine optimale Lösung, die allerdings noch durch extra Softwaremodule von dem stabilen Netzwerkzustand abgelesen und dekodiert werden muß.

Im Unterschied zu der Lösung im Hopfield-Netzwerk werden hier die Gewichte nicht im Netzwerk als Kopplungskoeffizienten vorgegeben, sondern als Eingabe x_{ij} direkt verwendet; das Netzwerk bleibt für die gleiche Problemgröße immer gleich und muß für unterschiedliche Städte nicht immer neu konstruiert werden.

Auch die Verwendung eines deterministischen Mechanismus anstelle von Zufallsprozessen wie beim simulated annealing wirkt sich aus: obwohl die Ergebnisse ziemlich unabhängig von den Startwerten sind, ist trotzdem, wie Experimente mit Zeitsequenzen zeigen [PER88], die "Lerngeschichte" des Systems in den α_{ij} gespeichert; die Eingabe bekannter Daten verändert den internen Zustand α_{ij} nicht. Dieses Kriterium läßt sich damit als "Neuigkeitsdetektor" verwenden. Das System verhält sich so, als ob es Redundanz eleminieren und damit eine Datenkompression durchführen würde.

3.3.4 Iterierte Funktionen-Systeme

Bisher haben wir neuronale Systeme betrachtet, die durch eine Raumdehnung und Faltung Chaos erzeugten. Ein weiteres faszinierendes Gebiet, das eng mit dem Gebiet des deterministischen Chaos, der Fraktale und Selbstähnlichkeit zusammenhängt, ist das Gebiet der *Hyperbolisch Iterierten Funktionssysteme (IFS)*, bei denen nur noch die Raumdehnung ausgenutzt wird.

Die Grundidee des im Wesentlichenlichen von Barnsley [BARN86] entwickelten Systems besteht in der Beobachtung, daß selbstähnliche Muster doch eigentlich sehr viel Redundanz enthalten. Es würde zu ihrer Beschreibung vollständig ausreichen, eine

Grundfigur vorzugeben sowie die Parameter einer dazugehörende Abbildung, um die Gesamtfigur vollständig daraus zu erzeugen. In der Abbildung 3.3.12 ist eine solche Figur zu sehen; sie erinnert stark an einen Farn (tatsächlich gibt es auch in der Biologie Gene, die repetativ ähnliche Entwicklungen nach dem gleichen Grundbauplan steuern können).

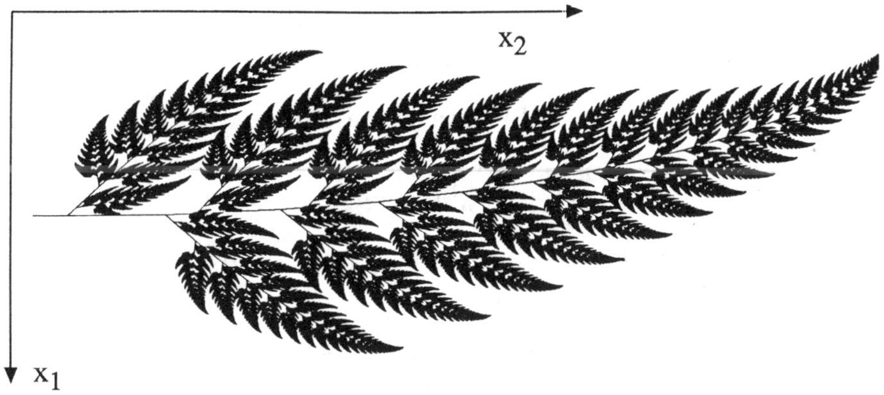

Abb. 3.3.12 Ein mit vier Abbildungen generierter "Farn"(nach [BARN86])

Allerdings reicht in diesem Fall nicht eine Abbildung aus; wir benötigen vier davon, von denen jede mit einer bestimmten Wahrscheinlichkeit durchgeführt wird. Barnsley zeigte nun, daß sich jedes beliebige Bild durch die Bestimmung einer festen Anzahl von verkleinernden *affinen Abbildungen* (Drehung, Verschiebung, Größenänderung) erzeugen läßt, wobei die Abbildungen auf allen Punkten des Raums wirken. Die Überlagerung aller Abbilder, und deren Abbilder, und sofort ergeben eine Bildpunktmenge, die den *Attraktor* der iterierten Abbildungen darstellt; je öfter wir die Abbildungen auf den Bildpunkten wiederholen, umso klarer "tritt" schließlich " das Bild hervor".

Jede dieser komprimierenden, affinen Abbildungen folgt dabei dem selben Grundmuster. Angenommen, wir wollen einen Punkt **x**' in der Ebene zu einem Punkt **x** transformieren. Betrachten wir zuerst die Drehung in Abbildung 3.3.13. Die Rotation eines Punktes ist dabei geometrisch äquivalent zu einer Rotation des Koordinatensystems. Betrachten wir stattdessen deshalb die Änderung der Koordinaten von **x**=**x**' bei der Rotation der Basisvektoren $\mathbf{b}'_1$ und $\mathbf{b}'_2$. Angenommen, das ursprüngliche Basissystem ist schiefwinklig, d.h. das Skalarprodukt $\mathbf{b}'^T_1 \mathbf{b}'_2$ ist ungleich null, und das neue Basissystem ist orthogonal mit $\mathbf{b}_1^T \mathbf{b}_2=0$. Dann ist

$$\mathbf{x} = x_1\mathbf{b}_1 + x_2\mathbf{b}_2 = x'_1\mathbf{b}'_1 + x'_2\mathbf{b}'_2 = \mathbf{x}'$$

und

$$x_1 = \mathbf{x}^T\mathbf{b}_1 = (x'_1\mathbf{b}'_1 + x'_2\mathbf{b}'_2)^T\mathbf{b}_1 = x'_1\mathbf{b}'^T_1\mathbf{b}_1 + x'_2\mathbf{b}'^T_2\mathbf{b}_1$$

$$x_2 = \mathbf{x}^T\mathbf{b}_2 = (x'_1\mathbf{b}'_1 + x'_2\mathbf{b}_2)^T\mathbf{b}_2 = x'_1\mathbf{b}'^T_1\mathbf{b}_2 + x'_2\mathbf{b}'^T_2\mathbf{b}_2$$

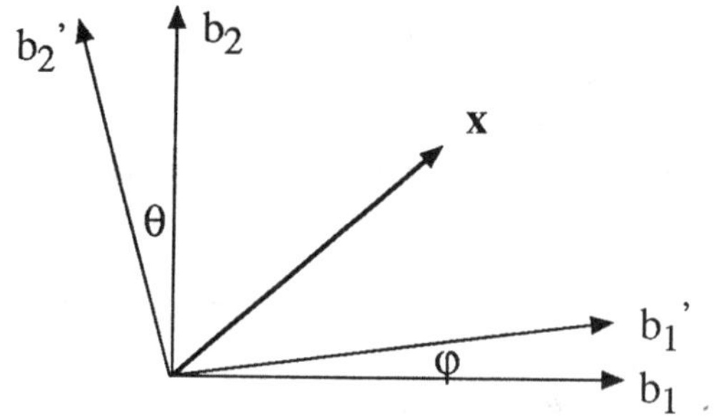

Abb. 3.3.13 Rotation eines Punktes

oder $$\mathbf{x} = (x_1, x_2) = \begin{bmatrix} \mathbf{b}'^T_1\mathbf{b}_1 & \mathbf{b}'^T_2\mathbf{b}_1 \\ \mathbf{b}'^T_1\mathbf{b}_2 & \mathbf{b}'^T_2\mathbf{b}_2 \end{bmatrix} \mathbf{x}' = \mathbf{R}\,\mathbf{x}'$$

Die Rotationsmatrix ist mit der Beziehung $\mathbf{a}^T\mathbf{b} = |\mathbf{a}|\,|\mathbf{b}|\cos(\mathbf{a},\mathbf{b})$ und $|\mathbf{b}_i| = |\mathbf{b}'_i| = 1$ aus der Abbildung 3.3.13 leicht abzuleiten:

$$\mathbf{b}'^T_1\mathbf{b}_1 = \cos\varphi, \quad \mathbf{b}'^T_2\mathbf{b}_1 = \cos(90+\theta) = -\sin\theta,$$
$$\mathbf{b}'^T_1\mathbf{b}_2 = \cos(90-\varphi) = \sin\varphi, \quad \mathbf{b}'^T_2\mathbf{b}_2 = \cos\theta$$

Berücksichtigen wir noch eine Skalierung **S** und eine Verschiebung (Translation) **T**, so ist die Abbildung eines Punktes **x** bei einer Iteration

$$\mathbf{x}(t+1) = \begin{bmatrix} \cos\varphi & -\sin\theta \\ \sin\varphi & \cos\theta \end{bmatrix} \begin{bmatrix} s_1 & 0 \\ 0 & s_2 \end{bmatrix} \mathbf{x}(t) + \begin{bmatrix} T_1 \\ T_2 \end{bmatrix} = \mathbf{RS}\,\mathbf{x} + \mathbf{T} \qquad (3.3.15)$$

Beispiel: Die folgenden vier Abbildungen mit ihren Koeffizienten generieren den "Farn" in Abbildung 3.3.12:

(3.3.16)

Abb.#	Wahrsch.	Rotation		Skalierung		Translation	
#	p_i	φ	θ	s_1	s_2	T_1	T_2
1	0.01	0	0	0.0	0.16	0.0	0.0
2	0.85	-2.5	-2.5	0.85	0.85	0.0	0.16
3	0.07	49	49	0.3	0.34	0.0	0.16
4	0.07	120	-50	0.3	0.37	0.0	0.44

Die Verkleinerung der Abbildungen ist in unserem Beispiel daran zu sehen, daß die Skalierungsfaktoren prinzipiell <1 sind. Die unterschiedlichen Rotationswinkel φ und θ erlauben bei Abbildung 4 eine Spiegelung der Punktmengen und bewirken so die Spiegelsymmetrie der Farnblätter.

Das *Collage theorem* besagt nun, daß es immer möglich ist, eine endliche Anzahl von komprimierenden (verkleinernden) Abbildungen zu finden, deren Attraktoren als Überlagerung wieder (fast) das Bild selbst bilden [BARN86]. Je mehr Abbildungen man verwendet, umso kleiner ist der verbleibende Unterschied. Eine ausführlichere Darstellung des IFS ist in dem Übersichtsartikel [BARN88a] und Barnsleys Buch [BARN88b] zu finden.

Betrachten wir die Formel (3.3.15) genauer, so bemerken wir, daß wir sie ja eigentlich schon kennen: mit der Abkürzung **W** := **RS** ist eine Abbildung identisch mit der Transferfunktion eines neuronalen Netzes mit 2 Eingängen und linearer Ausgabefunktion S(z)=z, das um einen Zeitschritt verzögert rückgekoppelt ist und die Schwellwerte T_i besitzt.

$$\mathbf{x}(t+1) = \mathbf{y} = \mathbf{W}\mathbf{x}(t) - \mathbf{T} \qquad (3.3.17)$$

In der Abbildung 3.3.14 ist der prinzipielle Aufbau eines solchen Netzes gezeigt, das M Abbildungen benutzt um ein IFS zu realisieren.

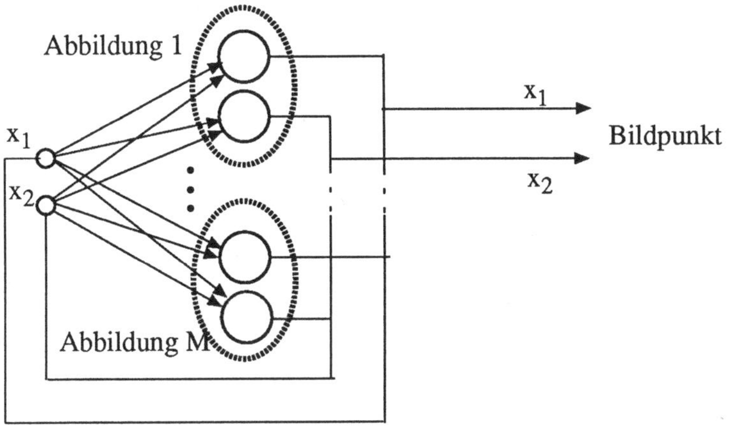

Abb. 3.3.14 Dekodierung eines IFS-Bildes mit einem neuronalen Netz

Die Eingaben von den Punkten x_1 und x_2 zu den *M* Clustern (Abbildungen) sind dabei nicht nur pro Cluster mit den 4 Gewichten (Matrixkoeffizienten) bewertet, sondern werden auch mit der Wahrscheinlichkeit p_i exklusiv aktiviert. Die Wahrscheinlichkeiten aller Abbildungen summieren sich zu eins; ihr Wert ist relativ unkritisch, da er nur den Kontrast einzelner Bildteile bestimmt, und kann über die Forderung abgeschätzt werden, daß alle Bildteile gleichmäßig mit Bildpunkten belegt sein sollen. Da das Ausmaß der Kontraktion der Punktmengen über die Determinante bestimmt werden kann, ist

$$p_i = \frac{\det(\mathbf{W}^i)}{\Sigma_k \det(\mathbf{W}^k)} \qquad \Sigma_k p_k = 1 \qquad (3.3.18)$$

Ein IFS-System erlaubt also, Punktmengen (in unserem Beispiel: Bilder) in einem Höchstmaß zu kodieren und damit zu komprimieren. Der neue Code besteht aus den Koeffizienten von affinen Abbildungen; für den Farn in Abbildung 3.3.12 aus der angegebenen Wertetabelle (3.3.16) mit 7 REAL-Werten à 4 Byte = 28 Byte. Die Größe des neuen Codes ist dabei von der Redundanz des Bildes abhängig. Normale Bilder (wie Landschaften etc) benötigen dabei ca. 60 affine Abbildungen, also ca. 2 KB anstelle von einigen Megabyte bei direkter Speicherung der Bildpunkte.

Ein Real-Time IFS-System würde also erlauben, Videobilder über Telefonleitungen zu schicken- falls ein wichtiges Problem gelöst wäre: die Kodierung! Selbst mit den heutigen Hochleistungsrechner dauert es noch Stunden, bis die Koeffizienten eines 1024x1024 aufgelösten Bildes bestimmt sind. Ein neuronales Netz, das dies schneller ausführen könnte, ist aber bisher noch nicht konstruiert worden. Hier liegen noch interessante Anwendungen für neuronale Netze.

4 Zeitsequenzen

Bei den bisher behandelten Netzwerken war die Aufmerksamkeit mehr auf die "eigentlichen" Funktionen wie Musterspeicherung, Funktionsapproximierung, Klassifizierung und dergleichen gerichtet, wobei die real existierende Zeit entweder nur als Hilfsvariable einer Differenzialgleichung diente, die "eigentliche Funktion" zu implementieren (s. Kapitel 1.2.1, 2.6 und 2.7), oder aber als diskrete Iterationsvariable benutzt wurde.

In vielen Systemen der realen Welt ist aber der genaue zeitliche Verlauf einer Funktion äußerst wichtig. Beispiele dafür bilden die *Analyse* zeitlicher Funktionen, die in der Wirtschaft für die Analyse und Vorhersage von Aktienkursen und Firmenentwicklungen benutzt werden, und die *Synthese* von Zeitsequenzen für die Steuerung von Roboterbewegungen. In beiden Problemkreisen läßt sich die Fähigkeit der neuronalen Netze vorteilhaft einsetzen, die Systemparameter der Zeitfunktion zu lernen anstatt sie explizit (von Hand) zu programmieren.

4.1 Zeitreihenanalyse

Bei der Anwendung des Backpropagation-Algorithmus in NETtalk (Abschnitt 2.3) bestand die Grundidee der Eingabe- und Ausgabekodierung darin, den Zustand der Eingabevariablen zu diskreten Zeitpunkten gleichzeitig dem Netz als Eingabe anzubieten (s. Abb. 2.3.4). Diese Idee läßt sich für die Verarbeitung von zeitlichen Funktionen verallgemeinern.

Sei ein Signal x(t) gegeben, das sich entlang einer Ausbreitungsrichtung mit endlicher Geschwindigkeit bewegt. In echten neuronalen Systemen wird dies meist durch die relativ langsamen, physiologischen Erregungsmechanismen der Nervenzellen (Stofftransport an Synapsen) und die Parasitärkapazitäten entlang der Axone bewirkt. Das Signal kann dann an n Punkten (Anzapfstellen) beobachtet und auf (schnellen) Wegen an einer Verarbeitungseinheit zusammengeführt werden. Damit wird es möglich, das Signal x(t) an n Punkten $x(t_1)$ .. $x(t_n)$ gleichzeitig zu beobachten. Wählen wir uns jeweils gleiche zeitliche Abstände $\Delta t := t_i - t_{i-1}$ so entspricht dies einer *Abtastung*

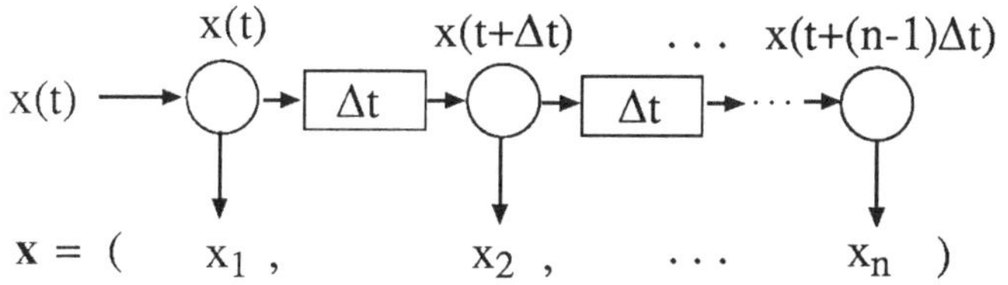

Abb. 4.1.1 Parallelisierung eines Zeitsignals

(Diskretisierung) des Signals x(t). In Abbildung 4.1.1 ist dies verdeutlicht.

Das so definierte Signal **x**(t) stellt ein *zeitliches Fenster* über die Funktion x(t) dar; die Dimension *n* von **x** entscheidet dabei über den maximalen zeitlichen Abstand $(n-1)\Delta t$ zwischen zwei Ereignissen (zwei Werten x(t) und $x(t+(n-1)\Delta t)$), bei dem die Ereignisse gerade noch im selben **x** enthalten sind und sie parallel (und damit ihre Korrelation) beobachtet werden können. Ein neuronales Netz, das die Information von **x** nutzt, "errechnet" seine Ausgabe also immer nur auf der Basis der *n* neuesten Werte von x(t); das gesamte Training und die Vorgeschichte des Lernvorgangs dient nur dazu, diese Zuordnung so gut wie möglich zu machen. Gibt es dagegen - problembedingt - keine solche eindeutige, implizite oder explizite Abhängigkeit, so wird die Ausgabe des neuronalen Netzes zwangsläufig fehlerhaft sein.

4.1.1 Chaotische Sequenzen

Betrachten wir als erstes Beispiel einer Analyse von Zeitsequenzen ein schwieriges Problem: die Vorhersage von deterministischen, chaotischen Zeitreihen. Hier reichen schon kleinste Unterschiede in den Anfangsbedingungen aus, um bei gleicher, deterministischer Iteration völlig verschiedene Funktionen zu erzeugen.

Eine der bekannten chaotischen Zeitreihen wird durch die nicht-lineare, verzögerte Differenzialgleichung von *Glass-Mackey* erzeugt

$$\frac{\partial x}{\partial t} = \frac{a\,x(t-\tau)}{1+x^{10}(t-\tau)} - b\,x(t) \qquad t \geq 0 \qquad (4.1.1)$$

Die entsprechende Iterationsgleichung hat als Anfangsbedingungen die Werte $\{x(t) \mid -\tau \leq t \leq 0\}$: da die Werte $x(t-\tau)$ um τ verzögert werden, liegen sie im Anfangszeitraum $0 \leq t \leq \tau$ noch nicht vor und müssen vorgegeben werden. Im diskreten Fall mit *n* Zeitpunkten bilden die Anfangswerte ein endliches Tupel von *n* Zahlen, also einen *n*-dimensionalen Vektor. Im kontinuierlichen Fall bilden die Anfangswerte eine Funktion; man spricht auch von einem "unendlich-dimensionalen Phasenraum". In Abbildung 4.1.2 ist für konstante Anfangsbedingungen $x(-\tau \leq t \leq 0) = \text{const}$ die Funktion x(t)

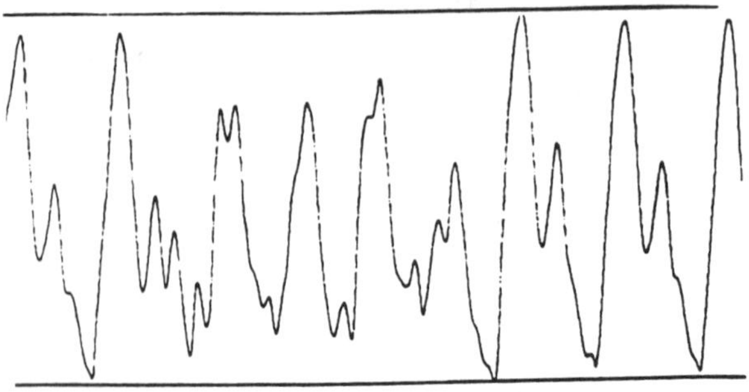

Abb. 4.1.2 Die Glass-Mackey Zeitreihe (nach [LAP88])

bei a=0.2, b=0.1, τ=30 aufgezeichnet. Die Zahl n der für eine Vorhersage benutzten Werte $x(t_1)$, .., $x(t_n)$ ist hier bei diskreten Zeitschritten sinnvollerweise nicht größer als τ.

Läßt sich mit einer solchen Zeitreihe ein neuronales Netz derart trainieren, daß es bei n vorgegebenen Werten den $n+1$-ten Wert mit genügender Genauigkeit vorhersagen kann und damit den internen Mechanismus der Zeitreihe "analysiert" hat ?

Diese Frage stellten sich Lapedes und Farber [LAP88] und wählten sich dazu neuronale Netze mit der Backpropagation-Struktur und als Zielfunktion den kleinsten, quadratischen Fehler aus. Als Ausgabefunktion S(.) benutzten sie anstelle der ursprünglichen Fermi-Funktion (1.2.4a) die um den Nullpunkt symmetrische *tanh*-Funktion (1.2.4b) und trainierten jedes Netzwerk mit 500 Ein/Ausgabetupeln. Mit einer zweiten Menge von ebenfalls 500 Tupeln testeten sie die Netzwerke und notierten den beobachteten Fehler. Die Ergebnisse sind in Abbildung 4.1.3 gezeigt.

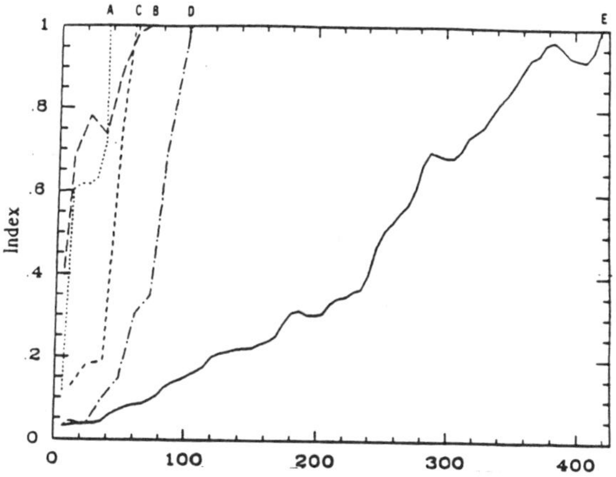

Abb. 4.1.3 Relativer Fehler der vorhergesagten Funktion

In der Zeichnung ist der Fehlerindex (der Betrag der mittleren Abweichung, geteilt durch die Standardabweichung) einer Prognose in Abhängigkeit von ihrem zeitlichen Abstand (Zahl der Zeitschritte) zum Zeitpunkt der Prognose für verschiedene Modelle A,B,C,D und E aufgetragen. Im Modell A wurden konventionelle, iterierte Polynome verwendet, im Modell B ein Widrow-Hoff-System (einlagiges Backpropagation-Netzwerk, s. Abschnitt 2.1.2), im Modell C jeweils ein nicht-iteriertes Polynom, in D Backpropagation Netze mit verschiedenen Eingabelängen n von 6 bis 100 Schritten, die jeweils extra trainiert wurden, und schließlich in E ein kleines iteriertes 6-Schritt Backpropagation-Netz. Es ist offensichtlich, daß das kleine, iterierte Netz den Mechanismus der iterierten Version von Gleichung (4.1.1) am besten approximiert.

4.1.2 Börsenkurse

Ein weiteres, sehr populäres Beispiel von Zeitreihen bilden die Börsenkurse. Gerade hier, wo man durch richtige Prognosen viel Geld verdienen kann, konzentrieren sich die Hoffnungen von manchen Leuten, die von einem "intelligenten, neuronalen System" sich große Vorteile versprechen. Das neuronale Netz soll - *deus ex machina* - über Nacht eine Aufgabe erfolgreich durchführen, an der schon manche Wirtschaftswissenschaftler und Börsenpraktiker "sich die Zähne ausgebissen" haben. Können neuronale Netze diese Hoffnungen erfüllen ?

Betrachten wir dazu beispielsweise die Untersuchungen von E. Schöneburg [SCHÖ90]. Neben verschiedenen anderen Modellen verwendete auch er ein Backpropagation-Netzwerk mit einem 10-Tages-Zeitfenster (n=10). Das Netzwerk wurde darauf trainiert, den 11. Wert vom darauffolgenden Tag vorherzusagen. In Abbildung 4.1.4 ist das Ergebnis für Mercedes-Aktien für den Zeitraum vom 18.5.89 - 13.7.89 gezeigt.

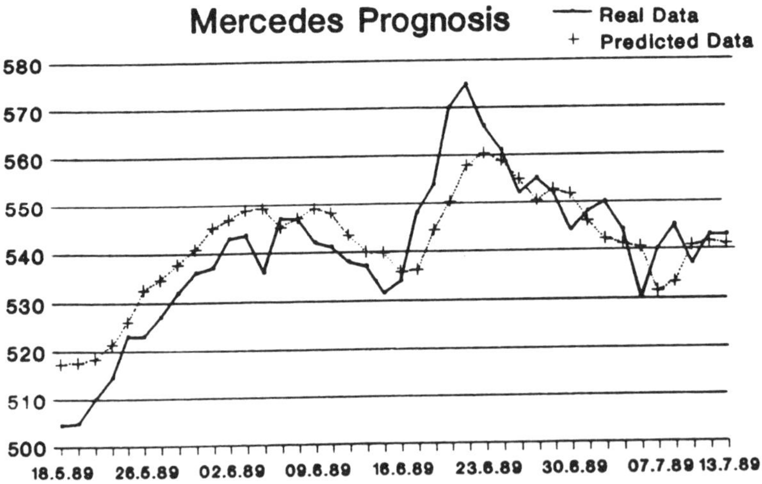

Abb. 4.1.4 Vorhersage von Aktienkursen (nach [SCHÖ90])

Die eingegebenen Werte bewirken zwar eine Korrektur der Prognose, es bleibt aber immer ein Prognosefehler. Man gewinnt leicht den Eindruck, daß die Prognose gerade um einen Tag (das fehlende Wissen!) versetzt dem tatsächlichen Kurs hinterher läuft. Der Autor erklärt das damit, daß das System wohl "die alte Börsenregel entdeckt" habe, für die Vorhersage den aktuellen Tageswert plus eine kleine Veränderung in die richtige Richtung anzusetzen.

Es ist zweifelsohne eine *mögliche* Strategie, durch eine lineare Interpolation bzw. abgebrochene Taylorentwicklung (Tageswert plus erste Ableitung) eine Prognose für eine unbekannte Funktion zu erreichen. Die Prognose müßte aber besser werden, wenn der tatsächliche, interne Mechanismus eines Aktienkurses vom neuronalen Netz gelernt wird - *wenn* es überhaupt einen solchen Mechanismus gibt. An dieser Stelle kommen wir nun zu dem eigentlichen Problem der Aktienkursanalyse: Wenn wir nur den Kursverlauf der Vergangenheit eingeben und daraus erwarten, daß das neuronale Netz eine fehlerfreie Prognose abgibt, so setzen wir voraus, daß alle für eine fehlerfreie Prognose nötigen Informationen bereits vorliegt. Dies ist aber genau *nicht* der Fall, wie wir aus der täglichen Praxis wissen: Der Aktienkurs kommt als Resultierende vieler menschlichen Aktionen zustande, die von einer Menge anderer Informationen wie beispielsweise Kursverlauf anderer Aktien, Goldpreis, Arbeitslosigkeit, Zinsniveau, öffentliche Daten der betreffenden Firma und -last not least- internes Wissen und Mutmaßungen, die nicht öffentlich sind. Ein neuronales Netz kann - wenn überhaupt - nur mit Hilfe der Informationen einen zuverlässige Prognose durchführen, die den "Machern" der Börsenkurse ebenfalls bekannt ist. Dabei handelt allerdings überhaupt nicht mystisch: Wie wir aus Abschnitt 2.3.3 wissen, läßt sich die Funktion des Backpropagation-Netzwerks mit einer Hauptkomponentenanalyse vergleichen.

In diesem Sinne läßt sich nun die am Anfang gestellte Frage beantworten: Falls es einen nachvollziehbaren Mechanismus zur Prognose von Börsenkursen gibt, so ist ein neuronales Netz ein nützliches Hilfsmittel, um schnell und bequem mit Hilfe eines einfachen Algorithmus eine statistische Analyse vorliegender Daten vorzunehmen. Dies kann man aber auch mit anderen bewährten, mathematischen Hilfsmitteln erreichen, falls man sie hat und beherrscht. Das "intelligente, neuronale System" hat dabei nur einen Intelligenzgrad, der mit einer Küchenschabe verglichen werden kann- durchaus ausreichend, um eine begrenzte statistische Analyse der Umgebungsereignisse durchzuführen, aber überhaupt nicht vergleichbar mit menschlicher Intelligenz.

Man muß deshalb im konkreten Fall immer mit konkreten Daten ermitteln, ob die so zwangsläufig begrenzte Treffsicherheit neuronaler Prognosen für den angestrebten Zweck ausreichend ist und man sich überhaupt mit dieser Art von Analyse und Prognose zufrieden gibt.

4.2 Feed-forward Assoziativspeicher

Das vorige Abschnitt beschäftigte sich vorwiegend mit der *Analyse* von Zeitsequenzen. In diesem Abschnitt gehen wir davon aus, daß uns die Bildungsgesetze und Vorhersage der Zeitsequenzen nicht weiter interessieren. Vielmehr verlangen wir von einem System, daß es vorgegebene, willkürliche Zeitsequenzen speichert, so daß man sie beliebig abrufen kann. Die Fragestellung nach der *Synthese* von Zeitsequenzen ist vor allen Dingen bei Kontroll- und Steuerungsaufgaben wichtig; ein Beispiel dafür ist die Steuerung der Gelenkmotoren eines Roboters, um eine bestimmte Bewegung auszuführen.

Der Unterschied zwischen der Analyse und Synthese von Zeitsequenzen ist dabei fließend: Genauso wie die Prognose eines Zeitreihenwertes als Musterergänzung und damit als Abrufen eines gespeicherten Musters gesehen werden kann, läßt sich der Lernprozeß nach der Eingabe von mehreren, verrauschten Versionen der selben Zeitsequenz als "Analyse" bezeichnen.

Eines der einfachsten Systeme, eine Sequenz von Mustern zu lernen, ist die "Sternlawine" (*outstar avalanche*) von Grossberg [GRO69]. Die Grundidee besteht darin, zunächst einzelne Mustervektoren **x** (*räumliche* Muster) assoziativ zu lernen. In einem zweiten logischen Schritt kann man dann mehrere Muster über eine Verzögerungsleitung (s. Abb. 4.1.1) in einer zeitlichen Reihenfolge auslösen (*räumlich-zeitliche* Muster). Betrachten wir zunächst den einfachen, assoziativen Grundmechanismus.

4.2.1 Die OUTSTAR-Konfiguration

Durch ein *Kontrollsignal* läßt sich ein "räumliches" Muster abrufen, wenn man beide miteinander assoziiert. Denken wir an unseren hetero-assozitiven Speicher von Kapitel 2.2.2, so besteht hier das Eingabemuster **x** aus einer einzigen Komponente x_0; das dazu assoziierte Muster **y** aus dem zu lernenden räumlichen Muster **x**(t). In Abbildung 4.2.1 ist diese Konfiguration für ein Muster "U" dargestellt.

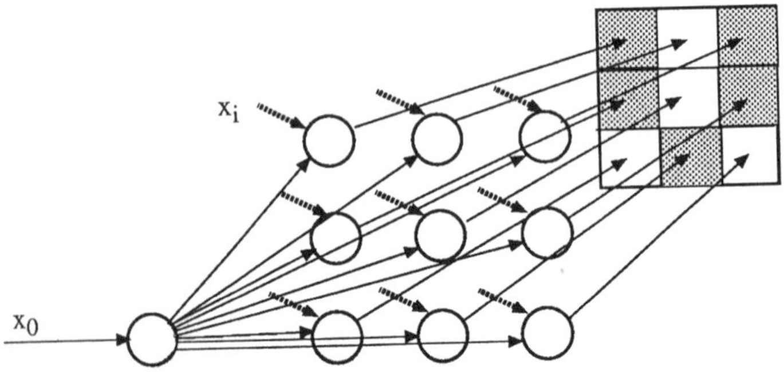

Abb. 4.2.1 Die Outstar-Konfiguration

Ordnet man die Speicherneuronen kreisförmig um den Kontrollknoten an, so gehen alle Kontrollsignale *sternförmig* vom Kontrollknoten aus; Grossberg bezeichnet deshalb diese Anordnung als *Ausgabestern* (*outstar*).

Wie in allen Arbeiten von Großberg (vgl. Kapitel 2.7) sind die Funktionen der Einheiten durch Differenzialgleichungen gegeben. Die Bedeutung und die Umsetzung solcher kontinuierlichen Differenzialgleichungen in diskrete Differenzengleichungen wurde bereits in Abschnitt 1.2.1 näher erläutert. Im Folgenden sind die zeitlichen Ableitungen mit einem Punkt "•" gekennzeichnet.
Die Aktivität z_0 des Kontrollknotens v_0 stabilisiert sich langfristig ($t \gg \alpha^{-1}$, vgl. Gl.(1.2.0c)) auf dem Kontrollsignal $x_0(t)$

$$\dot{z}_0(t) = -\alpha\, z_0(t) + x_0(t) \tag{4.2.1}$$

und die der *m* kontrollierten Assoziativknoten auf der gewichteten, um τ verzögerten Eingabe

$$\dot{z}_i(t) = -\alpha\, z_i(t) + \beta\, z_0(t-\tau)\, \bar{w}_i(t) + x_i(t) \tag{4.2.2}$$

mit den Konstanten α und β und den normierten Gewichten

$$\bar{w}_i(t) = w_i(t) / \Sigma_j\, w_j(t)$$

Die Gewichte werden mit der Hebb'schen Regel (1.4.2b) gelernt

$$\dot{w}_i(t) = -\gamma_1\, w_i(t) + \gamma_2 z_0(t-\tau) z_i(t) \tag{4.2.3}$$

Welche Leiustungen kann nun ein solches System lernen? Dazu stellte Grossberg einen Satz auf, der Folgendes besagt [GRO69]:

SATZ: *Angenommen*, die *m* Komponenten des Signal $\mathbf{x}(t)$ (z.B. die Grauwerte eines Bildes) seien *relativ* nach der Wahrscheinlichkeit $\mathbf{p} = (p_1,..,p_m)$ verteilt, also

$$p_i := x_i(t) / \Sigma_j\, x_j(t) \qquad \text{mit } x_i > 0\,,\ \Sigma_j\, p_j = 1$$

wobei $x_0(t)$ in einem endlichen Zeitraum T_0 in einer "Mindeststärke" (=Integral, s. [GRO69]) vorhanden (und danach unbestimmt) ist und das zu assoziierende Muster $\mathbf{x}(t)$ ebenfalls in einer Mindeststärke während dieser Zeit anliegt

$$x_i(t) = \begin{cases} a_i |\mathbf{x}(t)| & t < T_m \\ 0 & t \geq T_m \end{cases} \qquad T_m > T_0$$

Dann gilt u.a. $\lim_{t\to\infty} \bar{z}_i(t) := z_i(t) / \Sigma_j\, x_j(t) = p_i$ und $\lim_{t\to\infty} \bar{w}_i(t) = p_i$.

Mit dem System nach Gleichungen (4.2.1-3) wird also nicht ein "Bildsignal" $\mathbf{x}(t)$ *absolut* assoziiert, sondern nur in seiner *relativen* Ausprägung; das Bildsignal kann in seiner absoluten Stärke (fast) beliebig schwanken und wird trotzdem exakt mit dem Kontrollsignal x_0 assoziiert; allein die Eingabe von x_0 reicht aus, das Muster $\mathbf{x}$ zu erregen (Musterergänzung bzw. Auslesen des Assoziativspeichers).

4.2.2 Die Sternlawine

Möchten wir nun eine Sequenz von Mustern lernen, so können wir den Verzögerungsmechanismus aus Abbildung 4.1.1 nutzen. Hier wird ein Signal x(t) auf einer Wegstrecke verzögert und in gleichmäßigen Abständen abgetastet. Nach jedem Zeitabschnitt Δt erreicht das Signal einen neuen Knoten $v_0^{\,t}$, so daß die Knotenfolge $v_0^{\,1}, v_0^{\,2}, \ldots, v_0^{\,M}$ durchlaufen wird. Benutzen wir jeden Knoten $v_0^{\,t}$ als Kontrollknoten eines Sternsystems, so werden in den dazugehörenden *M* Speichern *M* Muster gespeichert, die im zeitlichen Abstand Δt (korreliert mit dem Kontrollsignal) angeboten wurden. Ein Signalimpuls x_0, der am Anfang der Kette eingeben wird, löst dann beim Durchlaufen nacheinander an den angeschlossenen Kontrollknoten die Ausgabe des dort jeweils assoziierten Musters aus, so daß mit diesem System *M* Zeitwerte eines beliebigen, zeit-räumlichen Mustersignals **x**(t) gespeichert und abgerufen werden können. Dies entspricht einem "Abtasten" (*Sampling*) des Mustersignals, falls es sich nicht zu schnell verändert. In Abbildung 4.2.2 ist eine solche Konfiguration für getrennte, separate Ausgaben (Matrix) gezeigt; in Abbildung 4.2.3 das Entsprechende für eine gemeinsame Ausgabe.

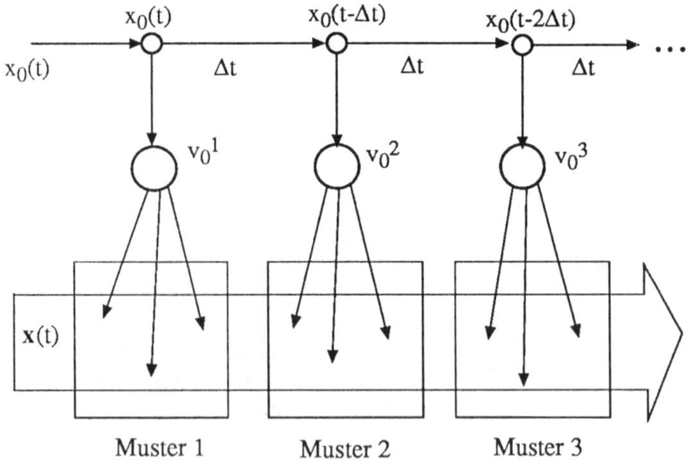

Abb. 4.2.2 Zeitlich-räumliche Sequenz von Mustern

Die Diffenzialgleichungen (4.2.1) bis (4.2.3) gelten für die Konfiguration bei separaten Ausgaben sinngemäß für jede einzelnen Speicher. Bei gemeinsamer Ausgabe münden dagegen alle Kontrollsignale in den Knoten des gleichen Speichers, allerdings in unterschiedlichen Gewichten. Jedes der *M* Muster wird also in einem anderen Satz von Gewichten gespeichert, so daß die Speicherung der Muster unabhängig voneinander ist und keine Wechselwirkungen zwischen Mustern auftreten können. Im Unterschied zu den anderen Modellen im Abschnitt 4.3 können die Muster also beliebig sein.

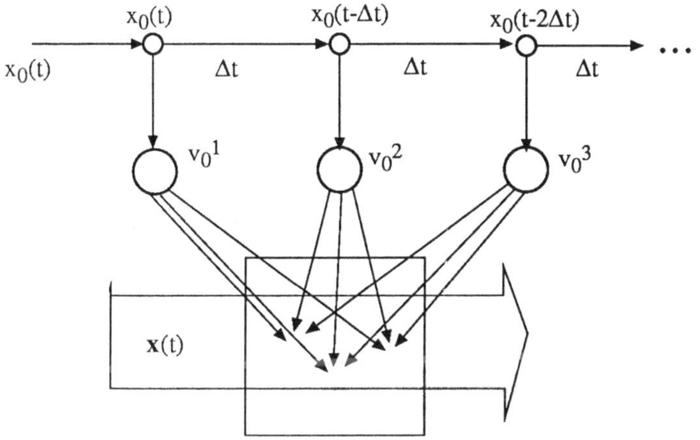

Abb. 4.2.3 Zeitliche Sequenz von Mustern

Für den k-ten Kontrollknoten v_0^k und seinen Speichergewichten w_i^k im Gesamtzeitraum T mit $M := \lfloor T/\Delta t \rfloor + 1$ Mustern gilt

$$\dot{z}_0^k(t) = -\alpha\, z_0^k(t) + x_0(t-k\Delta t) \qquad k = 0..M-1 \qquad (4.2.1b)$$

$$\dot{z}_i(t) = -\alpha\, z_i(t) + \beta \textstyle\sum_k \bar{w}_i^k(t)\, z_0^k(t-\tau) + x_i(t) \qquad (4.2.2b)$$

$$\text{mit } \bar{w}_i^k(t) := w_i^k(t) / \textstyle\sum_j w_j^k(t)$$

$$\dot{w}_i^k(t) = -\gamma_1\, w_i^k(t) + \gamma_2 z_0^k(t-\tau) z_i(t) \qquad (4.2.3b)$$

Die zeitverzögerte Auslösung einer Sequenz von gespeicherten Musterwerten $\mathbf{x}(t_1)$, $\mathbf{x}(t_2)$, .. erinnert stark an den Mechanismus des Kleinhirns, bei dem in den langsamen, parallelen Fasern (Zeitverzögerung!) hintereinander die Aktivitäten zur Muskelsteuerung ausgelöst werden können und der deshalb als "Timer" im Millisekundenbereich angesehen wird [BRAI67]. Die Impulsfolgen der Parallelfasern im Kleinhirn wurden von dem berühmten Gehirnforscher Ramòn y Cajal als "Lawine" bezeichnet, so daß Großberg in Anlehnung daran das obige Modell als *outstar avalanche* oder "Sternlawine" bezeichnete.

Stabilisierung

Bei dem oben vorgestellten Modell wird genau dann im Intervall [kΔt, kΔt+dt] mit (4.2.3b) gut gelernt, wenn $x_0(t)$ und damit $z_0(t)$ nur in diesem Intervall ungleich null sind. Bei einer beliebigen Funktion von $x_0(t)$, die nicht nur die Werte eins und null annimmt (Rauschen!), führt diese Abweichung von der idealen Rechteckimpulsform ("Sample"-bzw. Triggerimpuls) zu "ungenauem" Lernen; beim Abbrechen des

Lernvorgangs nach endlicher Zeit bleibt noch eine relativ große Abweichung vom Idealzustand. Um den Lernprozeß zu verbessern, ist es deshalb sinnvoll, kleine Signalstärken ("Schmutzeffekte") durch nicht-lineare Ausgabefunktionen S(.) mit den Schwellen T_i^k zu unterdrücken. Die Gleichungen (4.2.1b) und (4.2.2b) werden dann zu

$$\dot{z}_0^k(t) = -\alpha z_0^k(t) + S(x_0(t-k\Delta t)-T) \qquad (4.2.1c)$$

$$\dot{z}_i^k(t) = -\alpha z_i^k(t) + \beta \Sigma_k S(z_0^k(t-\tau)-T_0^k)\ \overline{w}_i^k(t) + x_i(t) \qquad (4.2.2c)$$

Es läßt sich zeigen, daß der vorher vorgestellte Satz auch für dieses modifizierte System gilt. Weitere Modifikationen zur Stabilität lassen sich auch durch zusätzliche, inhibierende Verbindungen schaffen [GRO67].

4.3 Rückgekoppelte Assoziativspeicher

In Kapiteln 3.1 und 3.2 wurden verschiedene rückgekoppelte Netze vorgestellt, mit denen man Muster auto-assoziativ speichern konnte. Gab man Teile eines gespeicherten Musters ein, so konvergierte die Ausgabe unter bestimmten Voraussetzungen zu dem gesamten, gespeicherten Muster; das System ergänzte die fehlenden bzw. gestörten Musterteile. Der Grundmechanismus dieser Musterergänzung beruht dabei auf der verwendeten Hebb'schen Speicherregel: Alle Teile des Musters wurden miteinander korreliert gespeichert, so daß von jedem Teilstück über die stärkste Korrelation das Restmuster erschlossen werden kann. Begrenzend in diesem Schema wirken sich nur die Musterähnlichkeiten bzw. Korrelationen mit den anderen, ebenfalls gespeicherten Mustern aus.

Der Grundmechanismus der Speicherung und Wiedergabe von Zeitsequenzen $\mathbf{x}^1, \mathbf{x}^2, ... \mathbf{x}^M$ mit rückgekoppelten Assziativspeichern beruht nun gerade auf der Korrelation von Mustern untereinander: korreliert man ein Muster $\mathbf{x}^k$ mit dem darauf folgenden Muster $\mathbf{x}^{k+1}$ und verzögert die Rückkopplung, so wird nach der Ausgabe des k-ten Musters beim nächsten Zeittakt das Muster $k+1$ erregt.

4.3.1 Sequenzen ohne Kontext

Neben der Speicherung von statischen Mustern (s. Kapitel 3.1) untersuchte Amari 1972 [AMA72] auch die Speicherung von Mustersequenzen. Abweichend von der Lernregel

$$\mathbf{w}_i(t+1) = (1-\alpha)\,\mathbf{w}_i(t) + \beta\mathbf{x}(t)\,x_i(t) \qquad (3.1.15),(3.1.15a)$$

bzw. $$w_{ij}(t+1) = (1-\alpha)\,w_{ij}(t) + \beta x_i(t)\,x_j(t)$$

die ein einzelnes Muster stabilisiert, speicherte er mit

$$w_{ij}(t+1) = (1-\alpha)\, w_{ij}(t) + \beta x_i(t+1)\, x_j(t) \qquad (4.3.1a)$$

auch eine Sequenz ab. Die Gewichtsmatrix konvergiert auch hier zur Überlagerung aller M Muster

$$\mathbf{W} = 1/n \;\; \Sigma_k \, \mathbf{x}^{k+1}(\mathbf{x}^k)^T \qquad (4.3.1b)$$

Dabei gilt (s. [AMA72]):

- Alle Einzelmuster (und damit die ganze Sequenz) sind nur dann stabil, wenn die unerwünschten Korrelationen genügend klein sind, beispielsweise wenn alle Muster orthogonal zueinander sind.
- Wird *ein* Muster irgendwo aus der Sequenz eingegeben, so wird der Rest der Sequenz ausgegeben- der Anfang fällt weg.
- Ist ein Zustand nicht stabil, da er beispielsweise durch ähnliche Muster "überladen" wird (vgl. das Stabilitäts-Plastizitätsdilemma, Kapitel 2.7), so kann die Sequenz "umkippen" und in einer anderen, öfters gespeicherten ("dominierenden") Sequenz aufgehen.
- Es ist also unmöglich, mit dem Modell der paarweisen Korrelation von Mustern das gleiche Muster in zwei verschiedenen Sequenzen oder mehrmals in der selben Sequenz zu verwenden, da diese dann nicht stabil werden.
- Wird zum letzten Muster einer Sequenz das erste assoziiert, so wird die gesamte Sequenz zyklisch ausgegeben: Das System wirkt als Rhythmusgenerator.

Auch Zeitsequenzen können durch die Simulationen von Willwacher 1976 [WIL76] illustriert werden.

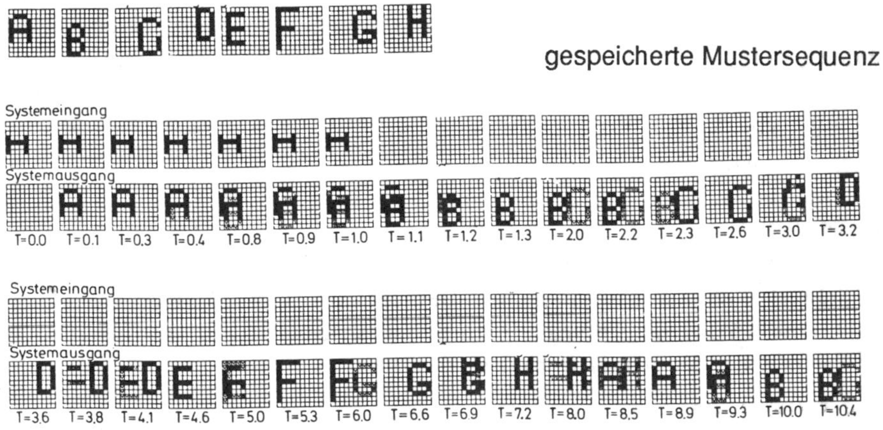

Abb. 4.3.1 Sequenz von Buchstaben (aus [WIL76])

Ausgehend von den Korrelationen nach (4.3.1b) wurden die in der ersten Reihe abgebildeten Pixelmuster eingespeichert (vgl. Kapitel 3.1). Die Eingabe von Teilen des ersten Muster "A" führte dann sofort zu der Ausgabe einer Sequenz. Der zeitliche Abstand der Muster wird weitgehend von den Zeitkonstanten der simulierten Systemarchitektur bestimmt.

Wenn man den Betrag der Ausgabeaktivität über eine Schwellwertregelung in der Simulation verändert, ergeben sich interessante Situationen. In der folgenden Abbildung 4.3.2 ist gezeigt, wie das System bei schrittweiser Erhöhung der Aktivität (Erniedrigung der Schwellen) bei einer Anregung reagiert.

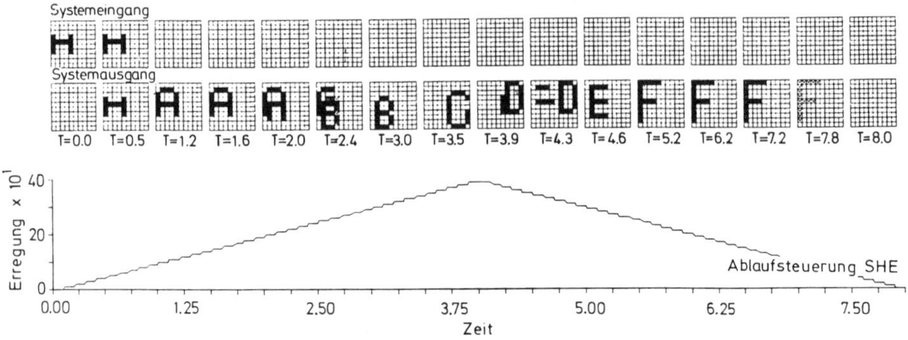

Abb. 4.3.2 Parallele und sequentielle Muster (aus [WIL76])

Bei kleiner Aktivität SHE werden alle Assoziationen unterdrückt (T=0.0 in Abb. 4.3.2). Bei größerer Aktivität (T=0.5) wird gerade das angebotene Muster reproduziert. Bei noch kleineren Schwellen (T=1.2) reichen die Korrelationen aus, das gesamte Muster zu assoziieren und dann (bei T=2.2) auch das folgende Muster dazu. Bei diesem Schwellwert geht also der parallele Assoziationsspeicher in den sequentiellen Modus über: die nächsten Muster werden sequentiell reproduziert. Wird die Aktivität wieder abgesenkt und die Schwellen erhöht, so stoppt die Sequenz (T=6.2) und selbst das gerade assoziierte Muster wird schließlich unterdrückt (T=7.8).

Geben wir in dem Modell von Amari ein Muster ein, so wird sofort mit dem nächsten Zeitschritt das nächste Muster der Sequenz assoziiert. Um dies zu verhindern und die Stabilität des bestehenden Musters für einige Zeitschritte zu erhalten, kann man beispielsweise für die Berechnung der Gewichte im Hopfieldmodell den normalen Hebb-Term (3.1.34), der die Stabilität eines Musters bewirkt, mit einer Assoziation zu dem darauf folgenden Muster verbinden

$$\mathbf{W} = \alpha\mathbf{W}^{(1)} + \beta\mathbf{W}^{(2)} = \alpha/n\ \Sigma_k\ \mathbf{x}^k(\mathbf{x}^k)^T + \beta/n\ \Sigma_k\ \mathbf{x}^{k+1}(\mathbf{x}^k)^T \qquad (4.3.2)$$

Der Faktor 1/n dient dazu, bei einer Multiplikation $\mathbf{Wx}$ den Zahlenwert der entstehenden Korrelation $(\mathbf{x}^j)^T\mathbf{x}^k$ auf das Intervall [-1,+1] zu normieren, da im Skalarprodukt maximal n Komponenten +1 oder -1 sind.

Die Überlagerung zweier Komponenten in (4.3.2) gibt aber Probleme: wählen wir β zu klein, so wird die Sequenz nicht sauber realisiert. Wählen wir es aber zu groß, so wird das folgende Muster "gleichzeitig" überlagert. Selbst bei einer wahrscheinlichkeitsgesteuerten, verzögerten Ausgabe kann sich Chaos ergeben [RIE88]. Es ist deshalb sinnvoll, auch die Ausgabe aus zwei Komponenten zusammenzusetzen: einer Aktivität, die den augenblicklichen Zustand stabilisiert und einer verzögerten Aktivität, die das nächste Muster der Sequenz assoziiert. Sompolinski und Kanter [SOM86] sowie Kleinfeld [KLE86] gaben dazu ähnliche Lösungen an.

Im binären Fall mit y(t+1)=S(z)= sgn(z(t)) ist nach Sompolinski und Kanter

$$z_i(t) = z_i^{(1)}(t) + z_i^{(2)}(t) = \Sigma_j\, w_{ij}^{(1)}\, S_j + \Sigma_j\, w_{ij}^{(2)}\, \overline{S}_j \qquad (4.3.3)$$

mit dem gemittelten, verzögerten Signal (vgl. Gleichung 1.3.3)

$$\overline{S}_j := \int_{-\infty}^{t} p(t-t')\, S_j(t')\, dt' \qquad (4.3.4)$$

Das Zeitsignal $S_j(t)$ wird über die Gesamtzeit gemittelt, wobei die Gewichtungsfunktion $p(t-t')$ mit $\int_0^t p(t)\, dt = 1$ als Wahrscheinlichkeitsdichte aufgefaßt werden kann. Beispiele für die Gewichtungsfunktion sind

	$p(t) = 1/\tau$	*Stufenfunktion*	(4.3.5a)
oder	$p(t) = 1/\tau \exp(-t/\tau)$	*exponentieller Abfall*	(4.3.5b)
oder	$p(t) = \delta(t-\tau)$	*Zeitverzögerung*	(4.3.5c)

Als hinreichendes Kriterium für eine stabile Zeitsequenz mit dem Zeittakt τ_0 fanden die Autoren, daß bei $\alpha=1$ der Parameter β der Gleichung

$$\int_{\tau_0}^{2\tau_0} p(t)\, dt = 1/2\, (1-1/\beta) \qquad (4.3.6)$$

genügen muß. Der Parameter β muß ≥ 1 sein und schränkt die Wahl des zeitlichen Abstandes τ_0 zweier Muster ein.

Für die *Stufenfunktion*, die als Konstante bei $t=\tau$ verschwindet, ergibt sich aus (4.3.5a) und (4.3.6) für $\beta>1$ die Gleichung $\tau_0= (\tau/2)(1+1/\beta)$, so daß von minimalem zu großem β die Verzögerungszeit von τ auf $\tau/2$ herabsinkt.

Für den *exponentiellen Abfall* (4.3.5b) ergibt sich die Situation, daß mit $\tau_0= \tau\{\ln 2-\ln[1-(2/\beta-1)^{1/2}]\}$ der Parameter β maximal 2 sein darf ($\tau_0=\tau\ln 2$) und bei $\beta\rightarrow 1$ unendliches τ_0 hervorbringt.

Die *Deltafunktion* (4.3.5c) schließlich modelliert nur eine einfache Zeitverzögerung mit $\tau_0=\tau$, $\beta>1$.

Für den kontinuierlichen Fall modellierte Kleinfeld ein Neuron durch einen elektronischen Verstärker mit einer begrenzt-linearen, symmetrischen Ausgabefunktion S_L von (1.2.3b). Die Aktivität eines Neurons (eines Verstärkers) ist dann mit einer Differenzialgleichung in der Form (1.2.0c) gegeben, die nun wie in (4.3.3) zusätzlich aus zwei additiven Komponenten besteht:

$$\tau_i \dot{z}_i(t) = - z_i(t) + \Sigma_j w_{ij}^{(1)} S_j + \Sigma_j w_{ij}^{(2)} \bar{S}_j \tag{4.3.7}$$

wobei die Zeitkonstante τ_i die "Ladezeit" des Verstärkers anzeigt. Im Grenzfall $\tau_i \rightarrow 0$ geht (4.3.7) in (4.3.3) über. Für den Fall des einfachen, mit (4.3.5c) zeitverzögerten Signals zeigte Kleinfeld, daß sich, ähnlich wie im Hopfieldmodell, auch hier eine Energiefunktion aufstellen läßt, mit deren "Bergen" und "Tälern" sich der Übergang von einem stabilen Muster zu einem anderen erklären läßt.

Welche Rolle spielt nun die Länge der Zeitverzögerung bzw. die Verteilung p(t) der Verzögerungszeiten über die Synapsen bei der Stabilität der Zeitsequenzen ? In einer interessanten Arbeit zeigte A. Herz [HER88a], [HER88b], [HER89] mit einigen Mitarbeitern, daß der Einfluß wesentlich geringer ist, als man es für möglich halten würde. Sie gingen von einer kontinuierlichen Version von (4.3.3) aus, bei der sich eine Eingabe mit verschieden verzögerten Anteilen in einem Neuron als Überlagerung (Mittelung) einstellt

$$z_i(t) = \Sigma_{j \neq i} \bar{w}_{ij} \bar{S}_j(t) \tag{4.3.8}$$

mit (4.2.7) und der zeitgemittelten Form der Hebb'schen Regel

$$\bar{w}_{ij} := \frac{1}{nT} \int_0^T S_i(t) \bar{S}_j(t)\, dt \tag{4.3.9}$$

Die Ergebnisse für eine Sequenz aus drei Mustern sind in der nachfolgenden Abbildung für verschiedene Verteilungen von Verzögerungen gezeigt, die beim Lernen in (4.3.9) benutzt wurden. Links sind die vier verschiedenen Verteilungsfunktionen a,b,c und d für Zeitverzögerungen τ aufgetragen; rechts davon die Reaktion des Systems (Überlappung bzw. Korrelation der Ausgabe **z** mit dem gespeicherten Muster $\mathbf{x}^1$ der Sequenz). Jede Verzögerung τ wird dabei durch eine Verteilung nach (4.3.5b) bzw. (4.3.5c) erzeugt.

Zwei Dinge sind bemerkenswert: zum einen wird auch ein stabiler Rhythmus produziert, selbst wenn nur eine konstante Verteilung von einfach verzögerten Signalen (Verteilung a) vorliegt; zum anderen aber ist eine Mindestverzögerung τ_{min}=10ms (größer als die zeitliche Dauer eines Musters der Folge) nötig, um eine zeitliche Korrelation und damit eine Sequenz zu erzeugen (Verteilungen *a,b,c*). Die genaue Verteilungsfunktion der Verzögerungen ist unkritisch, da die Korrelation mit dem jeweiligen zeitlichen Signal und damit die "richtige" Verzögerung (die "richtigen" Synapsengewichte) gelernt wird; alle Signale zum "falschen" Zeitpunkt werden nicht korreliert und damit nicht beachtet. Ist diese Mindestverzögerung nicht gegeben, so kann eine Musterfolge auch nicht gelernt werden, s. Verteilung *d*.

Interessanterweise konnten Buhmann und Schulten 1987 [BUH87] zeigen, daß auch eine verzögerungs*freie* Aktivität gute Zeitsequenzen ergeben kann. Dazu speicherten sie

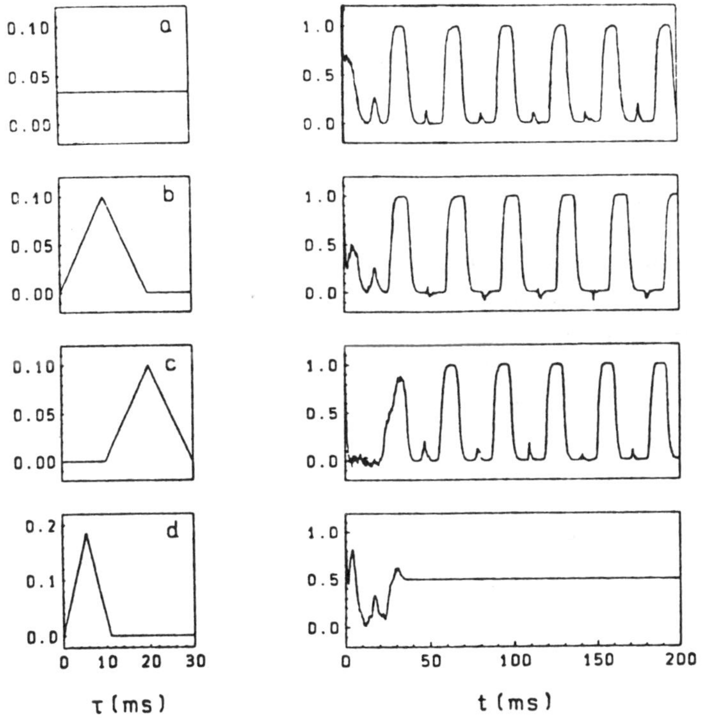

Abb. 4.3.3 Einfluß der Verzögerungszeiten (nach [HER89])

die Muster nicht nur wie in (4.3.2) mit der Korrelation zu sich selbst und zum nachfolgenden Muster ab, sondern stabilisierten die Sequenz noch durch zwei zusätzliche Terme

$$\mathbf{W} = \mathbf{W}^{(1)} + \mathbf{W}^{(2)} + \mathbf{W}^{(3)} + \mathbf{W}^{(4)} \qquad (4.3.10)$$

mit den Abkürzungen

$\mathbf{W}^{(1)} = \alpha \sum_k \mathbf{x}^k (\mathbf{x}^k)^T$ *Eigenkorrelation*

$\mathbf{W}^{(2)} = \beta \sum_k \mathbf{x}^k (\mathbf{x}^{k-1})^T$ *Sequenzkorrelation*

$\mathbf{W}^{(3)} = -\gamma \sum_k \mathbf{x}^k (\mathbf{x}^{k+1})^T$ *Anti-inverse Sequenzkorr.*

$\mathbf{W}^{(4)} = -\eta \sum_k \sum_{j \neq k-1,k,k+1} \mathbf{x}^k (\mathbf{x}^j)^T$ *Anti-Kreuzkorrelation*

Der dritte Term verhindert den Übergang vom nächsten Muster zurück zum vorhergehenden und der vierte Term vermindert alle Korrelationen, die mit den sonst noch vorhandenene Mustern existieren. Beide Terme erinnern stark an die Anti-Hebb Regel aus Abschnitt (2.4.3), die eine Orthogonalisierung der Gewichtsvektoren bewirkt.

Definiert man noch zusätzlich eine wahrscheinlichkeitsbedingte, aktivitätsabhängige Ausgabefunktion gemäß (3.2.9) mit $\Delta E := z_i(t)$, so reicht schon eine leichte Überlagerung der Aktivität mit zufälligen Störungen (Rauschen) aus, die Sequenz hintereinander stabil ablaufen zu lassen.

4.3.2 Sequenzen mit Kontext

Die bisher vorgestellten Verfahren beschränken sich darauf, die Abfolge von jeweils zwei Zeichen sicherzustellen. Dabei können aber alle Sequenzen, in denen das selbe Zeichen zweimal unterschiedlich vorkommt, prinzipiell nicht gespeichert werden. Beispielsweise können zwar N*E*ST und R*E*ST gespeichert werden, nicht aber N*E*IN und R*E*ST. Hier müssen neue Verfahren gefunden werden.

Eine Idee besteht darin, nicht nur die Verbindung (Korrelation) von zwei Zeichen, sondern von mehreren Zeichen zu verwenden. Dies läßt sich beispielsweise durch die Verwendung von Synapsen höherer Ordnung herstellen, bei der mehrere Zeichen miteinander korreliert werden. Ein Beispiel dafür ist die Arbeit von R.Kühn, van Hemmen und Riedel [KÜH89a],[KÜH89b], in der eine Sequenz der Form ABACADAE... generiert werden soll, wobei die einzelnen Symbole A,B,C, .. jeweils selbst wieder eine Sequenz darstellen sollen. Der Übergang von einem Zeichen zum nächsten innerhalb einer Sequenz wird wieder durch gespeicherte Korrelationen der Form (4.3.2) bewirkt. Für den Übergang von einer Sequenz über das immer gleiche "Zwischenglied" A zur nächsten Sequenz ist allerdings außer der *2-Korrelation* (des letzten Musters $\mathbf{x}^{\alpha_L}$ einer Sequenz α mit dem ersten Muster $\mathbf{x}^{A_0}$ der Zwischensequenz A) eine höhere *3-Korrelation* zwischen den beiden Sequenzen α und $\alpha+1$ sowie der Zwischensequenz A nötig.
Dazu wird die Aktivität (4.3.3) um einen dritten Anteil ergänzt

$$z_i(t) = z_i^{(1)}(t) + z_i^{(2)}(t) + z_i^{(3)}(t) \qquad (4.3.11)$$

$$\text{mit} \qquad z_i^{(3)}(t) = \Sigma_j\, w_{ijk}^{(3)}\ \overline{S}_j(t,\tau_1)\ \overline{S}_k(t,\tau_2)$$

Im dritten Anteil wirken sich zwei Verzögerungszeiten aus: τ_1 bewirkt einen Übergang vom letzten Zeichen A_L der Sequenz A zum ersten Zeichen $(\alpha+1)_0$ der nächsten Sequenz und $\tau_2 > \tau_1$ ermöglicht als Verzögerung eine "Erinnerung" an das letzte Zeichen α_L der vorigen Sequenz α. Damit ist ein eindeutiger Kontext "$\alpha_L A_L$" für das erste Muster $(\alpha+1)_0$ der Folgesequenz da. Die Gewichte dieses Sequenzen-Übergangs werden dabei durch die "Synapsen 2. Ordnung" (vgl. Abschnitt 1.2.1) gebildet

$$w_{ijk}^{(3)} = \gamma/n^2\ \Sigma_\alpha\, x_i^{(\alpha+1)_0}\ x_j^{A_L}\ x_k^{\alpha_L} \qquad (4.3.12)$$

Die Ausgabefunktion S(z) ist dabei wieder binär symmetrisch S(z) = sgn(z) und die Erwartungswerte der verzögerten Signale $\overline{S}_j(t,\tau)$ sind mit (4.3.4) und (4.3.5c) gegeben.

Charakteristisch für die Methode, höhere Korrelationen einzusetzen, ist die "lokale", durch die längste Zeitverzögerung beschränkte (s. Abb. 4.3.3!) Eigenschaft der Signal-Korrelationen, als Kontext zu wirken. Für andere Fragestellungen ist es einfacher, den Kontext dauerhaft für die gesamte Sequenz anzubieten und damit verschiedene Sequenzen mit gleichen Mustern zu ermöglichen. Ist beispielsweise der Kontext in unserer Sequenz "NEIN" mit "#" gegeben und in der Sequenz "REST" mit "*", so folgt auf den Sequenzanfang #(NE) eindeutig "I" und auf *(RE) "S", ohne daß es eine Verwechslungsmöglichkeit geben kann. In Abbildung 4.3.4 ist ein solches System in der Übersicht zu sehen, wie es von Kohonen [KOH84] vorgeschlagen wurde.

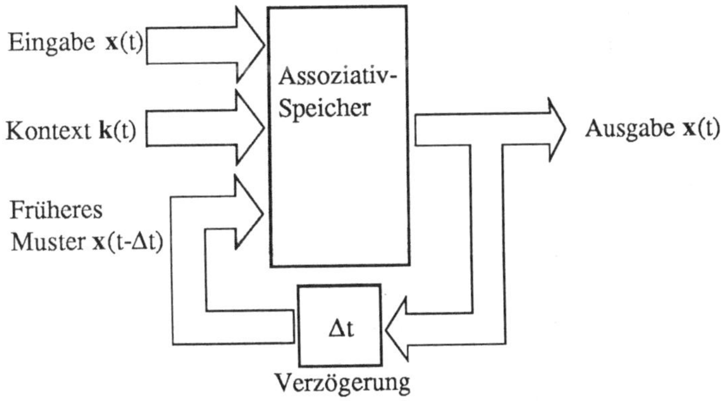

Abb. 4.3.4 Kontextsensitive Sequenzspeicherung und -generierung

Werden an Stelle *einer* Verzögerung *mehrere* angeboten, so lassen sich über diese zusätzlichen, zeitlichen Kontexte auch Muster in der selben Sequenz wiederholt verwenden, wie z.B. in der Sequenz "KELLER", ohne höhere Synapsen einzusetzen.

5 Evolutionäre und genetische Algorithmen

Eine der wichtigsten Aufgaben von neuronalen Netzen besteht darin, durch ihre Architektur und die Wahl (Lernalgorithmus!) der Gewichte im Netz eine vorgegebene Aufgabe so gut wie möglich zu erledigen. Allgemein entspricht dies der Aufgabenstellung, eine vorgegebene Zielfunktion zu optimieren; neuronale Algorithmen lassen sich deshalb als eine Gruppe in der Vielzahl von *Algorithmen für Optimierungsaufgaben* ansehen. Eine der ungewöhnlichsten Methoden, ebenfalls Optimierungsaufgaben zu lösen, besteht in der Nachahmung biologischer Optimierungsmethoden. Dies sind beispielsweise Algorithmen, die den erfolgreichen Funktionsprinzipien der jahrmillionenalten, biologischen Evolution nachempfunden sind.

Die Grundidee dieser *evolutionären Algorithmen* besteht darin, die Parameter, für die optimale Werte für ein vorgegebenes Problem gesucht werden, zu einem Tupel **g** zusammenzufassen und dieses Tupel als Bauplan (Chromosomen) eines Lebewesens zu betrachten. Genauso, wie in der freien Natur die Lebewesen sich den gegebenen Umweltbedingungen anpassen müssen oder untergehen, sollen die Tupel Veränderungen unterworfen werden und nur die Besten als "Saat" für noch bessere verwendet werden. Die evolutionären Algorithmen versuchen also, ein solches Zahlentupel zu finden, mit dem eine vorgegebe Zielfunktion R(**g**) maximiert (minimiert) wird. Dabei unterscheiden sich die evolutionären Algorithmen hauptsächlich in der Zahl der Individuen, die sich fortpflanzen oder "sterben", sowie in der Art und Weise, wie die Veränderungen an ihrem Bauplan vorgenommen werden und wie ihre Überlebensfähigkeit (*Fitness*) beschrieben wird.

Die evolutionären Algorithmen bieten nun interessanterweise über die Anwendungen der neuronalen Netze hinaus die Möglichkeit, die neuronalen Netze selbst zu optimieren: Neben der Optimierung (Lernen) der Gewichte in neuronalen Netzen haben wir hier sogar den Mechanismus, auch die Architektur und Struktur der Netze selbst zu lernen.

Voraussetzung für diese Art von Algorithmen ist die Repräsentation des Problems durch ein Tupel von Elementen **g** und die Bewertung dieses Tupels mit einer Gütefunktion R(**g**). Gibt es solch eine Tupeldarstellung oder solch eine objektive Gütefunktion nicht, so lassen sich die evolutionären Methoden für das betreffende Problem nicht verwenden.

5.1 Die Mutations-Selektions-Strategie

Eines der einfachsten Verfahren der evolutionären Optimierung wurde, von Rechenberg [RE73] "Mutations-Selektions-Strategie" genannt (*creeping random search method*), weiterentwickelt und der Nutzen an verschiedenen, praktischen Problemen demonstriert. Die Methode besteht darin, ein einziges Tupel solange zufällig zu verändern, bis es eine "genügend gute" Lösung des gegebenen Problems darstellt oder die Veränderungen keine Verbesserung mehr bringen.

```
MutSel: (* Suche das Maximum einer Funktion R(g) *)
        Kodiere das Problem im Tupel g = (g1, ..., gn)
        REPEAT
                g' := Mutation(g)  (* Erzeuge neues, verändertes Tupel *)
                IF   R(g')>R(g)             (* Wenn es besser ist .. *)
                     THEN g:= g' ENDIF      (* .. übernimm es. *)
        UNTIL Abbruchkriterium
```

Codebeispiel 5.1.1 Die Mutations-Selektions-Strategie

Die Veränderungsoperation `Mutation(g)` selbst sollte, so ermittelte Rechenberg, nicht zu groß sein, um ein "Überschießen" über das Ziel hinaus zu vermeiden, und nicht zu klein sein, um die Gefahr zu vermeiden anstelle in einem globalen Optimum nur in einem lokalen Optimum festzusitzen. Als günstigste Veränderung postulierte er als neues Tupel **g'** einen n-dimensionalen Punkt aus einer n-dimensionalen Gaußverteilung ("Punktwolke") um **g** herum.

Für die Anwendung des Verfahrens kommen besonders diejenigen Probleme in Betracht, für die analytische Lösungen nur sehr schwer oder gar nicht gefunden werden konnten. Beispielsweise baute er, um das beste Querschnittsprofil einer Gasdüse zu ermitteln, eine solche Düse aus einer Reihe von *n* Scheiben mit verschiedenem Lochdurchmesser auf, die in eine Reihe gebracht die gesamte Düse ergeben. Das Tupel g bestand damit aus einem geordneten Zahlentupel aller Lochdurchmesser; die Funktion R(**g**) wurde durch experimentelle Untersuchung des Strömungswiderstandes dieses metallischen Gebildes gefunden. Mit Hilfe eines Computers wurde dann ein neues Tupel generiert, die entsprechenden Scheiben eingebaut und die so ermittelte, neue Düse erneut vermessen. Auf diese Art und Weise fand er experimentell ein Düsenprofil, das (fast) dem maximalen, theoretisch möglichen Wert entsprach.

Ein anderes Beispiel ist die Suche nach dem besten Mischungsrezept, um mit einem Verchromungsbad einen besonders dauerhaften Metallauftrag hoher Güte zu erreichen. Das Tupel für die Mutations-Selektionsstrategie wird in diesem Fall durch die *n* prozentualen Anteile der *n* möglichen Zutaten gegeben; die Zielfunktion R(g) muß durch einen Gütetest an den verchromten Werkstücken implementiert werden.

Ein interessantes Anwendungsbeispiel, dessen Lösung auch mit anderen Lösungsmethoden (s. Abschnitte 2.6.3, 3.1.2 und 3.2.2) verglichen werden kann, ist das Optimierungsproblem des Handelsreisenden, der die kürzeste Rundreise durch *n* vorgegebene Städte sucht. Kodieren wir uns die Rundreise A→B→C→D→E durch ein Tupel **g**=(A,B,C,D,E), so besteht die Aufgabe darin, dasjenige Tupel zu finden, das die

Gesamtlänge der Rundreise, die Zielfunktion R(g), minimiert. Das Problem läßt sich also mit den Begriffen der evolutionären Algorithmen formulieren. Entscheidend für die Güte und die Schnelligkeit, mit der eine Lösung des Problems gefunden wird, ist zweifelsohne die Art der Mutationsoperation auf dem Tupel. Paul Ablay fand dazu in [ABL87] zwei verschiedene Arten der Mutation: das Aufbrechen von *s* Kanten des Rundreisegraphs (*Kantenmutation*) und das Vertauschen von *p* Positionen von Städten innerhalb einer Rundreise (*Positionsmutation*). In Abbildung 5.1.1 ist eine Rundreise (AECDBF) gezeigt, die aus (ABCDEF) sowohl durch Aufbrechen und Neubesetzen der s=4 Kanten A→B, B→C, D→E, E→F erzeugt sein kann, als auch durch Vertauschen der beiden Positionen B und E mit p=2.

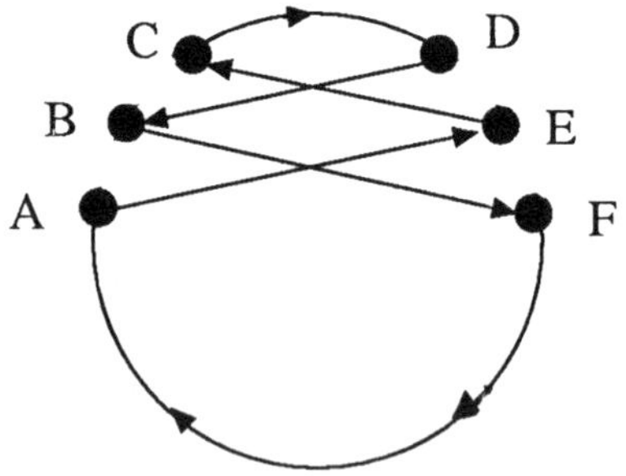

Abb. 5.1.1 Kanten- bzw. Positionsmutation

Zwar fand er heraus, daß der Algorithmus im allgemeinen mit der Kantenmutation besser als mit der Positionsmutation konvergiert; eine dritte Strategie funktionierte aber noch besser: die *gerichtete* bzw. *gewichtete Mutation*. Hierbei wird das Wissen über lokale, suboptimal verbessernde Veränderungsschritte in die Mutation eingebaut, so daß die Mutation nicht "blind", sondern überwiegend in die "richtige" Richtung erfolgt. Im Fall der Kantenmutation könnte dies für s=3 Kanten (Abb.5.1.2 links) bedeuten (s. [ABL87])

- Breche Kante $[X_i,X_{i+1}]$ zwischen den Städten X_i und X_{i+1} auf.
- Suche ein Paar $\{X_j,X_{j-1}\}$ so, daß der Abstand $|[X_i,X_j]|$ klein ist (gewichtete Zufallsauswahl)
- Suche unter allen Möglichkeiten dasjenige Paar $\{X_k,X_{k+1}\}$, bei dem die beiden Verbindungen mit X_{j-1} und X_{i+1} besonders kurz werden.

In der Abbildung 5.1.2 ist links die Kantenkonfiguration und rechts der

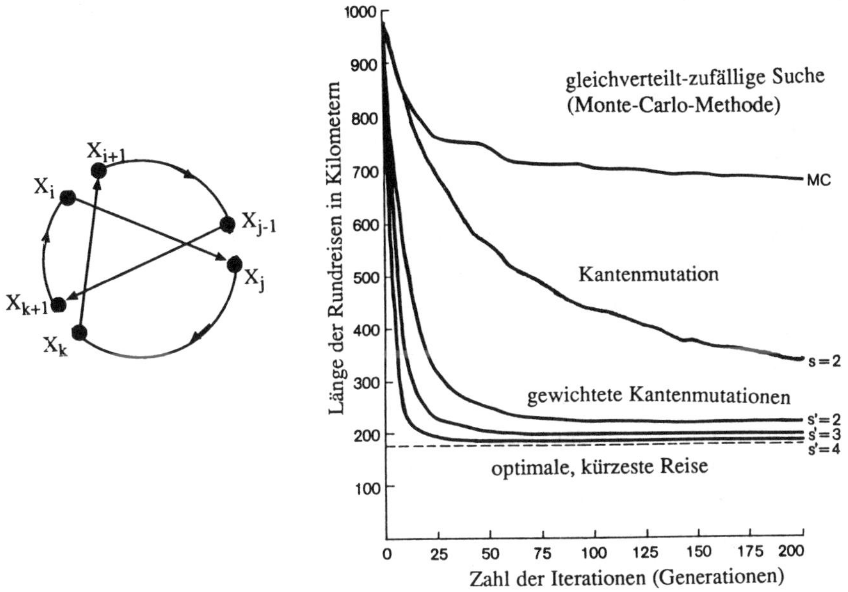

Abb. 5.1.2 Gewichtete Kantenmutation und ihre Konvergenz (nach [ABL87])

Konvergenzverlauf der Iteration mit den obigen drei Schritten zu sehen.

Die gewichtete Mutation beschleunigt zwar die Konvergenz, vermeidet aber nicht das Problem der lokalen Optimierungsmethoden, in einem lokalen Optimum "stecken" zu bleiben. Ein gutes Verfahren, dieses Problem zu vermeiden, ist die Anwendung eines "Kühlschemas", des *simulated annealing* aus Abschnitt 3.2.2, auf die Mutationsrate, die dabei zyklisch vergrößert und verkleinert wird. Eine kleine Mutationsrate bewirkt die gute Anpassung innerhalb eines Optimums; eine große Mutationsrate ermöglicht ein Überwechseln von einem lokalen Optimum in ein anderes.

5.2 Genetische Algorithmen

Ein anderer Ansatz zur Lösung von Optimierungsproblemen, der noch stärker die biologischen Mechanismen imitiert, ist die Betrachtung einer Gruppe von mehreren Individuen (*Genpool*) und die Verwendung molekularbiologisch-genetisch motivierter Veränderungsmechanismen (*genetische Operatoren*). Diese Gruppe der *genetischen Algorithmen* wurde zuerst von Holland in den 70-ger Jahren näher untersucht. In diesem Abschnitt soll nach einer kurzen Einführung in die Gedankenwelt der genetischen Algorithmen speziell auf den Bezug zu neuronalen Netzen eingegegangen werden. Der stärker an genetischen Algorithmen interessierte Leser sei auf die Lehrbücher von Holland [HOL75] und Goldberg [GOL89] verwiesen.

Die Grundidee der genetischen Algorithmen kommt aus der Populationsbiologie. In einer gegebenen Umwelt (Problem-Randbedingungen) gibt es mehrere Lebewesen (Problemlösungen), von denen jedes eine bestimmte Überlebensfähigkeit bzw. Fitness (Güte der Lösung) besitzt. Durch eine Veränderung (*Mutation*) und eine geschickte Kreuzung (*cross-over*) der Erbanlagen erfolgreicher Lebewesen miteinander (Kombination der Parametern von Lösungen hoher Güte) versucht man nun, besser angepaßte Lebewesen (bessere Lösungen) zu finden. Im Unterschied zu den Mutations-Selektionsalgorithmen, bei denen die Verbesserung vorzugsweise sequentiell von Generation zu Generation erfolgt (*vertikaler Informationstransfer*), wird bei den genetischen Algorithmen die Tatsache ausgenutzt, daß gleichzeitig mehrere gute Lösungen existieren, um Verbesserungen zu erreichen (*horizontaler Informationstransfer*).

Betrachten wir dazu wieder als Beispiel das Problem des Handlungsreisenden. Sei eine Reihe von Städten gegeben, die wieder auf einer gedachten Kreislinie liegen. Drei mögliche Reisen sind in Abbildung 5.2.1 gezeigt. Die dazu gehörenden Tupel sind $\mathbf{g}_1$=(A,B,D,C,E), $\mathbf{g}_2$=(A,D,C,B,E) und als beste Lösung $\mathbf{g}_3$=(A,B,C,D,E). Sie haben eine größere Güte als diejenigen Zufallstupel, die keine Abfolge von nebeneinander auf der Kreislinie liegenden Städten (z.B. AB, CD etc.) enthalten. Die Tupel $\mathbf{g}_1$ und $\mathbf{g}_2$ enthalten Lösungselemente wie (A ... E) oder (AB...), die damit allein schon eine gewisse Güte garantieren und in einer günstigen Kombination, wie sie $\mathbf{g}_3$ darstellt, zum Optimum führen.

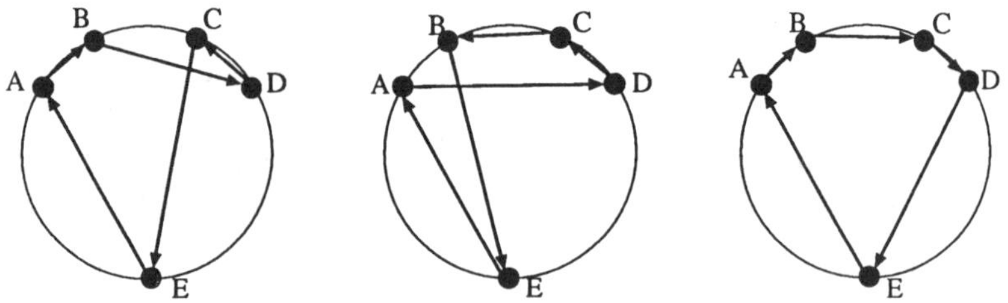

Abb. 5.2.1 Mögliche Rundreisen

Die verschiedenen Tupel der Rundreisen lassen sich als "Chromosomen" **g** interpretieren; die Stellen g_i im Tupel $\mathbf{g} = (g_1, \ldots, g_n)$ als *Gene*. In biologischer Sprechweise ist somit das Tupel **g** der *Genotyp* der Rundreise, die Reise selbst der *Phänotyp* ("Ausprägung") und die Länge der Reise die *Fitness* R(**g**) des Phänotyps bzw. Genotyps.

In der Sprache der Optimierungsalgorithmen läßt man also die parallele Existenz von mehreren, bewerteten Teillösungen ("Population" von Individuen bzw. "Pool" von Genen) zu und verschafft sich damit die Möglichkeit, aus den Parametern der Teillösungen die "besten" Parameterkombinationen zu extrahieren und zu neuen, besseren Lösungen mit Hilfe von *genetischen Operationen* zusammenzusetzen.

Gene

Den Begriff des Gens sollte man als Funktions-Parameter allerdings nicht zu eng fassen. Genauso wie im biologischen Fall als Gen ein funktionaler Abschnitt einer Sequenz von Aminosäuren aufgefaßt wird, bei der die gesamte Sequenz die Erzeugung eines Enzyms regeln, kann für uns ein Gen auch ein Funktionselement eines Programms, beispielsweise eine Regel in einem logischen Programm [FUJI87] oder für eine Verhaltensweise innerhalb einer Abwehrstrategie [GRE90] stehen. Eine Evolution der Population entspricht in diesem Fall einer Evolution eines Programms bzw. einer Strategie.

Schemata

Ein wichtiger Mechanismus für die Entwicklung solcher Populationen ist das Finden und Kombinieren von Lösungselementen (*building blocks*) wie in unserem Beispiel (A ... E) und (AB ...). Nach John F. Holland, der als geistiger "Vater" der genetischen Algorithmen angesehen werden kann, bezeichnet man die Menge aller Tupel mit den gleichen Lösungselementen (.. g_i, ... , g_j,...) als *Schema*. Betrachten wir ein solches Schema als spezielle Lösungsmenge in einem n-dimensionalen Lösungsraum $\{g_i\}^n$, so stellt diese Punktmenge eine Hyperfläche dar; die Schnittmenge der verschiedenen Schemata bzw. Hyperflächen enthält die gesuchte Lösung. Bezeichnen wir mit dem Symbol "#" die für ein Schema uninteressanten Gene ("don't care"), so lassen sich die Lösungselemente unseres Beispiels als Schemata S_1=(A # # # E) und S_2=(AB # # #) schreiben. Die *Länge* L(S) eines Schemas ist dabei die Zahl der Stellen minus eins, die ein Schema zur positionsunabhängigen Charakterisierung benötigt; für unser Beispiel also L(S_1)=4 und L(S_2)=1.

Kodierung

Zweifelsohne ist für die Definition eines Schemas die Kodierung der Gene wichtig. Haben wir beispielsweise 1000 mögliche Lösungen, so läßt die dezimale Kodierung mit drei Stellen (g_1,g_2,g_3) weniger Schemata zu als die binäre Kodierung mit 10 Stellen, da jedes "don't care" Symbol mit 10 statt 2 möglichen Werten die fünffache Menge an Tupeln umfaßt. Aus diesem Grund wird traditionellerweise bei genetischen Algorithmen die binäre Kodierung eingesetzt; viele Konvergenzbeweise wurden für die Binärkodierung erstellt. Trotzdem sollte man aber schon bei der Kodierung des Problems überlegen, wie die Lösungselemente des Problems - und damit mögliche Schemata - aussehen werden, und danach die Kodierung wählen (vgl. Abschnitt 5.2.3).

5.2.1 Reproduktionspläne

Wie sieht nun eine evolutionäre Entwicklung für erfolgreiches Schema aus ?

In der Populationsbiologie wird Fortpflanzung und Überleben von zwei wichtigen Faktoren bestimmt: Einerseits durch das Entstehen neuer Individuen durch bereits vorhandene Individuen {g} mittels genetischer Operationen Op(g), und andererseits durch die Selektion gemäß der Fitness R(g). Der Algorithmus, der beides miteinander verbindet, wird *Reproduktionsplan* genannt. Der genetische Algorithmus lautet dann folgendermaßen:

```
Repro: (* Allgemeiner Reproduktionsplan *)
       Erzeuge eine zufällige Population G:={g}
       REPEAT
               GetFitness(G)    (* Bewerte die Population *)
               SelectBest(G)    (* Wähle nur die Besten zur Reproduktion *)
               GenOperation(G)  (* Erstelle neue Individuen *)
       UNTIL Abbruchkriterium;
       Gebe g mit maximaler Fitness aus
```

Codebeispiel 5.2.1 Grundstruktur eines Reproduktionsplans

In der ersten Prozedur `GetFitness(G)` werden die einzelnen Tupel bezüglich der Zielfunktion R(g) bewertet und in der zweiten Prozedur ihre Auswahlwahrscheinlichkeit errechnet. Der Pseudocode dafür könnte lauten

```
PROCEDURE GetFitness(G: ARRAY OF TUPEL)
BEGIN
  FOR i:=1 TO M DO          (* Bewerte die Population *)
     fitness[i]:= R(G[i])
  ENDFOR;
  Rmin := MIN(fitness); Rsum:=0;
  FOR i:=1 TO M DO          (* Verschiebe die Fitness ins Positive *)
     fitness[i]:=fitness[i]-Rmin+1 ;
     Rsum:= Rsum + fitness[i]
  ENDFOR
END GetFitness;

PROCEDURE SelectBest(G: ARRAY OF TUPEL);
BEGIN                       (* Markiere die Besten: *)
  FOR i:=1 TO M DO          (* Die relative Fitness ..*)
     SelectProb[i]:= fitness[i]/Rsum
  ENDFOR                    (* ..ist die Reproduktionswahrscheinlichkeit *)
END SelectBest;
```

Codebeispiel 5.2.2 Prozeduren des Reproduktionsplans

Die Skalenverschiebung der Fitness mit "`fitness[i]:=fitness[i]-Rmin+1`" garantiert dabei, daß die relative, normierte Fitness "`fitness[i]/Rsum`" einer positiven Wahrscheinlichkeit `SelectProb` entspricht. In der genetischen Veränderungsoperation `GenOperation(G)` läßt sich dann `SelectProb` dazu verwenden, aus einigen ausgewählten, guten Individuen die gesamte Population zu erzeugen und alle anderen Tupel zu löschen.

5.2.2 Genetische Operatoren

Die genetischen Operationen, mit deren Hilfe die neuen Tupel (und damit die "Individuen") entstehen und die schlechteren ersetzen, sollten dabei der Problemkodierung angemessen gewählt werden. Es gibt einige genetische "Standardoperationen", die aus der Molekularbiologie stammen und sich auch bei Optimierungsproblemen bewährt haben. In der Abbildung 5.2.2 sind sie links schematisch und rechts am Beispiel der Tupel der Rundreise verdeutlicht. Eine Behandlung des Rundreiseproblems mit genetischen Algorithmen ist übrigens in [OLI87] enthalten.

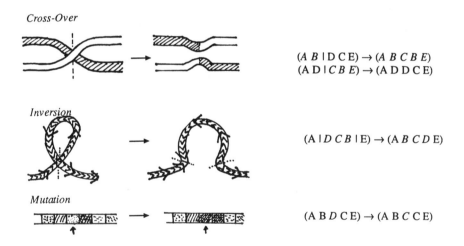

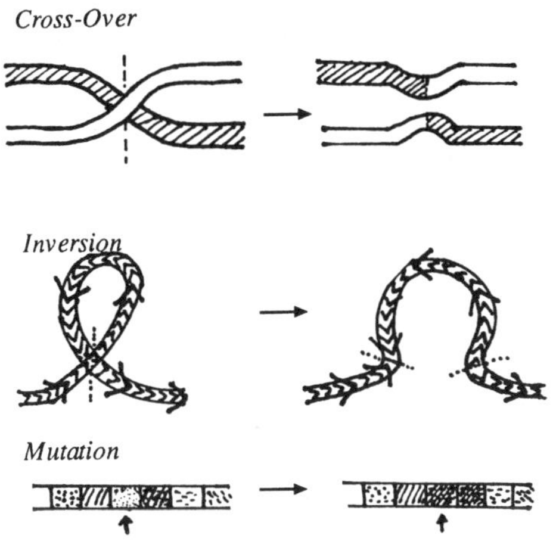

(*A B* | D C E) → (*A B* C *B E*)
(A D | *C B E*) → (A D D C E)

(A | *D C B* | E) → (A *B* C *D* E)

(A B *D* C E) → (A B *C* C E)

Abb. 5.2.2 Genetische Operationen

Die Operationen sind:

◊ *Überkreuzung (Cross-over)*

Zwei Tupel werden an einer Stelle auseinandergeschnitten und überkreuzt zusammengesetzt.

◊ *Invertierung (Inversion)*

Teilabschnitte des Chromosomen (Tupel) werden in der Reihenfolge der Gene invertiert.

◊ *Mutation*
Einige Gene werden zufällig geändert und erhalten jeweils einen anderen, möglichen Genwert.

Der Überkreuzungsoperator hat vorzugsweise Einfluß auf alle Schemata, die weit auseinander liegende Stellen haben (z.B. (A...E), nicht aber (AB..)). Der Inversionsoperator hat dabei einen gegenläufigen Effekt, da er weit auseinanderliegende Stellen zusammenbringt.

Außer den hier vorgestellten Operationen sind auch andere String-Operationen wie Löschen sowie An- und Einfügen (*Rekombination*) von Tupelstücken üblich.

5.2.3 Diskussion

Am Beispiel der Rundreise in Abbildung 5.2.2 sehen wir, daß die aus genetischen Operationen entstehenden Tupel nicht unbedingt besser als die ursprünglichen sind. Wann ist uns garantiert, daß sich die günstigsten Schemata bei den entstehenden Populationen auch wirklich durchsetzen und nicht aussterben ?

Schemareproduktion und Konvergenz
Diese Frage untersuchte J. Holland für die Überkreuzungsoperation und fand dazu folgenden, den als "Fundamentalsatz der genetischen Algorithmen" bezeichneten Zusammenhang.

Sei m_s die Anzahl der Individuen, die das Schema S zum Zeitpunkt t besitzen. Dann sind zum Zeitpunkt t+1 mindestens

$$m_s(t+1) \geq m_s(t)\, r_s\, P_s \tag{5.2.1}$$

Individuen mit dem Schema S vorhanden, wobei die relative Fitness des Schemas hier definiert ist als

$$r_s := \frac{\text{mittl. Fitness des Schemas}}{\text{mittl. Fitness der Population}} \frac{R_s}{R} = \frac{1/m_s \sum_i R_i(S)}{1/m \sum_j R_j(G)}$$

und die Wahrscheinlichkeit P_s, daß das Schema bei der Operation erhalten bleibt

$$P_s = 1 - P_c\, L(S)/(n-1)$$

mit der Überkreuzungswahrscheinlichkeit P_c und der Wahrscheinlichkeit $L(S)/(n-1)$, daß die Überkreuzung in der Schemalänge $L(S)$ bei der Gesamttupellänge *n* stattfindet.

Betrachten wir die Formel (5.2.1), so sehen wir, daß ein Schema nur dann sich in der Population durchsetzen kann, wenn $r_sP_s>1$ ist, also eine überdurchschnittliche Fitness und eine geringe Schemalänge für eine geringe Veränderungswahrscheinlichkeit besitzt. Eine umfassendere Version dieses Satzes, in dem auch eine Neubildung der selben Schemata durch Überkreuzung sowie andere Einflüsse wie Mutation etc. zusätzliche Terme in (5.2.1) liefern, ist beispielsweise in [GOL89] enthalten. Da eine Konvergenz eines genetischen Algorithmus nicht selbstverständlich ist, muß für jeden selbstdefinierten Operator prinzipiell auch ein ähnlicher Satz bewiesen werden.

Konvergenzprobleme

Die genetischen Verfahren zur Kombination "guter" *building blocks* (Lösungselemente) zu größeren Einheiten lassen sich nur dann sinnvoll bei Optimierungsproblemen einsetzen, wenn die Probleme geeignet strukturiert sind. Voraussetzung für diese Art von Optimierungsstrategie ist eine derartige Kodierung der Gene, daß die genetischen Operationen sinnvoll arbeiten können. Existieren aber beispielsweise bei gegebener Problemkodierung gar keine sinnvoll kombinierbaren Lösungselemente, so kann der genetische Algorithmus auch kein Optimum finden. Ein einfaches Beispiel für dieses Problem bildet die Fitnessfunktion R(g) in Abbildung 5.2.3, die als Überlagerung einer ansteigenden Geraden und einer Sinus-Funktion definiert sei.

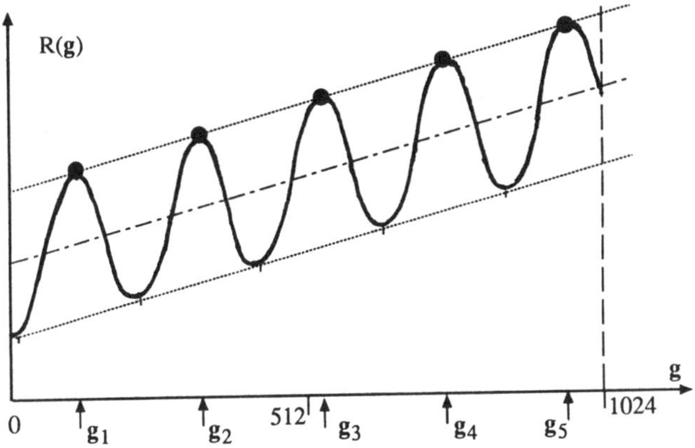

Abb. 5.2.3 Eine Fitnessfunktion

Werden die Individuen durch die Gentupel $\mathbf{g} \in \{0,1\}^{10}$ als binäre Repräsentation der ganzen Zahlen x aus dem Intervall [0..1023] gebildet ("10Bit Integer"), so kann weder durch Überkreuzen noch durch Inversion aus den "guten" Bitstrings $\mathbf{g}_1$ und $\mathbf{g}_2$ deterministisch ein "besserer" Bitstring $\mathbf{g}_3$ oder $\mathbf{g}_4$ gewonnen werden, da der numerische Wert x und seine binäre Kodierung als 0-1 Bitfolge keine Beziehung zueinander haben, die man für die numerische Regelmäßigkeit (Sinusperiode) durch Überkreuzen oder Inversion ausnutzen könnte. Das Verharren ("Inzucht") der genetischen Population bei einem suboptimalen Wert wird nur durch eine zufällige Mutation überwunden; auch Überkreuzen und Inversion wirken hier nur als Zufallsoperationen ohne systematischen Gehalt. Die Suche nach dem globalen

Optimum könnte man in diesem Fall also auch mit der einfachen Mutations-Selektions-Strategie aus 5.1 ganz ohne den Ballast genetischer Operatoren durchführen.

Genetische Drift
Ein weiteres Problenm genetischer Algorithmen bildet die Begrenztheit der Populationsgröße. Durch die Zufallsnatur der Selektion können bei geringer Zahl von Individuen leicht Tupel entstehen, die nur aus "1" bzw. "0" bestehen und deshalb durch Überkreuzen oder Inversion nicht mehr zu verändern sind. Obwohl in der initialen Population ein Gleichgewicht vorhanden war, kann die Akkumulation von Selektionsfehlern einen Extremzustand herbeiführen (*Genet. Drift*). Erst die Einführung einer Mutation kann dies verhindern [GOL87].

5.3 Genetische Operationen mit neuronalen Netzen

Genetische Operationen lassen sich, wie bereits erwähnt, auf verschiedene Art und Weise auf neuronale Netze anwenden.

5.3.1 Evolution der Gewichte

Kodieren wir beispielsweise die Gewichte der Gewichtsmatrix **W** im Hopfieldmodell (vollständig vernetzte Neuronen) aus Abschnitt 3.1.2 als Gene, so kodiert jeder Genotyp $\mathbf{g} = (W_{11}, \ldots, W_{nn})$ den Lernzustand eines Netzwerks. Geben wir noch die geeignete Fitnessfunktion vor, beispielsweise die Fehlerrate beim Auslesen gespeicherter Muster, so bedeutet die genetische Evolution der Gewichte ein "Lernen" der Gewichte für eine minimale Auslese-Fehlerrate. Die genetischen Operatoren (Überkreuzen, Mutation) verhindern dabei im Unterschied zu den Gradientenalgorithmen ein Verharren des Systems im suboptimalen, lokalen Minimum. Anstelle der genetischen Operatoren läßt sich natürlich auch der Mechanismus der parametergesteuerten Übergangswahrscheinlichkeit (Mutation!) verwenden und mit einem *Kühlschema* (simulated annealing, s. Abschnitt 3.2.2) für die Parameter kombinieren.

5.3.2 Evolution der Netzarchitektur

Im Unterschied zu allen bisher im Buch besprochenen Lernverfahren kann man mit evolutionären Algorithmen nicht nur die Gewichte eines vorgegebenen Netzwerks bei bekanntem Lernziel ermitteln, sondern darüber hinaus auch das Netzwerk selbst [SM90],[HARP90],[DOD90]. Dazu muß man nur die Struktur und die Anzahl der Neuronen geeignet in dem Tupel kodieren. Bespielsweise kann man ein Mehrschichten-Netzwerk mit *n* Schichten in einem Tupel von *n* Genen kodieren. Jedes Gen besteht wiederum aus zwei Unterabschnitten: den Daten für die Neuronen (Zahl, geometrischen x-y Eingabebereich, Lernraten, Schwellwerte, Ausgabefunktion etc) und den Verbindungsdaten (Verbindungsdichte, Projektionsadresse, x/y Radius des lokalen Ausgabebereichs, etc) für das Netzwerk [HARP90]. Überkreuzungs- und Inversionsoperatoren wirken dabei natürlich nur auf bedeutungsmäßig gleichartigen Genstücken.

Der grundsätzliche Algorithmus für eine Netzarchitekturevolution ist ein Reproduktionsplan nach Codebeispiel 5.2.1. Die Fitnessfunktion kann man allerdings nur relativ aufwendig gewinnen; sie besteht im Prinzip aus der Leistungsfähigkeit des trainierten Netzwerks. Wollen wir also die besten Architekturversionen bestimmen, so müssen wir zuerst einen Trainingsalgorithmus definieren, den wir auf alle Netzwerkvarianten anwenden. Im Anschluß daran werden alle Varianten getestet. Die Fitnessfunktion nimmt also folgende Form an:

```
PROCEDURE R(g:TUPEL)
(* Fitnessfunktion für ein Netzwerk *)
BEGIN
  FOR pattern:=1 TO N DO              (* Trainiere das Netzwerk *)
    TrainNet(g,pattern)
  END
   FOR test:=1 TO N DO                (* Teste das Netzwerk *)
    TestNet(g,test,results[test])
  END
  R(g):= Evaluate (results)           (* Berechne die Güte d. Netzes*)
                                      (* aus den Testergebnissen *)
END R;
```

Codebeispiel 5.3.1 Fitnessfunktion für Netzwerkevolution

Mit Hilfe der Netzbeschreibung, dem Reproduktionsplan (Codebeispiel 5.2.1) und der oben definierten Fitnessfunktion kann man ein Softwaresystem aufbauen, mit dem man für eine gegebene Anwendung mit gegebenen Trainings- und Testdaten das dafür am besten geeignetste Netzwerk findet. Steven Harp und Mitarbeiter [HARP90] konstruierten sich ein solches Werkzeug, das sie NeuroGENESYS nannten. Dabei fand beispielsweise das System für einen ihrer Datensätze, daß sogar ein einlagiges Netz ausreichte - die Daten waren "linear separierbar" (s. Abschnitt 1.2.2), ohne daß die Autoren dies vorher bemerkt hatten.

Ein anderes Problem bei der Netzwerkevolution stellt die genetische Drift dar. Um einer zu starken Vereinheitlichung der Netze des Genpools vorzubeugen, konstruierten W.Schiffmann und K.Mecklenburg [SM90] sich eine besondere Auswahloperation. Dazu teilten sie den ursprünglichen Genpool $G_{alt}=\{\mathbf{g}\}$ und den neuen Genpool G_{neu} in Klassen ein, beispielsweise nach der Zahl der Neuronen pro Schicht, Zahl der Schichten oder Gesamtanzahl der Neuronen. Bei gegebener Klassenzahl m und angestrebter Poolgröße $N:=|G|$ wurden aus den $|G_{neu} \cup G_{alt}|$ Netzwerken genau N Stück ausgesucht, wobei sich folgende drei Fälle unterscheiden lassen:

m = N Wähle jeweils den Besten einer Klasse.
m > N Wähle aus den *m* Klassenbesten nur *N* Stück aus.
m < N Wähle die *m* Klassenbesten und mache zusätzlich davon *N-m* zufällige Kopien.

Als Beispiel sind in der folgenden Abbildung 5.2.4 drei verschiedene Versionen eines Backpropagation-Netzwerks gezeigt.

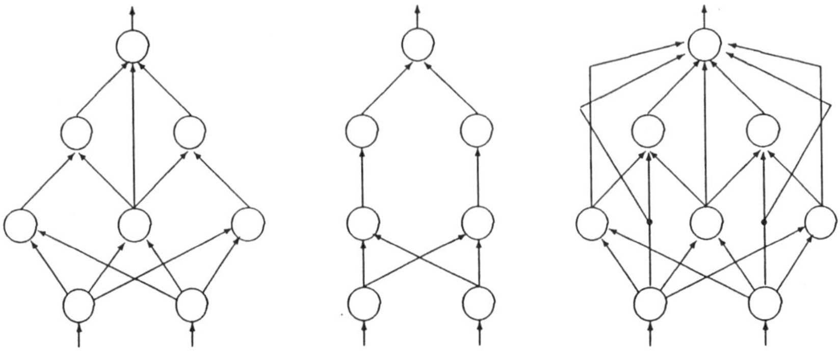

Abb. 5.2.4 Drei Versionen eines Backpropagation-Netzes (aus [SM90])

Phänotyp, Genotyp und das Konvergenzziel

Angenommen, wir gehen von einem zufälligen Anfangstupel des Parametersatzes aus und suchen nur durch Mutation analog einer Gradientensuche neue Tupel (Genotyp), deren Erscheinungsbild (Fitness) eine gestellte Aufgabe optimal lösen, so können wir, wie Dodd [DOD90] fand, eine Überraschung erleben: das gleiche Netzwerk, das vorher sehr gute Ergebnisse brachte, zeigt nach einem erneuten Training mit neuen, zufälligen Anfangsparametern (Gewichten) wesentlich schlechtere Ergebnisse. Im Unterschied dazu findet ein Überkreuzungsoperator ein stabiles Optimum der Netzarchitektur, das unabhängig von den Anfangsgewichten immer gleich gute Testergebnisse erbringt. Die unterschiedliche Wirkungsweise der beiden Operatoren beruht wohl auf den unterschiedlichen Randbedingungen, die beide Operatoren schaffen: der Überkreuzungsoperator begünstigt eine Netzwerkarchitektur, die auch bei vielfältiger Vertauschung der Gewichte optimal bleibt, was zufällig wechselnden Gewichten entspricht, während die Mutation eine vorgegebene Gewichtskombination optimiert. Der Autor interpretiert dieses Ergebnis als Unterschied zwischen der Optimierung des Phänotyps durch die Mutation und des Genotyps durch den Überkreuzungsoperator.

Zusammenfassend läßt sich sagen, daß die genetischen Algorithmen ein interessantes Werkzeug bilden, um optimale Parameter für Systeme zu finden, die eine nicht-stetige Zielfunktion besitzen und deshalb mit den üblichen Gradientenverfahren nur schwer bearbeitet werden können. Dabei sollte man aber durchaus kritisch darauf achten, ob eine adäquate Kodierung vorliegt, die ein Existenz von Lösungselementen (building blocks) garantiert.

6 Simulationssysteme Neuronaler Netze

In den vergangenen Jahren gab es viele Ansätze und Projekte, die Modelle und Algorithmen der neuronalen Netze durch besondere Maschinen und Programmiersprachen einer breiteren Öffentlichkeit nutzbar zu machen.

Der sinnvolle Einsatz einer bestimmten Hardware-Software Kombination hängt dabei von vielen Faktoren ab, die auf den ersten Blick ziemlich verwirrend wirken. In diesem Kapitel wollen wir uns deshalb die Merkmale von Rechnern und Programmen für die Simulation neuronaler Netze genauer ansehen.

6.1 Parallele Simulation

Obwohl die Modellvorstellung eines neuronalen Netzes als Funktionseinheiten bereits viele, parallel arbeitende Einheiten vorsieht, wird im Regelfall der neuronale Algorithmus nicht parallel auf einem speziellen Neuro-Chip ablaufen, sondern meist als Simulation oder Emulation ausgeführt, da weder das Chipdesign unproblematisch durchgeführt werden kann, noch über die grundsätzlichen Mechanismen und Algorithmen und damit über die grundsätzlich geeignete neuronale Architektur Einigkeit besteht. Forschung und Entwicklung gehen rasant voran; es vergeht bisher keine größere Konferenz zu diesen Themen, bei der nicht grundsätzliche, neuartige Ideen präsentiert werden. Aus diesem Grund empfiehlt es sich, sowohl für Grundlagenforschungen als auch für reelle Anwendungen, die in Frage kommenden Algorithmen in einer kontrollierten, mit Hilfsmitteln und Werkzeugen gut ausgestatteten, konventionellen Simulationsumgebung auf einem sequentiellen von-Neumann Computer auszutesten und die optimalen Parameter für das spezifische Problem zu bestimmen.

Funktioniert der Algorithmus erst zufriedenstellend für das Problem, so ist der weitere Schritt, ihn auf parallele Hardware zu übertragen oder in VLSI zu realisieren, nicht mehr ganz so problematisch. Vielfach reicht es für die Real-time Anwendung sogar aus, den Algorithmus in paralleler Version durch ein Netzwerk von konventionellen von-Neumann Prozessoren ausführen zu lassen.

6.1.1 Multiprozessor-Architekturen

Der Hauptunterschied in der Programmierung (und damit auch in der Benutzersicht) zwischen den verschiedenen Architekturen heutiger Multiprozessorsysteme ist die Behandlung von Daten, auf die alle Prozessoren unabhängig voneinander zugreifen müssen (*globale Daten*). Da der gleichzeitige Zugriff von vielen Prozessoren auf solche Daten (und Programme) sehr problematisch ist (s. z.B. [ALM89]), unterscheiden sich die Rechnerarchitekturen hauptsächlich in dem Grundansatz, dieses Dilemma von

Datenzugriff und Datenkonsistenz befriedigend zu lösen.

Die Methoden dafür lassen sich in drei Ansätze aufteilen: den "Tanzsaal" Ansatz, bei dem jeder Prozessor sich ein Speicher-"Partner" wählen kann (vollständige Vernetzung), dem "Vorzimmer"-Ansatz, bei dem der Zugang zu einem Prozessor/ Speicher-Paar über einen gemeinsamen Kommunikationsweg ("Vorzimmer") erfolgt, und dem Netzwerk-Ansatz, bei dem jeder Prozessor nur einen Zugang zu einer lokal definierten, begrenzten Nachbarschaft hat, s. Abbildung 6.1.1.

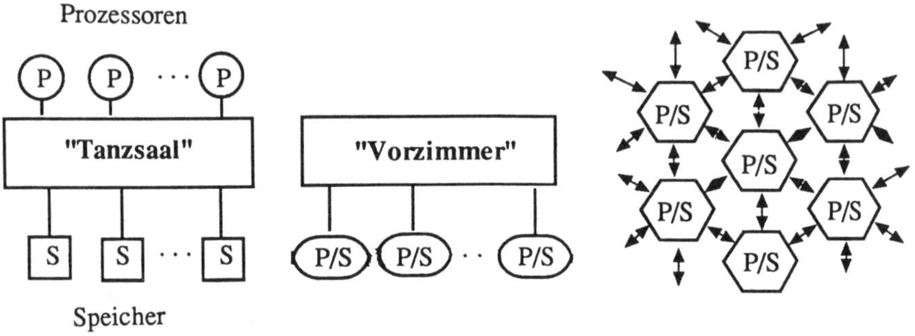

Abb. 6.1.1 "Tanzsaal"- ,"Vorzimmer"- und Netzwerk- Architekturen

Am einfachsten läßt sich die Datenkonsistenz globaler Daten dadurch erreichen, daß man alle Komponenten miteinander direkt verbindet (volle Vernetzung der "Tanzsaal"-Architektur). Dies bedeutet aber einen großen Hardwareaufwand (Bei *N* Prozessoren und *N* Speichern $O(N^2)$ Verbindungen!) und ist nur schwer erweiterbar.

Das andere Extrem besteht darin, Prozessor-Speicher-Paare mit einem sehr niedrigen Vernetzungsgrad ("Vorzimmer"-Architektur) in einer Kette, in einem Ring oder in sternförmiger Art miteinander zu verbinden. In diesen Strukturen werden durch den indirekten Datenaustausch die Konsistenz der globalen Daten durch Nachrichtenaustausch erreicht, was einen relativ großen Software- und Zeitaufwand bedeutet.

Die "Netzwerk"-Architektur mit lokaler Kommunikation erlaubt sowohl nachrichten-orientierte Kopplungen im MIMD-Betrieb (*Multiple Instruction- Multiple Data Stream*) als auch einen synchronen, durch einen externen *Host*-Hauptprozessor gesteuerten SIMD-Betrieb (*Single Instruction- Multiple Data Stream*) beispielsweise durch ein Prozessorfeld (*systolische Felder*).

Die tatsächlich genutzten Multiprozessorsysteme verwenden meist Verbindungsarten, die in dem Aufwand zwischen der vollen Vernetzung und der Linienkette liegen. Betrachten wir im Folgenden eine Auswahl der gebräuchlichsten Netztopologien.

Singleprozessor-Architekturen

Die einfachste Hardware für Neurosimulatoren bildet der konventionelle Rechner mit einem Prozessor. Es existiert ein Spannungsfeld zwischen den Tatsachen, daß einerseits eine Applikation auf einem Multiprozessorsystem schneller "laufen" könnte, und andererseits der finanzielle und zeitliche Aufwand enorm ist, es für die Parallelverarbeitung komplett umzuschreiben. Es ist deshalb vielfach einfacher und billiger, für eine Leistungssteigerung bei unverändertem Programm einen schnelleren Prozessor vorzusehen. Dieses Spannungsfeld zwischen Mono- und Multiprozessoranwendung wird etwas durch die Anwendung von *Koprozessoren* gemildert, die spezielle Programmteile, z.B. Fließkommaoperationen (*Floating-Point Coprocessor*) Matrixoperationen (*Vector-Coprocessor*) oder graphische Operationen (*Graphic boards*) bearbeiten. Die Umschaltung zu diesen Koprozessoren geschieht meist über spezielle Instruktionen (*Ausnahmebehandlung* von unbekannten Anweisungen) oder besondere Softwarebibliotheken.

Multiprozessor-Bus Architekturen

Läßt man mehrere Koprozessoren (Boards) an einem (Multi-Master) Systembus arbeiten, so erhält man ein System nach der "Vorzimmer"-Architektur. Hier gibt es einen Host-Prozessor, der alle Koprozessoren mit Arbeit versorgt (*Farming-Modell*, s. Abschnitt 6.1.2). In der folgenden Abbildung ist der Vorschlag für solch ein System abgebildet; eine Implementierung davon ist beispielsweise das Mark III-System [TRE89].

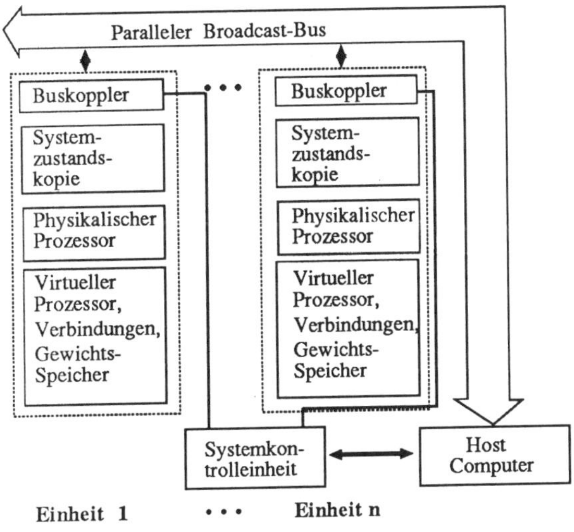

Abb. 6.1.2 Ein Multi-Prozessor Neurocomputer (nach [HN86])

Das leistungsbegrenzende Architekturmerkmal ist in diesem Fall der einzelne Broadcast-Bus, der eine Kommunikation der Koprozessoren untereinander empfindlich einschränkt.

Feldrechner und Hypercubes

Als ein interessantes Beispiel einer SIMD-Netzwerk-Rechnerarchitektur, die sehr viele Prozessoren sowohl in einer Gitterstruktur ("Aneinanderfügen" der Prozessoren-Chips zu einer großen Prozessor-Ebene durch direkte Datenleitungen an den vier Kanten, angedeutet durch die vier Pfeile in Abb. 6.1.3 links) als auch in einem nachrichtenorientierten Verbindungsnetzwerks eines Hypercubes (Abb. 6.1.3 rechts für 8 Prozessor-Chips gezeigt) einsetzt, zeigt sich die Connection Machine CM-1 [HILL85]. Sie wurde ursprünglich dazu entwickelt, konnektionistische, symbolorientierte Modelle und Programme effizient auszuführen. Bald jedoch zeigten sich als Hauptanwendungen der Einsatz in physikalischen Problemen (Finite Elemente, *ray tracing* etc), was zu einem Redesign der Maschine führte. Bei dem Nachfolgemodell CM-2 wurde nicht nur das I/O-System verbessert, sondern auch Fließkomma-Coprozessoren eingebaut, was zu einer theoretischen Höchstleistung von 2,5 GFLOPS führte.

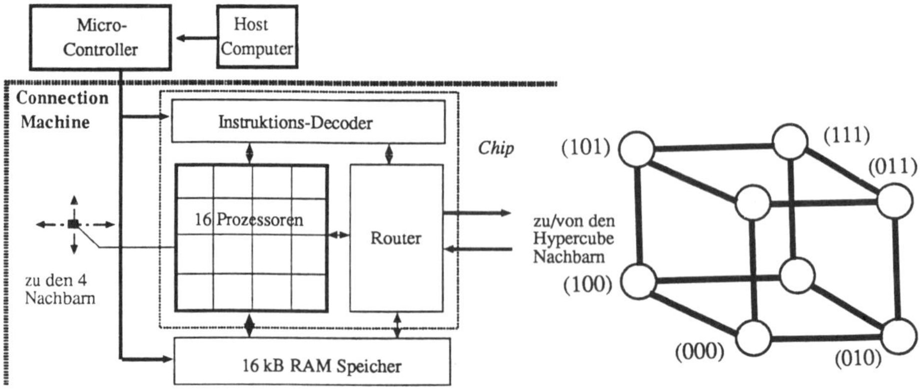

Abb. 6.1.3 Die connection machine und das Hypercube-Netzwerk

Die Programmierung der parallelen 1-Bit-Operationen wird durch die Existenz von Lisp, C und FORTRAN Compilern erleichtert. Die Menge der 1-Bit-Daten wird zu Vektoren ("xector") zusammengefaßt und es werden elementare Datenoperationen darauf ermöglicht, die durch die Compiler unterstützt werden. Beispielsweise läßt sich die Addition von Vektoren leicht komponentenweise lokal durch die den einzelnen Komponenten zugeordneten Prozessoren durchführen; die Summation (Betragsbildung der Vektoren) durch Addieren und Verschieben (routing) der resultierenden Daten zwischen den Prozessoren. Die zur Durchführung der Summation nötige

Kommunikation zwischen den Daten wird damit auf die Kommunikation zwischen den Bits der Daten, also auf die Kommunikation zwischen den Prozessoren abgebildet. Dabei spielt es aber durchaus eine Rolle, ob die Kommunikation nur zwischen den Prozessoren im Gitternetzwerk oder mit erheblich höherem Aufwand zwischen zwei Prozessoren verschiedener Chips über das Hypercubenetzwerk stattfindet. Deshalb machen die meisten schnellen Algorithmen keinen Gebrauch von dem Hypercube-Netzwerk, sondern benutzen vorzugsweise die diskrete Nachbarschaft des Gitterrasters.

Neuronale Chips

Seit Beginn der Untersuchungen neuronaler Netze gibt es Versuche, die Funktion der Algorithmen direkt durch eine dedizierte Maschine ausführen zu lassen (s. z.B. Adaline, Abschnitt 2.1.2). Durch die gut entwickelte VLSI-Technologie gibt es in neuerer Zeit viele Versuche, neuronale Netze (Assoziativspeicher, Hopfieldnetze, Bolzmannmaschinen, Bildverarbeitungsnetze etc) in Hardware zu implementieren. Allerdings müssen dabei verschiedene Schwierigkeiten überwunden werden. Die beiden Hauptprobleme sind

◊ *Implementierung der Gewichte*
Zwar können feste Gewichte leicht als PROMS fest implementiert werden, aber variable, für die Lernalgorithmen benötigten Gewichte bereiten etliche Schwierigkeiten [GOS87].

◊ *Implementierung der Verbindungen*
Leitungen und Gewichte haben einen erheblichen Flächenbedarf auf Chips. Werden sehr viele Verbindungen benötigt, beispielsweise bei der vollständigen Vernetzung im Hopfield-Modell, so steigt der Flächenbedarf überproportional an. Hier benötigt ein neuronaler Chip der Firma AT&T, der 54 vollständig vernetzte Neuronen (Verstärker) beinhaltet, bereits 90% der Chipfläche nur für die Verbindungen [GRA88].

Im Gegensatz dazu besteht eine der interessantesten Proportionen der eigentlichen, neuronalen Prozessoren darin, daß sie oft direkt in einfacher, analoger VLSI-Technik realisiert werden können anstelle aufwendiger Digitaltechnik [CARD89], [VITT89a]. Dabei kann man die physikalischen Effekte der Analogtechnik ausnutzen, um nicht nur die Funktionen der formalen Neuronen zu approximieren, sondern sogar die Funktionen ganzer Schichten von Neuronen. Ein Beispiel dafür ist die Entmischung einer linearen Überlagerung unbekannter Signalquellen mit Hilfe eines Netzwerks [VITT89b].

Diskussion: Die Auswahl der Hardwarekonfiguration

Welche der bisher vorgestellten Architekturen ist nun am besten geeignet für neuronale Algorithmen ?

Für die Anwendung unterscheiden sich die Algorithmen hauptsächlich durch ihre unterschiedliche Benutzerfreundlichkeit und Flexibilität. Konventionelle Single-Prozessor Systemeerlauben meist nur mäßige Leistungen, aber eine einfachere Bedienung gegenüber den Multiprozessor-Systemen, die zwar schneller sind, aber nur unter Schwierigkeiten programmiert werden können. Bei den NeuroChips haben wir schließlich im Extremfall eine sehr hohe Leistung bei einem bestimmten Algorithmus, also bei geringer Flexibilität.

Die Wahl einer geeigneten Rechnerarchitektur hängt damit stark von der gegebenen Problemsituation ab. Im Wesentlichen lassen sich zwei Extremsituationen unterscheiden, zwischen denen der normale Benutzer seine Situation ansiedeln wird:

- Die Aufgabe lautet, zu einem gegebenen Problem einen gut funktionierenden, neuronalen Algorithmus als Lösung zu finden.

  Hier muß man den Erfolg verschiedener Algorithmen vergleichen und verschiedene Veränderungen am Algorithmus und seinen Parametern erproben. Dazu ist meist ein Universalrechner besser geeignet, da die Ausstattung mit Grafikbildschirmen, Haupt- und Massenspeichern, Druckern etc. durchweg besser und der Softwareanschluß unproblematisch ist.

- Der Algorithmus und seine Parameter stehen fest; gesucht wird die schnellste Ausführungsmöglichkeit.

  Hier muß ein Kompromiß zwischen Ausführungszeit und Hardwarekosten ausgearbeitet werden. Die preiswerteste Lösung ist sicher ein schneller Prozessor (z.B. Signalprozessoren, RISC-Chips) oder die einfache Kopplung weniger Prozessoren (z.B. Transputerring, s. Abb. 6.1.4). Erst bei größeren Anforderungen an das zeitliche Verhalten lohnen sich Architekturen wie die Connection-machine oder speziell gefertigte Neuro-Chips.

Im allgemeinen Fall wird man die bewährte Strategie der üblichen Entwicklungssysteme übernehmen: Auf einem normalen Rechner (*Host*) wird das Programm geschrieben, getestet und compiliert und dann als binäre Daten über eine Leitung auf den Spezialrechner übertragen (*download*). Kommunikationsmechanismen und Programm-Monitore sorgen dort für eine Überwachung und evtl. Debugging. Dabei kann der Spezialrechner durchaus physisch im Hostcomputer integriert sein (z.B. als Coprozessor-Board).

6.1.2 Partitionierung der Algorithmen

Welche Probleme stellen sich bei der Programmierung der neuronalen Algorithmen auf den Multiprozessoranlagen ?

Betrachtet man die in den bisherigen Kapiteln vorgestellten Algorithmen, so bemerkt man, daß viele Algorithmen von neuronalen Netzen eine Mischung aus sequentiellen und parallelen Konstrukten darstellen. Dabei läßt sich bezüglich ihrer Wechselwirkungen (Kopplungen) mit Hey [HEY87] folgende Einteilung vornehmen:

Wechselwirkungsfreie Parallelarbeit

Betrachten wir zunächst die Algorithmen, bei denen die Daten in Bereiche (packets) aufgeteilt unabhängig voneinander bearbeitet werden können. Diese Aufgabe kann leicht von einem Hauptprozessor (*master* oder *farmer*) erledigt werden, der mehr Aufgabenpakete schnürt, als Prozessoren verfügbar sind. Immer dann, wenn der beauftragte Prozessor (*worker*) sein Ergebnis abliefert, bekommt er eine neue Aufgabe.

Beispiele für dieses *farming* sind die Funktion einer Perzeptron-Schicht oder die Algorithmen zur Berechnung von Lichtspiegelungen -und brechungen in einer gegebenen Szene (*ray tracing*).

Sind weniger Aufgabenpakete als Prozessoren da, so läßt sich der Durchsatz dadurch erhöhen, daß die Ergebnisse als neue Pakete für die nachfolgende Bearbeitung den freien Prozessoren übergeben werden (*pipe-line*).

Nachbarschaftsabhängige Parallelarbeit

Bei vielen Algorithmen hängt die Lösung des Problems nicht nur von den eingegebenen Datenpunkten ab, sondern auch von den Lösungen, die für die unmittelbaren Nachbarpunkte gefunden werden. Bei diesem Problem läßt sich eine gute Prozessorauslastung dadurch erreichen, daß jeweils eine zusammenhängende Datenregion einem einzelnen Prozessor übergeben wird. Die aus der Nachbarschaft benötigten Daten am Rande der Regionen müssen über die Interprozessorkommunikation ausgetauscht werden.

Beispiele dafür sind die parallelen Algorithmen der topologie-erhaltenden Abbildungen aus Abschnitt 2.6 oder die numerische Integration partieller Differenzialgleichungen.

Vollvernetzte Parallelarbeit

Werden im Algorithmus die Wechselwirkungen großer Teile des Systems berechnet, wie dies beispielsweise für den autoassoziativen Speicher, die Hopfield-Netze oder das N-Körper Problem der Astrophysik bzw. das Wechselwirkungsproblem bei der Molekülmodellierung durch Atome nötig ist, so lassen sich erfahrungsgemäß gute Resultate erzielen, wenn die Neuronen, Körper oder Atome gleichmäßig den Prozessoren zugeteilt werden und die Prozessoren innerhalb einer Ringschaltung die Eingangsgrößen und Ausgangsgrößen zirkulieren lassen [HILL87].

Zur Veranschaulichung sei in Abbildung 6.1.4 die Hardwarestruktur eines Transputerrings zur Modellierung eines biologischen Photosynthesemoleküls wiedergegeben. Von den vier seriellen Verbindungen jedes Transputers sind je zwei als Eingänge und zwei als Ausgänge geschaltet. Durch die entsprechende Verbindung mit den Nachbartransputern entstehen zwei gegenläufig zirkulierende Pipelines; eine für die Eingabegrößen (Koordinaten der Atome) und eine für die Ausgabegrößen (resultierende Kräfte).

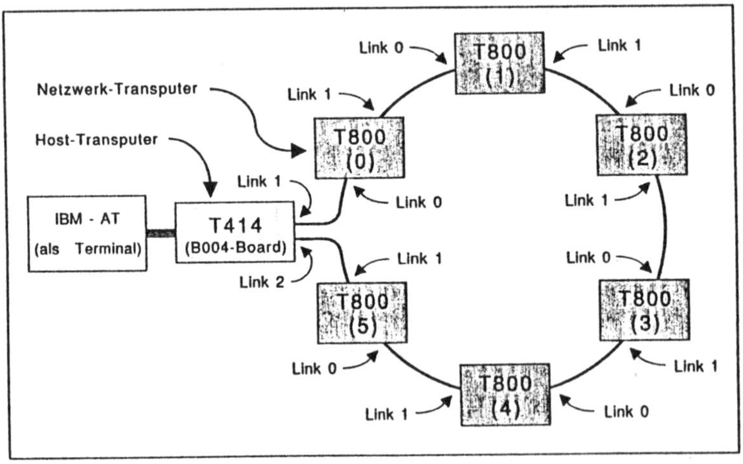

Abb. 6.1.4 Hardwarestruktur für eine Molekülmodellierung (nach [GRUB88])

Andere Ansätze sehen kompliziertere, hierarchische Kommunikationsmuster vor [HILL87]. Die Softwarestruktur geht von einem Auftraggeber (T414) aus, der auch die Ergebnisse wieder einsammelt und bei Fehlern aktiv wird und den einzelnen Transputerknoten, die sowohl ihre eigenen Ergebnisse verschicken als auch die der Nachbarn weiterreichen.

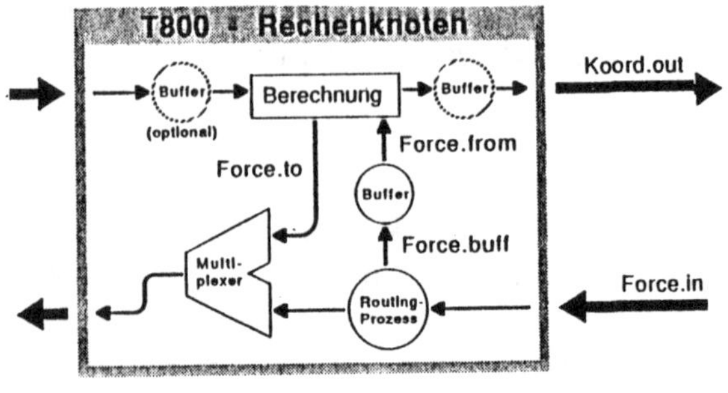

Abb. 6.1.5 Softwarestruktur eines Transputer-Knoten (nach [GRUB88])

Parallelisierung der Simulation
Bei diesen grundsätzlichen Überlegungen wird allerdings nichts darüber ausgesagt, wie ein konkreter Algorithmus mit seinem neuronalen Netz tatsächlich partitioniert werden soll. Betrachten wir beispielsweise den viel verwendeten Back-Propagation Algorithmus (s. Abschnitt 2.3). Er besteht aus mehreren Schichten eines Feed-forward Netzes, bei der jede Schicht mit der nachfolgenden vollvernetzt ist. Im Unterschied zum Multi-Layer Perzeptron (s. Abschnitt 2.1.1) ist der Lernalgorithmus jeder Schicht durch den jeweils erzielten Fehler (Differenz zwischen gewünschtem und tatsächlichem Ergebnis) in einer stochastischen Approximation gegeben.

Es gibt nun verschiedene Möglichkeiten, diesen Algorithmus auf Multiprozessorsysteme zu verteilen. Ohne auf Details einzugehen sind in Abbildung 6.1.6 zwei von drei prinzipiellen Möglichkeiten schematisch gezeichnet, um ein dreischichtiges Netzwerk zu parallelisieren.

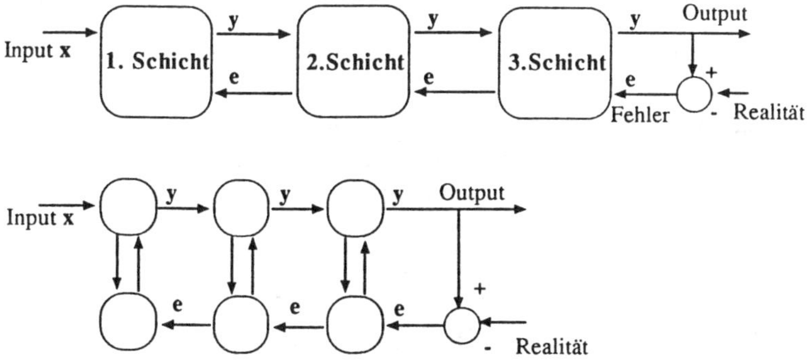

Abb. 6.1.6 Aufteilungen des Back-Propagation Algorithmus

Die *erste* Aufteilung ordnet jede Schicht einem Prozessor zu, der in einer bidirektionalen Pipeline mit den anderen Prozessoren verbunden ist. Jedes Trainingsmuster, das eingegeben wird, löst eine Aktivität aus, die bis zur Ausgabe geht und als Fehler durch die Schichten bis zur Eingabe zurückgeführt wird. Erst nach Eingabe aller Trainingsmuster werden die Gewichte verändert.

In der *zweiten* Aufteilung werden die bidirektionalen Aktivitäten getrennt und auf extra Prozessoren verteilt, so daß eine Prozessorstruktur ähnlich einem Hypercube entsteht.

Die *dritte* Aufteilung partitioniert die Trainingsmuster auf die Prozessoren und führt die Iterationen aller Schichten für diese Teilmenge auf jeweils dem selben Prozessor durch (farming).

In ihrer Arbeit [CECI88] zeigten L.Ceci, P.Lynn und P.Gardner, daß jede Aufteilung für eine bestimmte Hardwarekonfiguration geeignet ist; dieses Schema ist in Abbildung

6.1.7 gezeigt. Als Kommunikationskosten wurden die in einem INTEL Hypercube angenommen.

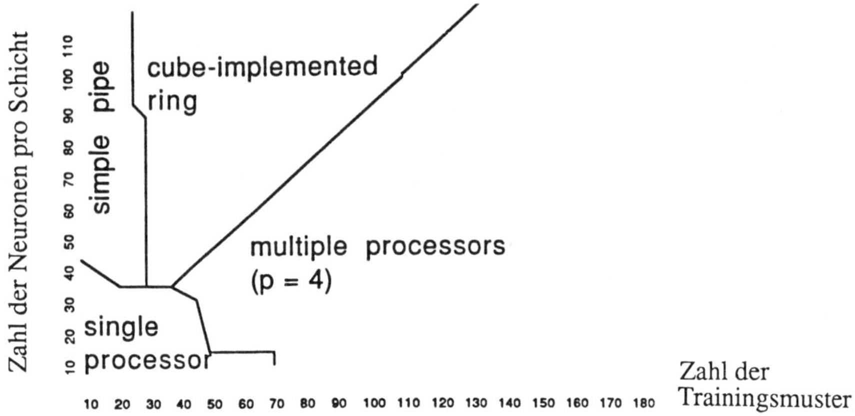

Abb. 6.1.7 Optimale Aufteilung des Algorithmus (nach [CECI88])

Die Betrachtungen zeigen, daß ein universell-optimales Verteilungsschema nicht einmal für einen einzigen Algorithmus eindeutig existieren muß, so daß man noch viel weniger *eine* Hardware/Software Kombination bestehender Systeme als optimal für *alle* Anwendungen ansehen darf. Für jede Anwendung, jeden Algorithmus und jedes Multiprozessor-System muß deshalb individuell eine günstige Aufteilung gefunden werden. Dabei ist es sicher einfacher, für (fast) wechselwirkungsfreie Parallelarbeit (z.B. genetische Algorithmen, s. [BET76],[SPI90]) eine optimale Aufteilung des Algorithmus zu finden, als für vollvernetzte Parallelarbeit, da der größte Arbeitsaufwand neuronaler Algorithmen - wie Untersuchungen an der Connection Machine zeigen [DEP89] - in der Kommunikation der Prozessoren untereinander besteht.

6.2 Sprachsysteme und Simulationsumgebungen

Für die Simulation neuronaler Netze gibt es eine Vielzahl von Simulationsumgebungen, die sich durch verschiedene Merkmale unterscheiden. Fast jeder, der sich ernsthaft mit neuronalen Netzen und deren Simulation beschäftigt und über Computerkenntnisse verfügt, schreibt sich seine eigenen Simulationsprogramme und neuronale Simulatoren. Ohne den Sinn oder Unsinn solcher Entwicklungen zu diskutieren, wollen wir uns fragen: Was macht denn eine gute Simulationsumgebung nun aus ? Für die Beantwortung dieser Frage betrachten wir zunächst den Gegenstand, der modelliert werden soll, etwas näher.

6.2.1 Die Anforderungen

Als Beispiel für die Modellierung und Simulation neuronaler Strukturen ist das folgende Schema des visuellen Kortex einer Katze abgebildet. Wie würde sich diese vorgeschlagene Architektur zur Prüfung ihrer Eigenschaften am besten simulieren lassen?

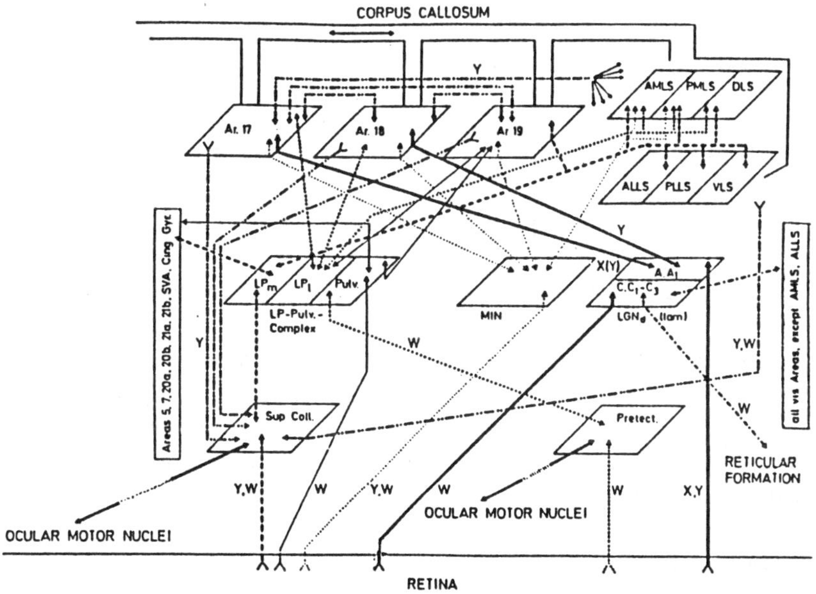

Abb. 6.2.1 Schema des visuellen Katzen-Cortex (aus [SEG82])

Es ist meist sehr zeitaufwendig und mühsam, ein Konzept einer neuronalen Architektur direkt zur Erprobung in VLSI-Technik zu realisieren oder als Multiprozessorprogramm bis ins Detail auszuprogrammieren. Spielen die Ausführungszeiten gegenüber den qualitativen Merkmalen des gewünschten Algorithmus eine untergeordnete Rolle, so läßt sich eine neuronale Architektur am schnellsten zunächst als Simulation auf einem herkömmlichen von-Neumann Computer realisieren.

6.2.2 Komponenten der Simulation

Alle Simulationsprogramme für neuronale Netze müssen ähnliche Funktionen erfüllen, da die zugrunde liegenden Algorithmen meist den Standard-Algorithmen entsprechen, die in den Kapiteln 2-5 vorgestellt wurden. Alle Simulationen müssen dazu Trainings- und Testmuster entwerfen, diese dem Algorithmus zur Verfügung stellen und die Ergebnisse anzeigen. In Abbildung 6.2.2 ist eine solche typische Architektur gezeigt.

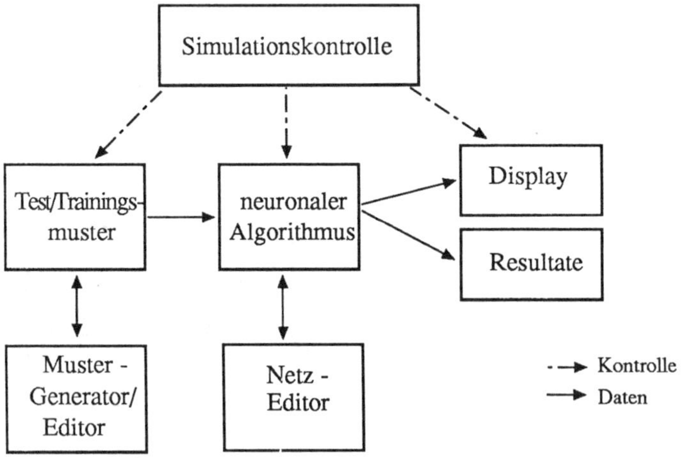

Abb. 6.2.2 Daten- und Kontrollfluß einer typischen Simulation

Alle Komponenten bestehen selbst wiederum aus einzelnen Modulen. Will man nun die einmal geschriebenen Module in den verschiedenen Simulationen wiederverwenden (*reusable software*), so bringt man sie günstigerweise in einer besonderen Modulsammlung (*module library*) unter. Untersuchen wir nun die Funktion der einzelnen Komponenten etwas näher.

Die Simulationskontrolle

Schreibt man ein Simulationsprogramm für einen Algorithmus, nachdem man bereits ein Simulationsprogramm für einen anderen Algorithmus geschrieben hat, so bemerkt man sehr schnell, daß bestimmte Funktionen sich wiederholen und deshalb von dem ersten Programm übernommen werden können. Dies sind insbesondere die Kontrollfunktionen wie *Simulation anhalten, Parameter verändern, Gewichte initialisieren, speichern, verändern, Simulation weiterführen etc.* Diese Funktionen lassen sich deshalb leicht herausziehen und in der *Simulationskontrolle* vereinen. Beispielsweise besteht das NeuralShell [AHA90] System aus einer Ablaufkontrolle, von der aus die verschiedenen Algorithmen (HopfieldNetz, Backpropagation, etc.) als Befehle (Programme) aufgerufen werden können.

Der Trainings/Testmuster-Generator

Bekannterweise besteht die Programmierung einer neuronalen Funktion nicht nur aus der Programmierung des neuronalen Algorithmus (neuronalen Netzarchitektur), sondern auch aus dem Training des Algorithmus mit Trainingsdaten und anschließendem Test des trainierten Systems mit (möglichst unabhängigen) Testmustern. Da zum einen reale Daten (z.B.Videodaten, Sprachmuster, Sensorwerte) nicht immer verfügbar sind und zum anderen auch Systeme für die Verarbeitung von Real-Welt Daten erst getestet und "justiert" (Parametereinstellung) werden müssen, werden oft "künstliche", unter kontrollierten Bedingungen generierte Daten benötigt. Dies sind beispielsweise aus Einzelpixeln zusammengesetze Buchstaben (s. Abb. 3.1.5), mit der Hand korrigierte Sprachdaten oder allgemeine Mustervektoren, die bestimmten Bedingungen (Orthogonalität etc., s. z.B. Abb. 3.1.3) gehorchen müssen. Auch Zufallsmuster (s. z.B. Abb. 1.2.4.) gehören in diese Kategorie.

Diese Muster werden mit einem speziellen Programm, dem *Muster-Generator* erzeugt, das meist graphisch-interaktiv funktioniert und über Einzelfunktionen verfügt, die auf die Art der zu generierenden Daten zurechtgeschnitten sind. Im *on-line* Betrieb werden die Muster direkt erzeugt (z.B. multidimensionale Zufallszahlen) und dem neuronalen Algorithmus eingegeben; im *off-line* Betrieb werden die erzeugten Muster (z.B. Buchstabenpixel) zunächst auf einem Massenspeicher für den späteren Bedarf abgespeichert.

Display

Da es für Menschen sehr schwierig ist, Zahlentupel direkt zu beurteilen, gewinnt die Darstellung der Ausgabemuster z.B. als Klassenentscheidung, Prototypen, korrigierte Eingabemuster und ähnliches eine große Bedeutung. Viele Algorithmen sind erst durch ihre gute Visualisierung bekannt geworden (vgl. z.B. [KOH84]). Meist ist die visuelle Darstellung *(Display)* der Ausgabemuster eine inverse Funktion der Musterkodierung: Hier werden beispielsweise aus eindimensionalen Zahlentupeln wieder zweidimensionale Pixelbilder gemacht.

Resultate

Eng an die visuelle Darstellung der Muster ist auch die Speicherung und Darstellung der Resultate angelehnt. Üblicherweise wird man hier die Genauigkeit der Funktions-Approximation ("Lernkurven") durch das neuronale Netz (z.B. mit dem mittleren Fehlerquadrat), den Verlauf von Parameterwerten mit der Zeit, die Darstellung der Gewichte (z.B. durch Hinton-Diagramme, s. Abb. 2.3.6), die Histogramme über Musterklassen und dergleichen mehr verdeutlichen. Ebenso wie dem Display kommt dieser Visualisierung eine nicht zu unterschätzende Bedeutung bei der Simulation zu.

Der Netzwerk-Editor

Die Wiederverwendung des neuronalen Algorithmus wird entscheidend gefördert, wenn das Programm nicht nur aus einem monolithischen Block, sondern aus kleineren Einheiten besteht. Vielfach werden die neuronalen, semantischen Einheiten (Neuronen, Schichten, Cluster, Verbindungen) auf syntaktische Einheiten einer *Netzbeschreibungssprache* abgebildet. Damit werden die Einheiten zu *virtuellen Maschinen*, die portabel sind und leicht auf unterschiedlichen Multiprozessorsystemen implementiert werden können. Für jede unterschiedliche Hardware (Prozessornetz, Neuro-Chip etc.) muß dann nur noch ein Treiber erstellt werden, der das Zwischenformat (*intermediate code*) der Beschreibung des neuronalen Netzes interpretiert bzw. ausführt. Aufgabe des *Netzwerk-Editors* ist es, die Erstellung einer solchen Netzwerkbeschreibung zu unterstützen.

6.2.3 Die Netzwerkbeschreibung

Für die Netzbeschreibungssprache gibt es hauptsächlich zwei Ansätze: die Beschreibung durch *Programmiersprachen* und die *graphische Programmierung.* Betrachten wir zunächst den konventionellen Ansatz, die Funktionseinheiten der neuronalen Netze mittels spezieller Datentypen in bereits bestehende Sprachen einzubinden. Hier gibt es verschiedene Sprachsysteme wie das prozedurale, C-orientierte Pygmalion [AZE90] oder das MetaNet-System [MUR90], das Lisp-orientierte Spread-3 [DIE87], das deklarative Nesila [KOR89], funktionale Programmierung [KOO90] oder den bekannten RCS Simulator [GOD87], die spezielle Sprachkonstrukte zur Beschreibung der Einheiten und ihrer Verbindungen untereinander bereitstellen. Für jede Spracherweiterung gibt es einen Compiler oder Präprozessor, der die Spracherweiterungen in Programmkonstrukte der ursprünglichen Sprache übersetzt, so daß der resultierende Quellcode auf jedem Prozessortyp verwendet werden kann, sofern dort ein Compiler oder Interpreter für diese Sprache existiert. Der Netzwerk-Editor besteht in diesem Fall aus einem reinen Texteditor, der eine manuelle Modifikation der textuellen Netzwerkbeschreibung gestattet. In Abbildung 6.2.3 ist als Beispiel die Beschreibungshierarchie in Pygmalion zu sehen.

Diese Art der Netzwerkspezifikation ist allerdings sehr mühsam und außerdem (gerade bei größeren Netzen) sehr fehleranfällig. Der Ansatz läßt sich mit dem Assembler-Konzept der Maschinenprogrammierung vergleichen: jedes Detail der neuronalen Maschine muß genau beachtet und ausprogrammiert werden, was bei größe-

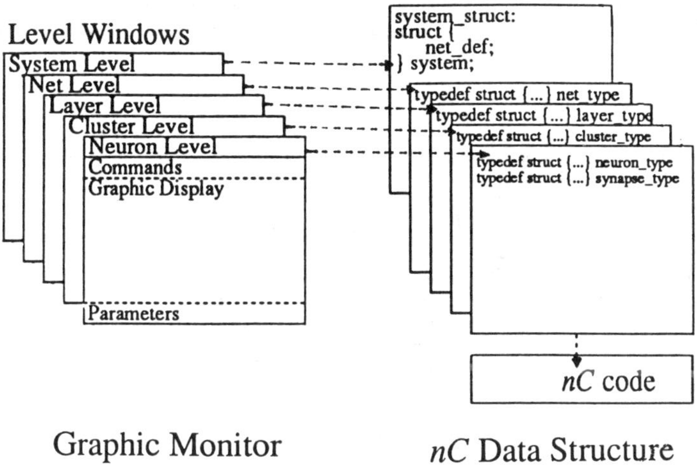

Abb. 6.2.3 Fenstersichten und Datentypen in Pygmalion (nach [TRE90])

ren Programmen (s. obige Abbildung 6.2.1!) selbst bei Anwendung von Modultechnik leicht zu Inkonsistenzen und Fehlern führt.

Demgegenüber ist bei einer *graphischen Programmierung* sofort zu sehen, wie die vorgegebenen Einheiten verbunden sind. Die grundsätzlichen Befehle des graphischen Editors wie *move, copy, insert, delete, help,* ... sollten orthogonal [SMI82] sein und sollten Operationen auf einer beliebigen Teilmenge der Netze bzw. Subnetze erlauben. Damit läßt sich nur durch Anwendung der Kopier- und Verbindungsoperationen aus einer Kollektion vordefinierter Standardeinheiten (Standardalgorithmen) leicht ein spezielles Netzwerk konstruieren. Dies ist eine graphische, interaktive Konfiguration bestehender Module im Sinne einer graphischen Programmierung und ermöglicht so eine Simulation eines Netzes auf verschiedenen Betrachtungsebenen. In der folgenden Abbildung 6.2.4 ist als Beispiel die graphische Spezifikation des Datenflusses von einer Videokamera, künstlich überlagert durch Störrauschen, über ein Bildverarbeitungssystem ("decode blocksworld") zu Anzeige- und Protokolleinheiten gezeigt.

Bei der graphischen Programmierung läßt sich beispielsweise das Netzwerk aus Abbildung 6.2.1, das aus Schichten, Arealen, Funktionsgruppen und Neuronen besteht, sowohl auf verschiedenen Ebenen als hierarchisches Subnetz realisieren, bei dem die virtuellen Einheiten mit den Arealen, Funktionsgruppen und Neuronen identisch sind, als auch im Ganzen als eine virtuelle Einheit, bei dem alle Netzverbindungen zwischen Einzelneuronen per Hand am Bildschirm programmiert sind. Welcher Grad zwischen den beiden Unterteilungs-Extremen gewählt wird, hängt von verschiedenen, benutzertypischen Faktoren ab. Anfangs wird man nur solche Funktionseinheiten als virtuelle Einheiten wählen, die in ihrer Funktion gut bekannt sind und das unbekannte Zusammenspiel der bekannten Einheiten über Monitor- und Protokolliermöglichkeiten

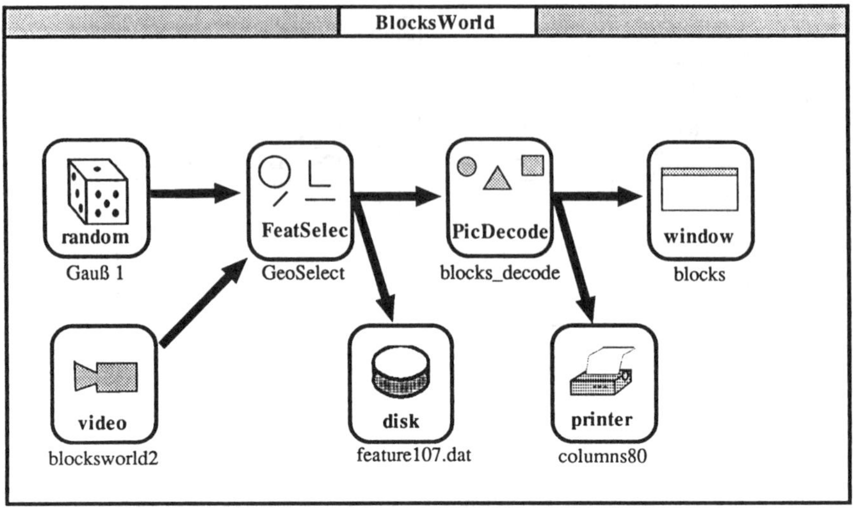

Abb. 6.2.3 Graphische Spezifikation einer Bildverarbeitung

beobachten. Speziell bei neuronalen Netzen werden zum *Debugging* besondere Einheiten benötigt, die den von einer Einheit ausgegebenen Code wieder invertieren, also 'lesbar' machen [KIN89].

Eine dritte Möglichkeit der Programmierung besteht darin, beide Ansätze miteinander zu verbinden und die textuelle Beschreibung des Netzes nur als "low level" Zwischensprache zu sehen, von der bei Bedarf zu einer graphischen, interaktiv editierbaren Repräsentation übergewechselt werden kann (und zurück), wie es beispielsweise in MetaNet [MUR90] vorgesehen ist.

Ein anderer Aspekt ist die Unterstützung der *Verteilung* der virtuellen Einheiten (Neuronen, Schichten, Trainingsmuster), wie sie im vorigen Abschnitt 6.1.2 diskutiert wurde, auf vorhandene Hardware. Existieren im System spezielle neuronale Chips, beispielsweise als Coprozessoren, oder Netzzugänge zu Multiprozessorsystemen, so formuliert man günstigerweise die Netzhierarchie derart, daß die Abbildung der virtuellen Einheiten auf diese Hardware durch eine passende Einbindung bestimmter, vordefinierter Einheiten (Treibersoftware zum Ansprechen der Hardware) unterstützt wird. Entsprechend modifizierte Simulatoren können dann die Verteilung der Einheiten auf die Multiprozessorkonfiguration vornehmen.

Die kommerziell erhältlichen, graphikorientierten, neuronalen Simulatoren wie MacBrain™, Cognitron™, ExploreNet 3000™, Plexi usw. genügen leider meist nicht allen angesprochenen Kriterien. Da es häufig nur fertige, binäre Versionen angeboten werden, genügen sie durchweg nur am Anfang den vom Käufer gestellten Erwartungen. Sobald man neue Architekturen, neue Displayarten oder neue Hardware integrieren will, stößt man auf das Problem mangelnder Flexibilität. Außerdem beinhalten sie aber neben der Schwierigkeit, die gewünschte Architektur auch mit den fest eingebauten, vorhandenen Grundfunktionen realisieren zu können (obwohl sie teilweise auch hierarchisch gegliederte, neuronale Netzwerke zulassen), auch das Problem der mangelnden Effizienz (Simulationsgeschwindigkeit) bei großen neuronalen Netzen.

Möchte man die Vorteile modularer, graphischer Programmierung mit ihren Nachteilen abwägen, so fallen folgende Punkte positiv auf:

- ♣ Die Netzspezifikation und Programmierung ist interaktiv graphisch möglich
- ♣ Die Wiederverwendung (*reusability*) der Software wird gefördert
- ♣ Die Einbindung von benutzerspezifischer, paralleler Hardware ist relativ einfach

Demgegenüber ist Folgendes zu bedenken:

- Δ Es ist *keine* feinabgestufte, zeit- oder ereignisgesteuerte Simulation wie beispielsweise mit SIMULA möglich, da der gesamte Ablauf eines Moduls als ein Zeitschritt betrachtet wird und externe Ereignisse sich nur in dem Programmteil auswirken können, das gerade die Prozessorkontrolle hat.

- Δ Die Verteilung der Prozesse in Multiprozessorsystemen wird, durch die graphische Netzspezifikationen vorgegeben, vom Simulationssystem durchgeführt. Die günstigste Aufteilung des Algorithmus muß vom Benutzer selbst vorgenommen werden und wird nicht automatisch generiert.

  Dies ist bei kleineren Systemen sicher der effektivste Ansatz, um einen gegebenen Algorithmus auf spezielle Hardware (Multi-Transputersysteme etc) zu verteilen; bei größeren Systemen ist dies aber voraussichtlich zu fehleranfällig und zu arbeitsintensiv. Hier ist die fein "granulierte" Einteilung durch entsprechende Compiler für Netzbeschreibungen in OCCAM oder paralleles C von Vorteil gegenüber der grafischen Methode.

Zusammenfassend kann gesagt werden, daß neuronale Simulatoren die heutige Problematik der Programmierung paralleler Hardware gut widerspiegeln. Hier zeigen sich alle Probleme, ursprünglich parallele Algorithmen effektiv und zugleich benutzerfreundlich sowohl zu beschreiben als auch auszuführen.

Eine besondere Bedeutung zur Lösung dieser Problematik kommt dabei den Ansätzen der visuellen Programmierung zu, wie sie beispielsweise in dem Buch von Shu [SHU88] ausführlicher erläutert werden.

Literatur

Lehrbücher

D. Amit: *Modeling Brain Functions*
Cambridge University Press, Cambridge (England) 1989

Wie der Untertitel "the world of attractor neural networks" schon andeutet, beschäftigt sich dieses Buch ausschließlich mit rückgekoppelten Netzwerken.

J.A. Anderson, E.Rosenfeld (Eds): *Neurocomputing: Foundations of Research*
MIT Press, Cambridge USA, London, 1988

Kein Lehrbuch im engen Sinn, sondern eine interessante Sammlung wichtiger Veröffentlichungen zum Thema "Neuronale Netze" von 1890-1987.

R.Beale, T. Jackson: *Neural Computing*
Adam Hilger, Bristol, England 1990
Ein sehr einfache, klar geschriebene Einführung in Neuronale Netze.

Tarun Khanna: *Foundations of Neural Networks*
Addison-Wesley 1990

B. Müller, J. Reinhardt: *Neural Networks*
Springer Verlag Berlin 1990

Ein Lehrbuch, das neben feed-forward Modellen hauptsächlich rückgekoppelte Netze mit physikalischen Methoden behandelt. Ein besonderer Teil enthält die Rechnungen zur Stabilität und Kapazität des Hopfield-Modells.
Sehr praktisch ist eine beiliegende Diskette für MS-DOS Rechner, auf der die wichtigsten Algorithmen zum Ausprobieren in C programmiert sind.

D.E. Rumelhart, J.L. McClelland: *Parallel Distributed Processing; Vol I,II, III*
MIT press, Cambridge, Massachusetts 1986

Diese klassische Lehrbuchreihe enthält einige Modelle (Comp.Learn.,Back-prop. etc) und Veranschaulichungen sowie die Harmony-Theorie von Sejnowsky.
Zum dritten Band wird ein kleiner Simulator mitgeliefert.

Eberhard Schöneburg: *Neuronale Netze*
Markt & Technik Verlag, München 1990

Eine kleine, leichtverständliche Einführung.
Sehr praktisch: Auch hier eine MS-DOS Diskette, die einen Simulator enthält.

Patrick K. Simpson: *Artificial Neural Systems*
Pergamon Press, Oxford 1989

und viele weitere Bücher (s. Referenzen), die aber als Aufsatzsammlungen für Laien nur einen facettenhaften Eindruck des Gebiets vermitteln.

Zeitschriften

Neural Networks, Pergamon Press *Offizielles Organ der INNS- International Neural Network Society*	zweimonatlich
Biological Cybernetics, Springer Verlag *Biologisch-mathematische Beiträge*	monatlich
Connection Science, Carfax Publ. Comp., Mass.,USA	vierteljährlich
IEEE-Transactions on Neural Networks	zweimonatlich
International Journal of Neural Systems, World Scientific Publishing Co., Singapur	vierteljährlich
Network: Computation in Neural Systems Blackwell Scientific Publications, Bristol, UK	vierteljährlich
Neural Computation, MIT Press, Boston *Grundlagenbeiträge*	halbjährlich
NeuroComputing, Elsevier Science Publ.	zweimonatlich

Konferenzen

Fast alle Konferenzen über Mustererkennung, Kybernetik, Künstliche Intelligenz, VLSI, Robotik, u.d.gl.m. enthalten Beiträge über Anwendungen neuronaler Netze. Besonders sind die spezialisierten Konferenzen zu nennen:

Auf Internationaler (*amerikanischer*) Ebene halbjährlich

IJCNN - International Joint Conference on Neural Networks
Winter: INNS- IJCNN
Sommer: IEEE - IJCNN

Auf Internationaler (*europäischer*) Ebene wird gerade eine einheitliche Konferenz eingerichtet. Dies war

1990:	INNC-90	Int. Neural Network Conference, Paris
1991:	ICANN-91	Int. Conference on Artificial Neural Networks, Helsinki
1992:	ICANN 92	Int. Conference on Artificial Neural Networks, Brighton, UK

...

Den Schwerpunkt auf (industrielle) Anwendungen legt die europäische Konferenz

Neuro-Nimes

die seit 1988 jeweils im November in Nîmes (Südfrankreich) tagt.

Referenzen

[AARTS89] E.Aarts, J.Korst: *Simulated Annealing and Boltzman Machines*; J. Wiley & Sons, Chichester, UK 1989

[ABL87] Paul Ablay: *Optimieren mit Evolutionsstrategien*; Spektrum der Wissenschaft, Juli 1987

[ABU85] Y.S. Abu-Mostafa, J.-M. St.Jaques: *Information Capacity of the Hopfield Model*; IEEE Trans. on Inf. Theory, Vol IT-31,No4, pp.461-464 (1985)

[ACK85] D.Ackley, G. Hinton, T. Sejnowski: *A learning algorithm for the Boltzmann machines*; Cognitive Science, Vol 9, pp. 147-169, (1985); auch in [ANDR88]

[ACK90] Reinhard Acker, Andreas Kurz: *On the Biologically Motivated Derivation of Kohonen's Self-Organizing Feature Maps*; in [ECK90], pp. 229-232

[AHA90] Stanley Ahalt, Prakoon Chen, Cheng-Tao Chou: *The Neural Shell: A Neural Network Simulation Tool*; IEEE Proc. Tools for Art. Intell. TAI-90, pp.118-122

[ALB72] A. Albert: *Regression and the Moore-Penrose pseudoinverse*; Academic Press, New York 1972

[ALB75] J.S.Albus: *A New Approach To Manipulator Control CMAC*; Transactions of the American Society of Mechanical Eng. (ASmE), Series G: Journal of Dynamic Systems, Measurement and Control, Vol 97/3 (1975)

[ALM89] G.Almasi, A. Gottlieb: *Highly Parallel Computing*; Benjamin/Cummings Publ. Corp., Redwood City CA 1989

[AMA71] S. Amari: *Characteristics of Randomly Connected Threshold-Element Networks and Network Systems*; Proc. IEEE, Vol 59, No. 1, pp. 35-47 (1971)

[AMA72] S. Amari: *Learning Patterns and Pattern Sequences by Self-Organizing Nets of Threshold Elements*; IEEE Trans. on Comp., Vol. C-21 No.11, pp. 1197-1206 (1972)

[AMA77] S. Amari: *Neural Theory of Association and Concept-Formation*; Biol. Cyb. Vol 26, pp.175-185 (1977)

[AMA77b] S. Amari: *Dynamics of Pattern Formation in Lateral-Inhibition Type Neural Fields*; Biol. Cyb. Vol 27, pp.77-87 (1977)

[AMA78] S. Amari, A. Takeuchi: *Mathematical Theory on formation of category detecting nerve cells*; Biol. Cyb., Vol 29, pp. 127-136 (1978)

[AMA79] s. [TAK79]

[AMA80] S. Amari: *Topographic organization of nerve fields*; Bulletin of Mathematical Biology, Vol 42, pp. 339-364 (1980)

[AMA83] S. Amari: *Field Theory of Self-Organizing Neural Nets*; IEEE Trans. System, Man and Cybernetics, Vol SMC-13 No.5, pp.741-748 (1983)

[AMA88] S. Amari, K. Maginu: *Statistical Neurodynamics of Associative Memory*; Neural Networks, Vol 1, pp.63-73 (1988)

[AMA89] S. Amari : *Characteristics of Sparsely Encoded Associative Memory*; Neural Networks, Vol.2, pp. 451-457 (1989)

[AMIT85] D. Amit, H. Gutfreund: *Storing infinite Numbers of Patterns in a Spin-Glass Model of Neural Networks*; Phys. Rev. Lett., Vol 55, Nr 14, pp. 1530-1533 (1985)

[AMIT89] D. Amit: *Modeling Brain Functions*; Cambridge University Press, Cambridge (England) 1989

[AND72] J.Anderson: *A simple neural network generating an interactive memory*; Math. Biosc., Vol 14, pp 197-220 (1972); auch in [ANDR88]

[ANDR88] J.A.Anderson, E.Rosenfeld (Eds): *Neurocomputing: Foundations of Research*; MIT Press, Cambridge USA, London, 1988

[AND88] Diana Z. Anderson (Ed): *Neural Information Processing Systems - Natural and Synthetic*; American Institute of Physics, New York 1988

[ANG88] B. Angéniol, G. de la Croix Vaubois, J.-Y. le Texier: *Self-Organizing Feature Maps and the Travelling Salesman Problem*; Neural Networks Vol 1, pp.289-293, Pergamon Press, New York 1988

[APO87] Special Issue on Neural Networks, Applied Optics, Vol 26, No. 23 (1987)

[ARN64] B. Arnold: *Elementare Topologie*; Van den Hoek & Ruprecht, Göttingen 1964

[BAK90] Gregory Baker, Jerry Gollub: *Chaotic dynamics: an introduction*; Cambridge University Press, 1990

[BALD89] P. Baldi, K. Hornik: *Neural Networks and Principal Component Analysis*; Neural Networks, Vol 2, pp. 53-58, Pergamon Press 1989

[BALL82] D. H. Ballard, Ch. Brown: *Computer Vision*; Prentice Hall 1982

[BAR90] Etienne Barnard, David Casasent: *Shift Invariance and the Neocognitron*; Neural Networks, Vol.3, pp.403-410 (1990)

[BARN86] M.F. Barnsley, V. Ervin, D.Hardin, J. Lancaster: *Solution of an inverse problem for fractals and other sets*; Proc. Natl., Acad. Sci. USA, Vol 83, pp.1975-1977 (1986)

[BARN88a] M. Barnsley, A. Sloan: *A Better Way to Compress Images*; Byte, pp. 215-223 (January 1988)

[BARN88b] Michael F. Barnsley: *Fractals everywhere*; Academic Press 1988

[BELF88] L. Belfore, B. Johnson, J. Aylor: *The Design of Inherently Fault-Tolerant Systems*; in: S.Tewksbury, B.Dickinson, S.Schwartz (Eds); Concurrent Computations, Plenum Press, New York 1988

[BERT88] J-M. Bertille, J-C. Perez: *Le modele neuronal holographique chaos fractal*; Bases Théorique et applications industrielles, Proc. Neuro-Nimes, Nimes 1988

[BERT90] J-M. Bertille, J-C. Perez: *Dynamical Change of Effective Degrees of Freedom in Fractal Chaos Model*; Proc. INNC-90, pp. 948-951, Kluwer Academic Publ. 1990

[BET76] Albert D. Bethke: *Comparison of genetic algorithms and gradient-based optimizers on parallel processors: Efficient of use of processing capacity*; Logic of Computers Group, Technical Report No. 197, The University of Michigan, Comp. and Com. Sc. Dep. 1976

[BICH89] M. Bichsel, P. Seitz: *Minimum Class Entropy: A Maximum Information Approach to Layered Networks*; Neural Networks, Vol 2, pp.133-141 (1989)

[BLOM] R. Blomer, C. Raschewa, Rudolf Thurmayr, RoswithaThurmayr: *A locally sensitive mapping of multivariate data onto a two-dimensional plane*, Medical Data Processing, Taylor & Francis Ltd., London

[BLUM54] J.Blum: *Multidimensional stochastic approximation methods*; Ann. Math. Stat., Vol 25, pp.737-744 (1954)

[BOTT80] S.Bottini: *An Algebraic Model of an Associative Noise-like Coding Memory*; Biol. Cybernetics, Vol 36, pp. 221-228 (1980)

[BOTT88] S. Bottini: *An After-Shannon Measure of the Storage Capacity of an Associative Noise-Like Coding Memory*; Biol. Cybernetics, Vol 59, pp. 151-159 (1988)

[BRAI67] V. Braitenberg: *Is the cerebellar cortex a biological clock in the millisecond range?*; in: C.A.Fox, R.S. Snider (eds.), The cerebellum, Progess in brain research, Vol 2, Elsevier, Amsterdam 1967, pp.334-346

[BRAI89] V. Braitenberg, A. Schütz: *Cortex: hohe Ordnung oder größtmögliches Durcheinander?*; Spektrum d. Wissensch., pp. 74-86 (Mai 1989)

[BRA79] R. Brause, M. Dal Cin: *Catastrophic Effects in Pattern Recognition*; in: Structural Stability in Physics, Ed. W.Güttinger, H.Eickemeier, Springer Verlag Berlin, Heidelberg 1979

[BRA88a] R. Brause: *Fehlertoleranz in intelligenten Benutzerschnittstellen*; Informationstechnik it 3/88, pp.219-224, Oldenbourg Verlag 1988

[BRA88b] R. Brause: *Fault Tolerance in Non-Linear Networks*; Informatik Fachberichte 188, pp.412-433, Springer Verlag 1988

[BRA89a] R. Brause: *Neural Network Simulation using INES*; IEEE Proc. Int. Workshop on tools for AI, Fairfax, USA 1989.

[BRA89b] R. Brause: *Performance and Storage Requirements of Topology-conserving Maps for Robot Manipulator Control*; Interner Bericht 5/89 des Fachbereichs Informatik der J.W. Goethe Universität Frankfurt a. M., 1989
und in: Proc. INNC-90, pp. 221-224 , Kluwer Academic Publ. 1990

[BRA91] R.Brause: *Approximator Networks and the Principle of Optimal Information Distribution*; Interner Bericht 1/91 des Fachbereichs Informatik der J.W. Goethe Universität Frankfurt a. M., 1991
und in: Proc. ICANN-91, Elsevier Science Publ., North Holland 1991

[BROD09] K.Brodman: *Vergleichende Lokalisationslehre der Großhirnrinde in ihren Prinzipien dargestellt auf Grund des Zellenbaues*, J.A. Bart, Leipzig 1909

[BUH87] J.Buhmann, K.Schulten: *Noise-driven Temporal Association in Neural Networks*; Europhysics Letters, Vol 4 (10), pp. 1205-1209 (1987)

[CAJ55] Ramon y Cajal: *Histologie du Systéme Nerveaux II*; C.S.I.C. Madrid 1955

[CARD89] H.C.Card, W.R. Moore: *VLSI Devices and Circuits for Neural Networks*; Int. Journ. of Neural Syst. Vol 1, No. 2 (1989), pp 149-165

[CAR87a] G. Carpenter, S. Grossberg: *A Massively Parallel Architecture for Self-Organizing Neural Pattern Recognition Machine*; Computer Vision, Graphics, and Image Processing Vol 37, pp.54-115, Academic Press 1987; auch in [GRO88]

[CAR87b] G. Carpenter, S. Grossberg: *ART2: Self-organization of stable category recognition codes for analog input patterns*; Applied Optics Vol 26, pp. 4919-4930

[CAR90] Gail A. Carpenter, Stephen Grossberg: *ART3: Hierarchical Search Using Chemical Transmitters in Self-organizing Pattern Recognition Architectures*; Neural Networks Vol 3, pp. 129-152, Pergamon Press 1990

[CECI88] L. Ceci, P. Lynn, P. Gardner: *Efficient Distribution of Back-Propagation Models on Parallel Architecture*; Report CU-CS-409-88, University of Colorado, Sept. 1988 und Proc. Int. Conf. Neural Networks, Boston, Pergamon Press 1988

[CHAP66] R. Chapman: *The repetitive responses of isolated axons from the crab carcinos maenas*; Journal of Exp. Biol., Vol. 45 (1966)

[CHOU88] P.A. Chou: *The capacity of the Kanerva associative memory is exponential*; in: [AND88]

[COOL89] A.C.C. Coolen, F.W.Kujik: *A Learning Mechanism For Invariant Pattern Recognition in Neural Networks*; Neural Networks Vol. 2, pp.495-506 (1989)

[COOP73] L.N. Cooper: *A possible organization of animal memory and learning* Proc. Nobel Symp. on Collective Prop. of Physical Systems, B.Lundquist, S.Lundquist (eds.), Academic Press New York 1973; auch in [ANDR88]

[COOP85] Lynn A. Cooper, Roger N. Shepard: *Rotationen in der räumlichen Vorstellung*; Spektrum d. Wiss., pp. 102-109, Febr. 1985

[COTT88] R.M.Cotterill (ed.): *Computer simulation in brain science*; Cambridge University Press, Cambridge UK (1988)

[CRUT87] J. Crutchfield, J.Farmer, N. Packard, R. Shaw: *Chaos*; Spektrum d. Wissenschaft, Februar 1987

[DAU88] J. Daugman: *Complete Descrete 2-D Gabor Transforms by Neural Networks for Image Analysis and Compression*; IEEE Transactions on Acoustics, Speech and Signal Processing Vol 36, No 7, pp.1169-1179 (1988)

[DAV60] H.Davis: *Mechanism of exication of auditory nerve impulses*; G.Rasmussen, W.Windle (Hrsg), Neural Mechanism of the Auditory and Vestibular Systems, Thomas, Springfield, Illinois, USA 1960

[DEN55] J. Denavit, R.S. Hartenberg: *A Kinematic Notation for Lower-pair Mechanismen Based on Matrices*; Journ. Applied Mech., Vol 77, pp.215-221 (1955)

[DEN86] J.S. Denker (Ed.): *Neural Networks for Computing*; American Inst. of Physics, Conf. Proc. Vol. 151 (1986)

[DEP89] Etienne Deprit: *Implementing recurrent Back-Propagation on the Connection machine*; Neural Networks, Vol.2, pp. 295-314 (1989)

[DIE87] J. Diederich, C. Lischka: *Spread-3. Ein Werkzeug zur Simulation konnektionistischer Modelle auf Lisp-Maschinen*; KI-Rundbrief Vol.46, pp.75-82, Oldenbourg Verlag 1987

[DOD90] Nigel Dodd: *Optimisation of Network Structure Using Genetic Techniques*; Proc. Int. Neural Network Conf. INNC 90, Kluwer Acad. Publ., 1990

[DOW66] J.E.Dowling, B.B. Boycott: *Organization of the primate retina: Electron microscopy*; Proc. of the Royal Society of London, Vol B166, pp.80-111 (1966)

[DUD73] R.Duda, P.Hart: *Pattern Classification and Scene Analysis*; John Wiley & Sons, New York 1973

[ECK90] R.Eckmiller, G.Hartmann, G.Hauske (eds.): *Parallel Processing in Neural Systems and Computers*; North Holland, Amsterdam 1990

[EIM85] P. D. Eimas: *Sprachwahrnehmung beim Säugling*; Spektrum d. Wissenschaft, März 1985

[ELL88] D. Ellison: *On the Convergence of the Albus Perceptron*; IMA, Journal of Math. Contrl. and Inf., Vol. 5, pp.315-331 (1988)

[FELD80] J.A. Feldman, D.H. Ballard: *Computing with connections*; University of Rochester, Computer Science Department, TR72, 1980

[FU68] K.S. Fu: *Sequential Methods in Pattern Recognition*; Academic Press, New York 1968

[FU87] Fu, Gonzales, Lee: *Robotics: Control, Sensing, Vision and Intelligence*; McGraw-Hill 1987

[FUCHS88] A. Fuchs, H. Haken: *Computer Simulations of Pattern Recognition as a Dynamical Process of a Synergetic System*; in: H.Haken (ed.), Neural and Synergetic Computers, pp.16-28,Springer Verlag Berlin Heidelberg 1988

[FUJI87] Cory Fujiki, John Dickinson: *Using the Genetic Algorithm to Generate Lisp Source Code to Solve the Prisoners Dilemma*; in [GRE87], pp.236-240

[FUK72] K.Fukunaga: *Introduction to Statistical Pattern Recognition*; Academic Press, New York 1972

[FUK80] K. Fukushima: *Neocognitron: A Self-Organized Neural Network Model for a Mechanism of Pattern Recognition Unaffected by Shift in Position*; Biolog. Cybernetics, Vol. 36, pp. 193-202 (1980)

[FUK84] K. Fukushima: *A Hierarchical Neural Network Model for Associative Memory*; Biolog. Cybernetics, Vol 50, pp. 105-113 (1984)

[FUK86] K. Fukushima: *Neural Network Model for selective Attention in Visual Pattern Recognition*; Biological Cybernetics 55, pp 5-15, (1986)

[FUK87] K. Fukushima: *A neural network model for selective attention in visual pattern recognition and associative recall*; Applied Optics, Vol.26 No.23, pp.4985-4992 (1987)

[FUK88a] K. Fukushima: *A Neural Network for Visual Pattern Recognition*; IEEE Computer, pp. 65-75, March 1988

[FUK88b] K. Fukushima: *Neocognitron: A Hierarchical Neural Network Capable of Visual Pattern Recognition*; Neural Networks, Vol.1, pp.119-130, (1988)

[FUK89] K. Fukushima: *Analysis of the Process of Visual Pattern Recognition by the Neocognitron*; Neural Networks, Vol. 2, pp.413-420, (1989), Pergamon Press

[GAL88] A. R. Gallant, H. White: *There exists a neural network that does not make avoidable mistakes*; IEEE Sec. Int. Conf. on Neural Networks, pp. 657-664, 1988

[GALL88] S. I. Gallant: *Connectionist Expert Systems*; Comm. ACM, Vol 31/2, pp. 152-169 (Febr. 1988)

[GIL87] C. Lee Giles, Tom Maxwell: *Learning, invariance, and generalization in high-order neural networks*; Applied Optics, Vol 26 No.23, pp. 4972-4978 (1987)

[GIL88] C. Lee Giles, R.D. Griffin, Tom Maxwell: *Encoding geometric invariances in high-order neural networks*; in [AND88], pp. 301-309

[GLA63] R. Glauber: *Time-Dependent Statistics of the Ising Model*; Journal of Math. Physics, Vol 4, p. 294 (1963)

[GLU88] M. Gluck, G. Bower: *Evaluating an adaptive network model of human learning*; Jounal of memory and language 27, (1988)

[GOD87] N. Goddard: *The Rochester Connectionist Simulator, User Manual and Advanced Programming Manual*; Dep. of Comp. Sci., Univ. of Rochester, USA, April 1987

[GOL87] David E. Goldberg, Philip Segrest: *Finite Markov Chain Analysis of Genetic Algorithm*; in [GRE87]

[GOL89] David Goldberg: *Genetic algorithm in search, optimization and machine learning*; Addison Wesley, 1989

[GOS87] U. Rueckert, I. Kreuzer, K.Goser: *A VLSI concept for adaptive associative matrix based on neural networks*; IEEE- Proc. EuroComp '87, pp. 31-34 (1987)

[GRA88] Hans P. Graf, Lawrence D. Jackel, Wayne E. Hubbard: *VLSI Implementation of a Neural Network Model*; IEEE Computer, March 1988

[GRE87] John Grefenstette (Ed.): *Genetic Algorithms and their applications*; Proc. Second Int. Conf. Genetic Alg., Lawrence Erlbaum Ass., 1987

[GRE90] John J. Grefenstette, Alan C. Schultz: *Improving Tactical Plans with Genetic Algorithms*; IEEE Proc. Tools for AI TAI-90, pp. 328-334, Dulles 1990

[GRO69] S. Grossberg: *Some Networks That Can Learn, Remember, and Reproduce Any Number of Complicated Space-Time Patterns, I*; Journal of Mathematics and Mechanics, Vol 19, No. 1, pp.53-91 (1969)

[GRO72] S. Grossberg: *Neural Expectation: Cerebellar and retinal analogs of cells fired by learnable or unlearned pattern classes.*; Kybernetik, Vol.10, pp. 49-57 (1972)

[GRO76] S. Grossberg: *Adaptive pattern classification and universal recoding I + II*; Biological Cybernetics, Vol.23, Springer Verlag (1976)

[GRO87] S. Grossberg: *Competitive Learning: From Interaction to Adaptive Resonance*; Cognitive Science, Vol 11, pp.23-63 (1987); auch in [GRO88]

[GRO88] S. Grossberg (ed.): *Neural Networks and Natural Intelligence*; MIT Press, Cambridge, Massachusetts 1988

[GRO88b] S.Grossberg: *Nonlinear Neural Networks*; Neural Networks,Vol.1,pp.17-61 (1988)

[GRUB88] H. Grubmüller, H. Heller, K. Schulten: *Eine Cray für "jedermann"*; mc 11/88, Franzis Verlag, München 1988

[GRU89] A. Grumbach: *Modeles connexionistes du diagnostic*; Proc. Journées d'électron., Ecole Polytechnique Fédérale, Lausanne 1989

[GUEST87] Clark C. Guest, Robert TeKolste: *Designs and devices for optical bidirectional associative memories*; in: [APO87], pp. 5055-5060

[HAK88] Hermann Haken: *Information and Self-Organization*; Springer Verlag Berlin Heidelberg 1988

[HARP90] Steven A. Harp, Tariq Samad, Aloke Guha: *Designing Application-Specific Neural Networks Using the Genetic Algorithm*; in: David S. Touretzky, Advances in Neural Information Processing Systems 2, Morgan Kaufmann Publishers, 1990

[HAS89] M.H.Hassoun: *Dynamic Heteroassociative Neural Memories*; Neural Networks, Vol 2, pp. 275-287 (1989)

[HEBB49] D.O. Hebb: *The Organization of Behavior*, Wiley, New York 1949

[HEISE83] W.Heise: *Informations- und Codierungstheorie*; Springer Verlag 1983

[HEM87] J.L. van Hemmen: *Nonlinear Neural Networks Near Saturation*; Phys. Rev. A36, pp.1959 (1987)

[HEM88a] J.L. van Hemmen, D.Grensing, A.Huber, R.Kühn: *Nonlinear Neural Networks*; Journal of Statist. Physics, Vol.50, pp 231 u. 259 (1988)

[HEM88b] J.L. van Hemmen, G. Keller, R. Kühn: *Forgetful Memories*; Europhys. Lett., Vol. 5, pp. 663 (1988)

[HER88a] Andreas Herz: *Representation and recognition of spatio-temporal objects within a generalized Hopfield Scheme*; Connectionism in Perspective, Zürich Oct. 1988

[HER88b] A.Herz, B. Sulzer, R.Kühn, J.L.van Hemmen: *The Hebb Rule: Storing Statioc and Dynamic Objects in an Associative Neural Network*; Europhys. Letters Vol. 7, pp. 663-669 (1988)

[HER89] A. Herz, B. Sulzer, R. Kühn, J.L van Hemmen: *Hebbian Learning Reconsidered: Representation of Static and Dynamic Objects in Associative Neural Nets*; Biol. Cybernetics, Vol 60, pp. 457-467 (1989)

[HEY87] A. Hey: *Parallel Decomposition of large Scale Simulations in Science and Engineering*; Report SHEP 86/87-7, University of Southampton 1987

[HILL85] D. Hillis: *The Connection Machine*; MIT Press, Cambridge, Massachusetts, 1985

[HILL87] Daniel Hillis, Joshua Barnes: *Programming a highly parallel computer*; Nature Vol. 326, pp. 27-30 (1987)

[HIN81a] G. Hinton, Anderson (eds): *Parallel Models of Associative Memory*; Lawrence Erlbaum associates, Hillsdale 1981

[HIN81b] G. Hinton: *Implementing Semantic Networks in Parallel Hardware*; in [HIN81a]

[HN86] Robert Hecht-Nielsen: *Performance Limits of Optical, Electro-Optical, and* Electronic Neurocomputers; *Optical and Hybrid Computing SPI, Vol. 634,* pp.277-306 (1986)

[HN87] Robert Hecht-Nielsen: *Counterpropagation networks*; IEEE Proc. Int. Conf. Neural Networks, New York 1987; auch in [APO87]

[HN88] Robert Hecht-Nielsen: *Applications of Counterpropagation Networks*; Neural Networks, Vol. 1, pp.131-139 (1988), Pergamon Press

[HO65] Y. Ho, R.L. Kashyap: *An Algorithm for linear inequalities and its application*; IEEE Trans. on Electronic Computers, Vol EC-14, pp. 683-688 (1965)

[HOL75] J. H. Holland: *Adaption in Natural and Artificial Systems*; University of Michigan Press, Ann Arbor, MI, 1975

[HOP82] J.J. Hopfield: *Neural Networks and Physical Systems with Emergent Collective Computational Abilities*; Proc. Natl. Acad. Sci, USA, Vol 79, pp.2554-2558 (1982)

[HOP84] J.J. Hopfield: *Neurons with graded response have collective computional properties like those of two-state neurons*; Proc. Natl. Acad. Sci. USA, Vol 81, pp 3088-3092 (1984)

[HOP85] J.J. Hopfield, D.W. Tank: *'Neural' Computation of Dercisions in Optimization Problems*; Biological Cybernetics, Vol.52, pp. 141-152 (1985)

[HOR89] H.Horner: *Neural Networks with Low Levels of activity: Ising vs. McCulloch-Pitts Neurons*; Zeitschr. f. Physik , B 75, S. 133 (1989)

[HORN89] K. Hornik, M. Stinchcombe, H. White: *Multilayer Feedforward Networks are Universal Approximators*; Neural Networks, Vol 2, pp. 359-366, Perg. Press 1989

[HRY88] T. Hrycej: *Feature Discovery by Backward Inhibition*; Arbeitspapiere der GMD, Vol 329, pp.73-79, Gesellschaft für Math. und Datenverarb., St. Augustin 1988

[KAL75] S.Kallert: *Einzelzellverhalten in verschiedenen Hörbahnteilen*; W.Keidel (Hrsg.), Physiologie des Gehörs, Thieme Verlag, Stuttgart 1975

[KAM90] Behzad und Behrooz Kamgar-Parsi: *On Problem Solving with Hopfield Neural Networks*; Biol. Cybernetics, Vol. 62, pp.415-423 (1990)

[KAN87] I.Kanter, H. Sompolinsky: *Associative recall of memory without errors*; Physical Review A, Vol 35, No 1, p. 380 (1987)

[KAN86] P. Kanerva: *Parallel Structures in human and computer memory*; in: [DEN86]

[KEE87] J.D. Keeler: *Basin of Attraction of Neural Network models*; in:[DEN86]

[KEE88] J.D. Keeler: *Capacity for patterns and sequences in Kanerva's SDM as compared to other associative memory models*; in: [AND88]

[KIEF52] J.Kiefer, J.Wolfowitz: *Stochastic estimation of the maximum of a regression function*; Ann. Math. Stat., Vol 23, pp. 462-466 (1952)

[KIM89] H.Kimelberg, M.Norenberg: *Astrocyten und Hirnfunktion*; Spektrum der Wissenschaft, Juni 1989

[KIN89] J. Kindermann: *Inverting Multilayer Perceptrons*; Proc. DANIP Workshop on Neural Netw., GMD St. Augustin, April 1989

[KIN85] W. Kinzel: *Spin Glasses as Model Systems for Neural Networks*; Int. Symp. Complex Syst., Elmau 1985, Lecture Notes, Springer Series on Synergetics

[KIRK83] S.Kirkpatrick, C.D. Gelatt, Jr, M.P. Vecchi: *Optimization by simulated annealing*; Science, Vol 220, pp.671-680 (1983); auch in [ANDR88]

[KLE86] David Kleinfeld: *Sequential state generation by model neural networks*; Proc. Natl. Acad. Sci. USA, Vol. 83, pp. 9469-9473, (1986)

[KOH72] T. Kohonen: *Correlation Matrix Memories*; IEEE Transactions on Computers, Vol C21, pp.353-359, (1972); auch in [ANDR88]

[KOH76] T. Kohonen, E. Oja: *Fast Adaptive Formation of Orthogonalizing Filters and Associative Memory in Recurrent Networks of Neuron-Like Elements*; Biological Cybernetics, Vol. 21, pp. 85-95 (1976)

[KOH77] T.Kohonen: *Associative Memory*; Springer Verlag Berlin 1977

[KOH82] T. Kohonen: *Analysis of a simple self-organizing process*; Biological Cybernetics, Vol. 40, pp. 135-140 (1982)

[KOH84] T. Kohonen: *Self-Organisation and Associative Memory*; Springer Verlag Berlin,New York, Tokyo 1984

[KOH88] T. Kohonen: *The "Neural" Phonetic Typewriter of Helsinki University of Technology*; IEEE Computer, March 1988

[KOR89] T. Korb, A. Zell: *A declarative Neural Network Description Language*; Proc. Euromicro, Köln 1989, Microprogr. and Microproc., Vol 27/1-5, North- Holland

[KOS87] Bart Kosko: *Adaptive bidirectional associative memories*; in: [APO87]

[KOO90] P.Koopman, L.Rutten, M. van Eekelen, M. Plasmeijer: *Functional Descriptions of Neural Networks*; Proc. INNC-90, pp. 701-704, Kluwer Academic Publ. 1990

[KRO90] A. Krogh, J. Hertz: *Hebbian Learning of Principal Components*; in: [ECK90], pp.183-186

[KÜH89a] R. Kühn, J.L. van Hemmen, U.Riedel: *Complex temporal association in neural networks*; J. Phys. A: Math. Gen. Vol 22 (1989), pp. 3123-3135

[KÜH89b] R. Kühn, J.L. van Hemmen, U.Riedel: *Complex temporal association in neural nets*; Proc. Conference nEuro'88, L. Personnez, G.Dreyfus (Hrsg), I.D.S.E.T., Paris 1989, pp. 289-298

[KÜH90] H. Kühnel, P.Tavan: *The Anti-Hebb Rule derived from Information Theory*; in: [ECK90], pp.187-190

[KÜR88] K.E. Kürten, J.W. Clark: *Exemplification of chaotic activity in non-linear neural networks obeying a deterministic dynamics in continous time*; in [COTT88]

[KUFF53] S.W.Kuffler: *Discharge Patterns and Functional Organization of Mammalian Retina*; Journal of Neurophys., Vol 16, No1, pp.37-68, (1953)

[LAN88] D. Lang: *Informationsverarbeitung mit künstlichen neuronalen Netzwerken*; Dissertation am Fachbereich Physik der Universität Tübingen, 1988

[LAP87] A. Lapedes, R. Farber: *Nonlinear Signal Processing using Neural Networks: Prediction and System Modelling*; Los Alamos preprint LA-UR-87-2662 (1987)

[LAP88] A. Lapedes, R. Farber: *How Neural Nets Work*; Report LA-UR-88-418, Los Alamos Nat. Lab. 1988; und in [LEE88b]

[LASH50] K.S.Lashley: *In search of the engram*; Soc. of Exp. Biol. Symp. Nr.4: Psycholog. Mech. in Anim. Behaviour, Cambridge University Press, pp.454, 468-473, 477-480 Cambridge 1950; auch in [ANDR88]

[LAW71] D.N. Lawley, A.E. Maxwell: *Factor Analysis as a Statistical Method*; Butterworths, London 1971

[LEE88] Y.C. Lee: *Efficient Stochastic Gradient Learning Algorithm for Neural Network*; in [LEE88b], pp.27-50

[LEE88b] Y.C. Lee (Ed.): *Evolution, Learning and Cognition*; World Scientific, Singapore, New Jersey, London 1988

[LEV85] M. Levine: *Vision in man and machine*; McGraw Hill 1985

[LIN73] S. Lin, B.W. Kernighan: *An effective heuristic algorithm for the traveling salesman problem*; Operation Research, Vol 21, pp. 498-516 (1973)

[LIN86] R. Linsker: *From Basic Network Principles to Neural Architecture*; Proc. Natl. Academy of Science, USA, Vol. 83, pp7508-7512, 8390-8394, 8779-8783

[LIN88a] R. Linsker: *Self-Organization in a Perceptual Network*; IEEE Computer, pp. 105-117, (March 1988)

[LIN88b] R. Linsker: *Towards an Organizing Principle for a Layered Perceptual Network*; in [AND88]

[LIN88c] R. Linsker: *Developement of feature-analyzing cells and their columnar organization in a layered self-adaptive network*; in [COTT88]

[LIT78] W.A. Little, G.L. Shaw: *Analytic Study of the Memory Storage Capacity of a Neural Network*; Math. Biosc., Vol 39, pp. 281-290 (1978); auch in [SHAW88]

[LJUNG77] L. Ljung: *Analysis of Recursive Stochastic Algorithms*; IEEE Transactions on Automatic Control, Vol AC-22/4, (August 1977)

[LONG68] H.C. Longuet-Higgins: *Holographic model of temporal recall*; Nature 217, p.104 (1968)

[LOOS88] H.G.Loos: *Reflexive Associative Memories*; in [AND88]

[MC43] W. S. McCulloch, W. H. Pitts: *A Logical Calculus of the Ideas Imminent in Neural Nets*; Bulletin of Mathematical Biophysics (1943) Vol 5,pp. 115-133; auch in: [ANDR88]

[MAAS90] Han van der Maas, Paul F. Verschure, Peter C. Molenaar: *A Note on Chaotic Behavior in Simple Neural Networks*; Neural Networks, Vol.3, pp.119-122 (1990)

[MAL73] C. von der Malsburg: *Self-organization of orientation sensitive cells in the striate cortex*; Kybernetik, Vol 14 pp. 85-100 (1973); auch in: [ANDR88]

[MCE87] R.J.McEliece, E.C.Posner, E.R. Rodemich, S.S.Venkatesh: *The Capacity of the Hopfield Associative Memory*; IEEE Trans. on Inf. Theory, Vol IT-33, No.4, pp.461-482 (1987)

[MET53] N. Metropolis, A.W. Rosenbluth, M.N. Rosenbluth, A.H. Teller: *Equation of State Calculations by Fast Computing Machines*; The Journal of Chemical Physics, Vol 21, No.6, pp.1087-1092 (1953)

[MIN88] M. Minsky, Papert: *Perceptrons*; MIT Press, 1988

[MÜ90] B. Müller, J. Reinhardt: *Neural Networks*; Springer Verlag Berlin 1990

[MUR90] Jacob Murre, Steven Kleynenberg: *The MetaNet Network Environment for the Developement of Modular Neural Networks*; Proc. INNC-90, pp. 717-720, Kluwer Academic Publ. 1990

[NEW88] F. Newbury: *EDGE: An Extendible Directed Graph Editor*; Internal Report 8/88, Universität Karlsruhe, West Germany

[OJA82] E. Oja: *A simplified Neuron Model as Principal Component Analyzer*; J. Math. Biology, Vol. 15, pp. 267-273 (1982)

[OJA85] E. Oja, J. Karhunen: *On Stochastic Approximation of the Eigenvektors and Eigenvalues of the Expectation of a random Matrix*; Report TKK-F-A458, Helsinki Univ. of Techn., Dept. Techn. Phys.(1981); und in J. M. A. A., Vol. 106, pp.69-84 (1985)

[OJA89] E. Oja: *Neural Networks, Principal Components, and Subspaces*; Int. Journ. Neural Syst. Vol1/1, pp. 61-68, World Scientific, London 1989

[OLI87] I.M. Oliver, D.J. Smith, J.R.C. Holland: *A Study of Permutation Crossover Operators on the Travelling Salesman Problem*; in [GRE87], pp. 224-230

[OP88] M.Opper: *Learning Times of Neural Networks: Exact Solution for a PERCEPTRON Algorithm*; Phys. Rev. A38, p.3824 (1988)

[PALM80] G.Palm: *On Associative Memory*; Biolog. Cybernetics, Vol 36, pp. 19-31 (1980)

[PALM84] G.Palm: *Local synaptic modification can lead to organized connectivity patterns in associative memory*; in: E.Frehland (Ed.), Synergetics: from microscopic to macroscopic order, Springer Verlag Berlin, Heidelberg, New York 1984

[PAR86] G.Parisi: *A memory which Forgets*; Journal of Physics, Vol. A19, L 617 (1986)

[PERL89] M. Perlin, J. -M. Debaud: *MatchBox: Fine grained Parallelism at the Match Level*; IEEE TAI-89, Proc. Int. Workshop on tools for AI, USA 1989.

[PER88] J.-C. Perez: *De nouvelles voies vers l'intelligence artificielle*; Editions Masson, 1988

[PER88b] J.-C. Perez: *La memoire holographique fractale*; IBM France, Montpellier 1988

[PFAF72] E. Pfaffelhuber: *Learning and Information Theory*; Int. J. Neuroscience, Vol 3, pp. 83-88, Gordon and Breach Publ. , 1972

[PRO90] P.Protzel: *Artificial Neural Network for Real-Time Task Allocation in Fault-Tolerant, Distributed Processing System*; in [ECK90], pp. 307-310

[RE73] Ingo Rechenberg: *Evolutionsstrategie*; problemata frommann-holzboog, 1973

[RIE88] U. Riedel, R.Kühn, J.L. van Hemmen: *Temporal sequences and chaos in neural nets*; Physical review A, Vol 38/2, pp. 1105-1108 (1988)

[RITT86] H. Ritter, K. Schulten: *On the Stationary State of Kohonen's Self-Organizing Sensory Mapping*; Biolog. Cyb. Vol 54, pp. 99-106, (1986)

[RITT88] H. Ritter, K. Schulten: *Convergence Proporties of Kohonen's Topology conserving Maps*; Biological Cyb., Vol 60, pp. 59 ff, (1988)

[RITT89] H. Ritter, T. Martinetz, K. Schulten: *Topology-Conserving Maps for Learning Visuomotor-Coordination*; Neural Networks, Vol 2/3, pp. 159-167, (1989)

[RITT90] H. Ritter, T.Martinetz, K.Schulten: *Neuronale Netze*; Addison-Wesley, Bonn 1990

[ROB51] H.Robbins, S.Monro: *A stochastic approximation method*; Ann. Math. Stat., Vol 22, pp. 400-407 (1951)

[ROD65] R.W. Rodieck: *Quantitative Analysis of Cat Retinal Ganglion Cell Response to Visual Stimuli*; Vision Research, Vol.5, No.11/12, pp.583-601 (1965)

[ROS58] F.Rosenblatt: *The perceptron: a probabilisitic model for information storage and organization in the brain*; Psychological Review, Vol 65, pp. 386-408 (1958) auch in [ANDR88]

[ROS62] F.Rosenblatt: *Principles of neurodynamics*; Spartan Books, Washington DC, 1962

[RUB90] J. Rubner, K. Schulten, P. Tavan: *A Self-Organizing Network for Complete Feature Extraction*; in [ECK90], pp. 365-368

[RUM86] D.E. Rumelhart, J.L. McClelland: *Parallel Distributed Processing*; Vol I,II, III MIT press, Cambridge, Massachusetts 1986

[RUM85] D.E. Rumelhart, D. Zipser: *Feature discovery by competitive learning*; Cognitive Science Vol 9, pp. 7-112

[SAN88] Terence D. Sanger: *Optimal Unsupervised Learning in a Single-Layer Linear Feedforward Neural Network*; Proc. of the Int. Conf. Neural Networks, Boston 1988, Pergamon press; und in Neural Networks, Vol. 2, pp.459-473 (1989)

[SCH76] R. F. Schmidt, G. Thews: *Einführung in die Physiologie des Menschen*; Springer Verlag, Berlin 1976

[SCH90] B. Schürmann: *Vorlesung "Neuronale Netze" WS90/91*; Universität Frankfurt 1990

[SCHÖ90] E. Schöneburg: *Stock price prediction using neural networks: A project report*; Neurocomputing, Vol 2, pp. 17-27 ; Elsevier Science Publ. 1990

[SCHU84] H. G. Schuster: *Deterministic Chaos: An Introduction*; Physik-Verlag, Weilheim 1984

[SCHU90] H. G. Schuster: *Private Mitteilung*; Inst. f. Theor. Physik, Universität Kiel, 1990

[SEG82] Segraves, Rosenquist: *The afferent and efferent callosal connections of retinotopic defined areas in cat cortex*; J. Neurosci., Vol 8, pp. 1090-1107 (1982)

[SEJ86] T.J. Sejnowski, C.R. Rosenberg: *NETtalk: A parallel network that learns to read aloud*; John Hopkins University, Electrical Engeneering and Computer Science *Technical Report JHU/EE CS- 86/01; auch in [ANDR88]*

[SEJ86b] T.J. Sejnowski: *High-Order Boltzmann Machines*; AIP Conf. Proc. Vol 151, 398 (1986)

[SHA49] C.E. Shannon, W.Weaver: *The Mathematical Theory of Information*; University of Illinois Press, Urbana 1949

und C.E. Shannon, W.Weaver: *Mathematische Grundlagen der Informationstheorie;* Oldenbourg Verlag, München 1976

[SHAW88] G.L.Shaw, G. Palm (eds.): *Brain Theory*; World Scientific, Singapur 1988

[SHU88] Nan C. Shu: *Visual Programming*; van nostrand Reinhold Comp., New York 1988

[SING85] W. Singer: *Hirnentwicklung und Umwelt*; Spektrum der Wissenschaft, März pp. 48-61 (1985)

[SM90] Wolfram Schiffmann, Klaus Mecklenburg: *Genetic Generation of Backpropagation Trained Neural Networks*; in [ECK90]. pp. 205-208

[SMI82] D.Smith, C. Irby, R.Kimball, B. Verplanck: *Designing the STAR User Interface*; Byte, April 1982, pp. 242-282

[SOM86] H.Sompolinsky, I. Kanter: *Temporal Association in Asymmetric Neural Networks*; Physical review Letters, Vol.57, No. 22, pp.2861-2864 (1986)

[SPI90] Piet Spiessens, Bernard Manderick: *A Genetic Algorithm For Massively Parallel Computers*; in [ECK90], pp. 31-36

[STEE85] L. Steels, W. Van de Welde: *Learning in second generation expert systems*; in: Kowalik (ed), Knowledge based problem solving, Prentice Hall 1985

[STEIN61] K. Steinbuch: *Die Lernmatrix*; Kybernetik, Vol 1, pp.36-45 (1961)

[TAK79] T.Tacheuchi, S.-I. Amari: *Formation of topographic maps and columnar microstructure in nerve fields*; Biological Cybernetics, Vol 3, pp.63-72 (1979)

[TON60] J.Tonndorf: *Dimensional Analysis of cochlear models*; J. Acoust. Soc. Amer., Vol 32, pp 293 (1960)

[TOU74] J.T. Tou, R.C. Gonzalez: *Pattern Recognition Principles*; Addison-Wesley Publ. Comp., 1974

[TRE89] Philip Treleaven: *Neurocomputers*; Int. Journ. of Neurocomputing, Vol 1/1, pp.4-31, Elsevier Publ. Comp. (1989)

[TRE90] M. Azema-Barac, M. Hewetson, M. Reece, J. Taylor, P. Treleaven, M. Vellasco: *PYGMALION Neural Network Programming Environment*; Proc. INNC-90, pp. 709-712, Kluwer Ac. Publ. 1990

[TSYP73] Tsypkin: *Foundations of the Theory of Learning Systems*; Academic Press, New York 1973

[UES72] Uesa, Ozeki: *Some properties of associative type memories*; Journ. Inst. of El. and Comm. Eng. of Japan, Vol 55-D, pp.323-330 (1972)

[VITT89a] E. Vittoz: *Analog VLSI Implementation of Neural Networks*; Proc. Journées d'électron., Ecole Polytechnique Fédérale, Lausanne 1989

[VITT89b] E. Vittoz, X. Arreguit: *CMOS integration of Herault-Jutten cells for seperation of sources*; in: C. Mead, M. Ismail (eds), Analog Implementation of Neural Systems, Kluwer Academic Publ. , Norwell 1989

[WAN90] L.Wang, J.Ross: *On Dynamics of Higher Order Neural Networks: Existences of Oscillations and Chaos*; Proc. INNC-90, pp.945-947 (Paris 1990)

[WECH88] Harry Wechsler, George L. Zimmermann: *Invariant Object Recognition Using a Distributed Associative Memory*; in [AND88], pp. 830-839

[WID60] B Widrow, M. Hoff: *Adaptive switching circuits*; 1960 IRE WESCON Convention Record, New York: IRE, pp.96-104; auch in [ANDR88]

[WID85] B.Widrow, S. Stearns: *Adaptive Signal Processing*; Prentice Hall, Englewood Cliffs, N.J., 1985

[WID88] B.Widrow, R.Winter: *Neural Nets for Adaptive Filtering and Adaptive Pattern Recognition*; IEEE Computer, Vol 21 No 3, pp.25-39 (1988)

[WILL69] D. Willshaw, O.Buneman, H. Longuet-Higgins: *Non-holographic associative memory*; Nature, Vol 222, pp. 960-962 (1969); auch in [ANDR88]

[WILL71] D. Willshaw: *Models of distributed associative memory*; Unpublished doctoral dissertion, Edinburgh University (1971)

[WILL76] D. Willshaw, C.van der Malsburg: *How patterned neural connections can be set up by self-organization*; Proc. Royal Soc. of London, Vol B-194, pp. 431-335 (1976)

[WIL76] G. Willwacher: *Fähigkeiten eines assoziativen Speichersystems im Vergleich zu Gehirnfunktionen*; Biol. Cybernetics, Vol. 24, pp. 181-198 (1976)

[WIL88] G.V.Wilson, G.S.Pawley: *On the Stability of the Travelling Salesman Problem Algorithm of Hopfield and Tank*; Biol. Cybernetics, Vol 58 pp.63-70 (1988)

[WIN89] Jack H. Winters, Christopher Rose: *Minimum Distance Automata in Parallel Networks for Optimum Classification;* Neural Networks, Vol.2, pp.127-132 (1989)

Stichworte